权威·前沿·原创

皮书系列为
"十二五""十三五"国家重点图书出版规划项目

网络空间安全蓝皮书
BLUE BOOK OF
CYBERSPACE SECURITY

中国网络空间安全发展报告
（2017）

ANNUAL REPORT ON DEVELOPMENT OF CYBERSPACE
SECURITY IN CHINA (2017)

主　编／惠志斌　覃庆玲
副主编／张　衡　彭志艺
上海社会科学院信息研究所
中国信息通信研究院安全研究所

社会科学文献出版社
SOCIAL SCIENCES ACADEMIC PRESS (CHINA)

图书在版编目（CIP）数据

中国网络空间安全发展报告.2017／惠志斌，覃庆
玲主编．－－北京：社会科学文献出版社，2017.11
（网络空间安全蓝皮书）
ISBN 978－7－5201－1723－4

Ⅰ.①中…　Ⅱ.①惠…②覃…　Ⅲ.①计算机网络－
安全技术－研究报告－中国－2017　Ⅳ.①TP393.08

中国版本图书馆 CIP 数据核字（2017）第 262901 号

网络空间安全蓝皮书
中国网络空间安全发展报告（2017）

主　　编／惠志斌　覃庆玲
副 主 编／张　衡　彭志艺

出 版 人／谢寿光
项目统筹／郑庆寰
责任编辑／陈　颖　王　煦

出　　版／社会科学文献出版社·皮书出版分社（010）59367127
　　　　　　地址：北京市北三环中路甲29号院华龙大厦　邮编：100029
　　　　　　网址：www.ssap.com.cn
发　　行／市场营销中心（010）59367081　59367018
印　　装／北京季蜂印刷有限公司

规　　格／开　本：787mm×1092mm　1/16
　　　　　　印　张：23.5　字　数：355千字
版　　次／2017年11月第1版　2017年11月第1次印刷
书　　号／ISBN 978－7－5201－1723－4
定　　价／79.00元

皮书序列号／PSN B－2015－466－1/1

本书如有印装质量问题，请与读者服务中心（010－59367028）联系

中国网络空间安全发展报告（2017）
编　委　会

上海社会科学院信息研究所

　　上海社会科学院信息研究所成立于 1978 年，是专门从事信息社会研究的国内知名智库，现有科研人员 40 余人，具有高级专业技术职称 25 人，下设信息安全、信息资源管理、电子政务、知识管理等专业方向和研究团队。近年来，信息研究所坚持学科研究和智库研究双轮互动的原则，针对信息社会发展中出现的重大理论和现实问题，聚焦网络安全与信息化方向开展科研攻关，积极与中国信息安全测评中心、中国信息安全研究院等机构建立合作关系，承接国家社科基金重大项目"大数据和云环境下国家信息安全管理范式与政策路径"（2013）、国家社科重点项目"信息安全、网络监管与中国的信息立法研究"（2001）等十余项国家和省部级研究课题，获得由上海市政府授牌"网络安全管理与信息产业发展"社科创新研究基地，先后出版《信息安全：威胁与战略》（2003）、《网络：21 世纪的权力与挑战》（2007）、《网络传播革命：权力与规制》（2010）、《信息安全辞典》（2013）、《全球网络空间安全战略研究》（2013）、《网络舆情治理研究》（2014）等著作，相关专报获国家和上海主要领导的批示。

中国信息通信研究院安全研究所

　　中国信息通信研究院安全研究所成立于 2012 年 11 月，是专门从事信息通信领域安全技术产业研究的科研机构，现有科研人员 100 余人，下设网络安全研究部、信息安全研究部、重要通信研究部、信息化与两化融合安全部、数据安全研究部等研究部门。中国信息通信研究院安全研究所主要开展信息通信安全防护的战略性和前瞻性问题研究、新技术新业务安全评估，参与国家重大活动安全保障等工作，为国家相关政府部门网络信息安全战略规划、法律标准、技术规范等提供强有力的支撑。近年来，出色完成国家相关政府部门的重点安全监管支撑工作，承担国家大量重大网络信息安全专项科研课题，牵头制定国际国内网络信息安全系列标准规范，对前沿信息通信安全技术产业形成深厚的研究积累，研究成果涵盖通信网络信息安全、数据安全、互联网安全、应用安全、工业互联网安全、重要通信等各个领域。

主编简介

惠志斌 上海社会科学院互联网研究中心执行主任，信息研究所信息安全研究中心主任，副研究员、管理学博士，全国信息安全标准化委员会委员。主要研究方向为网络安全和数字经济，已出版《全球网络空间信息安全战略研究》、《信息安全辞典》等专著和编著 4 本，发表《我国国家网络空间安全战略的理论构建与实现路径》、《数据经济时代的跨境数据流动管理》等专业论文 30 余篇，在人民日报、光明日报、解放军报等重要媒体发表专业评论文章近 10 篇；主持国家社科基金一般项目"大数据时代国际网络舆情监测研究（2014）"等国家和省部级项目多项，作为核心成员承担国家社科基金重大项目"大数据和云环境下国家信息安全管理范式与政策路径"和上海社科创新研究基地"网络安全管理与信息产业发展"研究工作；提交各级决策专报 20 余篇，多篇获中央政治局常委和政治局委员肯定性批示，先后赴瑞士、印度、美国、德国等国参加网络安全国际会议。

覃庆玲 中国信息通信研究院信息通信安全研究所副所长，院互联网领域副主席。获北京邮电大学邮电经济专业硕士学位，主要从事电信监管、互联网管理、信息安全等研究，负责和参与了互联网行业"十二五"发展规划、互联网新技术新业务安全评估体系研究、新形势下互联网监管思路与策略建议、基础电信企业考核体系研究、全国互联网信息安全综合管理平台需求设计、重要法律法规制修订等重大课题研究，互联网行业"十二五"发展规划、互联网新技术新业务安全评估体系研究等曾获部级科技二等奖、三等奖。在互联网行业管理、信息安全等方面有着深厚的积累和深入的研究。

序　一

于信汇　上海社会科学院党委书记

当今世界，以互联网、大数据、人工智能等为代表的网络信息技术飞速发展，网络空间与现实世界深度融合，推动着各国经济、政治、社会、文化的创新发展。但是，网络信息技术越发达，网络空间双刃剑效应也就越明显。近年来，网络安全态势日趋严峻，威胁全面泛化，网络安全已经从专业技术领域上升到国家战略高度，成为关系各国国家安全、经济发展和社会稳定的核心议题。

我国已经成为最主要的网络大国，截至 2017 年 6 月，我国网民规模达到 7.51 亿，占全球网民总数的 1/5，互联网普及率为 54.3%，超过全球平均水平 4.6 个百分点。为了更好地应对日益严峻的网络安全威胁，推动信息化建设，2014 年 2 月，中央网络安全与信息化领导小组成立，习近平总书记亲自担任领导小组组长，提出建设网络强国的战略设计。三年多来，在中央网信办等部门的统筹协调下，我国网信事业取得了一系列重大成就，《国家网络空间安全战略》、《网络安全法》等基础性政策法律相继落地，"网络空间安全"成为国家一级学科，网络安全人才培养受到高度重视，网络安全产业发展动力强劲，我国网络强国建设得到全方位发展。

作为国家首批高端智库，上海社会科学院承担着对接服务国家改革发展重大战略研究的重要使命。近年来，围绕中央网络强国战略需要，我院坚持智库建设和学科发展双轮驱动，在网络强国研究领域取得了一系列重要突破。2014 年我院信息所团队中标了国家社科重大课题：大数据时代国家网络安全管理范式与政策路径，2014 年我院承担了上海社科创新研究基地——网络安全管理与信息产业发展。在此基础上，2015 年我院网络安全

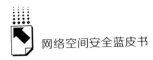

研究团队主编出版了首部网络空间中宏观研究的蓝皮书——"网络空间安全蓝皮书",搭建了政府、产业和学界思想交流,观点碰撞的学术平台。我院互联网研究的中青年团队不断成熟,与中央互联网相关主管部门、重要互联网企事业单位建立了长期的研究咨询合作关系,有效发挥了智库研究在重大理论和现实问题中的决策支持作用。

网络安全为人民,网络安全靠人民。相信在党中央的统筹领导下,在人民群众的协同努力下,我国网络强国建设将不断走向胜利。作为国家高端智库,我院也将不断支持并推动互联网智库研究的发展,为我国网络安全与信息化事业贡献应有的智库力量。

序　二

刘　多　中国信息通信研究院院长

近年来，以互联网为代表的新一代信息网络技术与经济社会各方面广泛融合，深刻影响着经济、政治、社会、文化、生态、国防等领域，成为重塑国际战略格局的关键因素之一。网络空间已成为陆海空天之后的第五疆域，发达国家纷纷强化制度创设、技术创新和力量创建，抢抓新一轮技术创新与产业变革带来的发展机遇，谋求未来网络空间治理的主导权。

网络安全早已超越网络自身的安全，与政治安全、国土安全、军事安全、经济安全、文化安全、社会安全、科技安全、生态安全等相互交织影响，成为国家安全的重要组成部分和关键基石。2017 年，全球网络攻防对抗不断升级，网络安全风险跨界蔓延，工业互联网安全滋生新需求；数据安全事件激增，个人信息保护问题备受关注；新一代信息通信技术迅速迭代，网络安全威胁不断升级；网络诈骗和青少年保护成为社会热点，网络空间共享共治成为共识；建设好、维护好网络空间安全成为各国的首要战略任务之一。

党的十八大以来，习近平总书记围绕网络安全发表了系列重要讲话，从战略和全局高度，系统分析了我国网络安全所处的历史方位、时代背景、目标任务、战略选择等，为维护我国网络安全、构建网络空间命运共同体提供了有力指导和根本遵循。近年来，我国陆续出台了国家信息化战略、网络空间战略、"互联网＋"行动计划、大数据纲要等一系列发展战略，《网络安全法》《反恐怖主义法》《国家安全法》深入实施，这些都为维护我国网络空间安全奠定了坚实的制度基础。

《中国网络空间安全发展报告（2017）》一书聚焦网络安全产业与治理

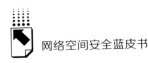
的热点趋势与焦点问题，系统梳理当前网络安全技术体系，深入研究安全技术的发展影响因素、演进规律和发展趋势，通过以具有典型发展特征的热点领域为切入点，分析研判我国网络安全技术发展现状以及与国际差距，在把握全球网络安全技术发展大势的基础上，提出维护我国网络空间安全的未来思路和建议。全书研究视角开阔，主题内容翔实，具有鲜明的时代特征和现实针对性。我相信读者能从本书中获益良多。

网络安全事关我国网络空间发展全局，网络安全研究意义重大，希望本书能让社会各界人士更多地参与到我国网络安全事业中来，为维护我国网络空间安全、推进网络强国建设发挥积极作用。

摘　要

近年来，全球政治经济发生深刻变革，全球治理主体和治理对象出现变化，美国、欧盟等西方发达国家出现逆全球化、贸易保护主义和孤立主义的趋势，西方传统大国更加被动，新兴大国趋于主动，既有的全球治理体系难以满足全球发展的现实需要。为此，我国领导人创见性地提出人类命运共同体的战略思想，为全球治理变革注入了全新的活力。但是，再完美的治理思想也需要在具体领域得到应用，如何将人类命运共同体思想植入全球治理各个领域是长期而艰巨的命题。2015 年 12 月，习近平主席在第二届世界互联网大会上提出网络空间是人类共同的活动空间，网络空间前途命运应由世界各国共同掌握，提出共同构建网络空间命运共同体的四项原则和五点主张。因此，在网络空间推动全球治理发展是人类命运共同体思想一次重要而有益的尝试，是当前网络空间安全研究和实践的重要领域。

《中国网络空间安全发展研究报告（2017）》延续"网络空间安全蓝皮书"系列的主要框架，重点围绕全球治理变革和智能技术创新对网络空间安全的影响进行策划组稿。全书分为总报告、全球态势篇、政策法规篇、产业技术篇、附录（大事记）共五大部分。其中总报告《全球治理变革背景下的中国网络空间安全发展》提出全球治理体系变革为中国带来机遇和挑战，需要在此背景下分析我国网络空间安全的形势与对策，以网络空间命运共同体探索实践，推进我国网信事业发展融入国际舞台，实现向网络强国的关键跨越。各专题篇章由 5 篇左右的子报告组成，主题包括网络安全漏洞、网络空间安全监管、网络安全产业发展、云计算安全与合规、人工智能安全与伦理、车联网安全管理与技术、全球网络空间治理机制、网络内容治理等；大事记对 2016 年国内外重大网络空间安全事件进行了回顾扫描。

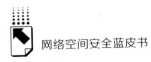
本报告认为，2016 年全球网络空间安全形势依旧严峻，网络安全重大事故持续不断，美俄在网络空间呈现"新冷战"态势，恐怖主义、政治黑客、虚假新闻等成为全球网络空间安全治理难点，各主要国家加快推出网络安全的战略政策和法律法规，新技术、新威胁共同驱动网络安全产业的创新和增长。聚焦中国，经过两年多的共同努力，我国网络强国制度基石得以奠定，网信事业发展思想、网络空间安全战略以及网络安全基本法律相继落地，为我国网络空间安全实际工作提供了指引和抓手，也为我国更加主动地参与网络空间全球治理提供了重要支撑。今后，我国网络强国建设重点将实现国内与国际双轮驱动的发展，积极参与并推动全球网络空间治理发展是当前我国网络安全工作的重点和难点。

"网络空间安全蓝皮书"由上海社会科学院信息研究所与中国信息通信研究院安全研究所联合主编，包括中国信息安全测评中心、公安部第三研究所、中国现代国际关系研究院、中国电子技术标准化研究院、北京大学互联网研究中心、上海国际问题研究院、腾讯研究院等机构学者共同策划编撰。本系列蓝皮书旨在从社会科学的视角，以年度报告的形式，跨时空、跨学科、跨行业地观测国内外网络空间安全现状和趋势，为广大读者提供较为全面的网络空间安全立体图景，为推动我国网络强国建设提供决策支持。

Abstract

In recent years, the profound changes have taken place in global political and economical system, such as the shift of global governance body and target, anti-globalization movement in the United States and the European Union, trade protectionism and isolationism, more passive traditional western powers and active emerging powers. Therefore, the existing global governance structure is unable to meet the need of international development and requires to be reformed urgently. To this end, Chinese government puts forward the strategic thought of building a community of common destiny, which has injected new vitality into the global governance reform. However, no matter how perfect the idea is, it needs to be put into practice. The tasks of incorporating the thought of common destiny into every aspect of global governance is arduous and requires long term efforts. During the World Internet Conference in December 2015, President Xi Jinping stated that cyberspace was the common space of mankind, the future of cyberspace should be in the hands of all nations, and he raised four principles and five proposals toward establishing a community of common destiny. It is an important trial to put the idea of building a community of shared future for all humankind into practice in global governance in cyberspace, and should be an important field of cybersecurity research and practice.

The 2017 Annual Report on Chinese Cyberspace Security Development builds on the framework of the first Blue Book on Cyberspace Security published in 2015. It focuses on the changes in global governance, new intelligence technologies and their impacts on cybersecurity. It consists of five parts: general report, global situation, policies and regulations, industrial technologies, and annex (events). The General Report, *China's Cyberspace Security Development in the Context of Global Governance Reform* suggests that the global governance reform brought about opportunities and challenges to China. It is crucial for China to analyze cybersecurity situation and measures in the context of buliding a cyberspace community of common destiny, incorporate its cyberspace administration development in the international arena, and make the important stripe to become a national power in cyberspace. The other parts are made up of four or five sub-reports, topics include cyber vulnerabilities, cybersecurity regulations, industry development, cloud computing security and compliances, artificial intelligence security and ethics, internet of vehicles regulations and technologies, cyberspace global governance mechanisms, and internet content governance; the annex (events) part lists out the main events in 2016.

This report believes the 2016 global cybersecurity situation remains grim with incessant severe cyber incidents. A "new cold war" relationship has been formed between the United States and Russia in cyberspace. Cyberspace security governance issues such as terrorism, political hackers, and fake news have been the difficulties in cyberspace governance. Most countries accelerated the launching of their cybersecurity strategies, policies, laws and regulations. The growth and innovation of cybersecurity industry are driven by emerging technologies and threats combined. With more than two years of concerted efforts, Chinese policy system to become a national power in cyberspace has been formed. The policies such as Cyberspace administration development thought, Syberspace Security Strategy, and Cybersecurity Law have been the guidance and cornerstone for the cybersecurity practice. They also enabled us to participate in cyberspace global governance more actively. We will focus on building China's cyber capabilities both at home and abroad in the future. Currently, how to participate into the global cyberspace governance and promote its development are the key tasks and challenges for our country.

The Blue Books on Cyberspace Security are edited by the Institute of Information of the Shanghai Academy of Social Sciences together with the China Academy of Telecommunication Research, compiled by scholars from China Information Technology Security Evaluation Center, the Third Research Institute of the Ministry of Public Security, China Institutes of Contemporary International Relations, China Electronics Standardization Institute, Center for the Study of Internet and Society of Peking University, Shanghai Institutes for International

Studies, Tencent Research Institute and so on. In the form of annual reports, they examine the status quo, trends and solutions of cyberspace security through a multi-disciplinary, cross-sector and cross-regional approach and from the perspective of social sciences, in the hope to provide a full picture of cybersecurity as well as decision-making support to China's on-going drive to strengthen its internet capabilities.

目　录

Ⅰ　总报告

Ⅱ　全球态势篇

Ⅲ　政策法规篇

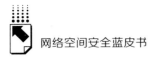
IV　产业技术篇

V　附录

皮书数据库阅读**使用指南**

CONTENTS

I General Report

II Global Situation

III   Policies, Laws and Regulations

IV   Industry and Technologies

V   Appendix

总 报 告

General Report

B.1

全球治理变革背景下的中国网络
空间安全发展

惠志斌　覃庆玲*

2016 年，全球政治经济经历深刻变革，全球治理主体和治理对象出现变化，美国、欧盟等西方发达国家出现逆全球化、贸易保护主义和孤立主义的趋势，西方传统大国全球治理的能力和意愿全面下降，全球安全治理总体上难有突破，若干主要议题陷入僵局，这对全球网络空间安全产生复杂影响。面对上述形势，我国领导人提出以命运共同体思想来认识和解决当前全球治理出现的一系列问题。其中，网络空间命运共同体思想的提出就是将中国网络空间安全与发展同全球各国的网络空间安全与发展建立起有机联系，

---

* 总报告参考了本书各分报告和相关论文的内容。执笔人：惠志斌，上海社会科学院互联网研究中心执行主任，信息研究所信息安全研究中心主任；覃庆玲，中国信息通信研究院安全研究所副所长，中国信息通信研究院互联网领域副主席。

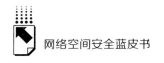

让中国的网络强国建设真正为全球各国尤其是广大发展中国家带来福祉，体现出中华民族特有的智慧哲学。本年度报告将从推动网络空间全球治理变革的视角，观测2016年以来国内外网络空间安全的现状与趋势，对今后积极实践网络空间命运共同体思想提出相关对策建议。

一　全球治理变革与网络空间安全

全球治理是定义、构成以及调和国际社会中公民、社会、市场和国家之间关系的法律、规范、政策和机构的总和。其中，治理对象、治理主体和治理模式是全球治理的基本研究范式，分别对应了治理什么、谁来治理和如何治理等全球治理的关键问题。

2016年12月，中央网络安全和信息化领导小组批准、国家互联网信息办公室发布《国家网络空间安全战略》，提出网络空间是"信息传播的新渠道"、"生产生活的新空间"、"经济发展的新引擎"、"文化繁荣的新载体"、"社会生活的新平台"、"交流合作的新纽带"以及"国家主权的新疆域"。相较于陆地、海洋、极地、天空、太空等天然存在的空间，以及气候变化、臭氧层保护、生物多样性、核、恐怖主义等人类重大关切事项，网络空间的内涵和外延极为复杂，网络空间的全球治理难度更大，具体表现如下。

虚实交织的治理环境。网络空间是基于互联网等一系列网络信息技术构筑的全新人造空间，这个空间具有虚拟与现实的双重特性。虚实交织的网络空间推动了不同国家、不同民族、不同组织、不同个体相互联系，但也在一定程度上解构了主权国家的传统治理边界。既有的针对现实世界的治理体系和治理规则在网络空间存在适用性困境，而专门针对网络空间的治理体系和治理规则最终必须解决现实世界的实际问题。因此，网络空间全球治理具有更大的意义和更高的要求。

快速迭代的治理需求。相较于其他领域治理需求较为稳定，网络空间治理在技术和商业的驱动下持续发展。一方面，新兴技术创新应用带动治理需求的发展，移动互联网、大数据、人工智能、区块链等新兴技术在不断衍生出全新的治理问题，如隐私保护、算法歧视等；另一方面，网络空间发展催生出全新的商业逻辑，包括数字贸易、共享经济等相关的治理问题不断衍生，网络空间全球治理永远没有终点，也将始终处于供给不足的状态。

泛化嵌套的治理议题。相较于其他领域治理议题较为明确，网络空间治理议题极为广泛，涉及技术、经济、政治、文化、军事等各个领域。例如从互联网核心资源和技术标准层面治理，如根服务器、域名、协议等，到网络空间行为规制层面的治理，如关键基础设施保护、知识产权、隐私保护、网络犯罪、色情、赌博等，以及跨境数据流动、数字鸿沟等发展性议题，再到网络战、网络反恐等，治理议题范围极为广泛，相互之间存在层层嵌套的关系，导致全球治理机制和规则不断扩展。

多元博弈的治理主体。全球治理通常是由各国政府主导。网络空间最初依托互联网技术而产生，先后经历了民主化、商业化、政治/军事化等形塑过程，因此，治理主体也从最初的技术社群和民间团体占据主导，发展为政府、商业机构逐步进入并共同占据舞台中心。伴随着网络空间利益的凸显和威胁日趋严峻，网络空间各利益主体治理博弈也更加明显，围绕不同议题产生了各种治理机制，这也使得网络空间全球治理比其他领域更加复杂。

二 2016年全球网络空间安全的总体态势

2016年以来，全球网络空间安全形势依旧严峻，网络安全重大事故频繁发生，美俄在网络空间呈现出"新冷战"态势，恐怖主义、政治黑客、虚假新闻等成为全球网络空间安全治理的难点，各主要国家加快推出网络安全的战略政策和法律法规，新技术、新威胁共同驱动着网络安全产业的创新和增长。

（一）网络威胁聚焦重点，攻击模式推陈出新

2016年以来，针对重要信息系统、关键基础设施、工业系统、物联网

设备等领域的网络攻击智能而隐匿，出现了以加密用户数据换取赎金的勒索式攻击、利用海量物联设备安全漏洞实施分布式拒绝服务（DDoS）攻击等攻击新模式，具有典型意义的事件包括：全球各国普遍使用的金融结算系统——SWIFT（环球银行金融电信协会）系统遭遇系列攻击，其中孟加拉国央行被攻击后发送虚假转账指令，导致 8100 万美元被窃取；2016 年 4 月，德国贡德雷明根核电站的计算机系统被发现植入恶意程序，导致核电站被临时关闭；2016 年 11 月，俄罗斯 5 家大型银行遭遇长达两天的分布式拒绝服务（DDoS）攻击，大约 30 个国家 2.4 万台计算机构成的僵尸网络持续不间断发动攻击，最终导致 20 亿俄罗斯卢布资金被窃取；2016 年 10 月，黑客利用 Mirai 恶意程序控制超过百万台物联网设备，对美国域名服务器管理服务供应商 Dyn 发起分布式拒绝服务（DDoS）攻击，最终导致用户无法访问推特等知名网站，整个时间持续超过 2 个小时，影响范围覆盖美国整个东部和部分欧洲地区；2016 年 2 月，美国洛杉矶长老会医疗中心遭黑客入侵，电脑系统被黑客控制超过一周，最终医院支付了 40 个比特币（约 1.7 万美元）的支付赎金后，电脑系统才恢复正常；2016 年 11 月，旧金山公交系统遭遇网络勒索，导致旧金山市交通局被迫关闭地铁车站的售票机和检票口。

（二）战略政策加速迭代，政府加大安全投入

2016 年，世界主要国家进一步加速网络空间的战略布局，网络安全政策加速迭代，政府网络安全年投入也在"水涨船高"。2016 年 2 月，美国发布《国家网络安全行动计划》，将国家网络安全的预算支出提升到 190 亿美元，旨在加强网络威慑能力；2016 年 4 月，澳大利亚发布《网络安全战略》，其中政府拨款 3000 万美元，积极打造产业导向型网络安全发展中心；2016 年 7 月，欧盟立法机构通过《网络与信息系统安全指令》，旨在"促进各成员国之间的合作，制定基础服务运营商和数字服务供应商应遵守的安全义务"；2016 年 10 月，新加坡发布《网络安全战略》，包括提高网络安全预算，加强整体系统与网络的安全性；2016 年 11 月，中国出台第一部网络安

全的基础性法律《网络安全法》，并于2017年6月1日起施行；同月，英国发布《国家网络安全战略（2016~2021）》，首次亮出"网络威慑"战略目标，并计划在未来五年向网络安全领域投入19亿英镑的资金；同月，德国发布《网络安全战略》，将建立一支由联邦信息安全办公室领导的快速响应部队，用以应对越来越多的针对政府机构、关键基础设施、企业以及公民的网络威胁活动；2016年12月，俄罗斯出台新版《信息安全学说》，从战略层面防范与信息科技相关的军事冲突，强化美打响网络战的危机感，重点加强公共信息安全保障；2016年12月底，中国发布《国家网络空间安全战略》；此外，保加利亚、土耳其等10余个国家也越发认识到网络安全战略的重要性，纷纷制定并出台网络安全战略，希望通过跟随和效仿发达国家的做法，维护本国网络空间国家利益。透过各国新近出台的网络安全政策和法律，可以看出全球网络空间战略持续深化，围绕战略的政策和法律在不断完善，政企合作的需求更加明显。

（三）政治黑客空前活跃，搅动各国政治进程

2016年是全球许多大国的大选年，越来越多的政治力量借此利用黑客技术进行政治博弈，包括窃取对手选举策略、挖掘政治丑闻、创建僵尸粉控制社交媒体舆论以及给竞争对手安装间谍软件等，进而影响重要的政治进程，包括美国、德国、乌克兰、土耳其、法国等多个国家都监测到大量针对特定政治党派的重要网络攻击活动，其中以美国指控俄罗斯黑客干预美国大选最为典型。2016年6月，多家美国媒体报道俄罗斯黑客入侵美国民主党全国委员会和民主党国会竞选委员会的网络系统，此后美国政府外交和情报等部门联合进行研究并发布调查报告，声称俄罗斯政府对此次美国大选中民主党全国委员会的网站进行了黑客攻击，包括网络攻击、窃取信息、虚假宣传等。虽然俄罗斯政府一直就这些指控予以否认和反击，但美国大量第三方安全公司以及相关机构的研究和报告不断论证网络攻击的可能性。2016年12月29日，时任美国总统奥巴马离任在即宣布对俄罗斯进行制裁，报复俄罗斯黑客对美国大选的干预，制裁措施包括驱逐35名外交官，关闭位于马

里兰和纽约的两个领馆，并将两家俄罗斯主要情报机构、三家网络安全企业和四名个人列入制裁名单，这被称为冷战结束以后美国对俄罗斯采取的最严重外交惩罚之一。

（四）个人数据泄露严重，威胁各国社会稳定

近年来，虽然各国都在加大个人数据保护力度，但公民个人数据泄露及侵犯公民个人信息的犯罪活动仍然十分猖獗，围绕个人数据形成的专业化和产业化的黑色产业链依然稳固，已经成为金融犯罪、电信诈骗等各类违法犯罪活动的源头。2016年以来，全球大规模个人数据泄露事件相继爆发。2016年5月，美国著名职业社交网站领英（LinkedIn）宣布，黑客组织在黑市上以5比特币（约合2200美元）的售价公开销售1.67亿个领英用户登录信息；2016年9月，全球互联网商业巨头雅虎证实至少5亿用户的账户信息在2014年遭人窃取，内容涉及用户姓名、电子邮箱、电话号码、出生日期和部分登录密码；2016年12月，雅虎再次发布声明宣布了另一起数据泄露事件，称未经授权的第三方于2013年8月盗取了超过10亿用户的账户信息，成为最大规模的用户数据泄露事件。海量个人数据泄露助推着各类网络犯罪活动，不仅对个人财产造成损失，还威胁着公民的生命安全；2016年8月，由于个人信息泄露，我国高考生徐玉玉被电信诈骗者骗取学费9900元，发现被骗后突然晕厥，抢救无效离开了人世。同月，山东省临沭县的大二学生宋振宁也同样遭遇电信诈骗心脏骤停，不幸离世，这一系列事件引起举国震惊。

（五）网络虚假信息泛滥，社交媒体面临规制

2016年，全球传媒业经历了前所未有的挑战，从英国脱欧、美国总统大选等重大事件可以看出，传统主流媒体越来越难以准确反映多元复杂的民意，社交媒体则"霸占话筒"成为人们获取各类新闻的主渠道。令人担忧的是，社交媒体由于商业模式和机器算法等原因，其日益成为虚假新闻传播和操纵公众舆论的"舞台"，全球传媒生态也面临危机。例如，2016年美国大选期间，包括"教皇支持唐纳德·特朗普当总统"等假新闻充斥社交媒

体，根据美国科技新闻网站 BuzzFeed 的分析，在美国总统投票日前的三个月，社交网站上的假选举新闻比真实选举新闻更受关注，来自虚假新闻网站与极端博客页面的二十大假新闻的转发量达 870 万，《纽约时报》、《华盛顿邮报》和《赫芬顿邮报》等主流媒体的二十大选举新闻的转发量约为 740万。对此，各国也在加大对社交媒体的内容治理。2016 年底，美国推出了《波特曼 – 墨菲反宣传法案》，将针对美国的敌意宣传和虚假信息等同于恐怖主义的重大网络威胁。欧洲主要国家也在面临恐怖主义和极端主义的严峻威胁，寄希望于通过立法等手段加强对网络内容的管控。欧美等国均开始要求互联网科技公司对在线的极端主义、恐怖主义、虚假信息等内容传播承担责任，在面对来自网络空间的公共安全和政治威胁时，西方国家网络内容治理政策也在发生重大转向。

（六）ICANN 管理权顺利移交，网络安全国际合作强烈

2016 年 9 月底，美国商务部下属机构国家电信和信息局（NTIA）同互联网名称与数字地址分配机构（ICANN）签署的互联网数字分配机构合同到期正式失效，互联网管理权移交得以顺利完成。早在 2014 年 3 月 14 日，美国国家电信和信息管理局发表声明准备向全球互联网社群移交 ICANN 监管权以来，各利益相关方对互联网管理权移交展开了激烈的博弈，美国国内保守势力一直在试图阻挠移交。ICANN 作为全球互联网治理体系中最具代表性的运营机构，此次美国政府放弃 ICANN 管理权，结束了其对互联网核心资源的单边垄断，是全球互联网治理取得的重大进步，标志着全球互联网治理进入了一个新的阶段。此外，2016 年各国寻求网络安全领域国际合作的意愿和诉求在不断加强，2016 年召开的 G20 峰会、世界互联网大会、联合国信息安全政府专家组会、G7 会议、信息社会世界高峰会、上合组织元首理事会、互联网治理论坛（IGF）、国际电信联盟（ITU）、世界经济论坛（WEF）等多个重要国际峰会和多边会议上，都将网络安全作为基础性话题，进行不同程度的对话与交流，并在数字经济发展、互联网管理、网络空间治理等方面取得了积极共识。

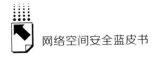

（七）网安产业增长稳定，市场并购持续活跃

2016 年，全球网络安全市场规模达到 928 亿美元，较 2015 年增长 8.2%，但相较于 2015 年增速有所回落。在区域分布方面，北美、西欧、亚太维持三足鼎立态势，合计市场份额超过 90%。相较而言，我国网络安全产业发展迅猛，2016 年我国网络安全产业较 2015 年增长 21.7%，规模达到 344.09 亿元。基于网络安全产业良好的增长性，全球网络安全领域并购保持活跃，2016 年全球共完成了 137 起并购活动，较 2015 年小幅下降，但仍处于历年高位水平。[①] 其中，2016 年 6 月，全球著名安全厂商赛门铁克（Symantec）宣布花费 46.5 亿美元收购 Web 安全提供商 Blue Coat 公司，成为近年来全球网络安全产业的最大收购事件；2016 年 9 月，英特尔分拆其麦卡菲（McAfee）网络安全部门，以 31 亿美元现金的价格将多数股权出售给投资公司 TPG。早在 2011 年，英特尔以 77 亿美元收购 McAfee 试图复苏这项网络安全业务，但未获成功，这也显示出 IT 巨头跨界整合安全企业并非一帆风顺。

（八）信息技术加速变革，催生新兴安全议题

2016 年，人工智能、无人驾驶、物联网、区块链、5G 等新技术开始进入商用阶段。为了抢占产业竞争的前沿，各主要国家政府相继出台战略和政策积极推动相关领域的产业发展。以人工智能为例，技术发展带来的安全、法律、伦理问题正在引起各国重视，美国先后发布多份针对人工智能的国家战略规划，表现出对人工智能前所未有的战略重视，包括《国家人工智能研发战略计划》、《为人工智能的未来做好准备》、《人工智能、自动化与经济报告》深入考察了人工智能驱动的自动化将给经济社会带来的复杂影响，并提出了国家的三大应对策略。2016 年 9 月，英国发布《机器人技术和人工智能报告》，内容涉及人工智能的安全与管控、管理的标准与规则、鼓励

---

① 参考中国信息通信研究院《网络安全产业白皮书（2017 年）》的相关数据。

公众对话以及研究、资金支持和创新等方面。此外，全球主要国际性组织也在密切关注新技术带来的新问题。例如世界经济论坛高度关注工业 4.0、数字经济和网络安全议题，IEEE 发布了人工智能的道德准则设计，以此来规范人工智能未来的产业发展；ITU 也在发布全新的 5G 标准规范。此外，新一轮技术变革也在带动安全技术的创新迭代，例如，全球网络安全领域正在探索与人工智能技术结合，包括利用机器学习、深度学习等人工智能技术分析处理安全大数据，以改善安全防御体系，应对零日攻击、位置威胁等安全问题。

三　2016年中国网络空间安全的主要成就

2014 年中央网络安全与信息化领导小组的成立标志着我国网络强国战略的启动，2015 年我国网络强国战略得到综合布局和深入推进，2016 年，经过两年的努力，我国网络强国制度基石得以奠定，网信事业发展思想、网络空间安全战略以及网络安全基本法律相继落地，为我国网络空间安全各领域工作提供了指引和抓手，为我国主动参与网络空间全球治理提供了重要支撑。

（一）习总书记"4·19"讲话明确了我国网信事业发展指导思想

2016 年 4 月 19 日，习总书记在北京主持召开网络安全和信息化工作座谈会并做了重要讲话，阐述了中国网信事业发展的总目标、三大任务和两大抓手。习总书记强调我国网信事业的总目标是要让网络安全和信息化服务中华民族的伟大复兴、实现两个一百年的战略目标，三大任务包括网络空间内容治理、突破核心技术自主研发难题以及正确处理网络安全和信息化的关系，强调要依靠企业和人才两大抓手来推动中国网信事业的发展，提出"网络安全为人民，网络安全靠人民"的基本宗旨，维护网络安全是全社会共同责任，需要政府、企业、社会组织、广大网民共同参与，共筑网络安全防线。发展一系列"以人民为中心"的网信事业是今后我国网信领域工作的指导性思想。在"4·19"讲话总体思想指导下，2016年12月27日，国家互联网信息办公室发布《国家网络空间安全战略》，系统阐释了我国网络强国的总体战略思想，体现出我国在网络空间安全方面的开放与自信。《战略》从机遇与挑战、目标、原则和战略任务四个方面阐述了我国网络空间安全的核心理念和战略主张，对网络空间的概念和影响做出了系统性的界定，提出推进网络空间和平、安全、开放、合作、有序，维护国家主权、安全、发展利益，实现建设网络强国的战略目标，确定了尊重维护网络空间主权、和平利用网络空间、依法治理网络空间、统筹网络安全与发展的四大原则，提出坚定捍卫网络空间主权、坚决维护国家安全、保护关键信息基础设施、加强网络文化建设、打击网络恐怖和违法犯罪、完善网络治理体系、夯实网络安全基础、提升网络空间防护能力、强化网络空间国际合作等九大战略任务。

（二）《网络安全法》出台奠定了我国网络空间治理制度基石

2016年11月7日，第十二届全国人民代表大会常务委员会第二十四次会议通过了《网络安全法》，并于2017年6月1日起施行。《网络安全法》全文由总则，网络安全支持与促进，网络运行安全，一般规定、关键信息基础设施的运行安全，网络信息安全、监测预警与应急处置，法律责任，附则等共七章内容构成，总计法条七十九条。这是我国第一部全面规范网络空间安全管理方面问题的基础性法律，是我国网络空间法治建设的重要里程碑，为今后我国各领域的网络安全工作提供了系统性的法律依据。《网络安全法》的主要特色在于：它确立了我国网络安全的基本原则，包括网络空间主权原则、网络安全与信息化发展并重原则、共同治理原则；提出了制定网络安全战略，明确网络空间治理目标，展现了我国网络安全政策的透明度；明确了政府各部门的职责权限，完善了网络安全监管体制；强化了网络运行安全，尤其强调对关键信息基础设施实行重点保护，明确关键信息基础设施的运营者负有更多的安全保护义务，并配以国家安全审查、重要数据强制本地存储等法律措施；完善了网络安全义务和责任，加大了违法惩处力度，等等。总体来看，《网络安全法》的出台，顺应了网络空间法制化的发展趋势，对国内网络空间治理有重要的作用，意味着建设网络强国、维护和保障我国国家网络安全的战略任务正在转化为一种可执行、可操作的制度性安排，标志着我国向网络空间治理体系和治理能力现代化迈出了坚实的一步。

（三）"徐玉玉事件"后全国网络犯罪治理力度得到全面加强

互联网时代，个案推动法治进程屡见不鲜。2016 年 8 月，山东省罗庄高考女孩徐玉玉、山东省临沭县的大二学生宋振宁遭电话诈骗，不幸离世；北京市海淀区蓝旗营小区清华大学一名在职教师刚刚卖了房子后，被冒充公检法的电信诈骗分子以手续不全、涉嫌偷税为借口诈骗 1760 万元。这一系列事件引起举国关注，极大地推动了相关立法、司法和执法工作，针对网络诈骗和网络地下黑产的治理在 2016 年取得了一系列重大突破。早在 2016 年 4 月，公安部门就启动了打击整治网络侵犯公民个人信息专项行动，原定计划半年。徐玉玉事件后，公安部决定将打击整治网络侵犯公民个人信息专项行动延长至 2017 年 12 月底。2016 年 9 月 23 日，最高法、最高检、公安部、工信部、中国人民银行、中国银监会六部门联合发布《关于防范和打击电信网络诈骗犯罪的通告》，通告要求凡是实施电信网络诈骗犯罪的人员，必须立即停止一切违法犯罪活动，聚焦电信诈骗的网络犯罪打击进入攻坚期。2016 年 10 月，国务院召开打击治理电信网络新型违法犯罪工作部际联席会议第一次会议，公安部、工信部、中宣部、中国人民银行等 23 部门宣布，将在全国范围内开展打击治理电信网络新型违法犯罪专项行动。2016 年 12 月 20 日，最高人民法院、最高人民检察院、公安部联合发布了《关于办理电信网络诈骗等刑事案件适用法律若干问题的意见》。如此密集的政策出台取得了重大成效。根据公安部 2016 年 10 月发布的信息，全国公安机关网络安全保卫部门累计查破刑事案件 1200 余起，抓获犯罪嫌疑人 3300 余人，抓获银行、教育、电信、快递、证券、电商网站等行业内部人员 270 余人，网络黑客 90 余人，缴获信息 290 多亿条，清理违法有害信息 42 万余条，关停网站、栏目近 900 个。由此可以看出，徐玉玉事件后，我国针对侵犯公民个

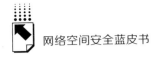

人信息和网络诈骗的立法和执法的工作实践，体现了习总书记"网络安全为人民"的根本宗旨。

（四）网络内容治理从专项行动主导迈向依法综合治理

为了清朗网络空间，近年来我国不断加强互联网内容治理工作，2016年，我国网络内容管理的制度建设重点开始从新闻内容转向信息服务，包括国家互联网信息办公室的《互联网信息搜索服务管理规定》、《移动互联网应用程序信息服务管理规定》、《互联网直播服务管理规定》以及国家工商行政管理总局的《互联网广告管理暂行办法》等相继颁布。此外，中央网信办等部门也在持续开展剑网、净网、护苗、清源、清朗等专项治理，2016年，"净网2016"、"剑网2016"等多个专项行动推动了各地各级各部门联动的综合治理模式的形成，包括进一步规范网络平台的责任，重视网民的监督举报以及提升全民的网络安全素养。截至2016年12月底，全国网络举报部门直接处置或向执法部门转交网民有效举报343.8万件，通过各类渠道向网民反馈处置结果340.2万件。其中，中国互联网违法和不良信息举报中心直接受理违法和不良信息有效举报38747件；各地网信办举报部门受理违法和不良信息有效举报93.1万件，环比增长近3倍，同比增长近12倍；全国主要网站受理违法和不良信息有效举报263.1万件，同比增长43.1%。"中国好网民"、"网络安全宣传周"等宣传工作有力地培育了广大人民群众的网络安全意识，提升了网民的网络素养，增强了网民的基本上网防护技能，有利于网民形成懂法、守法的良好上网习惯。

（五）我国网络安全产业增长领跑全球，后续创新动能强劲

2016年，由于安全形势的复杂严峻和政策的持续利好，我国网络安全产业实现了高速增长。根据中国信息通信研究院统计测算，2016年我国网络安全产业规模约为344.09亿元，较2015年增长21.7%，远高于8.2%的全球平均增长水平。网络安全企业创新活跃，态势感知、监测预警、云安全服务等新技术、新服务不断涌现，以产品为主导的产业格局正向"产品和

服务并重"转变，网络安全企业实力有了较大提高，超过 30 家企业年度营收过亿，出现了一批具有产业整合能力的龙头企业。2016 年，包括成都、武汉、上海等省市都在加大网络安全产业布局，积极打造国家网络安全产业高地，网络安全产业集群效应初步显现。例如四川省《信息安全产业发展工作推进方案》提出 2020 年实现安全产业规模 1100 亿目标，包括投资 130 亿建设"成都国家信息安全产业基地"，连续 3 年给予安全示范应用企业、公共技术平台、产学研用创新机构以及专业技术人员提供补助等，武汉则致力于打造网络安全领域的中国硅谷；2016 年 9 月，武汉正式启动国家网络安全人才与创建基地建设；上海市则以创建具有全球影响力的科技创新中心为契机，加快网络安全产业发展布局，将互联网信息安全产业纳入"十三五"发展重点，支持互联网安全行业加快突破，为互联网经济发展保驾护航。截至目前，已有百余家安全企业在上海落户发展，多家安全企业成功在新三板挂牌，同时上海也在网络安全人才教育、网络安全公共平台建设等方面取得积极进展。产业发展最终离不开人才建设。2016 年 6 月，中网办、发改委、教育部等六部门联合印发《关于加强网络安全学科建设和人才培养的意见》，提出加快网络安全学科专业和院系建设，创新网络安全人才培养机制，强化网络安全师资队伍建设，推动高等院校与行业企业合作育人、协同创新，完善网络安全人才培养配套措施，形成网络安全人才培养、技术创新、产业发展的良性生态链。

（六）我国开始积极参与并推动网络空间国际合作发展

近年来，全球政治经济格局发生深刻演变，技术发展和商业创新进一步加大了互联网国际治理的难度，既有的互联网国际治理体系难以满足更广泛发展中国家甚至许多发达国家的需要，我国的综合国力和互联网产业发展能力为推动互联网国际治理体系发展创造了有利条件。2015 年，习总书记提出了全球互联网发展治理的"四项原则"、"五点主张"。2016 年以来，我国开始积极参与并推动全球网络空间安全的国际合作，各相关部门努力将习总书记治网思想推广为全球共识，深入务实地与世界各国积极谋求共建网络空间命运共同体。其中，在双边层面先后举行了中美网络空间国际规则高级别专家组会议、中美第二次网络安全对话，中英开展首次高级别安全对话，中德达成网络安全协议，中俄发表协作推进信息网络空间发展的联合声明。在多边层面，2016 年 G20 杭州峰会通过《G20 数字经济发展与合作倡议》，提出了创新、伙伴关系、协同、灵活、包容、开放和有利的商业环境、注重信任和安全的信息流动等七大原则，鼓励成员加强政策制定和监管领域的交流，营造开放和安全的环境；2016 年 11 月，第三届世界互联网大会在浙江乌镇召开，大会围绕"创新驱动造福人类——携手共建网络空间命运共同体"主题展开交流，大会发布《2016 年世界互联网发展乌镇报告》，全球互联网治理的"中国方案"被多次重申，构建"网络空间命运共同体"得到越来越多的国际认同；2017 年 3 月，外交部和国家互联网信息办公室共同发布《网络空间国际合作战略》，系统阐释中国参与网络空间国际合作的基本原则、战略目标和行动计划，表明中国致力于加强国际合作的坚定意愿，及共同打造繁荣安全的网络空间的坚定信心和努力。

四 以网络空间命运共同体推动我国网信事业新发展

纵观全球形势，美国独自主导网络空间治理格局的时代已经结束，以美国、中国、俄罗斯及欧盟等为主的网络空间多极治理体系正在逐步形成。作为世界第二大经济体和互联网主要大国，经过不懈努力，我国网络强国取得一系列重要成就，网信制度初步完备，网络空间日渐清朗，数字经济蓬勃发展，网安产业快速发展。今后，我国网络强国建设重点将进入国内与国际双轮驱动的发展阶段，积极参与并推动全球网络空间治理发展是当前我国网络安全工作的重点和难点。

1. 积极构建中美网络空间战略稳定关系

中美是全球数字经济发展的双引擎，中国大量网信企业面临国际化的关键阶段，网络空间不仅有两国大量的共同利益，同时也面临组织犯罪、国家和非国家行为体攻击、恐怖主义等共同威胁。面对数字经济双轮驱动和网络治理多极均衡的格局，需要清醒地认识到中美两国管控分歧、协同治理的必要性，需要积极推动中美网络空间双边机制和战略稳定关系的发展，这既符合我国的现实需要，也可以快速提升我国在网络空间治理的国际话语权和规则制定权。对美国而言，相比奥巴马政府，特朗普政府对非意识形态利益的关注超过对利用互联网进行意识形态攻势外交的关注。未来，可以预见的是美国政府将更多地聚焦关键信息基础设施保护、知识产权保护、数字贸易等务实议题。目前美国各界将网络空间主要战略对手从中国转向俄罗斯，为中美网络空间双边关系发展提供了窗口期，建议相关部门加强协调，共同成立针对美国新一届政府的网络空间双边对话和合作平台，进一步提升中美对话层级，稳步扩大网络空间的合作范围。

2. 面向"一带一路"提供网络空间治理公共产品

"一带一路"覆盖广大发展中国家，是未来我国网络空间国际治理的主要合作伙伴。因此，基于现有"一带一路"倡议的基础条件，在"一带一路"和"网络空间命运共同体"等思想的总体指导下，积极发挥网信企业的作用，设计"一带一路"国家网信领域的国际合作战略，明确"一带一路"网信领域多边和双边工作的主要任务和目标。除了会议论坛外，还需要通过实质性的投入和合作，设计多层次的公共产品，政企合作围绕"一带一路"重点国家加强网信领域合作，在资金、技术、人才能力建设等方面提供网络空间公共产品。

3. 全面支持网络空间国际治理人才建设

网络空间人才是当前我国参与网络空间国际治理的最大短板，需要围绕互联网国际治理人才的战略性需要，创办互联网治理相关的重点学科点和研究基地，实施互联网国际治理学术创新工程，培养具有国际影响力的互联网治理思想家（包括学者、企业家、政府官员等），引导建立与西方互联网重要思想（如多利益相关方治理）等影响力相当的互联网治理思想体系，发表全球网络空间治理态势与国际规范建设的系列主题报告，构建中国主导下的网络空间治理学术共同体。

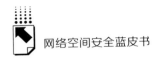

4. 深度对接和用好既有的网络空间治理体系

积极开展现有主要的网络空间治理体系的全面对接，包括开展与移交后 ICANN 的全面对话，在 IGF、IETF、ISOC 等架构内积极鼓励中国社群成员开展活动，在金砖国家、G20、APEC 等框架内，完善和提出中国的整体性主张，从而在观念和认知上，确立中国积极推进全球网络空间治理良性变革的声望和态势。在相应的国际组织内，积极提出细化且系统的中国主张。例如以防止网络空间进攻性能力扩散，加强网络安全事故信息通报与能力共享机制等为抓手，细化中国提出的网络空间命运共同体主张，启动建立和完善支撑命运共同体的国际规范体系与国际机制倡议。

5. 围绕新技术领域开展网络空间治理的布局

除了对既有网络空间治理议题的讨论和解决外，还需要围绕网络空间新技术和新模式发展所带来的全新治理议题展开设计，如人工智能、物联网、共享经济等领域的技术标准和政策伦理的国际研讨交流。充分利用乌镇世界互联网大会平台，主动邀请国际相关技术组织、重要智库等开展网络空间治理新议题的设计和研讨，积极形成前沿成果并向全球发布，抢占网络空间新议题治理主导权。

习总书记在 2015 年提出构建网络空间命运共同体的倡议，今后一段时期，我们需要积极而务实的努力，将中国倡议变成全球共识，共同推动全球网络空间的繁荣与安全。

全球态势篇

Global Situation

B.2
2016年全球网络信息安全态势评析

刘洪梅　张　舒*

摘　要： 当前，网络信息安全已经成为各国政治安全、社会安全、经济安全面临的共同问题。各国纷纷调整信息安全战略，国际社会围绕网络空间领域的博弈进一步加剧，网络空间对抗进入了一个新时期。在国内，我国正在加快提升信息安全领域的整体实力，但与此同时，国家信息化发展的系统性风险和深层压力也在不断攀升，信息安全态势仍然严峻。

关键词： 网络安全　信息安全　安全态势　安全风险

---

* 刘洪梅，硕士研究生、中国信息安全测评中心处长、副研究员，主要研究方向是信息安全态势与战略研究。张舒，硕士研究生、中国信息安全测评中心、助理研究员，主要研究方向是信息安全态势与战略研究。

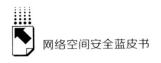

一 全球网络信息安全新态势

2016年黑客组织等非国家行为体发起的网络安全攻击持续增加，网络空间安全形势进一步恶化，对此，全球围绕互联网关键资源和网络空间国际规则的角逐也更加激烈，世界各国纷纷加紧网络空间作战部署，全面提升网络安全攻防的综合能力。

（一）战略博弈加剧，多国持续优化升级网络空间战略

2016年国际社会围绕网络空间领域的博弈进一步加剧，一大特征是世界网络强国纷纷对各自的网络空间战略进行调整和深化，或颁布新战略，或重新调整和升级原有战略，总的目标是希望通过加强网络空间顶层设计，实现体系化战略布局。

2016年2月，美国发布的《国家网络安全行动计划》将网络安全总体支出上升到190亿美元，用以提升网络威慑能力；4月，澳大利亚发布《网络安全战略》，宣布政府拨款三千多万美元，建立产业导向型网络安全发展中心；10月，新加坡发布《网络安全战略》，提高网络安全预算，加强整体系统与网络的安全性；11月，英国发布《国家网络安全战略（2016～2021）》，首次亮出"网络威慑"战略目标，计划在未来五年向网络安全领域投入19亿英镑的资金；同月，德国发布《网络安全战略》，将建立一支由联邦信息安全办公室领导的快速响应部队，用以应对越来越多的针对政府机构、关键基础设施、企业以及公民的网络威胁活动[1]；12月，俄罗斯出台新版《信息安全学说》，重点加强公共信息安全保障，从战略层面防范与信息科技相关的军事冲突。此外，保加利亚、土耳其等10余个国家也纷纷制定并出台网络安全战略，希望通过跟随和效仿发达国家的做法，维护本国网

---

[1] 刘洪梅、张舒：《2016年国内外信息安全态势》，《中国信息安全》2017年第1期，第60～64期。

络空间的国家利益。

纵观各国对网络安全战略的调整升级，主要体现在：一是战略强调的重点各有不同。信息大国如美国在制定网络安全战略政策时着重于巩固其网络空间优势地位，而一些综合实力稍弱的国家则着重于捍卫自身信息安全权益。二是注重国情。各国在制定战略规划时均从本国国情出发，配合国内相关法律法规，以利于战略目标的落实。三是强调国际合作。多国在战略的制定和实施上都采取与别国合作的方式。四是加强多层次合作。多国战略强调加强国内合作、加强政企合作等。

（二）构建网络空间安全保障体系，提升攻防兼具的综合能力

2016 年，世界各国纷纷加紧进行网络空间的作战部署，全方位构建网络空间安全保障体系。一方面，美国等国重视网络空间作战与现实作战相结合，加紧网络空间作战部署。美国国土安全部将发布《国家网络事件响应计划》草案，旨在发生影响关键基础设施的网络事件中，协调全国应对网络事件。美国还不断推进新网络武器平台建设，助力网络战能力快速发展；欧盟与北约达成一项技术协议，为双方的网络应急部门加强信息交流和分享实践经验做出安排；欧盟组织网络战演习，有来自 30 个国家和地区的超过 700 名网络安全人士参加，演习围绕虚拟场景进行，包括针对无人机、云计算、移动设备和物联网设备的网络攻击。

另一方面，世界各国采取一系列措施不断提升网络空间防御能力。纷纷成立新网络安全部门，优化调整组织机构，增加网络安全财政预算。如，美海军陆战队宣布成立一个新部门，开展网络空间防御行动；奥巴马签署总统令，成立网络威胁情报整合中心，加强美应对网络威胁的能力；美能源部计划追加投资 8300 万美元以加强网络安全，防范电网受到网络攻击；英国宣布实施"网络安全早期加速项目"，为本国安全初创企业提供支持；澳大利亚宣布将投入 450 万澳元成立网络安全卓越学术中心，通过教育和研究手段，提升澳大利亚网络安全能力；日本政府宣布将新设培养专家的训练机构，以提高发电站等重要基础设施防御黑客攻击的能力。

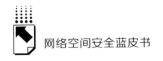

（三）大力发展信息技术，筑守网络安全防线

2016 年，各国遭受的黑客网络攻击事件频发。美国国会网站、国会图书馆网站以及美国版权局等政府网站遭到 DDoS 攻击；美国主要 DNS 服务器提供商 Dyn Inc. 的服务器遭遇大规模 DDoS 攻击，导致美国东海岸地区包括 Twitter、CNN、华尔街日报在内的上百家网站无法访问，媒体将此次事件称为"史上最严重 DDoS 攻击"；欧洲 Opera 浏览器同步服务被黑；英国国防网关存在漏洞，军队数据存在被泄风险等等。

各国政府为应对网络攻击，一方面纷纷发布政府应对重大网络攻击政策指令，另一方面助力信息技术发展，综合运用网络监控和信息存储等技术保障网络安全。譬如，美国国防部公布《网络安全规程实施计划》，将采取高强度身份验证、设备加固、减少攻击面、与网络安全供应商合作等 4 项措施加强网络安全；欧洲网络与信息安全局发布《网络安全与智能公共交通可恢复能力》报告，制定欧盟共同战略和框架及统一的网络安全标准；美国白宫发布应对重大网络攻击事件的第 41 号总统令《美国网络事件协调》，以应对网络攻击；英国政府宣布成立新的网络安全中心，针对整个英国金融领域制定新的网络安全标准，包括处理应对可能会影响英国经济发展的网络威胁；俄罗斯决定进一步加强网络监控，在 19 个联邦主体成功测试了网络媒体在线监控系统，并计划推广至全国。

（四）大数据安全事件集中爆发，数据治理步入"落地期"

2016 年，美、英等国家大数据安全事件密集爆发，娱乐业、技术行业以及医疗保健业公司处于数据泄露的风口浪尖。美国一款热门手机游戏被曝存在泄露重要敏感信息的安全隐患，该软件能成为敌对分子收集情报和从事间谍活动的技术工具；美民主党遭遇网络攻击，其国会成员电话号码、邮箱地址陆续在网上曝光；美国雅虎公司受网络黑客攻击并被窃取了 5 亿雅虎用户的信息，被称为"史上最大的数据泄露事件"。

随着大数据安全事件的威胁在全球迅速蔓延，其消极影响已波及世界各国，美等西方发达国家进一步细化大数据应用研发层面的战略部署，数据治理已由过去的"探索期"步入"落地期"，各国抓紧重构跨境数据治理的新规制，针对跨境数据流动的监管治理已成为全球数据保护的重要外延。奥巴马政府发布了《联邦大数据研究与开发战略计划》，确保美国在大数据研发领域的绝对领导地位；欧洲委员会正式宣布欧美双方已就跨境数据传输领域的相关问题达成《隐私盾协议》；欧洲议会通过一揽子新的数据保护规则，结束了欧盟逾4年的数据治理改革；俄罗斯、巴西、印度和印尼等国也先后发布了针对跨境数据资源监管的法律法规措施，试图在"数据自由流动"与"数据安全监管"两者之间实现利益的平衡。

（五）网络空间合作与竞争格局显现

2016年，国际社会围绕网络空间治理呈现出对话交流积极活跃、竞争博弈愈演愈烈的局面。10月，美国向互联网社群组织移交了ICANN管理权，但实质性改革的推进仍很艰难。在寻求网络安全领域国际合作的意愿和诉求中国际社会表现积极。如在2016年召开的G20峰会、世界互联网大会、联合国信息安全政府专家组会、G7会议、信息社会世界高峰会、上合组织元首理事会、互联网治理论坛（IGF）、国际电信联盟（ITU）、世界经济论坛（WEF）等多个重要国际峰会和多边会议上，都将网络安全作为基础性话题，进行不同程度的对话与交流，在数字经济发展、互联网管理、网络空间治理等方面取得了积极共识。

另外，"国际规则"和"网络资源"成为博弈热点。2016年，中国和美国围绕物联网标准主导权之争，发达国家和发展中国家围绕网络战规则之争，仍在各类国际会议、论坛以及多边和双边对话中上演。各国都在积极行动，制定相关政策，加紧控制和争夺全球网络空间资源。譬如，韩国政府公布了名为"韩国ICT 2020"（K-ICT 2020）的五年战略规划，该战略的制定为韩国发展信息安全产业指明了方向①；伊朗政府宣布，将完成其自主研

---

① 钱丽君、姚文文：《"韩国ICT 2020"五年战略公布，拟推动信息安全产业发展》，中国信息产业网，http://www.cnii.com.cn/internation/2016-06/15/content_1740775.htm，2016。

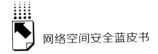
发的"全国互联网"工程第一阶段建设并投入测试运行，这是伊朗实施其"互联网本土化"设想与规划的一个重大步骤①。

二 世界主要国家和地区的网络安全战略分析

1. 美国：从"战略蓝图"—"路线图"—"行动指南"

2016 年，美国在信息安全领域延续 2015 年的战略，但战略重心已从"全面防御"过渡到"9·11"事件后"防范和打击网络恐怖主义"，向"战略威慑和进攻行动"转变；从"战略蓝图"转变为"路线图"，再到当下的"行动指南"，奥巴马政府将网络空间作战摆在国家安全大局的突出位置，增强"整个政府层面"和"整个国家层面"应对网络安全事件的能力。

（1）战略层面：加快网络战步伐，强化防御优势，统筹网络空间安全环境建设。具体来说，一是注重提升网络空间安全环境。2016 年 2 月 9 日，美国总统奥巴马推出《网络安全国家行动计划》，将从加强网络基础设施建设、加强专业人才队伍建设、加强与企业的合作、加强民众网络安全意识宣传以及寻求长期解决方案 5 个方面入手，全面提高美国在数字空间的安全②。二是注重维持防御优势。2016 年全年，针对国内多起网络攻击事件，美国政府先后推出应对重大网络攻击政策指令和发布第 41 号总统令《美国网络事件协调》，以更好地应对网络攻击，竭力维持在网络攻击严峻形势中已有的防御优势，同时采取新的布局，协调政府各部门之间的职能。三是大力推进网络空间军事力量建设。2016 年，美国采取多项举措加快网络战的发展。1 月，白宫向美国国会提交了《网络威慑战略》文件，根据该文件，美国政府将采取"整个政府层面"和"整个国家层面"的多元性方法，以

---

① 俞晓秋：《伊朗"全国互联网"工程：增强互联网自主性的尝试》，人民网，http://media. people. com. cn/GB/15207381. html，2011。

② 奥巴马政府推出《网络安全国家行动计划》，新华网，http://news. xinhuanet. com/ttgg/2016 – 02/10/c_ 1118018444. htm，2016。

慑止网络威胁①。7月18日，美国网络司令部上将麦克·罗杰斯组建了一支网络部队，这支部队专门开发数字化武器，用来开展与ISIS的数字化战争②。

（2）战术层面：成立政府相关职能机构，增长网络安全财政预算，提升网络安全竞争力。具体来说，一是加快部门机构的增设重组。2016年3月25日，美国海军陆战队宣布成立名为"Marine Corps Cyberspace Warfare Group"（MCCYWG）的支援单位，为海军陆战队网络司令部（MARFORCYBER）提供支援。新成立的美国海军陆战队网络空间作战部门专门培训网络安全人员的网络作战和防御能力。3月底，美国总统奥巴马签署了一项总统令，成立网络威胁情报整合中心，加强美国应对网络威胁的能力③。二是不断加大网络安全财政预算的投入。整个2016年，美国各政府部门网络安全预算为140亿美元，比2015年增长了12%④。4月5日，美国国防部长卡特在华盛顿战略与国际研究中心（CSIS）发表讲话时说："我们不仅要从海陆空天领域，还需要从网络空间来应对面临的五大挑战。我们要在五年内将网络安全方面的预算增至350亿美元，应对网络安全威胁。"三是开展网络安全演习和技术培训。2016年5月，美国启动了名为"黑掉五角大楼"的大型演练项目，约1.4万名黑客尝试入侵国防部网络系统。5月24日，美国海军已经为一个新的培训项目进行了招标，项目旨在为海军培训专门的黑客技术——美国海军称之为ethical hacking技术⑤。

2. 俄罗斯：致力互联网监管，降低非本土互联网威胁

2016年，俄罗斯加强军事和战略设施的信息安全。在保障国家利益方

---

① 冯云皓：《美〈网络威慑战略〉强调从国家和政府层面应对网络威胁》，《防务视点》2016年第4期，第38~39页。

② 《美军组建新网络战部队，预计2016年形成战斗力》，参考消息网，http：//mil. cankaoxiaoxi. com/2014/0918/500810. shtml，2014。

③ 《奥巴马令设立新网络安全机构，协调整合网络情报》，人民网，http：//world. people. com. cn/n/2015/0226/c1002－26600808. html，2015。

④ 《美国拟增190亿美元网络安全预算，全球网络空间"军备赛"升级》，21世纪经济报道，http：//news. 21so. com/2016/21cbhnews_ 219/307756. html，2016。

⑤ 《美国海军准备为海军培训黑客技术》，cnBeta. COM . http：//www. cnbeta. com/articles/tech/503941. htm，2016。

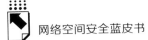
面，俄罗斯致力于互联网监管，加强网络领域的法律法规制定及信息安全保障，降低非本土互联网威胁。

（1）战略层面：出台新版《信息安全学说》，部署"互联网＋"发展路线。2016年12月6日，俄罗斯总统普京签署法令批准《俄罗斯信息安全学说》，《学说》着重于从战略层面防范与信息科技相关的军事冲突，并指出"在战略稳定性和平等战略合作方面，建立国际信息空间内的平等国际关系体系是信息安全保障的战略目的"。此外，俄罗斯还部署"互联网＋"发展路线，深入调整网络时代经济结构。2016年4月，俄罗斯互联网发展研究院（该研究院是俄罗斯互联网及其相关产业长期发展规划的主要起草单位）对外公布了俄罗斯"互联网＋"的发展路线，其主要集中在八个领域，即互联网＋媒体、互联网＋主权、互联网＋教育、互联网＋社会、互联网＋医疗、互联网＋金融、互联网＋贸易和互联网＋城市，并分别针对这八个领域举办专业论坛，汇聚互联网产业、商业和政府的专业人士，充分论证和制定详细的实施措施和方法①。

（2）战术层面：加强网络媒体及信息管控力度，完善网络防御法律框架。俄罗斯国内网络安全状况不容乐观，截至2016年7月，俄罗斯遭受安全攻击超1000万次，大规模数据遭到泄露。面对日益严峻的网络攻击和数据泄露问题，俄罗斯有关部门通过强化网络访问审查机制加强网络媒体管控。1月，俄联邦通信、信息技术和大众传媒监督局表示，已在19个联邦主体成功测试了网络媒体在线监控系统，计划2016年底前推广至全国。同时，俄国家防务管理中心正在研制国际和国内军事政治局势监测和分析系统，将对网络媒体舆情进行监测。此外，一部旨在保护俄罗斯互联网不受外部威胁的新法案于2月建议对外国通信信道和数据流交换点实行更加严格的控制。俄罗斯政府决定对经过俄罗斯的互联网数据流严加控制，相关法律草案已由俄罗斯通信与大众传媒部拟订。

---

① 《俄罗斯规划"互联网＋"路线图》，中国经济网，http://intl.ce.cn/specials/zxgjzh/201604/11/t20160411_10347092.shtml，2016。

3. 欧洲：增强抵御网络攻击的能力，确保网络安全相对领先地位

2016 年，欧盟加大了信息安全工作力度，维护网络空间的稳定性，保障经济社会生活的持续运行，助力欧盟内部市场及数字经济的长足发展。

（1）战略层面：出台首个指导性法规，契合网络安全整体战略。2016 年 7 月 6 日，欧洲议会通过了《网络与信息安全指令》，欧盟层面的首部网络安全法案正式出台。《网络与信息安全指令》大体分为四部分：各成员国采取国家 NIS 战略——该框架包括国家层面信息安全的战略目标及优先事项；确定具体执行主管部门以为成员间提供跨境支持及战略合作；建立计算机安全事故应急小组（CSIRTs）以开展有效运行合作；制定核心服务及数字服务提供商所需遵循的安全及通知要求。指令以提升成员国网络安全保障能力及增进欧盟层面的协作为主线，并为"关键服务经营者"及"数字服务提供者"规定了采取网络安全保障措施及通报重大安全事件的义务。指令旨在增进欧盟层面网络安全治理的整体能力，维护安全可信的网络环境，保障经济社会生活的稳定性，为欧盟数字化内部市场及数字经济的发展保驾护航。

（2）战术层面：加大技术资金投入，确保网络安全相对领先地位。2016 年 5 月 17 日，欧盟负责数字经济与社会事务的委员京特·H. 厄廷格在欧洲量子会议上指出，欧盟委员会计划启动 10 亿欧元量子技术旗舰计划，该计划将成为数据及计算基础设施的关键内容，为欧盟委员会出台的欧洲产业数字化战略中的"欧洲云计划"奠定坚实基础。同时，英国国防部于 4 月在一个全新的网络安全中心（CSOC）项目上花费超过 4000 万英镑，该项目用于支撑其网络及 IT 系统防护。这个网络安全中心将在英威尔特郡的科思罕建立，这里同时也是英国国防部耗资 6.9 亿英镑建立的通信中心和其他一些附属设施的大本营①。

4. 亚洲：制定符合各自国情的网络安全战略，着眼提升防御能力

亚洲各国在网络空间安全战略的国际博弈中，相继制定了与本国国情发

---

① Martin：《英国国防部 4000 万英镑建网络安全中心》，安全牛，http：//www. aqniu. com/news – views/14738. html，2016。

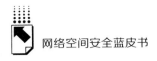
展相吻合的网络安全战略,目标是加强网络空间国防力量建设,建立攻防兼备的网络空间防御体系。

(1)战略层面:公布新的网络安全策略,规划网络安全建设。2016年6月,韩国政府公布了名为"韩国ICT 2020"(K-ICT 2020)的五年战略规划,旨在将韩国打造成为全球信息安全行业领导者。该战略的制定将为韩国发展信息安全产业指明方向。政府将扩大在ICT领域的投资,使其成为韩国创新经济推动下的新"蓝海"。2016年10月10日,在新加坡国际网络周上,新加坡总理李显龙正式宣布该国的网络安全策略,包括四大要点,即建立具备较强适应性的基础设施,创造更加安全的网络空间,发展具有活力的网络安全系统及加强国际合作①。

(2)战术层面:成立网络空间安全部门,提升网络安全防御能力。2016年7月12日,日本外务省成立"网络安全保障政策室",以应对越来越多针对政府部门的网络袭击,同时推动网络空间的法治进程②。此外,为加强打击数量猛增的网络犯罪和应对网络攻击的指挥塔功能,日本东京警视厅于2016年4月1日成立了以副总监山下史雄为总部长的"网络安全对策总部"。此举是着眼于5月七国集团伊势志摩峰会和2020年东京奥运,旨在提升警方在网络空间的应对能力。对策总部将汇总受害信息并进行分析,与其他各部门合作进行调查。同时还将开展进修学习以提升警察的能力,并举行电脑病毒破解技术的竞赛③。

三 中国网络信息安全态势

2016年,我国网络和信息安全需求向更高层次、更广范围延伸,国家

---

① 《新加坡正式公布网络安全策略》,新华网,http://news. xinhuanet. com/world/2016 - 10/10/c_ 1119689364. htm,2016。

② 《日本外务省新设网络安全保障政策室》,中国新闻网,http://www. chinanews. com/gj/2016/07 - 12/7936552. shtml,2016。

③ 《日本东京警方成立网络安全对策总部保障网络安全》,中国新闻网,http://www. chinanews. com/gj/2016/04 - 01/7820495. shtml,2016。

整体信息安全保障力度和能力得到进一步加强和提高。但与此同时，国内网络信息安全态势仍然严峻，国家信息化发展系统性风险和深层压力攀升。

（一）信息系统安全漏洞呈现逐年上升趋势

2016年，据国家信息安全漏洞库（CNNVD）数据统计，新增漏洞数量呈现逐年上升趋势。2016年共新增漏洞8336个，与2015年披露的漏洞数量相比增加7.5%，已发布修复补丁的新增漏洞为7576个，整体修复率为90.88%，超危、高危、中危、低危四个等级中，中高危漏洞占绝大部分①。截至2016年底，CNNVD累计发布漏洞总量88636个。传统软硬件厂商漏洞数量仍然居高不下，漏洞数量最多的三家公司分别为微软、甲骨文和谷歌，微软公司取代苹果公司，成为2016年产品漏洞数量最多的公司。华为首次入围漏洞数量排名前十厂商，"中国制造"越来越受到国内外网络安全界研究人员关注。在主流操作系统中，Windows、Mac OS、Android、Linux等系统漏洞数量占操作系统漏洞总数的70%以上。信息安全漏洞类型分布相对集中，主要为缓冲区错误、信息泄露以及权限许可和访问控制漏洞。

对2016年的漏洞数据进行总结和分析，可以看出如下特征。

1.开源软件漏洞频发

继2014年开源网络加密传输软件OpenSSL的"心脏出血"漏洞，2015年开源C语言运行库GNU Clibc的"幽灵"漏洞、开源虚拟机管理器软件QEMU的"毒液"漏洞等重要漏洞后，2016年相继曝出了OpenSSL SSLv2协议安全漏洞（"水牢"漏洞）、Apache Struts 2任意代码执行漏洞、Linux kernel竞争条件漏洞（"脏牛"漏洞）等多个影响较大的漏洞。这些漏洞涉及Apache Struts 2、Apache Tomcat、Linux kernel、MySQL、OpenSSL等多个重要的开源软件。由于这些软件大量应用于世界各地、各行各业的网站与信

---

① 中国信息安全测评中心：《2016年国内外信息安全漏洞态势报告》，《中国信息安全》2017年第1期，第110~160页。

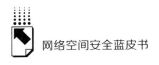

息系统中，因此其漏洞给全球网站和信息系统带来了严重的安全威胁。

2. 十大厂商漏洞数量占比过半

2012～2016年五年中，Apple、Microsoft、Oracle等传统软硬件厂商始终占据着漏洞数量的前十，漏洞数量居高不下。五年来，漏洞数量前十的厂商的漏洞数量占全部漏洞数量的比例呈现整体上升趋势，2016年的比例更是首次超过60%，达到67.24%，漏洞数量首次超过全部漏洞数量的一半。究其原因，十大厂商产品数量众多，市场占有率高，其产品始终是安全研究人员关注的重点，加之厂商本身对其产品的安全问题非常重视，因此，漏洞数量居高不下。

3. 华为公司漏洞数量迅速增长

华为公司的漏洞数量呈逐年增长的趋势，2016年更是出现了井喷式增长，新增漏洞137个，比前四年漏洞数量的总和还要多。2016年，华为公司相关产品的漏洞数量超过了Apache、Red Hat、惠普等传统信息技术厂商，首次进入漏洞数量最多的十大厂商，排名第10位。这也是中国信息技术厂商首次入围漏洞数量最多的十大厂商。华为公司是重要的通信设备制造厂商，在全球占有非常高的市场份额，安全研究人员对其产品关注度很高，因此发现的漏洞数量较多。这也表示华为公司的产品及其对产品安全的重视得到国际社会的认可，"中国制造"获得了国际安全研究人员的关注。可以预计，未来几年华为公司公开披露的相关产品的漏洞数量将持续增长。

（二）电子政务系统的信息安全隐患突出

我国政府一直高度重视国家电子政务系统和关键基础设施的安全保障工作。但随着新技术新应用的引入、业务多元化的实现以及信息化工业化的不断融合，信息系统复杂性带来的安全隐患和攻击方式的多样性、隐秘性使得国家电子政务系统和关键基础设施的信息安全形势依然严峻。

2016年，移动互联网、大数据、物联网、云计算、智慧城市等新一代信息技术进一步从概念走向应用，我国电子政务的服务水平、服务技术与服务覆盖范围已经有了显著变化。在"互联网＋"的时代，电子政务发展作为国家战略及网络和信息安全重点建设领域，创新政府便民利民的工作方式，优化行政资源配置，提高行政效率，为我国传统的行政服务模式注入了新的活力。然而，互联网新技术新应用与电子政务不断深入结合，也带来了很多新的问题。一是电子政务系统自身安全防护薄弱。网络的开放性特点使得政府信息面临着流失、被窃取、被破坏的危险，这将直接威胁国家安全和社会稳定。二是政务数据开放存在信息安全隐患。政府通过搭建政务云、探索智慧城市，已初步将政务数据信息整合到一个平台上，基本解决了内部共享问题。一些地方政府在推动数据整合和开放共享方面，还建立了政府大数据中心①。一旦数据全面放开，将可能涉及责任问题、个人隐私泄漏问题，政府部门就可能面临被追责，信息安全问题也无形中开了个口子。再加之，日渐增多的政府网站与第三方平台的合作、各类业务通道的整合并轨，为信息的泄露、流失创造了条件，也会带来一些政务数据的安全问题。

（三）关键基础设施安全风险攀升

行业新技术新应用的引入、业务多元化的实现以及信息化工业化的不断融合，信息系统复杂性带来的安全隐患和攻击方式的多样性、隐秘性，使得国家关键基础设施的信息安全形势依然严峻。主要体现在以下几个方面。

1. 敏感数据泄露事件频发

我国关键基础设施一直是国内外黑客组织、商业情报机构乃至政府的关注焦点。2016 年 1 月，保监会通报信诚人寿保险公司面临泄露数以万计的客户银行卡号、密码、开户行地址、身份证等敏感信息的风险；4 月，不法分子通过非法入侵免疫规划系统，可获取 20 万儿童信息，信息精确到家庭门牌号，30 个省市卫生和社保系统存在数千万用户的社保信息被泄露风险；5 月，中国人寿广东分公司 10 万客户信息或遭泄露。保单信息、微信支付信息、客户姓名、电话、身份证、住址、收入、职业等敏感信息一览无余；

---

① 程姝雯、李冰如：《浪潮董事长孙丕恕：政府数据开放有望明年破题》，南方都市报，http://epaper.oeeee.com/epaper/A/html/2016 - 11/17/content_ 94474. htm，2016。

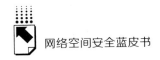

10月，257万条公民银行个人信息被泄露。大量敏感数据泄露，究其原因：一是部分企业对数据安全问题并未引起足够重视，未采取切实有效的数据防外泄手段。二是外部边界特别是互联网出口防护不善，加之应用层的安全漏洞大量存在，导致大量核心敏感数据面临失窃风险。三是恶意病毒和木马层出不穷，大量系统和终端被植入木马，个人信息和组织敏感信息泄露，影响组织的正常运行秩序。

2. 工业控制系统安全威胁升级

我国电力、交通、能源等关键基础行业目前仍存在使用不安全、风险不可控的工业控制系统的情况。工控系统面临的各类升级病毒带来的安全风险较大，"智能制造"和"互联网＋"的实施使得工控系统直接或者间接接入互联网，面临网络渗透攻击安全风险，大大提升了工控系统网络攻击安全风险。针对工业控制系统的漏洞、恶意代码、网络攻击方法等已为部分国家所掌握，这些国家具备对我国电力、交通、能源等关键基础行业发起网络攻击的能力。因此，我国电力、交通、能源等关键基础行业，面临着较为严重的国际网络攻击风险。

3. 预警应急效能不足

我国电信、电力和金融等重要行业逐步完成了由被动防御到主动防御的基础蜕变，但随着信息安全技术浪潮的不断推进，我们需要具备预测感知威胁、及时处置威胁的能力，以减少行业重要信息系统的风险隐患。目前，行业各单位在威胁事前预防、事中检测和事后追溯上仍有一定欠缺。大部分单位均没有对信息系统、主机、中间件、数据库等重要设施组件的日志进行收集分析，尤其是在入侵事件的发现能力和事后追溯能力上，无法有效检测已发生或正在发生的入侵事件，加上日志的分析能力不足，难以从有效日志中提炼出有价值的安全事件和信息，虽然有些企业部署了SOC等一体化监控设备，但粗糙的配置、无人查看的状态导致设备的效能大打折扣。

B.3
网络空间治理机制演进历程及启示

李　艳*

摘　要：　随着互联网全球商业化与社会化进程的推进，"网络空间"
与"现实空间"进一步交织与高度融合，前者曾有的"虚
拟"与"去中心化"特质所带来的"不可规制性"正逐渐消
失。网络空间的治理成为摆在各国以及国际社会面前的重大
现实命题。与此同时，互联网技术与应用的日新月异使得治
理机制的相对滞后成为一种"新常态"。为此，国际社会各
方不断加大推进治理机制演进与完善的力度。本文结合网络
空间治理机制的演进历程，评述 2016 年网络空间治理机制建
设的重要进展，并对未来治理形势与中国的参与路径选择进
行思考。

关键词：　网络空间治理机制　演进历程　参与路径选择

　　网络空间治理实践表明：一方面，网络空间的全球互联与互通决定任何
行为体，包括国家在内，均无法单凭一己之力担当治理大任，各方合作与协
调势在必行；另一方面，网络空间作为现实"行为空间"的延伸，各行为
体为确保利益诉求的实现，围绕治理权的争夺日趋激烈。合作与博弈两股力
量的相互交织与影响，共同推动网络空间治理机制的形成、发展与变革。总

＊　李艳，中国现代国际关系研究院信息与社会发展研究所副所长、副研究员，主要从事互联网
治理机制与国际合作研究。

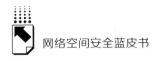

体而言，以2013年"斯诺登事件"为分水岭，治理机制从渐进式改革得以突发性推进，相关领域机制建设取得进展，整体机制建设将在此基础上继续演进。

一 网络空间治理及其机制

近年来，随着物联网、大数据、社交媒体等新型互联网技术的社会化应用，互联网不仅成为经济发展的重要引擎，更成为社会生活的重要平台。美国学者卡斯特认为，"空间"的形成、功能和社会意义基于社会行为的发生与社会关系的存续[①]。正是从这一意义上，人们对互联网的理解越来越具有"空间视角"，对其治理的理解早已超越狭义的互联网治理（Internet Governance），转向更加全面的网络空间治理（Cyberspace Governance）。尽管目前在政策或学术界，对于"网络空间"、"网络空间治理"及"治理机制"还没有形成统一和规范的界定，但一些基本概念正在逐步得到厘清。

（一）对"网络空间"的界定日趋全面和务实

"网络空间"说法早已有之，虽然维度不同，但无论是社会学理论、法学研究还是政策报告，对网络空间的认知都认同具有两大共性：一是高度重视互联网基本架构与技术应用的作用。社会学者认为正是信息技术的发展，才使得空间与时间的传统认知发生了转换；法学界认为互联网技术本身是进入网络空间的"入口"（gateway），而政策界始终强调互联网技术创造的"信息环境"。二是将关注重心放在网络空间主体活动上。社会学者强调"社会关系的产生与存续"是空间产生与存在的前提；法学界认为网络空间的核心价值在于进入网络空间后各主体的"系列活动"，而政策界更是务实地将网络空间作为"行动域"（domain）进行认知与探索。

因此，对网络空间的理解不仅要考虑互联网独特的技术应用特点对社会

---

① 曼纽尔·卡斯特：《网络社会的崛起》，社会科学文献出版社，2006，第384～387页。

带来的变革性影响，更要关注其作为人类活动与社会关系存续空间的意义。

具有历史意义的是，2016 年 12 月 17 日中国国家互联网信息办公室发布的首份《国家网络空间安全战略》中，对"网络空间"的界定较为全面地反映了这一认知："伴随信息革命的飞速发展，互联网、通信网、计算机系统、自动化控制系统、数字设备及其承载的应用、服务和数据等组成的网络空间，正在全面改变人们的生产生活方式，深刻影响人类社会历史发展进程。"① 并进一步细化指出网络空间已然成为"信息传播的新渠道"、"生产生活的新空间"、"经济发展的新引擎"、"文化繁荣的新载体"、"社会生活的新平台"、"交流合作的新纽带"以及"国家主权的新疆域"。

由此延伸，我们不妨将"网络空间"理解为："以相互依存的网络基础设施为基本架构，以代码、信息与数据的流动为环境，人类利用信通技术与应用开展活动，并与其他空间高度融合与互动的空间。"此界定要义有三：一是重视网络基本架构与运行方式的作用，因为这种技术架构在很大程度上决定着网络空间的原生特质，是网络空间区别于其他空间的重要因素，也决定着网络空间治理的独特性；二是关注技术架构、信息流动与营造的网络环境，这是网络空间的价值所在，决定着网络空间行为开展的基础与背景，各类网络空间主体行为的外在表现在很多时候就是以此影响信息与数据的流动；三是强调网络空间的社会价值，即人类利用信通技术与应用开展活动的现象与能力，这是网络空间的本质所在，亦是网络空间与其他空间关联之所在，更是网络空间与其他空间的共性之所在。如果说技术架构决定了网络空间治理的特性，那么网络空间与其他空间的高度融合与互动，决定了网络空间治理与其他空间治理的共性。

（二）网络空间治理及其机制

长期以来，国际社会对于网络空间治理的理解，很大程度上受全球治理

① 《国家网络空间安全战略》全文，中国网信网，2016 年 12 月 28 日，news. sinhuanet. com/zgix/2016－12/28/c_ 135937504. htm。

理论与实践的影响。其中较权威的定义是，2005 年 7 月联合国互联网工作小组（WGIG）发表工作报告将互联网治理定义为："各国政府、私营部门和民间社会根据各自的作用制定和实施旨在规范互联网发展和使用的共同原则、准则、规则、决策程序和方案。"[①] 此概念虽然仍沿用互联网治理的说法，但其就互联网发展对于社会各领域影响的关注，尤其是对相关公共政策制定的考虑，早已超越"技术论"，呈现综合治理的视角。定义本身包含着国际社会各方对治理基本原则的共识，具有重要现实指导意义。比如对于"各国政府、私营部门与公民社会"的点明，明确互联网治理主体的多元性；对于"根据各自作用"的阐述，暗含没有哪一个主体能够完全驾驭互联网治理事务；对于"原则、规则、准则、决策程序与方案"的详列，彰显治理作为一个系统工程，不仅要有顶层设计，更要有实施方案，其实践必然是战略与策略并重。

但此概念界定距今已有十余年，具有一定的时代局限性，已无法满足网络空间治理的现实需要：一是对互联网治理的表述没有突出其作为经济引擎以及重要社会平台的作用，尤其是在此基础上衍生出来的网络空间的发展，以及网络空间与现实空间的互动与高度融合带来的政治、经济、文化等方面的影响；二是过于强调各主体各自的职能，未能就主体间国际合作与协调的重要性进行必要的阐述，使得治理实践中不同程度地出现"划分范围"或"谁应发挥主导作用"的争论；三是前瞻性有所欠缺，治理的任务不应仅是对当前网络空间秩序的维护，更重要的是要着眼信息社会发展趋势，通过理念的发展与规则的制定，对未来网络空间发展进行战略规划，使其符合信息社会发展趋势与规律。

综合各种因素，可将"网络空间治理"（Cyberspace Governance）理解为"国际社会各利益相关方（政府、私营部分、公民社会与用户）着眼于全球互联网发展所具有的技术与社会双重影响，为促进网络空间有序、良性

---

① "Report of the Working Group on Internet Governance"，http：//www. wgig. org/docs/WGIGREPORT. pdf.

发展所开展的国际协调与合作的实践活动。"此界定要义有四：一是强调网络空间治理主体的多元化特征，互联网发展与应用决定了在网络空间没有哪一个主体能解决所有"涉网"事务；二是关注技术与社会的双重影响，对于网络空间治理的理解不仅局限于技术架构或公共政策的制定，旨在指出长期以来网络空间治理中所谓"技术圈"与"政策圈"相对各行其是，难以相互认同与理解的现状；三是将网络空间整体有序与良好发展作为目标与方向，强调系统性与全面性，不能只是对一些"原则"进行泛泛地阐述，而应将相关原则内化于网络空间的整体发展方向之中；四是指出治理的本质是国际协调与合作的系列实践活动，强调治理是一个动态、协调的发展过程。而相应的治理机制就是在这一过程中形成的整体运作框架与治理模式。具体包括治理主体、治理对象、治理机构与治理模式等要素，分别解决"谁来治理"、"治理什么"、"在哪里治理"以及"如何治理"的问题。事实上，对于网络空间治理机制演进历程的把握，正是基于对这些治理要素的分析。

二 网络空间治理机制进入第三次浪潮

网络空间治理机制演进伴随互联网发展历史进程，基于不同发展阶段，呈现鲜明的时代性特点，同时也历经一轮轮的治理浪潮。综合判断，目前全球网络空间治理机制的演进正进入第三次浪潮中。

（一）第一轮治理浪潮

出现在 20 世纪 90 年代，标志性的事件是一系列专注于互联网技术维护与标准制定的 I＊治理机构①的涌现，尤其是美国商务部决定成立互联网数字与地址分配公司（ICANN）来负责互联网基础资源的分配与管理。当时国际社会对互联网的认知主要集中在"技术"方面，认为互联网作为一种

---

① 所谓 I＊治理机构是指互联网社会应用初期成立的诸如 ICANN（互联网数字与地址分配公司）、IETF（互联网工程任务组）、IESG（互联网工程指导小组）与 IAB（互联网架构委员会）等，专注于互联网运转维护与标准制定的国际机构。

传输与分享信息的技术架构，其本质特征是开放、自由、平等和共享。而基于这种技术架构而形成的网络空间天生具有"去中心化"与"虚拟"特质，其发展依赖于内在发展规律。因此，在这一时期成立的各种互联网治理机构与组织，无论是国际层面的互联网工程任务小组（IETF）、互联网架构委员会（IAB）及互联网数字与地址分配公司（ICANN），还是地区层面的欧洲国家顶级注册管理机构委员会（The council of European National TLD Registries，CENTR）、亚太互联网网络信息中心（Asia – Pacific Network Information Center，APNIC）等，其主要职能都是着眼于标准制定与技术推进。这些组织无论是从组织形式还是运作模式上均充分体现出当时的认知体系，开放而自由，重视发挥民间团体、私营部门和个体的作用，注重不受传统现实社会约束限制的个性，鼓励创新精神，注重决策过程的开放与规则的有效性，强调没有政府参与和限制的自由和平等。这种理念与认知在互联网发展初期，对于全球互联网的繁荣和发展的确起到十分积极的推动作用①。

（二）第二轮治理浪潮

出现在 21 世纪头十年，标志性的事件是 2003 年、2005 年联合国主导下的"信息社会世界峰会（WSIS）"日内瓦、突尼斯阶段会议的召开。当时主要是因为进入 21 世纪以来，互联网已成为重要全球信息基础设施，并以极大的广度与深度渗透到社会的各个方面，涉及诸多领域的公共政策协调及国际博弈，以技术为中心的治理理念与相应机构设置在应对越来越多的"非技术"问题面前，力有不逮。因此，在联合国的推动下，开启 WSIS 进程，并成立"联合国互联网治理工作组（WGIG）"和"互联网治理论坛（IGF）"，标志着国际社会从综合治理角度展开深入细致的探讨。2005 年 6 月，WGIG 在工作报告中对互联网治理的工作定义（Work Definition）为："互联网治理是各国政府、私营部门和民间社会根据各自的作用，制定和实

---

① 阎宏强、韩夏：《互联网国际治理问题综述》，中国电信网，2005 年 10 月 26 日。

施旨在规范互联网发展和使用的共同原则、准则、规则、决策程序和方案"[1]。WGIG 在工作报告中特别强调各国政府应扮演"最关键角色"。确定了"多利益相关方"共同治理的机制框架；此外，治理内容与重心也不再仅局限于基础架构的运维与标准制定，而是根据现实发展需要，不断适应新的治理需求，治理内容涉及诸多领域与议题。有学者据此将其分为三大类[2]：一是结构层面的治理，如域名的管理、IP 地址的分配、网络费用结算等；二是功能层面的治理，针对互联网应用技术所带来的功能，相关的治理措施相继出现，如反垃圾邮件、隐私保护措施以及网络游戏分级等；三是意识层面的治理，如不良信息和文化的网络渗透、信息领域的国家主权、旨在消除数字鸿沟的发展问题等。对应治理内容的多元，更多的治理机制与平台应运而生，不断丰富治理机制。

（三）第三轮治理浪潮

此轮热潮的来临看似具有一定"突发性"，2013 年夏天"斯诺登事件"的曝光成为重要"触发点"。在此之前，治理进程一直处于缓慢的渐进式改革中，"斯诺登事件"加快了相关议程与实践的推进。事件发生以来，治理领域大事频发。2013 年 10 月，传统技术治理机构 I * 共同发布"蒙特维的亚声明"[3]，谴责美国政府实施全球监控行为；2014 年 ICANN 与巴西政府合作共同举办"巴西互联网大会"（Net - Mundial）[4]，呼吁改革现有治理机制；紧接着，国际社会各方采取积极行动，以推进 ICANN 国际化进程、改变美国政府监管互联网基础资源分配与管理机制为切入点，推进该领域的机

---

[1] "BackGround Report", P11, WGIG, Http：//www. itu. int/wsis/wgig/docs/wgig - background - report. doc.

[2] 舒华英：《互联网治理的分层模式及其生命周期》，载《2006 年中国通信学会通信管理委员会学术研讨会通信发展战略与管理创新学术研讨会论文集》。

[3] "Montevideo Statement on the Future of Internet Cooperation", https：//www. icann. org/news/announcement - 2013 - 10 - 07 - en.

[4] "NETmundial Multistakeholder Statement of Sao Paulo is Presented", http：//netmundial. br/blog/2014/04/25/netmundial - multistakeholder - statement - of - sao - paulo - is - pesented/.

制改革，2014 年 3 月美政府做出放权承诺①，2016 年 10 月 1 日完成放权；与此同时，各种层级的治理论坛与会议开启，多边、区域和双边等国际机构均将网络空间治理纳入议题日程，如 G7、G20。联合国与 ITU 加紧推动"信息社会峰会十周年审议高级别会议"筹备阶段议程，为启动新一轮十年治理进程做充分准备，2015 年 12 月 14～16 日，联合国"信息社会世界峰会十周年成果审议高级别会议"（WSIS + 10 HLM）② 在纽约召开。2015 年联合国第四届政府专家小组（GGE）完成工作报告，新组建第五届 GGE 于 2016 年开始推进下一个议程；中国亦从 2014 年开始推动"中国世界互联网大会"（乌镇大会）议程，习近平总书记在 2015 年第二届大会上提出"构建网络空间命运共同体"战略构想以及推进网络空间治理的"四项原则"与"五点主张"，2016 年 11 月，第三届大会发布"乌镇倡议"，推动国际社会各方共享共治。

当前网络空间治理机制演进正处于第三次浪潮之中，2016 年是此轮机制演进的重要"进展年"，主要体现在以下三个方面。

1. 明确了新的治理目标

WSIS + 10 HLM 明确提出新一轮信息社会十年（2016～2025 年）进程的发展目标。大会成果文件（Outcome Document）③ 提出了信息社会发展及治理的基本框架与原则，尤其是确立了系列新治理目标及重点领域。如明确网络空间治理机制应包括"多边、透明、民主和多利益攸关方进程"；肯定了"政府在涉及国家安全的网络安全事务中的'领导职能'"，强调国际法尤其是《联合国宪章》的作用；指出网络犯罪、网络恐怖与网络攻击是网络安全的重要威胁，呼吁提升国际网络安全文化、加强国际合作；呼吁各成员国在加强国内网络安全同时，承担更多国际义务，尤其是帮助发展中国家

---

① "NTIA Announces Intent to Transition Key Internet Domain Name Functions", http://www.ntia.doc.gov/press‑release/2014.

② Https://publicadministration.un.org/wsis10.

③ "WSIS Outcome Documents", December, 2005, http://www.itu.int/net/wsis/outcome/booklet.pdf.

加强网络安全能力建设，在继续促进互联网全球接入的基础上，加强弥补各地区信通技术应用能力上的差距，尤其要帮助发展中国家，特别是非洲国家、最不发达国家甚至是处于动荡与内乱的国家参与互联网治理。

2. 重要治理机构的合法性问题取得阶段性进展

ICANN 的合法性问题一直是治理进程中的"老大难"。作为一个非营利性的国际治理机构，由于其特殊的历史背景以及与美政府的现实关系，其自成立以来就不断受到相关国家以及社群的质疑。早在 2005 年 WSIS 突尼斯会议期间，当时的"金砖四国"与伊朗等就质疑美国政府与 ICANN 的合同关系，认为不应由一国主导全球互联网资源。美政府与 ICANN 均认识到，如果不改变合法性困境，将对未来 ICANN 工作带来不利，甚至影响互联网架构本身的稳定。鉴于此，2006 年 9 月，ICANN 与美商务部达成新协议，美政府逐步淡出互联网域名管理，ICANN 将继续作为可靠的互联网重要基础设施资源的全球协调机构，由"多利益相关方"组织运营，广泛接受政府参与，保持该组织国际化发展方向。"斯诺登事件"后，在国际社会各方进一步强烈要求下，2014 年 3 月，美政府与 ICANN 决定加快推进国际化进程。2016 年 10 月 1 日，国际社会各方历时两年多的努力，历经各种波折，终于成功促使 ICANN 运行机制重大变革。全球基础网络资源的分配与管理权正式交由全球多利益相关体"赋权社群"负责[①]。作为没有经验可循的全新机制，其组织架构与运转模式是对现有机制的重大突破，势必对整体治理机制建设产生深远影响。

3. 网络空间行为规范再上新台阶

第三届联合国政府专家小组（GGE）报告确认：国家主权和源自国家主权的国际规范和原则适用于国家进行的信息通信技术活动，以及国家在其领土内对信息通信技术基础设施的管辖权。2015 年第四届专家组充实了相关内容，进一步纳入国家主权平等原则、不干涉内政原则、禁止使用武力原

---

① "Stewardship of IANA Functions Transitions to Global Internet Community as Contract with U. S. Governments Ends", https：//www.icann.org/news/announcement－2016－10－01－en.

则、和平解决国际争端原则以及对境内网络设施的管控义务等内容，进一步完善了规范体系[①]。更为重要的是第70届联大协商一致通过了俄罗斯、中国和美国等82个国家共同提出的信息安全决议，授权成立新一届专家组[②]，继续讨论国际法适用、负责任国家行为规范、规则和原则等问题。2016年围绕新的工作要求，新一届GGE的工作稳步推进，旨在落实负责任的国家行为准则，建立信任和能力等领域多项可操作性措施。此外，《塔林手册》（2.0版）正式出版，与之前的《塔林手册》（1.0版）相比，进一步扩充了和平时期网络行动国际法规则。虽然此手册编撰主要由西方国家参与，但为增强影响力，有意识向非西方国家扩大；同时，此文案虽属专家倡议性文书，但其不断积极寻求政府"背书"，如组织政府法律代表咨询会等。考虑到国际法渊源与形成惯例，即便只是"专家造法"，其本身的过程及相关理念与规则条文对未来网络空间行为规范的影响力也不可低估。

三 网络空间治理机制发展面临的挑战

总体而言，经过多年推进，网络空间治理机制已经形成一套较为完备的框架，各方就治理主体的多元性、机制设置的立体化、治理议题的分层性以及治理模式的灵活性均已达成一定共识。但鉴于网络空间复杂形势，治理机制发展仍面临诸多挑战。

（一）"技术圈"与"政策圈"仍存鸿沟

当前，随着越来越多的国家政府以及政府间国际组织和政府机构加入治理进程，与传统治理机构相辉映，治理机制因此更趋完善。但在实践中，"技术圈"与"政策圈"在处理具体议题时，彼此之间的鸿沟仍然明显。一

[①] "2015 UN GGE Report: Major Players Recommending Norms of Behavior and Highlighting Aspects of International Law", https://ccdcoe.org.

[②] "Cybersecurity at the UN: Another Year, Another GGE", Elaine Kozak, Dec. 10, 2015, www.lawfareblog.com.

方面，由于秉持"技术中心论"的"网络自由主义"思想长期主导互联网治理进程，形成"多主体参与，私营部门主导"格局，政府作为仍在很多场合被视为的"政府强权"介入与干预，难以切实发挥作用。如在 ICANN 改革前，就声称要提升政府作用，但实际上改革后，该机制内政府平台"政府咨询委员会"（GAC）职能不升反降。另一方面，政府主体在处理治理事务时，对非政府主体意见重视度不够，很多时候缺乏必要的共同讨论与广泛征集意见的环节。在具体合作中，往往也仅将非政府主体视为配合执行者，而未将其纳入决策程序。前者造成机制整体上仍未摆脱应对技术问题有效、应对非技术问题相对乏力的局面，而后者直接导致相关决策无法"落地"，影响治理效果。

（二）各方利益协调难度加大

网络空间治理主体多元化的确有助于形成合力，但由于各主体治理意识普遍增强，利益诉求差异更加凸显，尤其是在一些重大治理议题上，各方协调的难度不减反增。这也是为什么近来诸多国际议程成果停留在"意见集"水平。从之前的巴西大会到近期的 WSIS 成果文件均可见一斑。如巴西大会最后《全球多利益相关方声明》列明的主要还是"有待进一步讨论"的问题；《成果文件》在涉及很多问题的表述上，基本上采取"各方合璧"的做法，政策表述四平八稳。历史经验表明，如果各方只是试图通过自己的"议程设置"来提升话语权和影响力，缺乏有效协调，就会导致治理议题、资源与力量的分散，结果未必能使任何一方受益，反而有损共同利益。

（三）机制间缺乏有效协调

治理协调机制包括两个维度，即横向的治理机构间合作与纵向的主体间协调。一方面，具备综合治理能力的治理机构设置已基本成形，但机构间却缺乏协调机制，不能很好地促进资源整合，治理进程中重复建设、职能重叠现象普遍，相关政策缺乏普遍适用性和权威性。例如，专注互联网技术架构与发展的机构往往对其所涉及的公共政策及社会影响考虑不够，而主要综合治理机构并没有强制力与执行力，如 IGF 与 WGIG 很多时候意在促进共识，而非寻求方案。另一方面，治理机制中，政府主体与非政府主体决策偏好有着天然差异，以国家主权为权力依据的"自上而下"和以平等参与为核心的"自下而上"天然对立，迄今为止，国际社会还未找到有效的折中机制，能够为各主体切实形成"合力"提供有效平台。

（四）大国共识难达

中美作为网络大国与网络强国，其对网络空间治理进程的重要性不言而喻，甚至有学者称，两国互动直接决定网络空间安全与治理走势。以近年来双方在治理领域的互动来看，虽然对稳定、繁荣的网络空间符合共同利益已达共识，但合作现状并不令人满意：首先，治理理念存在差异，对"多利益相关方治理模式"有各自解读；其次，缺乏战略互信，均认为对方试图削弱自己在网络空间的影响力；沟通渠道不畅，对各自网络新政的解读存有不同程度的偏差与误读；危机管控机制建设相对滞后，导致不必要的争端升级等。这些问题直接影响中美网络关系，更不利于推动国际网络空间治理。

四　中国推进治理机制建设的几点思考

中国在网络空间的战略理念与政策主张业已阐明，即对内建设网络强国，对外构建网络空间命运共同体。积极参与网络空间治理进程，推进机制改革正是其中重要一环。接下来的任务应是抓住机制建设的发展趋势与重点，力争顺势而为和因势利导，切实推进我国相关理念与主张的"落地"。

（一）重心偏南，重视发展中国家潜力

近年来，国际社会普遍达成一个共识，随着互联网全球化普及进程的推进，未来网络空间发展与建设将呈现"大南移"趋势，即网络基础设施的发展与网民数量增长将主要出现在广大新兴国家与发展中国家。与此同时，

这些国家参与治理进程的诉求也日益突出，满足他们的发展诉求，提升他们能力建设，避免其成为网络空间整体发展与安全的"短板"，将成为未来重要治理目标。因此，在重视大国合作与博弈的同时，还应围绕发展中国家发展问题进行战略布局，将帮助提升其治理参与度和能力作为构建网络空间命运共同体的重要内容。一方面在理念上，通过多种方式积极回应其对网络空间治理的诉求，将其纳入我国相关治理机制改革推进战略与政策的整体考虑；另一方面在实践中，将帮助发展中国家网络安全能力与治理能力建设作为重要援助内容，尤其是结合"一带一路"等战略加以推进，这将有助于我国在网络空间形成共推机制改革的合力。

（二）扬长补短，加强重要治理平台的对接

一方面针对非政府主导的治理机构，更加积极地调动与发挥国内非政府主体，鼓励其参与治理进程，与 ICANN 这样的非政府治理机构实现更加有效的对接。ICANN 国际化进程推出的新机制只是一个"起点"，要积极参与到其接下来透明化与问责制完善的过程中去，提升决策代表性，以及满足日益增长的广大发展中国家参与需求的机制改革中去。另一方面针对政府间治理机构，推动其形成有影响力的治理方案和举措。随着各国政府对网络空间的高度重视，有越来越多的政府主导的双边、区域和全球性平台参与治理进程，ITU、OECD、77 国集团、金砖国家、G7、G20 等均将网络议题纳入议程即为明证。而在这些渠道中，我国有一定机制和影响力优势，我国应加强策划与引领，推进相关议题深入探讨，争取形成有影响力的治理方案。

（三）提前布局，在机制创新上取得先发优势

一方面是针对治理新热点探索新机制，随着 ICANN 国际化问题的阶段性进展，以及各方对"多利益相关方"争论的"心照不宣"，一些新的治理热点将涌现，极需新的治理机制满足现实需要。如 IPV6 应用、供应链安全、物联网安全，大数据跨境传输等问题，将从公众探讨导向专门协商平台与协调机制的搭建。因此，我国应针对这些未来热点领域，在拓展上多下功夫，

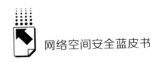

提前布局，带头搭建新平台和启动新机制，争取能在相关领域的标准制定与国际合作推进上切实发挥作用，从而由点带面地实现治理能力与影响力的全面提升。另一方面是针对协调性机制建设创新方案，未来治理机构间协调问题将是机制完善的重要环节，我国可在此领域提前入手，主动通过各种渠道，打通机制协调环节，此举既有利于掌握更多治理渠道与资源，也有助于通过发挥综合协调作用，进一步提升我国的影响力和话语权。

B.4
美国大选"邮件门"对全球
网络安全治理的挑战

鲁传颖 *

摘　要：　黑客干预美国大选是最近网络空间安全领域发生的一个重要
事件，尽管美俄双方对事件本身的调查和归因各执一词，但
其对网络空间安全和治理，甚至对大国关系和国际安全体
系的影响将持续发酵。本文从网络安全国际冲突升级的视角出
发，通过对黑客干预大选的分阶段梳理，总结了网络空间安
全从分散到融合、网络安全态势从等级到非对称、网络空间
从权力扩散走向网络赋权的趋势。由此提出国际社会需要从
采取务实举措、推进平等参与治理和建立综合性机制框架等
多方面来共同应对挑战的观点。

关键词：　黑客干预大选　维基解密　网络空间治理　网络安全

随着美国国家安全事务助理迈克尔·弗林（Michael Flynn）的辞职，黑客干预美国大选事件的后续影响还在继续发酵，并有可能成为"斯诺登事件"后网络空间安全领域发生的另一个重大事件。[1] 2016 年 12 月底，美国

---

* 鲁传颖，上海国际问题研究院副研究员，主要从事网络空间安全与治理领域研究。
[1] 本文系国家社科基金青年项目"'棱镜门'与中国参与国际互联网治理战略研究"
（15CGJ001）的阶段性成果。Greg Miller and Philip Rucker, "Michael Flynn resigns as national security adviser", *The Washington Post*, February 14, 2017.

总统奥巴马宣布了对俄罗斯的报复举措，并采取一系列措施确保在新政府上台后美国继续保持对事件的调查。① 弗林的辞职并不会给事件画上一个句号，随着调查的深入，美国国内政治将有可能迎来更大的风暴。因此，黑客干预大选现象将进一步加剧网络大国之间的摩擦，威胁全球网络秩序，成为国际安全体系中新的不稳定因素。

一 黑客干预大选的三个发展阶段

2016 年美国总统大选最引人关注的事件之一就是匿名黑客组织通过曝光竞选者及其团队成员的电子邮件、对话记录和个人资料等内部信息而实现对选举进程的干预。② 虽然其对选举结果产生什么样的影响难以评估，但其有选择性地针对民主党候选人希拉里，并屡次在关键节点爆料，在整个选举过程中成功牵制并对希拉里团队施加了强大的精神压力。总体来说，可以将事件划分为"维基揭秘"、"美俄博弈"和"国会接手"三个阶段。第一阶段主要是一系列邮件安全事件接连曝光对整个大选进程产生了严重影响；第二阶段是美俄在黑客干预大选问题上的博弈；第三阶段的焦点是奥巴马离任后美国国会继续推动调查。

第一阶段贯穿了民主党党内初选和大选的整个进程，是由"希拉里邮件门"、"波德斯塔邮件泄露"以及"民主党全国委员会邮件系统被黑客攻击"三个和美国总统竞选进程息息相关的网络安全问题组成。在竞选的关键时刻，三个事件被轮流炒作，不断有内部信息被揭露到网上，不仅对希拉里的个人形象造成了伤害，也严重束缚了其在选举中的表现，消耗了大量的竞选资源和精力，并为最终败选埋下伏笔。

---

① Evan Perez and Daniella Diaz, "White House Announces Retaliation Against Russia: Sanctions, Ejecting Diplomats", *CNN*, December 29, 2017, http://edition.cnn.com/2016/12/29/politics/russia – sanctions – announced – by – white – house/index.html（上网时间：2017 年 2 月 19 日）。

② Kathy Gilsinan And Krishnadev Calamur, "Did Putin Direct Russian Hacking? And Other Big Questions", *The Atlantic*, January 6, 2017, https://www.theatlantic.com/international/archive/2017/01/russian – hacking – trump/510689/（上网时间：2017 年 2 月 19 日）。

2016 年 3 月,希拉里 2016 年总统大选的竞选团队主席约翰·波德斯塔 (John Podesta) 个人邮箱被一个名为魔幻熊 (fancy bear) 的黑客组织通过鱼叉攻击 (spear-phishing) 方式攻破,约万封邮件被窃取,其中有多封与希拉里竞选和担任国务卿时期政策讨论的内部信息被公开。希拉里因提前获取大选辩论问题被指控为作弊,因在叙利亚问题上内部立场与公开表态截然相反被指责为"双面人"。① 2016 年 7 月,民主党全国委员会 (Democratic National Committee,简称 DNC) 的信息系统被号称 Guciffer 2.0 的黑客组织攻击,并将近 2 万封内部邮件通过维基揭秘 (WikiLeaks) 网站对外公布。其中较有争议的是 DNC 的员工贬低民主党另一名候选人伯尼·桑德斯 (Bernie Sanders) 的言语,以及讨论要暗中破坏桑德斯的竞选。② 这些言论和行为偏离了 DNC 中立的立场,希拉里的竞选再次受到媒体和公众的批评和质疑,最后是桑德斯不计前嫌在民主党大会上公开支持与和解将希拉里拉出了舆论漩涡。

这些被窃取的内部信息在选举过程中都成了攻击希拉里和帮助特朗普的"战略信息" (Strategic Information),这些"战略信息"通过"维基解密"和"DC 解密" (DC Leaks) 两个网站广泛传播,对希拉里竞选造成了严重伤害。特别是 2016 年 10 月,联邦调查局局长詹姆斯·科米 (James Comey) 在选举最激烈之时宣布重新启动对"邮件门"的调查更是几乎扭转了两位候选人的竞选势头。③ 战略信息结合政治谣言,希拉里被贴上了"双面人"、"叛国者"、"罪犯"、"冷血政客"等等负面标签,影响了其在选民中的形象,一直到其败选。

---

① 参见 Politico Live Blog, *The Podesta Emails*, October 19, 2016, http://www.politico.com/live-blog-updates/2016/10/john-podesta-hillary-clinton-emails-wikileaks-000011 (上网时间:2017 年 2 月 19 日)。

② Theodore Schleifer and Eugene Scott, "What Was in the DNC Email Leak?", *CNN*, July 24, 2017. http://edition.cnn.com/2016/07/24/politics/dnc-email-leak-wikileaks/index.html.

③ Fox News, *FBI Reopens Clinton Probe After New Emails Found in Anthony Weiner Case*, October 28, 2016, http://www.foxnews.com/politics/2016/10/28/fbi-reopens-investigation-into-clinton-email-use.html (上网时间:2017 年 2 月 19 日)。

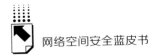

第二阶段是美俄在干预大选上的博弈。波德斯塔邮件泄露后不久就有美国网络安全公司声称黑客组织背后是俄罗斯情报机构，奥巴马总统两次要求普京不要通过网络安全干预美国大选，一次是在 G20 杭州峰会期间；第二次是奥巴马通过热线警告普京。① 在整个大选期间，美国国内都担心竞选系统会被黑客攻击。针对利用网络进行虚假信息和政治谣言的宣传，美国也在不断加强立法。2016 年 3 月 16 日，美国国会参议院外交委员会向国会提交了一份名为"应对外国虚假信息、宣传和其他目的"的法案。5 月 10 日，国会众议院提交了一份同名法案。12 月 23 日，法案经参众两院表决，由奥巴马总统签署生效。该法案明确写到，另一个合适的名称为"2016 反信息战争法案"，② 该法案出台的背景主要是应对外部力量在社交媒体上对美国政治议程的干扰和干预。

大选结束后，美国政府腾出手来对事件进行详细调查。尽管奥巴马政府即将离任，但还是大举对俄罗斯进行了报复。2016 年 12 月底，美国政府高调宣布对俄罗斯进行制裁，驱逐 35 名外交官，关闭位于马里兰和纽约的两个领馆，并将 2 家主要情报机构、3 家网络安全企业和 4 名个人列入制裁名单。这被称为冷战结束后，美国对俄罗斯采取的最严重的"挑衅"之一。③ 与此同时，在奥巴马本人直接推动下，国土安全部和联邦调查局于 2016 年 12 月 29 日发布了一份题为《灰熊草原——俄罗斯的恶意网络活动》（Grizzly Steppe – Russian Malicious Cyber Activity）的联合分析报告，声称源自俄罗斯的两个黑客组织舒适熊（Cozy Bear）和魔幻熊（Fancy Bear）从 2015 年至 2016 年间入侵民主党全国委员会网络并窃取了大量邮件资料。④ 在大选的关

① Nick Allen，"Barack Obama warns US will 'take action' over Vladimir Putin's hacking of US election"，*The Telegraph*，December 16，2016.

② "To Counter Foreign Disinformation and Propaganda，and for Other Purposes"，H. R. 5181，114TH Congress 2d Session（2016）.

③ The White House，"FACT SHEET：Actions in Response to Russian Malicious Cyber Activity and Harassment"，https：//obamawhitehouse. archives. gov/the – press – office/2016/12/29/fact – sheet – actions – response – russian – malicious – cyber – activity – and.

④ FBI，"GRIZZLY STEPPE – Russian Malicious Cyber Activity"，JAR – 16 – 20296A，December 29，2016.

键时期，这些内部邮件中的一些敏感信息被发布到社交媒体上，并对大选构成了严重干扰。这份分析报告被认为是美国指责俄罗斯情报机构作为幕后主使的重要证据。

第三阶段是奥巴马离任前夕，国会直接接手继续推动相关调查。2017年1月5日，参议院军事委员会（Senate Armed Force Committee）召开国外网络威胁听证会（Foreign Cyber threats tothe United States），听证会由来自共和党和民主党的两位资深参议员约翰·麦凯恩（John McCain）和杰克·里德（Jack Reed）召集，出席会议的有美国国家情报总监詹姆斯·克莱珀（James Clapper）、美国国家安全局局长迈克尔·罗杰斯（Michael Rogers）和国防部情报局副部长马塞尔·莱特尔（Marcel Lettre）。① 第二天，美国情报社区总监携中央情报局、联邦调查局和国家安全局三家情报机构发布了一份名为"评估俄罗斯在近期美国大选中的活动和意图"（Assessing Russian Activities and Intentions in Recent US Elections）的情报社区评估报告。报告指出，普京本人直接下令相关的网络行动；俄罗斯的情报机构直接参与了网络行动；俄罗斯的目的在于损害希拉里的竞选，并帮助特朗普获胜。② 参议院情报委员会也公开表明将继续推动对黑客干预大选事件的调查工作，来自共和党的参议院情报委员会的主席理查德·布尔（Richard Burr）和民主党副主席马克·华纳（Mark Warner）参议员共同发布了调查俄罗斯情报活动的声明，委员会将在情报社区评估（ICA）基础上继续调查"最近大选中俄罗斯的活动和意图"。

二 国际网络空间安全冲突升级

传统的网络安全认知在于网络设备及其承载的数据遭到破坏和窃取所导

---

① U. S. Senate Hearings, "Foreign Cyber Threats to the United States", January 5, 2017. http：//www. armed – services. senate. gov/hearings/17 – 01 – 05 – foreign – cyber – threats – to – the – united – states.

② DNI, "Assessing Russian Activities and Intentions in Recent US Elections", January 6, 2017, https：//www. dni. gov/files/documents/ICA_ 2017_ 01. pdf.

致的安全问题；斯诺登事件将网络空间安全的认知上升到无所不在的网络监听和国家安全的高度；黑客干预大选展现的是一幅新的网络空间认知模式，它设立了新的目标，超越了大规模网络监听对于"战略信息"的获取，更加关注根据特定目标来使用这些"战略信息"。同时，它还表现出网络安全的不对称性更加突出，防御的难度大幅增加。最后，它也揭示出网络安全领域正在进行的一场赋权运动，网络安全机构的力量正在上升。结合战略博弈、法律政策和技术分析等不同的视角，我们可以从黑客干预大选中看出三个重要的趋势：网络空间安全从分散走向融合；网络安全态势从等级到非对称；网络空间从权力扩散走向网络赋权。

（一）网络安全从分散走向融合

黑客干预大选重新定义了对网络安全的认知，拓展了网络空间安全的内涵，超越了以往不同种类的网络行动各自为政的态势，融合为一种新的国际安全冲突升级形式。黑客干预大选将目标对准了政治干预，形成了网络安全技术、意识形态攻击和政治秩序干预三位一体的新型网络行动形式。传统的网络安全注重于对关键基础设施的攻击，黑客干预大选则将目标瞄准具有战略意义的信息，并通过维基解密和社交网络进行曝光和宣传，特别是根据美国大选进程的发展对特定候选人进行爆料，形成了对一方的威慑和对选举进程的干预。

这种融合背后是战略目标超越了以往网络安全所定义的范畴。美国情报总监詹姆斯·克莱伯将"干预"行为定义为超越传统间谍界限的，试图颠覆美国民主的"尝试"，"行为绝对是有预谋的，除了黑客外，他们还运用媒体和社交网络进行了宣传和造谣，并用假新闻抹黑竞选人。"①美国外交政策研究所研究员和乔治·华盛顿大学网络和国土安全中心高级研究员克林特·沃茨（Clint Watts）的研究认为，黑客的目标不仅仅是操纵选举，更要

---

① Brianna Ehley, "Clapper Calls Russia Hacking A New Aggressive Spin on the Political Cycle", *The Politico*, October 20, 2016. http://www.politico.com/story/2016/10/russia-hacking-james-clapper-230085.

削弱主流媒体、公众人物、政府机构的公信力。另外，将重心放在所获取的战略信息的使用上。① 另一项来自无党派研究组织 PropOrNot 的调查称，黑客在窃取邮件的同时，还伴有一场大规模、长时间、有效针对美国人的宣传行动。共有 200 个疑似网站将相关话题推向了 1500 万名美国人，其中一个关于虚假希拉里的负面新闻就有 2.13 亿次点击率。②

黑客干预大选只是网络空间安全融合的起点，它给我们打开了一个更有弹性和更有想象力的网络空间安全认知和行为模式，网络安全、社交网络、意识形态宣传、政治干预，这些要素有机地结合到一起并产生了更加深刻的安全威胁，它将战场直接设立在最强大的网络国家的本土，目标直指民主制度的核心区域。不管背后主使者是谁，这一现象本身，以及美国政府所采取的一系列重要的应对举措，也进一步揭示了事件的危害程度。黑客干预大选对于我们认知网络空间风险、应对网络安全挑战、开展网络空间治理带来了更多的不确定性。

这种融合同时也反映了网络空间安全的新特点，将"战场"成功的延伸到一国的境内，即战略信息的取得和使用以及针对的目标都发生在同一个国家的网络空间中。21 世纪以来的国际安全体系中，只有极少数落后、混乱的第三世界国家才会面临战争的风险，黑客干预大选则揭示出一个新的特点，即每个国家都可能面临这样的风险，即便是美国这样强大的国家也不能幸免。

（二）网络安全态势从等级化到非对称性

过去网络安全的不对称性仅仅体现在特定的关键基础设施保护层面，网络强国与网络发展中国家从能力上来看还是呈现出等级化的趋势。黑客干预大选打破了等级化的趋势，重新定义了网络安全的不对称性。一直以来，美

---

① Clint Watts, "How Russia Wins an Election", *Politico Magazine*, December 13 2016. http：//www. politico. com/magazine/story/2016/12/how – russia – wins – an – election – 214524.

② The PropOrNot Team, "Russia is Manipulating US Public Opinion through Online Propaganda", November 30 2016, http：//www. propornot. com/p/home. html.

国和西方国家自认为在信息战方面是免疫的，互联网自由是天然与西方国家意识形态和国家利益绑定的，美国的"互联网自由战略"是最典型的代表。互联网所具有的去中心化结构、匿名性和跨国界性，被认为是对非民主国家进行意识形态宣传和政治干预的最佳平台，"阿拉伯之春"被誉为经典案例。时任美国国务卿的希拉里·克林顿公开宣称要通过社交媒体来宣传美国意识形态和价值观，实现对其他国家政治干预和政权的颠覆。[①] 黑客干预大选颠覆了这一传统认知，网络空间的意识形态宣传和政治干预并非等级制和单向的，可以是非对称和双向的。

这种非对称性由网络安全、社交网络和互联网自由等属性结合而产生，具有易攻、难防和扩散等特点。首先，从网络安全角度来看是难以防范的，黑客的目标不是我们传统认为的关键信息基础设施，而是政治顾问的个人邮箱和民主党全国委员会的内部网络，这些目标都难以算得上是关键信息基础设施，也难以全部被保护。其次，社交媒体取代主流媒体成为公众获取信息的来源，具有政治意图的黑客、维基解密和社交媒体共同组成一个新的意识形态生产和宣传的生态，取代了精英和主流媒体在意识形态宣传领域的控制。在之前的西方选举中，候选人也会面临各种形式的揭老底、爆料，精英和主流媒体起到"把关人"的作用，根据特定价值取向和标准进行信息的传播。所谓的"外国虚假信息宣传"和特朗普的"推特治国"，都在侵蚀美国主流媒体和价值观的根基。最后，互联网自由战略导致的自缚手脚。为了推广互联网自由战略，美国的法律政策大多不涉及网络内容的传播管理，给黑客利用信息进入意识形态宣传和政治干预留下了巨大空间。网络安全、社交网络和互联网自由等三个方面特点的融合放大了网络空间安全的非对称性。

黑客干预大选所带来的失序也许是短暂的，但其示范性效应将是难以估量的。它不仅会启发更多的国家通过网络手段干预他国的国内政治，更会引发新一轮的网络空间军备竞赛，以及出台更严格的网络管制措施，2016年

---

① Hillary Clinton，"*Secretary Clinton's Remarks on Internet Freedom*"，08 December 2011，http：//iipdigital. usembassy. gov/st/english/texttrans/2011/12/20111209083136su0. 3596874. html#axzz2eIWPYNRu（上网时间：2017 年 2 月 19 日）。

12 月，美国和欧洲同时发布了《反外国虚假信息和宣传》法案，授权政府采取措施应对新型的信息战。① 这些后果都会对网络空间的发展和治理带来负面影响和挑战。

（三）从网络空间权力扩散到网络赋权

如果说网络空间发展第一阶段的主要特征是权力扩散，即网络空间中权威的缺失导致的权力从国家行为体向非国家行为体扩散、从等级制走向扁平化、从中心走向节点等一系列的权力转变趋势。黑客干预大选揭示出来一个新的趋势，即一些处于网络安全核心区域，能够正确认知网络安全、积极掌握网络安全技术的部门，能够通过网络重新赋权，从而在权力扩散的同时，逆向地集中和掌握权力。这是一轮新的网络赋权运动，它不是以平等、透明和去等级化为方向的，相反，它呈现出某些集权的、非公开和不对等的趋势。结果会导致更多的安全议题主导国际政治，以及更多与安全相关的部门来主导国际规则的制定。

黑客干预大选揭示了网络赋权的三个来源：领域风险、认知能力、技术差异。首先，领域风险主要是因为其所在的领域具有战略性的地位，相应的威胁能够对全局产生影响。如黑客干预大选就是从网络安全出发，对政治安全、意识形态安全甚至经济安全、个人信息安全等造成严重威胁，这些风险和威胁会提升网络安全的重要性和关注度，从而为网络安全的赋权提供了基础。其次，认知能力因为网络安全的全局性决定了其复杂性和跨领域、跨学科的特征，对正确认知网络安全提出了很高的要求，大多数的部门和人群还是从单一和传统安全的理论视角来看待网络安全，被动防御，让另外一部分能够站在更高视野、更全面认知网络安全的部门和人群增加了网络赋权的可能性。最后，技术差异是指先进网络安全技术的垄断性导致掌握技术的群体

---

① European Parliament，" MEPs Sound Alarm on Anti – EU Propaganda From Russia and Islamist Terrorist Groups ", November 23 ， 2016. http：//www. europarl. europa. eu/news/en/news – room/20161118IPR51718/meps – sound – alarm – on – anti – eu – propaganda – from – russia – and – islamist – terrorist – groups.

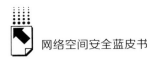

和没有掌握技术的群体之间产生的权力差异。领域风险、认知能力、技术差异三者之间既有客观因素，也有主观因素，三个之间结合构成了网络安全甚至是整个网络空间赋权的新趋势。

网络赋权运动加剧了部门之间权力的转移，并对国际安全体系和大国关系造成了挑战。从国际秩序角度来看，传统意义上的国际和外交事务是由拥有丰富经验和规则的外交部门负责，当各国情报和安全机构冲上前台，相应的机制以及信任的缺乏所带来的问题就是国际安全架构的挑战和大国互动关系的重新构建。

三　网络空间安全治理的应对方案

"黑客干预大选"事件加剧了网络安全冲突升级，不仅让网络空间治理更加复杂化，而且其示范性效应将对大国关系和国际安全体系带来巨大挑战。它所展现的"融合"趋势增加了网络空间安全的变量，凸显了治理的挑战性；"不对称"趋势增加网络空间的自助防御难度；"赋权"趋势造成了国际政治中行为体变换和游戏规则不适用；从三个不同的方面同时给网络空间安全治理带来了挑战。国际社会需要从采取务实举措、推进平等参与治理和建立综合性机制框架等多方面来应对上述挑战。

（一）针对安全融合趋势：国际社会要用务实行动推动网络空间治理

相比较黑客干预大选所揭示出的网络空间安全的威胁程度和来源，国际社会现有网络空间治理还处于起步阶段。相关的博弈还是围绕着治理原则是遵从互联网自由还是网络主权、治理主体是多边还是多方、治理平台是政府间组织还是非政府组织等基本分歧。[①] 从黑客干预大选的影响和后果来看，美俄各执一词并且在双边层面进行博弈，现有的国际安全体系和网络空间治

---

① Adam Segal, *The Hacked World Order*, New York：PublicAffairs，2016，pp. 201 - 220.

理体系无法提供相应的争端解决机制。这再一次引起了对网络空间安全秩序匮乏和规则缺失的担忧，黑客干预大选会加剧寻求单边网络安全防御的错误倾向，加剧网络军备竞赛趋势，由此抵消在网络空间治理领域的已有合作举措，并会加剧大国之间的摩擦。

针对上述趋势，国际社会应在根本性原则立场上采取包容姿态，达成共识，促成更多务实的举措。首先，就网络空间主权原则在治理领域的具体体现达成共识。如黑客干预大选所表现出来的，通过黑客技术窃取战略信息、利用维基解密曝光信息，并且利用社交媒体进行信息战。这些环节都涉及了对其他国家网络主权的侵犯，既不能简单以网络自由为名为其辩护，也不可能光靠加强立法就能解决问题，它涉及现存的国际秩序如何与网络空间兼容，以及各国政府达成共识并采取一致行动。因此，主权作为网络空间秩序基石的作用就不可替代，对网络主权的侵犯即是对国际体系的伤害，应得到国际社会的一致谴责和制裁。其次，在涉及网络空间治理的核心环节上取得突破。美俄在黑客干预大选上的博弈建立在归因能力基础之上。归因作为一项先进和复杂的技术，具有攻防两面性，主要大国出于技术垄断目的，不愿意向国际社会分享相关技术，结果导致了当前集体行动缺乏依据、单方面举措缺乏合法性的困境。归因是网络安全的核心议题，国际社会可以考虑在联合国或其他多边框架下设立多国参与的归因技术中心，在敏感的网络安全博弈中提供技术细节分析，从而对不负责任的网络空间行动起到威慑，并促使国际社会采取一致性行动对其进行制裁。[①] 最后，在建立信任措施上要有更多约束性举措，在具体议题上达成可核实、有监督，并且有惩罚机制的举措。如可推动国际社会在这次事件所暴露出的在他国境内社交媒体上进行意识形态宣传和政治干预问题上达成共识，并采取有约束力的举措。[②]

---

① Scott Warren and Martin Libicki, *Getting to Yest With China in Cyberspace*, California: RAND Corporation, 2016, p. 30.

② Kate Conger, "Microsoft Calls for Establishment of a Digital Geneva Convention", *Tech Crunch*, February 14, 2017. https://techcrunch.com/2017/02/14/microsoft-calls-for-establishment-of-a-digital-geneva-convention/.

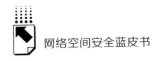

（二）针对不对称性趋势："区分法"已不适用于建立网络空间秩序

美国和其他西方国家一直认为其在网络技术、能力以及合法性上优先于其他国家，不愿意以平等姿态来共同建立网络空间秩序，而是采取通过区分的方法有选择性地设置治理议程。比如在联合国政府专家组中，美方坚持只讨论国际法在网络空间中的适用性问题，而不愿意根据新的情况构建新的国际法。① 在大规模网络监听和网络商业窃密问题上，美国认为对全球进行的大规模网络监听是正常的情报收集活动，不应当受到指责，而其他国家对美国企业进行的商业窃密则违反了美国的国家利益，应当受到制裁。美国认为自己可以单独发展出一套网络威慑理论，通过跨域威慑的方式来保障自身安全和推动"区分"战略。区分法背后体现的霸权思维和单边主义思想并不符合网络空间秩序的要求，黑客干预大选体现出网络空间安全是无等级、非对称的，没有所谓能够自我防御的霸权国家，单边主义无法应对挑战。因此，国际社会只有采取集体行动才能加以应对。这就要求在网络空间治理中采取平等协商的方式考虑各国的共同关切，并采取客观公正的立场推动网络空间治理进程。

（三）针对网络赋权趋势：网络空间治理要有新的制度性安排

网络赋权的趋势表明网络安全部门、网络情报机构和网络部队等传统意义上关注国内问题或隐藏在背后的一些部门已经冲到大国博弈和国际安全秩序的前线，成为最重要的影响力量之一。但是这些网络安全相关部门在定位上并非开展国际合作的部门，国际社会并没有制度性的安排来容纳这些部门。另外，网络安全技术的复杂性使得传统上擅长国际对话交流的外交部门和经济部门缺乏对上述安全部门的内部协调能力。这两方面因素叠加是当前

---

① *Group of Governmental Experts on Developments in the Field of Information and Telecommunications in the Context of International Security*，UN General Assembly Document A/70/174，July22，2015.

网络空间治理进程难以取得实质性突破的主要原因之一。现有网络空间治理机制进程中一个主要问题就是缺乏网络安全相关部门的参与,外交和经济部门之间的谈判难以落到实处。无论是联合国政府专家组还是二十国集团(G20),甚至是双边的谈判合作都面临着落实的问题。

因此,无论是在双边还是在多边合作中,都应当考虑这一趋势,建立综合性的国际安全制度性框架。首先,各国政府应当更加注重内部的沟通协调机制的建立,在大国合作和国际安全合作的大背景下来看待网络安全部门的作用,建立有效的跨部门对话协商机制。其次,探索建立危机管控机制。斯诺登事件后,因对俄罗斯收留斯诺登不满,美中断了与俄罗斯在网络安全领域的对话措施。在美国大选过程中,奥巴马曾通过热线致电普京,但未起到任何作用。黑客干预大选事件表明危机管控机制的重要性,它能够为两国在网络安全领域的博弈和互动建立共识,并设立一定的底线。危机管控的缺乏将为冲突爆发埋下隐患。最后,需要在有害网络信息、归因技术、漏洞信息共享等技术层面开展网络安全的务实合作。将网络空间安全的冲突和博弈从政治层面逐步回归到技术层面,更有利于问题的发现和解决。

B.5
全球人工智能安全与伦理研究

曹建峰　孙　那[*]

摘　要：　人工智能已经迎来第三次发展浪潮，其广泛而规模化的应用
　　　　　将对人类社会的法律、伦理、安全、就业、教育以及其他社
　　　　　会经济结构和制度产生深远影响。为增进公众对人工智能的
　　　　　信任，促进有益人工智能的发展，国际社会在人工智能安全
　　　　　与伦理方面已经做出了一些努力，可以为我们未来应对这些
　　　　　问题提供一定的借鉴。

关键词：　人工智能　安全伦理监管　国际社会

一　全球人工智能发展状况

（一）第三次发展浪潮

人工智能已经迎来了第三次发展浪潮，2016 年则是其大放异彩的一年，它在策略游戏、语言翻译和创作、自动驾驶、图像识别、个性化推荐、专业咨询等诸多领域的应用日益成熟。这距人工智能①这一概念首次提出仅过去

---

*　曹建峰，西南政法大学知识产权法学硕士，腾讯研究院研究员，主要研究领域包括人工智能等前沿科技、网络隐私与数据保护、网络安全、游戏版权产业等。孙那，北京大学知识产权法学博士，腾讯公司与中国社科院联合培养博士后，腾讯研究院研究员，研究领域为知识产权法、互联网内容产业。

①　"科普中国"科学百科对人工智能的定义为："人工智能是研究、开发用于模拟、延伸和扩展人的智能的理论、方法、技术及应用系统的一门新的技术科学。"美国斯坦福大学的尼尔逊教授认为："人工智能是关于知识的学科——怎样表示知识以及怎样获得知识并使用知识的科学。"参见何立民《从人工智能的源头说起》，载《单片机与嵌入式系统应用》2016 年第 8 期，第 78 页。

60 年。① 其实，早在 1950 年，阿兰·图灵（Alan Turing）在其《计算机器与智能》一文中就提出了测试机器人是否具有智能的一个标准——著名的"图灵测试"，认为判断一台人造机器是否具有人类智能的充分条件，就是看其能否成功地模拟人类的言语行为。② 换句话说，如果让一个人与计算机交谈，当计算机可以持续地让该人无法识别对方是人还是机器时，就可以认为该计算机拥有某种程度的智能。但是，对于何谓人工智能，人们尚未达成一个被普遍接受的定义。当前较为流行的定义从四个方面界定人工智能：①像人一样思考的系统（比如认知架构和神经网络）；②像人一样行动的系统（比如借助自然语言处理通过图灵测试、自动推理和学习）；③理性思考的系统（解决逻辑问题、推理和最优化）；④理性行动的系统（比如通过认知、计划、推理、学习、沟通、决策和行动等实现目标的智能软件代理和机器人）。

当前的第三次人工智能发展浪潮始于 2010 年，体现在以下四个方面。

（1）技术不断进步。这表现为三个相互加强的因素：一是大数据，二是持续改进的机器学习和算法，三是更强大的计算机。

（2）投资风向转变。在前述技术因素的助推下，人工智能在 ICT 领域快速发展，相关创业、投资和并购活动明显加强。科技界和投资界的风向标开始转向人工智能。据 Venture Scanner 对全球 71 个国家人工智能公司的统计，截至 2016 年第三季度，全球人工智能创业公司数量已有 1287 家，其中 585 家获得投资，投资金额总计达到 77 亿美元，其中美国投资金额超过 31 亿美元。在市场规模和前景方面，美国 Stastista 和 Tractica 的统计数据显示，2016 年全球人工智能产业市场规模为 6.437 亿美元，2025 年则将达到 368 亿美元，增长潜力巨大。

（3）应用日益成熟。人工智能在交通、医疗、制造业、社交、环保等领域应用不断深化，包括无人驾驶、无人机、智慧医疗、智能制造、语音识

---

① 1956 年，在美国的达特茅斯学院，学者们谈论刚刚问世不久的计算机如何来实现人类智能的问题，在会议筹备期间，麦肯锡建议学界以后就用"人工智能"一词来标识这个新兴的学术领域，与会者附议。这次会议标志着"人工智能"这一概念的正式诞生。参见徐英瑾《心智、语言和机器——维特根斯坦哲学和人工智能科学的对话》，人民出版社，2013，第 4 页。

② 同上注，第 3 页。

别与互动、机器人等众多方面。以无人驾驶为例，谷歌及特斯拉等开发的无人驾驶汽车已累计行驶数亿公里，技术也日益成熟。此外，世界范围内的智能机器人应用范围不断扩大，从智能制造、医疗拓展到物流、智能家居服务等领域。2016 年 9 月，美国谷歌、脸书、亚马逊、IBM、微软等五家科技公司共同发起成立人工智能联盟，进行人工智能未来应用及标准的研究，加速促进人工智能的行业应用。①

（4）国家战略出台。伴随第三次浪潮而来的是各国人工智能战略的纷纷出台、基础研究领域的不断深化以及产业应用领域的进一步扩大。美、英、日、韩等在近几年出台了一系列人工智能国家战略，深化基础领域研究，加大对人工智能产业的发展扶持。② 2016 年 10 月发布的《美国国家人工智能研发战略计划》提出了美国国家人工智能战略，涉及七个方面，包括长期投资；探索人 – 人工智能协作的方式；理解并解决潜在的法律、道德、社会等影响；确保人工智能系统的保险性和安全性；为人工智能研发、训练、测试等开放公共数据以及其他环境；通过标准和基准测量、评估人工智能技术；更好地理解人工智能的劳动力需求。英国、印度、日本等都已发布类似战略，从全局高度规划人工智能的发展方向。

（二）通用人工智能和超级人工智能

人工智能可以被划分为三个阶段：有限人工智能或弱人工智能（narrow/weak AI）、通用人工智能（artificial general intelligence，AGI）或强

---

① 张樵苏：《美国五大科技巨头成立联盟发展人工智能》，新华网，http://news. xinhuanet. com/tech/2016 – 09/29/c_ 1119648836. htm，访问时间：2017 年 2 月 21 日，网页更新日期：2016 年 9 月 29 日。

② 2013 年，美国启动了名为"通过推动创新型神经技术开展大脑研究的计划"；2015 年 10 月，美国发布《美国国家创新战略》；2016 年 10 月，美国白宫发布《美国国家人工智能研发战略计划》和《为人工智能的未来做好准备》两份重要报告，提出人工智能发展的七大战略方向。英国政府发布《RAS 2020：机器人和自主系统》《机器人学与人工智能》《人工智能：未来决策制定的机遇和影响》等报告，提出了 RAS 2020 战略，阐述了人工智能的未来发展对英国社会和政府的影响，论述了如何利用英国的独特人工智能优势，增强英国国力。此外，日本、韩国及欧盟等也纷纷从战略层面进行布局。

人工智能（strong AI），以及超级人工智能（artificial super intelligence, ASI）。美国白宫人工智能报告《为人工智能的未来做好准备》认为，当前处在弱人工智能阶段，通用人工智能则在未来的几十年都不会实现。弱人工智能只在特定领域应用，或者只解决特定问题，比如策略游戏、语言翻译、自动驾驶、图像识别等。弱人工智能在购物推荐、精准广告、个性化推荐、语言翻译等商业服务中应用广泛。而通用人工智能是指，在所有的人类认知活动中展现出和人类一样先进的智力水平的人工智能系统。换言之，通用人工智能通常就是对人类智能的复制，却是以人工而非自然的方式。

人工智能正在从弱人工智能向通用人工智能和超级人工智能方向发展。只要技术一直发展下去，人类终有一天会造出通用人工智能，进入数学家 I. J. 古德（I. J. Good）提出的"智能大爆炸"或者"技术奇点"阶段，到那时，通用人工智能有能力循环性地自我提高，导致超级人工智能的出现，而且上限是未知的。被比尔·盖茨（Bill Gates）誉为"预测人工智能最厉害之人"的雷·库兹韦尔（Ray Kurzweil）预言，2019 年机器人智能将能够与人类匹敌；2030 年人类将与人工智能结合变身"混血儿"，计算机将进入身体和大脑，与云端相连，这些云端计算机将增强人类现有的智能；到 2045 年，人与机器将深度融合，人工智能将超过人类本身，并开启一个新的文明时代。①

二　人工智能安全问题

（一）人工智能安全问题综述

行为具有自主性，这是人工智能系统②区别于人类社会以往任何科技的

---

① 〔美〕雷·库兹韦尔著《人工智能的未来——揭示人类思维的奥秘》，盛杨燕译，浙江人民出版社，2016，第 2 页。

② 为了有效区分作为一个概念的人工智能与作为一项科学技术的人工智能，本文将使用人工智能系统来指代后者。因为人工智能建立在现代数字算法的基础上，而人工智能系统需要软硬件的配合使用。所以，在这样的定义下，一个机器人、一台运行着程序的独立电脑或者互联网电脑、抑或任何一套组件都能承载人工智能的运行。

最大不同。自动驾驶汽车的运行可以完全脱离人类的控制，服务机器人可以独立自主地在餐饮、酒店、家政等领域提供服务。与以往三次工业革命相比，人工智能带来的自动化将更为深刻而彻底。人工智能系统在低技能、低创造性的工作或者任务上大规模地取代人类，已是大势所趋；随着更加多才多艺的人工智能系统的出现，甚至连医生、律师等被认为需要高技能、高创造性的职业也可能部分地被人工智能系统取代。当然，在人工智能研发和应用过程中，以及在人工智能系统的使用和运行过程中，安全问题也是无法回避的。下面将主要从公共安全、网络安全以及人类安全这三个层面来论述人工智能安全问题。

1. 人工智能与公共安全

打着人工智能这一标签的科技产品如机器人、无人机、自动驾驶汽车等日益弥漫于人类社会，未来还将进一步普及。当前，全球约有 170 万个机器人，其使用并未得到很好的监管。无人机越来越多地被用于快递服务，亚马逊公司甚至为此申请了专利。此外，与人类驾驶相比，自动驾驶技术被认为更安全、可靠，在减少交通事故上被寄予厚望。美国、英国、德国等国家都在大力推动自动驾驶技术的发展与应用。当然，与人类社会以往任何科技一样，人工智能在交通运输、医疗健康、制造业、服务业等诸多领域的应用，也必然带来公共安全问题。比如，2015 年 7 月，德国大众汽车制造厂一个机器人突然"出手"击中一名工人胸部，致其当场死亡；再如，2016 年 5 月，一辆特斯拉汽车在以自动驾驶模式行驶时与一辆卡车相撞，造成交通事故。①

一方面，什么样的政府监管才能有助于研发安全、可靠、可信赖的人工智能系统？另一方面，当人工智能系统造成人身和财产损害时，该如何分配法律责任？这两方面既是需要深入研究的现实问题，也是既有法律体系需要面对的挑战。在政府监管方面，美国白宫 2016 年 10 月发布的人工智能报告

---

① 蔡雄山、曹建峰等：《AI，未来已来》，《互联网前沿（季刊）》（内刊）2016 年第 3 期，第 9 页。

《为人工智能的未来做好准备》指出，人工智能监管以及政策制定应当以降低人工智能创新的成本和门槛、确保公共安全和公平市场为目的。在具体监管方式上，第一，当前的监管制度基本是充分的，没必要进行激进的监管变革；第二，在必要性前提下，以及在充分考虑人工智能的影响的基础上，对人工智能进行渐进式监管。[①]

但是，人工智能研发和运行过程中的一些特征以及人工智能定义上的困难，给事前的监管和事后的监管都提出了挑战。第一，对事前监管的挑战在于人工智能研发过程中的秘密性（需要很少的可见设施投入）、分散性（开发者、参与者等可能分布在不同国家或者地区）、不连续性（涉及众多组件和要素）以及不透明性（监管者不了解人工智能系统背后的技术原理）等特征。第二，对事后监管的挑战在于人工智能运行过程中的可预见性问题（人工智能系统具有自主性和学习能力，其行为方式可能难以预测）和控制问题（人工智能系统不需要人类控制）。第三，在定义方面，合理界定需要被监管的人工智能系统可能是很难的。[②] 针对自动驾驶汽车、护理机器人、医疗机器人、无人机等特殊类型的人工智能系统来探索、构建合理的监管规则，是美国、英国、欧盟等对人工智能进行监管的一个趋势。

另外，责任往往与安全相连。自动驾驶汽车、无人机、机器人等人工智能系统进入人类社会，当其造成损害，如何分配法律责任？既有责任框架如产品责任、严格责任、过错责任等在管理人工智能系统造成的损害上具有局限性。其一，人工智能系统的行为往往是不可预见的。自动驾驶汽车等人工智能系统的一个核心特征是具有自主性和学习能力，这使得其设计者可能也无法预见其后续行为，让设计者对其无法预见的损害承担责任有失公平。其二，在因果关系认定上存在困难。人工智能系统"后天的"学习经历可能

---

① See "Preparing for the Future of Artificial Intelligence," available at https://obamawhitehouse. archives. gov/sites/default/files/whitehouse_ files/microsites/ostp/NSTC/preparing_ for_ the_ future_ of_ ai. pdf, first visited on February 24, 2017.

② Matthew U. Scherer, "Regulating Artificial Intelligence Systems: Risks, Challenges, Competencies, and Strategies," *Harvard Journal of Law & Technology* 29 (2016): 362 – 369.

成为其造成损害的一个替代原因（superseding cause），足以使实际操作者等主体免责。其三，控制问题。使用者对人工智能系统失去控制，使得使用者或者任何人不再对人工智能系统负有法律责任。

2. 人工智能与网络安全

人工智能的网络安全问题可以分为两个层面。

（1）人工智能系统自身的网络安全。人工智能应用日益增多，从自动驾驶汽车、无人机到服务机器人、医疗机器人；随着技术的发展，人工智能应用将进一步弥漫于人类社会。一旦这些人工智能系统被攻击或者具有安全漏洞，将对人身和财产安全带来重大危害。因此，这些人工智能系统应当执行稳健的网络安全控制，确保数据和功能的完整性，保护隐私和机密性，并维持可用性。美国的《国家人工智能研发战略计划》强调"持续安全可靠系统的研发和运行"的需求。[①] 为使人工智能解决方案安全可靠，能够经受住恶意的网络攻击，网络安全上的进步是极为关键的，尤其是考虑到政府和私营部门利用有限人工智能开展任务的种类和体量在持续增长。

（2）人工智能在网络安全上的应用。网络安全是当前有限人工智能的一个主要应用领域；无论是在防御性措施上，还是在主动性措施上，人工智能都有望扮演越来越重大的角色。就当前而言，设计并运行安全可靠的系统需要专业人员投入大量的时间和精力。将这一专业工作部分或者全部自动化，就能以显著低廉的成本保障更多更广泛的系统和应用实现更好的网络安全，也可以增强网络防卫的敏捷性。面对日益复杂、不断发展的网络威胁，利用人工智能可以提高侦测和应对的速度。在很多方面，人工智能尤其是机器学习系统可以帮助应对网络空间的复杂性，并在应对网络攻击时支撑有效的人类决策。在大数据的支撑下，未来的人工智能系统可以通过预测性分析来预测网络攻击。在分析、解读网络节点、链接、设备、架构、协议、网络等数据上，人工智能可能是最有效的路径，可以积极识别漏洞，采取措施防

---

① 孙那：《超级大国的 AI 雄心：解读美国〈国家人工智能研究和发展战略计划〉》，《互联网前沿（季刊）》（内刊）2016 年第 3 期，第 11～15 页。

止或者削弱未来的攻击。

3. 人工智能与人类安全

未来的通用人工智能和超级人工智能一旦不能有效受控于人类，就可能成为人类整体生存安全的最大威胁；与核弹等原子核技术相比，这种威胁只会有过之而无不及，因此需要人类提前防范。虽然当前依然处在有限人工智能阶段，但人工智能领域很多研究人员都认为，只要技术持续发展下去，通用人工智能以及之后的超级人工智能就必然会出现，主要的分歧点在于通用人工智能和超级人工智能何时会出现。[①] 2016 年以来，诸如斯蒂芬·威廉·霍金（Stephen William Hawking）、伊隆·马斯克（Elon Musk）、埃里克·施密特（Eric Emerson Schmidt）等知名人士都对人工智能的发展表达了担忧，甚至认为人工智能的发展将开启人类毁灭之门。

霍金在演讲时认为，"生物大脑与电脑所能达到的成就并没有本质的差异。因此，从理论上讲，电脑可以模拟人类智能，甚至可以超越人类。"伊隆·马斯克警告道，对于人工智能，如果发展不当，可能就是在"召唤恶魔"。人们担忧，随着普遍人工智能的发展，人类将迎来"智能大爆炸"或者"奇点"；届时，机器的智慧将提高到人类望尘莫及的水平。当机器的智慧反超人类，超级智能机器出现之时，人类将可能无法理解并控制自己的制造物，机器可能反客为主，这对人类而言是致命的，是灾难性的。这是一个值得深思的问题，当然也需要提前研究，采取防范措施，确保人工智能朝着有益、安全、可控的方向发展。

（二）人工智能监管探索

随着人工智能发展和应用的加速，美国、英国、德国、欧盟等在自动驾驶汽车、无人机、人工智能责任规则等方面进行了诸多监管尝试。这些监管尝试一方面通过清理一些既有的规则限制和制度门槛来促进人工智能在这些

---

① Nick Bostrom, *Superintelligence*：*Paths*，*Dangers*，*Strategies* Oxford：Oxford University Press，2014，22 – 25.

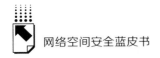
领域的应用和创新发展，另一方面通过规则和标准的完善去确保这些领域的人工智能系统的安全性和可靠性，维护公共安全，增进公众信任，加速新技术的普及。下文将择其要点进行介绍。

1. 自动驾驶汽车监管的国际探索

（1）《国际道路交通公约》修订承认自动驾驶的合法性。在国际层面，2016年3月，《国际道路交通公约》完成修订，为自动驾驶技术在交通运输领域的应用清除了障碍。修订前的公约第8条规定，驾驶员在车辆行驶的全过程必须完全掌控汽车。也就是说，自动驾驶并不在合法范围。新修订的第8条规定，允许那些应用了自动驾驶技术的汽车参与道路交通活动。前提是：汽车依然在驾驶员的掌控之中；驾驶员在车辆行驶过程中可以随时关闭该自动驾驶系统；自动驾驶技术的应用需符合联合国其他相关法律之规定。

（2）美国联邦政府及各州加快促进自动驾驶技术的应用，同时更新监管规则以保障其安全性。在美国联邦层面，2016年9月，美国交通部出台《联邦自动驾驶汽车政策》，目的是"为自动驾驶安全部署提供政策框架，从而有效利用技术变革带来的优势"。该政策包括四大方面。一是为自动驾驶汽车提出15项安全评估标准，涉及信息收集、隐私政策、网络安全、人机交互界面等，是制造商在将其自动驾驶汽车向消费者推出前必须跨越的15道门槛。二是模范的州政策，以防联邦及各州在自动驾驶汽车监管政策上形成碎片化、分散化监管局面，进而影响创新进程和自动驾驶的普及。三是阐述美国国家公路交通安全管理局（NHTSA）的现有监管工具，包括解释权限、豁免、规则制定、执行权限等，这些权限在应对自动驾驶汽车带来的新问题和新挑战时可以发挥一定作用。四是寻求新的监管工具，诸如安全保证措施、批准权限①、签发禁止令②、针对自动驾驶汽车的扩大的

---

① 按照《联邦自动驾驶汽车政策》，自动驾驶机动车是否符合相关标准，目前有两种方案。第一种方案是以批准机制完全取代现有的自我认证程序，即由国家公路交通安全管理局确定其是否满足所有相关标准。第二种方案是自我认证和批准程序的混合机制。

② 对于迫在眉睫的危险，国家公路交通安全管理局可以向汽车制造商签发禁止令，明确其应当采取的用以消除紧急状况的限制性或者禁止性措施。

豁免权限①、针对销售后软件更新的监管权限②等五大监管权力，以及变量测试程序③、性能和系统安全监管④、常规性审查⑤、记录和报告⑥、数据收集工具⑦等五大监管工具。⑧

在各州层面，第一，允许自动驾驶车辆接入公共道路进行测试，简化自动驾驶车辆测试许可程序，如内华达等州；第二，明确车辆原始制造商与自动驾驶技术提供商之间的责任，如佛罗里达州、密歇根州自动驾驶立法均规定，车辆在被第三方改造为自动驾驶车辆后，车辆的原始制造商不对自动驾驶车辆的缺陷负责，除非有证据证明车辆在被改造为自动驾驶车辆前就已存在缺陷；第三，开展完全无人驾驶等前瞻性领域立法，比如，加州议会2016 年 1 月审议通过法案，授权 Contra Costa 运输管理机构（CCTA）实施完全无人驾驶汽车的试点项目，测试完全无人驾驶汽车，已经有 20 余个机构拿到测试许可。此外，佛罗里达州和密歇根州也分别于 2016 年 4 月和 9月通过新的法案，撤销了自动驾驶车辆中必须有驾驶员的规定，要求研究人员在必要时能够迅速远程接管对车辆的控制，或者汽车自身必须能够停车或

---

① 美国国家公路交通安全管理局建议将两年内每年至多 2500 辆汽车的豁免权限扩大为五年期限内每年 5000 辆汽车。这将显著增强分析被豁免的汽车路上安全的能力。

② 软件更新之后需要重新认证，所以事后的软件更新可能影响这一自我认证程序；而且软件更新可能带来安全缺陷。因此，需要额外的监管措施和手段，以确保消费者可以充分知悉和学习软件更新。

③ 变量测试程序可确保汽车性能并避免测试的赌博成分，即为了让无人驾驶汽车在充满其他汽车、自行车、行人的现实环境中安全行驶，国家公路交通安全管理局就必须有能力模拟代表这些复杂的现实环境的测试环境。

④ 《汽车性能指南》列明了汽车制造商在设计、制造等阶段需要采取的行动，从而侦测、削弱安全风险。美国国家公路交通安全管理局还可以给其施加报告义务。

⑤ 通过常规性审查（regular review）不断完善测试标准。国家公路交通安全管理局依据既有职权，可以开展创新影响分析、常规性评估以及设立届满条款。

⑥ 要求制造商保存记录并定期或者依请求提交报告。在制造商或者其他主体开展测试之前，国家公路交通安全管理局可以要求其提交简明的计划书并汇报必要的信息。

⑦ 利用大量数据做出判断并执行安全决策。国家公路交通安全管理局认为，加强对事故数据的存储将有助于其重建事故现场环境并了解无人驾驶汽车当时的反应。

⑧ 曹建峰、孙那等：《全球首个自动驾驶汽车监管政策都讲了啥？》，腾讯研究院：http://mp. weixin. qq. com/s/4EnSD - zfstNDg1keaWqgZw，访问时间：2017 年 2 月 26 日，网页更新日期：2016 年 10 月 11 日。

减速。①

（3）德国、英国等国家亦积极推动自动驾驶汽车政策。在德国，2015年以来，德国出台了一系列涉及自动驾驶汽车的政策。可以归结为以下几点：第一，允许开展自动驾驶汽车测试；第二，修改相关法案，将"驾驶员"的定义扩大，具有对车辆完全控制的自动系统也同样被重视；第三，在责任规则方面，德国监管机构目前正在计划出台新规，要求汽车厂商在自动驾驶车辆中安装黑匣子，以便在事故后判定安全责任，开展保险理赔工作；第四，建立圆桌会议制度，德国联邦交通和数字化设施部2016年发布《自动和互联驾驶战略》后，为引导社会广泛参与此战略，德国政府针对自动驾驶可能面临的技术、法规和社会问题，建立了跨学科、跨部门的自动驾驶圆桌会议制度，联合各州政府、产业协会、研究机构、消费者协会等重要参与方，共同商讨和解决问题。此外，英国政府曾于2016年7月出台一份报告②，2017年1月又出台另一份相关联的报告③，在保险安排、监管改革等方面提出了一些建议，比如，在涉及自动驾驶汽车的交通事故中，保险公司有责任直接向"无辜受害者"做出赔偿，但如果事故是因汽车制造商的技术故障或者缺陷造成的，保险公司可以向制造商主张索赔。

2. 欧盟议会呼吁加强机器人和人工智能民事立法

早在2015年1月，欧盟议会法律事务委员会（JURI）就决定成立一个工作小组，专门研究与机器人和人工智能发展相关的法律问题。2016年5月，法律事务委员会发布《就机器人民事法律规则向欧盟委员会提出立法建议的报告草案》；同年10月，发布研究成果《欧盟机器人民事法律规

---

① 伦一：《美德加快健全自动驾驶制度对我国的启示》，腾讯研究院：http：//mp. weixin. qq. com/s/uKurOiuhMlPtOCY3qDscZg，访问时间：2017年2月26日，网页更新日期：2017年2月23日。

② 即"Pathway to Driverless Cars：Proposals to Support Advanced Driver Assistance Systems and Automated Vehicle Technologies"，针对保险制度、产品责任等提出了一些建议。

③ 即"Pathway to Driverless Cars：Consultation on Proposals Tosupport Advanced Driver AssistanceSystems and Automated Vehicles"，针对保险制度、高速公路行驶、使用等提出了一些监管改革措施。

则》。在这些报告和研究的基础上，2017 年 2 月 16 日，欧盟议会以 396 票赞成、123 票反对、85 票弃权，通过一份决议，其中提出了一些具体的立法建议，要求欧盟委员会就机器人和人工智能提出立法提案（在欧盟只有欧盟委员会有权提出立法提案）。欧盟委员会虽无义务遵守这一要求，但如要拒绝则必须陈述其理由。其中与人工智能监管相关的立法建议包括以下几条。

（1）成立一个专门负责机器人和人工智能的欧盟机构，负责就技术、伦理、监管等问题提出专业知识，以更好地抓住人工智能的新机遇，并应对从中产生的挑战。考虑到人工智能的当前发展和投资，需要给予这一新机构充分预算，配备监管人员以及外部的技术和伦理专家，对人工智能应用开展跨领域、跨学科的监测，确认行业最佳实践，并适时提出监管措施。

（2）在责任规则方面，第一，对机器人适用强制保险机制，这与针对机动车的强制险类似，由机器人的生产者或者所有者负责购买，以便对机器人造成的损害进行责任分配；第二，设立赔偿基金，其目的有二，其一，对强制险未予覆盖的损害进行赔偿，其二，让投资人、生产者、消费者等多方主体参与这一机制，从而形成赔偿基金。

（3）推进标准化工作和机器人的安全可靠性。一是标准化，欧盟委员会在国际层面应继续致力于技术标准的国际统一，在欧盟层面则需要建立相应的标准化框架，以免造成欧盟各成员国之间标准的不统一以及欧盟内部市场的分裂。二是机器人的安全可靠性，在现实场景中测试自动驾驶汽车等机器人技术，对于识别和评估其潜在风险是至关重要的。

（4）针对具有特定用途的机器人和人工智能出台特定规则，也就是进行特殊立法。需要采取特殊立法的机器人类型包括，自动驾驶汽车、护理机器人、医疗机器人、无人机、人类修复和增强（即为修复和补足受损器官和人体功能而存在的机器人）。[1]

---

[1] 曹建峰：《十项建议解读欧盟人工智能立法新趋势》，腾讯研究院：http://mp. weixin. qq. com/s/7IGQH_ Fkb02gQBbQhO0YqQ，访问时间：2017 年 2 月 26 日，网页更新日期：2017 年 2 月 17 日。

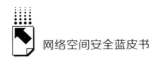

三 人工智能伦理问题

（一）人工智能伦理问题概述

2016 年以来，人工智能伦理问题成为世界范围内公共政策的焦点话题。无论是产业界领袖发出生存危机等担忧，还是政府针对人工智能的法律、伦理、社会影响等问题频发官方报告，抑或是学术界对人工智能歧视、偏见、不公正、责任等问题的热议，都足以表明，在人工智能第三次发展浪潮之际，人们就人工智能对人类社会影响的担忧几乎超过了对以往任何科技（包括原子核技术）的担忧。就人工智能伦理问题而言，主要涉及以下几个方面。

1. 人工智能系统的价值一致性

人工智能系统以理性代理人之身份进入人类社会，必然需要遵守人类社会的法律、道德等规范和价值，做出合法和符合道德的行为。也就说，被设计研发出来的人工智能系统需要成为道德机器，这是人工智能伦理问题的一个最基本层面。在实践层面，人工智能系统做出的行为需要和人类社会的各种规范和价值保持一致，也即价值一致性或者价值相符性。由于人工智能系统是研发人员的主观设计，这一问题最终归结到人工智能设计和研发中的伦理问题，即一方面需要以一种技术上可行的有效方式将各种规范和价值代码化，植入人工智能系统，使系统在运行时能够做出符合伦理的行为；另一方面需要避免研发人员在人工智能系统研发过程中将其主观的偏见、好恶、歧视等带入人工智能系统。比如，当前很多人工智能系统诸如语音助手等都被认为具有性别歧视的倾向。未来人工智能系统可能融入社会生活的方方面面，避免诸如性别歧视、种族歧视、弱势群体歧视等问题，确保人工智能伦理行为的实现，是需要认真思考的问题。而这需要在当前重数学和技术的算法思潮之外，思考伦理算法的现实必要性和可能性。

2. 人工智能对隐私、自由与尊严的影响

人工智能系统对数据的大量收集、利用，以及数据分析的自动化、智能化，对隐私与数据保护提出了挑战。一方面，当前基于机器学习的人工智能系统在训练和运行过程中，需要使用大量的数据，其中很多是个人数据；在人工智能时代，重新定义隐私显得尤为重要。另一方面，如果未来人类无所不在人工智能系统的包围当中，个人自由又如何实现？此外，人工智能系统对个人数据的自动化、智能化分析、决策，可以形成个人画像（profile）或者形象（persona），影响个人权益，而个人可能对此完全不知情，又如何实现数据商业利用与个人数据（身份）管理之间的平衡？这也是人工智能系统对个人身份和尊严提出的一个挑战。个人身份范式需要从现实的身份延伸到数字身份，这也是个人尊严和自由的一个重要部分。

3. 人工智能的正义问题

依托于深度学习、算法等技术，人工智能决策日益流行，从个性化推荐到信用评估、雇佣评估、企业管理，再到自动驾驶、犯罪评估、治安巡逻，越来越多的决策工作为人工智能所取代，或者最终的人类决策主要依托于人工智能的决策，由此产生的一个主要问题就是，公平正义该如何保障？人工智能的正义问题可以解构为两个方面：第一，如何确保算法决策不会出现歧视、不公正等问题？这主要涉及算法模型和所使用的数据。第二，当个人被牵扯到此类决策中时，如何向其提供申诉机制并向算法和人工智能问责，从而实现对个人的救济？这涉及透明性、可责性等问题。在人工智能的大背景下，算法歧视已经是一个不容忽视的问题，正是由于自动化决策系统日益被广泛应用在诸如教育、就业、信用、贷款、保险、广告、医疗、治安、刑事司法程序等许多领域。从语音助手的种族歧视、性别歧视问题，到美国犯罪评估软件对黑人的歧视，人工智能系统决策的不公正性问题已经蔓延到很多领域，而且由于"黑箱"性质、不透明性等问题，其难以对当事人进行有效救济。①

4. 人工智能的道德及法律地位

随着机器人和人工智能系统越来越像人（外在表现形式或者内在机

---

① 曹建峰：《人工智能：机器歧视及应对之策》，《信息安全与通信保密》2016 年第 12 期，第 16~17 页。

理），一个不可回避的问题就是，人类到底该如何对待机器人和人工智能系统？机器人和人工智能系统，或者至少某些特定类型的机器人，是否可以享有一定的道德地位或法律地位？由此，机器权利日益受到关注，也成为人类社会无法回避的一个问题。历来为人权、女权乃至动物权利（福利）辩护的观点主要基于两大理论：道德主体（moral agency）和道德痛苦（moral patiency）。前者是普遍人权的基础，而后者则是动物权利的基础，因为动物被认为可以感受到痛苦，所以需要给予一定的道德权利。那么，未来是否需要承认机器人等人工智能系统也具有机器权利（rights of machines），随着机器人应用的日益普及，这个问题也会变得重要起来。另外，机器人等人工智能系统在法律上是什么？自然人？法人？动物？物？抑或是新的法律主体？回答这一问题可能涉及代理、纳税、责任承担等问题。

（二）人工智能伦理探索

人工智能因其自主性和学习能力而带来不同于以往任何科技的伦理新问题，对人类社会各方面将带来重大影响。如何让人工智能符合人类社会的各种规范和价值，最大化其好处，并实现全球普惠发展，是构建普惠 AI 和有益 AI 必须解决的问题。2016 年以来，人工智能伦理问题日益得到重视。2016 年 8 月，联合国下属的科学知识和科技伦理世界委员会（COMEST）发布《机器人伦理初步报告草案》，认为机器人不仅需要尊重人类社会的伦理规范，而且需要将特定伦理准则编写进机器人中。2016 年 9 月，英国政府发布的人工智能报告《机器人学与人工智能》呼吁加强 AI 伦理研究，最大化 AI 的益处，并设法最小化其潜在威胁。2016 年 10 月，美国白宫发布的《国家人工智能研发战略计划》提出开展 AI 伦理研究，研发新的方法来实现 AI 与人类社会的法律、伦理等规范和价值相一致。2017 年 1 月，人工智能研究机构 Future of Life Institute 召集人工智能、法律、伦理、哲学等领域众多专家和学者召开 2017 阿西洛马会议，并形成了 23 条 AI 原则，作为 AI

研究、开发和利用的指南。① 此外，各国政府及产业界已经斥巨资设立了多个研究基金，推进对人工智能伦理等问题的研究。

1. IEEE 发布人工智能合伦理设计指南

2016 年 12 月，标准制定组织电气和电子工程师协会（IEEE）发布《合伦理设计：利用人工智能和自主系统（AI/AS）最大化人类福祉的愿景（第一版）》，旨在鼓励科技人员在 AI 研发过程中优先考虑伦理问题。该文件由专门负责研究人工智能和自主系统中的伦理问题的 IEEE 全球计划下属各委员会共同完成。这些委员会由人工智能、伦理学、政治学、法学、哲学等相关领域的 100 多位专家组成。这份文件包括一般原则、伦理、方法论、通用人工智能和超级人工智能的安全与福祉、个人数据、自主武器系统、经济/人道主义问题、法律等八大部分，并就这些问题提出了具体建议。

（1）提出如何将人类规范和价值嵌入人工智能系统的方法。可以分三步来实现将价值嵌入 AI 系统的目的：第一，识别特定社会或团体的规范和价值；第二，将这些规范和价值编写进 AI 系统；第三，评估被写进 AI 系统的规范和价值的有效性，即其是否和现实的规范和价值相一致、相兼容。

（2）确保人工智能的透明度并尊重个人权利。政府决策的自动化程度日益提高，法律要求政府确保决策过程中的透明度、参与度和准确性。当政府剥夺个人基本权利时，个体应获得通知，并有权提出异议。关键问题在于，当基于算法的人工智能系统做出针对个人的重要决定时，如何确保法律所承诺的透明度、参与度和准确性得以实现。第一，政府不能使用无法提供决策和风险评估方面的法律和事实报告的人工智能/自主系统（AI/AS）；必须要求 AI/AS 具备常识和解释其逻辑推理的能力；当事人、律师和法院必须能够获取政府和其他国家机关使用 AI/AS 技术生成和使用的全部数据和信息。第二，人工智能系统的设计应将透明性和可责性作为首要目标。第

---

① 马晓桐：《人工智能各国战略解读（大公司篇）》，网络空间治理创新：http://mp.weixin.qq.com/s/yGDVVZ0GYqsYk0TdwvC6Yw，访问时间：2017 年 2 月 26 日，网页更新日期：2017 年 2 月 25 日。

三，应向个体提供向人类申诉的救济机制。第四，自主系统应生成记载事实和法律决定的审计痕迹（Audit Trails）。审计痕迹应详细记载系统做出各决策过程的适用规则。①

2. 欧盟议会呼吁人工智能伦理准则，考虑赋予某些自主机器人法律地位

欧盟议会法律事务委员会的报告认为，在机器人和人工智能的设计、研发、生产和利用过程中，需要一个指导性的伦理框架，确保其以符合法律、安全、伦理等标准的方式运作。比如，机器人设计者应当考虑一个"一键关闭"功能，以便可以在紧急情况下将机器人关闭。法律事务委员会在报告中提出了所谓的"机器人宪章"（Charter on Robotics），对人工智能科研人员和研究伦理委员会（REC），提出了在机器人设计和研发阶段需要遵守的基本伦理原则。对机器人科研人员而言，诸如人类利益、不作恶、正义、基本权利、警惕性、包容性、可责性、安全性、可逆性、隐私等都是需要认真对待的事项。此外，需要伦理审查委员会对人工智能设计和研发进行把关，确保机器人符合人类社会的伦理、法律等规范；这个委员会应当是跨学科的，同时吸纳男性和女性参与者。

此外，长期来看，欧盟议会呼吁考虑赋予复杂的自主机器人法律地位的可能性。界定监管对象（即智能自主机器人）是机器人立法的起点。对于智能自主机器人，法律事务委员会提出了四大特征：（1）通过传感器和/或借助与其环境交换数据（互联性）获得自主性的能力，以及分析那些数据；（2）从经历和交互中学习的能力；（3）机器人的物质支撑形式；（4）因其环境而调整其行为和行动的能力。在主体地位方面，机器人应当被界定为自然人、法人、动物还是物体？是否需要创造新的主体类型（电子人），以便复杂的高级机器人可以享有权利，承担义务，并对其造成的损害承担责任？这些都是欧盟未来在对机器人立法时需要重点考虑的问题。

---

① 蔡雄山、曹建峰等：《人工智能伦理法律问题最全解读：IEEE 发布首份人工智能合伦理设计指南》，腾讯研究院：http://mp.weixin.qq.com/s/2ElkNUeAdN9HAVFsUhewxQ，访问时间：2017 年 2 月 26 日，网页更新日期：2017 年 1 月 6 日。

四　对中国的启示

（一）出台人工智能国家战略，将安全与伦理纳入战略方向

当前，美国、英国、日本等国已经出台机器人和人工智能相关的顶层战略，正在紧锣密鼓地筹谋以人工智能为核心的未来经济，以图抢占制高点，成为机器人和人工智能领域的世界领导者。我国亦须顺应并大力鼓励技术发展的潮流，但顶层战略规划和路线图不应只局限于技术发展和产业应用层面，而应借鉴美国、英国等国家的思路，从投资、研发、产业应用、人机关系、安全、劳动力需求、人工智能法律伦理和社会影响等层面进行全盘规划和布局，引导人工智能向着有益（beneficial）和普惠（broadly shared）的方向发展。在这个意义上，需要考虑到人工智能的网络安全、公共安全和长期安全以及人工智能诸多伦理问题都将直接转化为现实的法律挑战，人工智能安全与伦理问题应当成为国家人工智能战略的一个核心。

（二）加强人工智能监管、标准体系等方面的建设，增进公众信任

当前，国外在人工智能监管方面主要存在两种模式。第一种是以美国为代表的行业/部门分散的渐进式监管模式，由各个监管机构在其权限范围内分别出台监管措施进行监管，诸如美国联邦交通部（DOT）、联邦航空管理局（FAA）、联邦贸易委员会（FTC）等都出台了一些监管措施。① 力求通过设定立法目标和透明性的监管标准以及有效的执法措施来提高监管的透明

---

① 例如，在提供医疗诊断和治疗措施的设备中引入人工智能技术，就需要受到食品和药物管理局（Food and Drug Administration）的严格监管，包括设备的定义、生产方式以及软件工程等标准。无人机的使用则需要受到美国联邦航空管理局（Federal Aviation Administration）的管制，而面向消费者的 AI 系统，则受到联邦贸易委员会（Federal Trade Commission）的监管。美国金融市场使用 AI 科技，如高频交易等，则需要得到证券交易委员会（Security Exchange Commission）的核准。自动驾驶汽车则受到美国交通部相关部门的监管。

性，增进公众信任。① 第二种是欧盟所呼吁的统一监管模式，如前所述，欧盟议会呼吁成立欧盟统一的人工智能机构，负责研究监管、法律、伦理、安全、社会影响等问题并提出专业建议，同时针对机器人和人工智能出台专门的法律规则，并就自动驾驶、医疗机器人、护理机器人等特殊类型的机器人进行特殊立法。回到国内，一方面，应探索建设人工智能领域融合标准体系，建立并完善相关技术标准，开展人工智能系统智能化水平评估，加快人工智能热点细分领域的标准化建设，积极参与人工智能领域的国际标准化工作，增强国际话语权。另一方面，为促进诸如自动驾驶、机器人等人工智能的创新发展和普及，应探索建立相关立法与制度，促进产业健康良性发展，同时保障公共安全、协调各方责任，增进公众信任。在这方面，立法机关、行政机关和法院都可以在其各自职责和职权范围内发挥积极作用。

（三）加强法律、伦理、工作、社会经济结构影响等方面的研究支持和资金投入

技术范式的转移必然带来诸多社会范式的转移。人工智能作为这样一种技术，其对人类社会的潜在影响将远远超过人类社会以往任何技术。人工智能正迎来第三次发展浪潮，在科技领域长久以来重数学、轻人文的科技思潮下，各国政府（比如美国、英国等）以及一些社会公共机构（比如 UN、IEEE 等）开始积极关注人工智能的法律、伦理、社会、经济等影响，密集出台战略文件和报告，表明对于攸关人类未来的人工智能技术需要人文科学的介入，更需要以一种跨学科、跨领域的方式展开研究和对话。2016 年以来，政府和业界资助的人工智能研究基金不断增多，这方面的研究甚至是美国、英国的国家人工智能战略的重要组成部分。因此，为了促进人工智能未来在进入社会时做出合法合伦理的行为，为了确保人工智能是有益的和普惠的，为了确保人工智能是安全可控的，无论是政府还是高校、科研机构抑或

---

① See "Artificial Intelligence and Life in 2030," available at https：//ai100. stanford. edu/sites/default/files/ai_ 100_ report_ 0831fnl. pdf, first visited on February 24，2017.

企业都应加强这方面的研究。为了更好地理解人工智能对诸如法律、道德、价值、税收、收入分配、教育、就业等人类社会制度的影响，大量的研究资金投入和支持是十分必要的。但是，正如对所有新兴技术的恐慌和担忧一样，对人工智能的担忧和规制也不能走过头，以免法律等规则成为阻碍人工智能创新和发展的桎梏。

（四）加强人工智能方面的教育和培训

一方面，人才的缺乏是阻碍当前人工智能发展潮流的一个重要原因，日本、印度及欧盟等都面临这样的问题。因此，为促进人工智能发展，加强相关的教育和培训是十分关键的，也是极为迫切的。另一方面，人工智能驱动下的自动化正在颠覆劳动力市场，未来需要加强人才在人工智能方面的教育和培训，保障劳动者可以适应并向人工智能所带来的新的就业和工作范式转型。美国 2016 年发布的《人工智能、自动化与经济》报告中提及美国在数学、计算机科学等与人工智能密切相关的学科提高学生的认知和学习尤为重要，美国将在这些学科的教育领域进行投资从而提高教育质量。① 因此，迫切需要建立与未来人工智能产业发展相适应的教育体系。而这方面也是我国当前亟须重视的，确保足够的人才脱颖而出才是在人工智能领域成为世界领导者的关键所在。

---

① 孙那、李金磊：《美国白宫人工智能、自动化与经济报告详解》，参见：腾讯研究院 http：//www.tisi.org/tl，访问时间：2017 年 2 月 21 日，网页更新时间：2016 年 12 月 27 日。

政策法规篇

Policies，Laws and Regulations

B.6

中国网络空间安全监管的
内容、问题与对策

顾　伟*

摘　要：　网络空间是第五大主权空间，其安全与国家安全紧密相关。
　　　　　在"大数据"时代背景下，如何在网络空间中及时识别、监
　　　　　测、预警与处置安全威胁，是当下网络空间安全监管面临的
　　　　　困境之一。本文从中国网络空间安全监管的历史与现实出发，
　　　　　分析了网络空间安全监管的职能部门、基本制度等内容，着
　　　　　重梳理了网络运行安全、网络内容安全以及网络数据安全的
　　　　　新发展，在此基础上尝试归纳当前中国网络空间安全监管的
　　　　　特征、问题及可能的对策，以期中国的网络空间在安全监管
　　　　　制度保障下取得更好发展。

* 顾伟，法学博士，阿里巴巴集团法律研究中心副主任，研究方向为数据保护与网络安全。

关键词： 网络空间　网络安全　运行安全　内容安全　数据安全

一　引言

当前，信息技术广泛应用不仅极大地促进了数字经济的快速发展，随之形成的网络空间也已经成为与陆、海、空、天同等重要的国家主权新疆域。在网络空间新经济繁荣发展的同时，网络与社会现实空间的深入融合，以及层出不穷的新技术、新业态、新产业、新模式也带来了新的风险和挑战，网络空间安全问题也逐渐从一个技术性问题上升到事关国家安全的战略性问题[①]。对此，世界各国高度重视构建网络空间的国家战略和网络空间安全问题研究[②]，美国早在 2005 年即已将网络空间定性为"第五空间"[③]，欧盟也在 2013 年明确强调建设公开、可靠和安全的网络空间[④]。

"网络空间"及其安全问题在中国也不是新概念，1998 年已有学者关注网络空间的安全与隐私问题[⑤]，2000 年之后方滨兴[⑥]、钟忠[⑦]等学者也纷纷对网络空间安全建设开展研究。2016 年 11 月 7 日《中华人民共和国网络安全法》的通过及有关国家战略的发布，网络空间安全的概念得以最终确立，这也标志着中国网络空间安全监管进入新的历史阶段。当前中国正处于网络安全法律体系快速建设[⑧]、网络空间安全法治环境不断完善的转型期，梳理

---

① 鲁传颖：《网络空间国际规则体系与中美新型大国关系》，《中国信息安全》2016 年第 11 期，第 37～38 页。

② 吕欣：《网络空间安全保障体系研究》，《信息安全研究》2015 年第 1 期，第 37～43 页。

③ 崔向华、李大光：《美国网络空间安全战略研究》，《中国信息安全》2013 年第 5 期，第 72～74 页。

④ 陈旸：《欧盟网络安全战略解读》，《国际研究参考》2013 年第 5 期，第 32～36 页。

⑤ 阿兰德、科斯、陶旭东等：《网络空间的安全与隐私问题》，《国外社会科学文摘》1998 年第 2 期，第 33～36 页。

⑥ 方滨兴：《保障国家网络空间安全》，《信息安全与通信保密》2001 年第 6 期，第 9～12 页。

⑦ 钟忠：《关于美国保护网络空间国家战略》，《信息网络安全》2004 年第 2 期，第 24～25 页。

⑧ 李欲晓、邬贺铨、谢永江等：《论我国网络安全法律体系的完善》，《中国工程科学》2016 年第 6 期，第 28～33 页。

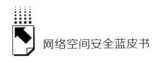
分析中国网络安全监管的现状、内容及问题，提出可行的对策建议，无疑对进一步完善网络空间安全监管、促进网络空间发展有积极意义。

二 中国网络空间安全监管概述

网络空间已经成为国家和社会的神经系统与控制系统，保护网络空间安全是捍卫国家安全的重要组成部分。[①] 为厘清网络空间安全监管的内容、特征与问题，有必要梳理分析中国网络空间安全监管的有关概念及历史发展。

（一）概念辨析

信息安全、网络安全是与网络空间安全最为相关的概念，其他信息网络安全[②]、计算机网络信息系统安全[③]、互联网安全[④]等表述实质内容与三者类似或可理解为是对这些概念的具体解读。信息安全可泛称各类信息安全问题，网络安全可指称网络所带来的各类安全问题，网络空间安全则特指与陆海空天并列的全球五大空间中的网络空间安全问题。[⑤] 三者均属于非传统安全领域，虽可相互使用，但各有侧重，内涵与外延并不相同。

信息安全是早期的通用概念，常见诸官方文件。例如，2003 年国家信息化领导小组《关于加强信息安全保障工作的意见》（27 号文）、《国务院关于大力推进信息化发展和切实保障信息安全的若干意见》均使用与信息化战略相对应的"信息安全"的概念。而随着互联网计算机信息系统的发展，信息安全向网络安全与网络空间安全聚焦，有学者指出在

---

① 丁震：《信息安全保障事关国家安全战略——国务院信息办网络与信息安全组副组长吕诚昭答本刊记者问》，《信息网络安全》2004 年第 4 期，第 8～9 页。
② 马民虎、赵林：《我国信息网络安全保障法的价值思考》，《信息网络安全》2002 年第 1 期，第 23～26 页。
③ 严冬：《计算机网络信息系统的安全问题研究》，《情报学报》1999 年第 s1 期，第 21～26 页。
④ 杨正泉：《互联网安全与管理》，《对外传播》2000 年第 11 期，第 4～5 页。
⑤ 王世伟、曹磊、罗天雨：《再论信息安全、网络安全、网络空间安全》，《中国图书馆学报》2016 年第 5 期，第 4～28 页。

90 年代以后[1]"网络安全"、"互联网安全"等已开始与"信息安全"概念并举[2]，例如中国 2000 年发布的《全国人大常委会关于维护互联网安全的决定》。近年来，随着国际国内安全形势的变化，"网络安全"战略地位更加凸显，突出标志是 2014 年 2 月 27 日，中央网络安全和信息化领导小组成立。

"网络空间安全"则是对"网络安全"的进一步引申。《网络安全法》第七十条对"网络安全"的定义突出强调了两个能力，一是保障网络运行安全的能力，即防范网络攻击、网络侵入、网络干扰、网络破坏和非法使用网络以及网络意外事故，使得网络运行保持稳定可靠状态的能力；二是保障网络数据安全的能力，核心是保障网络数据的完整性、保密性、可用性。如引言所述，信息网络的发展促成了网络空间的形成，网络安全问题某种程度也是网络空间安全问题，在网络高度发展、网络空间已经得到认可的当下，二者基本可以互用，但"网络空间"作为国家主权的治下空间，其安全监管更具政治意义，意识形态安全特征也更为突出。在"网络安全"的定义中，网络内容安全似乎只是能为"非法使用"网络所间接涵盖，但从"网络空间安全"角度看，意识形态安全乃至网络内容安全无疑是重点所在。这也是本文标题使用"网络空间安全监管"的缘由。

网络空间安全监管的具体内涵如何，历来争议较多。27 号文将信息安全区分为"信息安全基础设施"和"互联网信息内容安全"两个维度，提出了信息安全保障工作要求，《网络安全法》则进一步发展形成了"网络运行安全"（第三章）与"网络信息安全"（第四章）两个概念，作为我国当前网络空间安全监管的基本要素。网络数据安全则属于网络空间安全监管的新兴领域，《国务院关于印发促进大数据发展行动纲要的通知》（国发〔2015〕50 号）明确提出"切实保障网络数据安全"，"健全大数据安全保障体系"，《网络安全法》也提出了保障数据安全的若干具体要求。据此，

---

[1] 王世伟：《论信息安全、网络安全、网络空间安全》，载《中国网络空间安全发展报告（2015）》，社会科学文献出版社，2015，第 12～20 页。

[2] 周仲义：《提高网络安全意识加强信息安全保障》，《信息化建设》2003 年第 10 期，第 20～22 页。

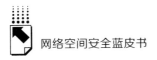

我们对中国网络空间安全监管制度的剖析，主要围绕法律所明确的网络运行安全、网络信息安全和政策文件中重点强调的网络数据安全这三个维度展开。

（二）历史发展

依法维护网络安全是中国政府在发展国际互联网之初即考虑的头等要事。1994 年 4 月 20 日，北京市中关村教育科研示范网接入了国际互联网 64K 专线并实现全功能的连接，标志着中国正式接入国际互联网。① 而在此之前，同年 2 月 18 日，国务院发布第 147 号令，出台了国内首部专门的互联网法律，就是针对网络安全问题的，即《计算机信息系统安全保护条例》，它对计算机信息系统建设、应用、保护及国际联网等一系列发展问题，以安全为抓手进行了规范。

长期以来，有效维护互联网运行安全和内容安全是中国政府互联网监管的重要内容。一方面，互联网运行安全历来是互联网监管的重点工作，历经 20 余年发展，中国已经形成了层次分明、体系完善的互联网运行安全监管机制，包括对底层的信息基础设施、中间层的网络接入与国际联网以及应用层的互联网信息服务的网络运行安全监管机制，在此基础上还提出了贯穿各层的信息安全等级保护制度。

另一方面内容安全无疑是互联网监管的重中之重。进入网络时代以后，由于信息传播方式的革命性变化，传统媒体所具有的自净与过滤功能被解构，仅仅依靠事后监管机制明显不再有效②。2016 年 4 月 19 日，习近平同志在网络安全和信息化工作座谈会上明确指出，互联网将对"求知途径、思维方式、价值观念产生重要影响"。万维网诞生的 28 周年之际其创始人伯纳斯·李也公开提出当今互联网所面临的最严重的三大威胁，包括"我们的个人数据失去控制，虚假新闻到处泛滥，政治广告缺乏监管"。③ 对此，

① 国务院新闻办公室：《中国互联网状况》。
② 周汉华：《论互联网法》，《中国法学》2015 年第 3 期，第 20 ~ 37 页。
③ 天极网：《互联网之父伯纳斯·李：互联网现面临 3 大问题》，（2017 - 03 - 14）http://net. yesky. com/internet/131/109068631. shtml。

中国与其他国家一样均逐步采取了不同于传统的事前管理措施，当然各国的安全监管机制各具特色。中国的网络内容监管主要是围绕《全国人大常委会关于维护互联网安全的决定》、《电信条例》以及《互联网信息服务管理办法》等确立的"九不准"原则的实施延展，该原则在实践中被各领域的具体法律法规、监管部门、企业等不断加以解释、理解以适应网络内容的不断丰富变化。因此有学者总结认为，中国网络内容安全监管的基本策略是前置审批、过程监控和事后追责相结合，其中以专项整治行动为代表的运动式管理和以企业自律为代表的代理式管理特征突出。①

然而在"互联网＋"日益深入、大数据产业蓬勃发展的新形势下，传统的互联网安全监管也呈现出新的特征，迎来了新的发展。

一是，互联网安全监管正从条块监管向网络空间统筹监管转型。随着信息革命的飞速发展，电信网、互联网、局域网、计算机信息系统、工业自动化控制系统、数字设备及其承载的应用、服务和数据等组成的网络空间日益成型，正在全面改变人们的生产生活方式，深刻影响着中国经济社会结构，这也倒逼着中国互联网安全监管的转型升级。如今随着《网络安全法》及配套法律法规、国家战略的陆续发布，网络空间的概念与有关部门的安全管理职能的分工协调已初步确定，新的网络空间安全统筹监管体系已具雏形。

二是，新的网络空间安全监管是传统互联网运行安全监管、内容安全监管的新发展。在运行安全监管方面，传统的信息安全等级保护制度"眉毛胡子一把抓"，适用范围过于宽泛，重点保护范围不够突出，执行保障机制不健全，尤其无法保证各类市场主体的主动参与，市场经济环境下关系国家经济社会安全领域的自主可控程度也有待提升。因此，《网络安全法》提出全面落实新的网络安全等级保护制度并在此基础上推进关键信息基础设施保护制度，是适应网络空间发展和国家安全形势的客观需要。同样，为适应当下的新情势，网络内容安全监管也应当与时俱进，着重回应网络可信身份体

---

① 李小宇：《中国互联网内容监管策略结构与演化研究》，《情报科学》2014 年第 6 期，第 24～29 页。

系构建、网络安全信息管理、网络谣言和虚假信息治理以及未成年人等重点人群信息内容保护等新问题。

三是，"大数据"的时代背景使得网络数据安全问题前所未有得突出，数据作为国家基础性战略资源①，成为网络空间安全监管的重点对象。《网络安全法》将"网络数据"定义为通过网络收集、存储、传输、处理和产生的各种电子数据。当前，网络空间所承载和赖以存在的电信与互联网数据正在被大规模开发利用，切实加强网络数据安全保护，对保障国家安全和用户权益的意义凸显，网络数据安全逐渐从网络空间运行安全和内容安全监管的基本要素转型为与二者并列的、网络空间安全监管的核心内容。有专家甚至提出，当前社会处于向数据技术时代转型，"以数据为中心的安全"② 正在走来，未来需要把安全聚焦在数据本身。当前从域外和行业实践角度而言，数据安全主要是从数据生命周期角度对数据安全管理提出各项要求。③

总体而言，在各种传统法律延伸适用和有关互联网特别立法基础上形成的相对碎片化、条块式互联网安全监管机制，随着网络产业发展与《网络安全法》的出台，正在向网络空间安全统筹协调与分层分类监管转型，网络运行安全、内容安全、数据安全的监管层次、机制与内容已逐渐清晰。

三 中国网络空间安全监管的基本内容

对各国而言，网络空间安全监管都是持续探索的新问题，例如2015年底美国通过《网络安全信息共享法》（CISA），2016年欧盟出台《网络与信息系统安全指令》、英国修改《调查权法》、澳大利亚发布《澳大利亚网络安全战略》，2017年7月新加坡《网络安全法案》公开征求意见、俄罗斯国家杜马三审通过《关键信息基础设施安全法》等。中国加强网络空间安全

---

① 国务院：《关于印发促进大数据发展行动纲要的通知》（国发〔2015〕50号）。
② 杜跃进：《以数据为中心的安全》，《网络安全技术与应用》2016年第10期，第10～10页。
③ 李克鹏、梅婧婷、郑斌、杜跃进：《大数据安全能力成熟度模型标准研究》，《信息技术与标准化》2016年第7期。

法治建设，正是这新一轮全球性网络安全监管变革浪潮的缩影，中国与各互联网产业发达国家一道，借鉴国际互联网发展的相关经验，深入探索适应本国国情、解决本国问题、具有本国特色的网络空间安全监管机制。

中国的网络空间安全监管也是不断总结、积累的过程。这一渐进的过程，包括 20 世纪 90 年代互联网起步阶段的《计算机信息系统安全保护条例》、《计算机信息网络国际联网安全保护管理办法》，21 世纪初互联网快速发展阶段的《电信条例》、《电子签名法》、《全国人大常委会关于维护互联网安全的决定》、《互联网信息服务管理办法》，以及 2010 年互联网产业成熟阶段的《全国人大常委会关于加强网络信息保护的决定》、《刑法》系列修正案、《网络安全法》与配套法律法规。

正是这一系列的互联网相关政策文件、法律法规、各类标准的存在与不断演进，为中国网络空间安全监管提供了制度保障，使得责任主体、安全义务以及监管主体、监管机制、监管范围、监管程序以及对违法犯罪行为的处理等问题的政策指引、法律依据与操作规程不断清晰，为全面推进网络空间法治化，贯彻落实国家依法治网、依法办网、依法上网方针要求，奠定了坚实基础。

（一）监管机构及职能

《网络安全法》第八条明确规定，"国家网信部门负责统筹协调网络安全工作和相关监督管理工作。国务院电信主管部门、公安部门和其他有关机关依照本法和有关法律、行政法规的规定，在各自职责范围内负责网络安全保护和监督管理工作"。这一规定在法律上确立了中国网络空间安全监管的组织架构，确定了国家网信部门的两个职能，一是在网络安全工作领域的统筹协调职能，二是承担部分网络安全监督管理职能；同时明确国务院电信主管部门、公安部门等按照有关法律授权履行职权范围内的网络安全监督管理职能。

据此，以下主要考察法律明确提及的国家网信部门、国务院电信主管部门、公安部门三个机构及其职权划分，并根据有关法律规定和部门职权，分析涉及网络安全监督管理的其他重要机构。

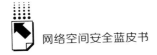
1. 国家网信部门

法律上的"国家网信部门"一般理解是指国家互联网信息办公室（下称国家网信办）。但是由于缺乏"三定"方案①可查，以下主要根据有关政策法律规定推定国家网信部门的职权。

首先，国家网信办属于国务院直属事业单位和中共中央直属机构序列。根据《国务院关于机构设置的通知》（国发〔2008〕11 号），国务院新闻办公室属于国务院直属事业单位，列入中共中央直属机构序列，是中共中央对外宣传办公室，一个机构两块牌子。2011 年 5 月国务院办公厅发布设立国家互联网信息办公室的通知，但明确指出是在国务院新闻办公室加挂国家互联网信息办公室牌子，不另设新的机构，因而此时国家网信办仍然属于中共中央直属机构序列的国务院直属事业单位。

2014 年 2 月 27 日，中央网络安全和信息化领导小组正式宣告成立，其办事机构即中央网络安全和信息化领导小组办公室，由国家网信办承担具体职责。同年国务院国发〔2014〕33 号文授权重新组建的国家互联网信息办公室负责全国互联网信息内容管理工作，并负责监督管理执法。但至少从表面看，国家网信办经此改革，也仅是职能变化，机构的性质并没有发生改变。

其次，国家网信办有法律和国务院授予的网络安全监管职能，主要体现在以下几个方面。

一是整体上的网络（空间）安全统筹协调职能。如前述《网络安全法》第八条明确了国家网信部门负责统筹协调网络安全工作，囊括了该法律规定的网络安全监管的各环节。同时，第五十一条强调国家网信部门在网络安全监测预警和信息通报方面的统筹协调权；第五十三条则强调其在网络安全风险评估和应急工作机制建立健全方面的协调权等，这些均体现了网信办的网络安全统筹协调职能。

---

① 现代法治国家要求以完善的行政组织法律体系来规范各级政府的部门设置、职权配置和人员编制，但在中国，行政机关主要依赖"三定"规定提供组织法律保障。一些学者也对此提出批评，参见芦一峰《行政组织法视域下的国务院"三定"规定研究》，《行政与法》2011 年第 12 期，第 85~87 页。

二是网络内容安全监管职能。2011 年国家网信办初设时，其职能就主要集中在网络内容安全监管领域，除负责互联网信息传播方针政策和推动互联网信息传播法制建设外，还承担着具体行政审批和监管执法工作，即负责网络新闻业务及其他相关业务的审批和日常监管。另外，网络内容管理的统筹协调也是其核心职责，包括指导、协调、督促有关部门加强互联网信息内容管理，指导有关部门做好网络游戏、网络视听、网络出版等网络文化领域业务布局规划，协调有关部门做好网络文化阵地建设的规划和实施工作。①

并且，国务院 33 号文的授权也间接确立了国家网信办全国互联网信息内容主管部门职能，网络内容安全监管自然也是题中之意。因此，《网络安全法》第五十条明确要求国家网信部门依法履行网络信息安全监督管理职责。这样的授权安排实际上赋予了国家网信办较为宽泛的网络内容安全监督管理权，乃至对有关法律、行政法规的解释权，例如《互联网信息搜索服务管理规定》、《移动互联网应用程序信息服务管理规定》、《互联网直播服务管理规定》都是基于这样的背景出台的。

三是网络运行安全监管职能。国家网信办初设时本没有这一项职能，但根据中央编办发〔2015〕17 号②文件规定，国家网信办接收了工信部划转的原工信部信息安全协调司除"生产和制造系统信息安全"之外的网络信息安全协调职责，包括协调国家信息安全保障体系建设；协调推进信息安全等级保护等基础性工作；指导监督政府部门、重点行业的重要信息系统与基础信息网络的安全保障工作；承担信息安全应急协调工作，协调处理重大事件等，并在此职能基础上组建了国家网信办网络安全协调局。

对此，《网络安全法》同样明确了国家网信办网络运行安全监管的统筹协调职能，并且重点赋予国家网信部门在关键信息基础设施安全保护领域的

---

① 新华社：《国家互联网信息办公室就办公室设立及其职责答问》，（2017 - 04 - 12）http：//www. gov. cn/jrzg/2011 - 05/05/content_ 1858131. htm。

② 中央机构编制委员会办公室：《中央编办关于工业和信息化部有关职责和机构调整的通知》（中央编办发〔2015〕17 号）。

统筹协调职能，该法第三十九条授权国家网信部门统筹协调有关部门对关键信息基础设施采取规定的安全保护措施。同时，国家网信部门还拥有法律授权的具体运行安全监管职能，例如第 35 条、第 36 条授权国家网信部门会同国务院有关部门组织对关键信息基础设施采购影响国家安全的产品与服务的安全审查，以及制定关键信息基础设施个人信息和重要数据出境的安全评估办法。

四是网络数据安全监管职能。《网络安全法》没有专门就数据生命周期安全问题作规定，而是在网络运行安全部分的数据安全和网络信息安全部分的个人信息安全中分别强调网络数据安全问题。在履行网络运行安全统筹协调和有关监管职责，以及个人信息保护监督管理职责和监督检查权过程中，网络数据安全监管都是核心内容，例如数据分级分类、重要数据备份、数据防泄露和泄露通知以及用户数据保护等。需要说明的是，虽然保护个人信息安全是数据安全管理的重要目标，但数据安全与个人信息保护不能完全混同①，数据安全更多从网络运营者安全管理角度进行制度设计，而个人信息保护则应当从用户权利保护角度进行规则构建。②

五是严格意义上国家网信办并不具备完备的立法权，也不具备行政处罚设定权。根据《立法法》第八十条规定，只有国务院各部、委员会、中国人民银行、审计署和具有行政管理职能的直属机构，才能根据法律和国务院的行政法规、决定、命令，在本部门的权限范围内，制定部门规章，因此表面看尚未被明确确立为国务院组合部门或直属机构的国家网信办，无法直接获得《立法法》授予的立法权。而根据《行政处罚法》第十四条规定，除了法律、行政法规、地方性法规、规章外的其他规范性文件不得设定行政处罚。因此，2017 年 5 月 2 日，国家网信办发布 1 号令《互联网新闻信息服

---

① 参见陈小江《个人信息保护制度设计应避免三大误区》，（2017 - 03 - 27）http：//www.cicn. com. cn/zggsb/2017 - 03/27/cms96129article. shtml。

② 例如工信部三定方案中就将网络数据和用户信息安全保护管理职能赋予了网络安全管理局，而将电信和互联网信息通信服务的用户权益和个人信息保护、拟订网络有关数据采集、传输、存储、使用管理政策等职能赋予了信息通信管理局。

务管理规定》和 2 号令《互联网信息内容管理行政执法程序规定》，直接依据的不是《立法法》，而是国务院 33 号文的授权，但这样的立法也仅能限于获得国务院授权的网络内容监管领域。立法权限和处罚设定的限制，显然并不利于国家网信办充分发挥网络空间安全监管的统筹协调和有关监督管理职能。

2.国务院电信主管部门

根据《电信条例》及有关"三定"方案等，工业和信息化部是中国的电信主管部门，其在网络空间安全方面的职能主要集中在电信和互联网行业的网络运行安全、数据安全的监督管理，并部分涉及电信和互联网的内容安全管控。

网络运行安全方面，工信部是电信和互联网运行安全的行业主管部门。根据前述工信部的"三定"方案，工信部网络运行安全的职能主要体现在三个环节，一是在市场准入环节，组织开展新技术新业务安全评估；二是保障网络使用环节的运行安全，包括电信和互联网安全技术平台建设和使用管理，信息通信领域网络与信息安全保障体系建设，电信网、互联网及工业控制系统网络与信息安全规划、政策、标准并组织实施，电信网、互联网及工业控制系统网络安全审查；三是网络应急处置环节的管理，包括网络安全防护、应急管理和处置等。当前工信部网络运行安全的主要职能承担部门是工信部的网络安全管理局和信息通信管理局。

网络数据安全方面，作为行业主管部门，工信部历来重视电信网、互联网的数据安全问题。根据"三定"方案，工信部负责拟订并组织实施数据安全管理政策、规范、标准，主要职能承担部门是网络安全管理局，其重点工作包括电信网、互联网网络数据和用户信息安全保护管理工作。

网络内容安全方面，作为电信行业主管部门，工信部主要发挥网络内容安全的协调配合作用，《电信条例》也没有明确赋予工信部网络内容安全的执法权。工信部的网络安全管理局一方面负责指导督促电信企业和互联网企业落实网络与信息安全管理责任，组织开展网络环境和信息治理；另一方面负责配合处理网上有害信息，配合打击网络犯罪和防范网络失窃密。

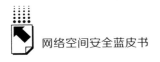
3. 公安部门

《人民警察法》第六条明确规定公安机关的人民警察按照职责分工，依法履行"监督管理计算机信息系统的安全保护"的职能，2016 年公开征求意见的《人民警察法（修订草案稿）》拟将此进一步修改为"监督管理信息网络安全工作"的职能。当前，公安部门正在不断强化网络社会安全治理，实际承担的职能涉及网络空间安全监管的各个环节。

网络运行安全方面，当前公安部实际承担多重管理角色。

一是信息网络基础设施层面，公安部具体负责信息安全等级保护的实施工作。根据 2007 年发布的《信息安全等级保护管理办法》，公安机关负责信息安全等级保护工作的监督、检查、指导。鉴于《网络安全法》明确提出"国家实行网络安全等级保护制度"，公安部具体负责的信息安全等级保护已然进一步升级成为网络安全等级保护制度。

二是中间层的网络接入与国际联网，公安部负责信息网络国际联网的安全保护管理。根据《计算机信息网络国际联网安全保护管理办法》，公安机关应当保护计算机信息网络国际联网的公共安全，督促互联单位、接入单位及有关用户建立健全安全保护管理制度。并且，互联单位、接入单位、使用计算机信息网络国际联网的法人和其他组织，应当在公安机关指定的受理机关办理备案手续。

三是应用层的互联网信息服务运行安全监管，公安机关负责对互联网安全保护技术措施的落实情况依法实施监督管理。为保障信息网络安全、防治网络违法犯罪，应对网络病毒、网络入侵、网络攻击破坏等危害网络安全活动，公安部 2005 年发布了《互联网安全技术保护措施规定》，区分网络服务提供者、联网使用单位、接入服务单位、互联网信息服务单位等不同主体，分别提出安全技术要求，技术措施要求，例如数据库和设备的灾备、日志和账户信息留存、网络映射、安全审计、违法信息记录留存、防篡改、防匿名等安全技术保护措施。

在网络内容安全方面，公安机关、国家安全机关是打击传播法律、行政法规禁止发布或者传输信息的主要执法部门之一。涉嫌犯罪的，公安机关也是法定的侦查机关，可以要求网络运营者应当为公安机关依法侦查犯罪的活动提供技术支持和协助。

在网络数据安全方面，公安机关的职能主要体现在对危害数据安全的黑灰产业链的打击。除刑事打击外，面对日益严峻的危害数据安全的网络黑灰产业链，公安部在《治安管理处罚法（修订公开征求意见稿）》中根据实际情况，拟对违反国家规定，侵入计算机信息系统或者采用其他技术手段，对计算机信息系统中存储、处理、传输的数据和应用程序进行删除、修改、增加的行为，获取该计算机信息系统中存储、处理或者传输数据的行为，以及非法获取、持有、使用、出售、提供、传播公民个人信息的行为，乃至泄露个人信息的，均设定相对明确的行政处罚。

4. 其他有关部门

网络运行安全监管离不开各有关职能部门的通力配合。2003 年国家信息化领导小组《关于加强信息安全保障工作的意见》明确了重要信息系统的安全建设与运维实行谁主管谁负责、谁运管谁负责的基本原则。以重要信息系统保护为例，信息安全等级保护牵头部门除前述公安机关外，各信息系统行业主管部门则具体指导本行业、本部门或者本地区信息系统运营、使用单位的信息安全等级保护工作；国家密码管理部门负责等级保护工作中有关密码工作的监督、检查、指导；国家保密工作部门负责等级保护工作中有关保密工作的监督、检查、指导。《网络安全法》也沿用这一精神，明确在国家网信部门统筹相关安全保护工作外，按照国务院规定的职责分工负责关键信息基础设施安全保护工作的部门分别负责指导和监督关键信息基础设施运行安全保护工作，编制并组织实施本行业、本领域的关键信息基础设施安全规划。

网络内容安全监管领域的职能部门主要包括国家网信办、文化部、新闻出版广电总局、国家知识产权局等。其中文化部指导文化市场综合执法，对负责部分网络内容产品前置审批或内容监管；新闻出版广电总局主要负责对数字出版、广播影视节目等有关内容监督管理或审查；国家知识产权局负责会同有关部门建立知识产权执法协作机制，开展相关的行政执法工作。

当前，涉及网络数据安全监管的职能部门主要是网信、工信和公安部

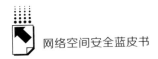
门，但其他有关部门也开始在有关法律法规中附带提出要求。例如，2017年公开征求意见的《民航网络信息安全管理规定（暂行）征求意见稿》中提出"民航各单位应当建立重要系统和核心数据的容灾备份制度……重要信息系统在中华人民共和国境内运营中收集和产生的个人信息和重要数据应当在境内存储"，特别强调"各单位应当严格工作信息和业务数据的安全管理，不得在非涉密计算机及相关设备上处理、传递、转发涉密或敏感信息"。

（二）中国网络空间安全监管的基本制度

1. 网络运行安全

网络运行安全历来是国家网络安全监管的基本主线。狭义的网络运行安全是指为保障计算机信息系统功能的安全实现，提供的一系列安全措施来保护信息处理过程的安全。例如《中国人民银行计算机系统信息安全管理规定》提出"各单位科技部门应建立健全网络安全运行制度"，这里的运行安全即是狭义运行安全。从基本制度维度理解的运行安全则是广义的，根据《网络安全法》第七十六条对"网络安全"定义，"网络运行安全"可以理解为"通过采取必要措施，防范对网络的攻击、侵入、干扰、破坏和非法使用以及意外事故，使网络处于稳定可靠运行的状态"。为确保这一状态的实现，中国在信息基础设施层面、中间层、应用层分别确立了相应的安全保护制度或提出要求。

信息基础设施层面的基本安全制度是信息（网络）安全等级保护制度。信息安全等级保护工作基本确立的标志是 2003 年国家信息化领导小组发布的《关于加强信息安全保障工作的意见》和 2004 年发布的《关于信息安全等级保护工作的实施意见》（66 号文），二者共同确立了等级保护作为国家信息安全保障的基本制度。在 66 号文发布之后，我国等级保护按照信息系统的涉密情况分成两条线管理，分为非涉密信息系统的"信息系统安全等级保护"和"涉及国家秘密的信息系统分级保护"。① 《网络安全法》的出

---

① 顾伟：《美国关键信息基础设施保护与中国等级保护制度的比较研究及启示》，《电子政务》2015 年第 7 期，第 93 ~ 99 页。

台则意味着信息安全等级保护正式升级为网络安全等级保护，并成为中国信息基础设施领域的基础制度，解决了之前等级保护制度法律定位模糊的问题。然而《网络安全法》规定的网络安全等级保护制度内容比较笼统，其具体制度框架与内容如何，前期实行的信息安全等级保护制度如何实现转轨并与关键信息基础设施保护制度衔接等，这些问题有待可能的"网络安全等级保护条例"或类似政策法律文件的规定。

信息基础设施层面的另一重要制度是关键信息基础设施保护制度。《网络安全法》提出了关键信息基础设施"公共通信和信息服务、能源、交通、水利、金融、公共服务、电子政务"等七个重要行业和领域的重要信息基础设施，以及其他一旦遭到破坏、丧失功能或者数据泄露，可能严重危害国家安全、国计民生、公共利益领域的重要信息基础设施，作为关键信息基础设施进行强化保护。具体保护机制包括对有关网络运营者设定相对高于等级保护制度的网络安全主体责任，提出重要采购的国家安全审查和保密协议要求、个人信息和重要数据出境的安全评估以及关键信息基础设施年度安全风险评估等要求。

但是信息基础设施层面存在两种不同的网络运行安全保护制度，本身容易引起争议。关键信息基础设施保护制度以网络安全等级保护制度为基础，这是没有疑问的，但是会存在两个制度同时适用同一网络运营者时，不同监管机构之间如何协调、如何实现适度监管等问题。

中间层与应用层的网络运行安全监管问题，主要内容在公安部门、电信主管部门部分已有表述，此处不再赘述。

2. 网络内容安全

网络内容安全监管可以分为两个主线，一是网络信息内容发布或传输主体及其行为的安全监管，二是对发布或者传输信息内容的安全监管，二者共同构成了中国网络内容安全监管的基本要素。

网络内容发布或传输主体及其行为的安全监管主要体现在网络运营者的主体准入、管理责任，以及网络运营者及其用户的行为准则上。

主体准入方面，监管部门通常会依法要求从事经营性互联网信息服务的

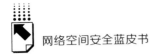

网络运营者具有相应的内容安全管理能力，作为"健全的网络与信息安全保障措施"或者"网站安全保障措施"的一部分，具体要求与从事互联网信息服务类型相关。例如直播服务要求提供者配备与服务规模相适应的专业人员，健全信息审核、信息安全管理、值班巡查、应急处置、技术保障等制度。

信息安全管理方面，网络运营者通常需要依法承担网络实名、信息内容审核监管、尊重和保护知识产权等安全管理义务。

行为要求方面，网络运营者及其用户均不得"制作、复制、发布、传播""含有法律、行政法规禁止发布或者传输的信息"的内容，不得"从事危害国家安全、扰乱社会秩序、侵犯他人合法权益等法律法规禁止的活动"。

对发布或者传输的信息内容的安全监管主要体现在监管部门职责与网络运营者义务的设定上。

监管部门的职责，《网络安全法》提出网络内容监管部门在发现法律、行政法规禁止发布或者传输的信息时，有权要求网络运营者停止传输，并采取消除等处置措施，保存有关记录。另外，对来源于中华人民共和国境外的上述信息，网络内容监管部门应当通知有关机构采取技术手段及其他必要措施阻断传播。

网络运营者的义务，依照违法信息的出现时间可以分为三类，一是对网络内容的预先审查义务；二是对网络内容的实时监控义务；三是违法信息在网络空间出现后的报告、删除等义务。① 通过对《网络安全法》、《全国人民代表大会常务委员会关于维护互联网安全的决定》、《中华人民共和国电信条例》、《互联网信息服务管理办法》等法律、行政法规的分析可以发现，国内法律除明显涉黄、涉恐、涉暴、涉政等违法信息，以及知识产权侵权信息等特定领域外，网络运营者理论上不需要为他人发表的内容承担预先审查和实时监控义务，而责任重点在于发现或知道用户存在法律、行政法规禁止行为的，应当停止向其提供服务，采取消除等处置措施，保存有关记录，并

---

① 涂龙科：《网络内容管理义务与网络服务提供者的刑事责任》，《法学评论》2016年第3期，第66～73页。

向有关主管部门报告等事后补救措施。

从法定的监管部门职能与网络运营者义务看，网络内容安全监管仍然应当坚持避风港原则。《网络安全法》和《刑法修正案（九）》规定追究网络运营者有关违法信息发布或传输的行政责任的前提是未停止传输、未采取消除等处置措施以及未保存有关记录，加重行政责任乃至追究行政责任的前提分别是拒不改正或情节严重的和拒不改正且有法定情形的。这样的机制设计确保了在法律没有特别规定的领域，有关网络内容监管机构不会要求也不应要求网络运营者承担额外的预先审查和实时监控责任，除非其先行对违法信息进行必要解释，"责令"特定或相对特定的网络运营者改正。

3. 网络数据安全

大数据时代，数据安全的脆弱性凸显，传统的政策框架已无法有效应对新时期的挑战。[①] 中国作为全球互联网主要大国和数据安全的主要利益攸关方[②]，一直重视数据安全监管问题，但网络数据安全的概念一直莫衷一是。有文件指其是"防止信息资产被故意的或偶然的非授权泄露、更改、破坏或使信息被非法的系统辨识、控制"，核心要求是确保信息的完整性、可用性、保密性和可控性[③]；也有学者提出数据安全保障制度包括数据收集、存储、管理、使用、可获取和再利用等环节[④]。

《网络安全法》首次正式阐释了数据安全的内涵，并明确"鼓励开发网络数据安全保护和利用技术"。根据其 76 条"网络安全"的定义，"网络数据安全"内涵基本没有发生变化，即"保障网络数据的完整性、保密性、可用性的能力"，该表述为后续数据安全监管的具体实施提供直接依据。从《网络安全法》的内容看，当前数据安全监管已经逐渐从附属性监管内容转

---

① 惠志斌：《美欧数据安全政策及对我国的启示》，《信息安全与通信保密》2015 年第 6 期，第 55~60 页。

② 惠志斌：《大数据时代国家信息安全风险及其对策研究》，《复旦国际关系评论》2015 年第 2 期，第 74~82 页。

③ 计算机信息系统安全专用产品分类原则（GA163-1997）。

④ 齐爱民、盘佳：《大数据安全法律保障机制研究》，《重庆邮电大学学报（社会科学版）》，2015 年第 3 期，第 24~29 页。

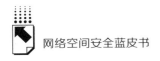

向专门监管，《网络安全法》已重点从加强数据全生命周期的安全管理和提升数据安全事件应急响应能力两个维度，明确了网络运营者保障数据安全的法律责任和义务。

数据全生命周期的安全管理的重点在于"防止网络数据泄露或者被窃取、篡改"。对此，《网络安全法》提出网络运营者应当采取数据分类、重要数据备份和加密等安全保护措施，要求网络运营者要采取防范非法网络入侵、网络干扰、网络数据窃取的措施，并且不同网络安全等级的信息系统需要采取相应的数据安全保护力度。同时对于个人信息和关键信息基础设施，前者法律特别要求网络运营者应当采取技术措施和其他必要措施，确保其收集的个人信息安全，防止信息泄露、毁损、丢失；后者法律特别强调关键信息基础设施的网络运营者要重点防范数据泄露的发生，对重要系统和数据库进行容灾备份，原则上个人信息和重要数据应当在境内进行存储，但因业务需要，确需向境外提供的，应当按照国家网信部门会同国务院有关部门制定的办法进行安全评估。

提升数据安全事件应急响应能力的要求，体现在网络安全事件应急预案和具体应对上。《网络安全法》要求网络运营者制定网络安全事件应急预案，以及时地处置系统漏洞、计算机病毒、网络攻击、网络侵入等网络安全风险，保护数据安全在内的网络安全；在发生危害网络安全的事件时，立即启动应急预案，采取相应的补救措施，并按照规定向有关主管部门报告。对涉及个人信息的数据安全事件，法律明确规定在发生或者可能发生个人信息泄露、毁损、丢失的情况时，网络运营者应当立即采取补救措施，按照规定及时告知用户并向有关主管部门报告；对于网络安全缺陷或漏洞，法律要求网络运营者发现其网络产品、服务存在安全缺陷、漏洞等风险时，应当立即采取补救措施，按照规定及时告知用户并向有关主管部门报告。遗憾的是，法律当前仍然没有提出数据安全事件和网络安全缺陷、漏洞的告知用户与向主管部门报告的机制。

需要说明的是，以往法律法规对数据安全问题也有零散的规定，《互联网网络安全信息通报实施办法》、《木马和僵尸网络监测与处置机制》和

《移动互联网恶意程序监测与处置机制》等也对某些特别数据安全问题提出专门要求，但是这些规定过于碎片化和低层级导致实施效果大打折扣。《网络安全法》对数据安全的要求实际上也不够集中，且主要程序缺位，如何实现网络数据安全的有效监管，还有待国家网信部门、电信主管部门等后续发布实施性规则具体落实。

四　中国网络空间安全监管的特征、问题与对策

习近平总书记指出："世界经济加速向以网络信息技术产业为重要内容的经济活动转变。我们要把握这一历史契机，以信息化培育新动能，用新动能推动新发展。"① 数字经济已成为继农业经济、工业经济之后的第三种经济形态，不仅赋予了全球经济全新的增长动力，也为中国社会转型提供了重要契机。② 在中国新旧动能转换与数字经济转型的关键时期，多年来网络空间发展所积累的安全风险和矛盾逐渐暴露出来，并有所积聚。妥善应对网络空间安全风险的挑战，稳定良好的数字经济发展预期，已成为中国加快网络信息技术自主创新、向数字经济转型与完成经济结构性改革的重要任务。

（一）鲜明的时代特征

纵观中国网络空间安全监管的历史发展，不难发现，有关监管目标、方式、重点及制度内容总是随着信息化的推进而呈现出新的特点。通过对当前中国网络空间安全监管制度的分析，可以发现以下新的特点。

首先，监管目标以国家安全与产业发展为重。习近平总书记明确指出，没有网络安全就没有国家安全。网络安全对国家安全的重要性毋庸置疑，《国家安全法》亦正式提出"安全可控"的要求，发出"国家建设网络与信息安全保障体系，提升网络与信息安全保护能力"的呼吁。同时，习近平

---

① 刘九如：《春潮涌动 2017 我国信息化发展重点评述》，《中国信息化》2017 年第 2 期。
② 戴丽娜：《数字经济时代的数据安全风险与治理》，《信息安全与通信保密》2015 年第 11 期，第 89~91 页。

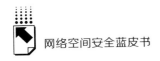
总书记在"4·19"讲话中明确指出，网络安全和信息化是相辅相成的，"安全是发展的前提，发展是安全的保障，安全和发展要同步推进"，对此《网络安全法》也将"网络安全支持与促进"置于"网络运行安全"和"网络信息安全"之前。

其次，监管方式以间接监管与落实平台责任为主。有学者曾总结网络内容安全监管的演变脉络，认为其从辅助监管过渡到直接监管进而过渡到间接监管①，网络空间安全监管亦类似。在实际操作中，网络安全责任的落实，依赖的不仅是立法、执法、司法，更多的是网络运营者自觉守法，"谁建设谁负责，谁运营谁负责"的归责方式促使网络运营者规划、建设及持续运营过程中均须考虑维护网络安全的能力。值得注意的是，随着第三方网络平台的发展，网络安全的平台责任倾向日益明显。特别是在网络内容安全领域，法律提出"避风港原则"的例外，要求对其平台出现的违法侵权内容，承担一定的自我监管责任②。例如，近年来立法有强化网络交易平台对其用户内容负行政责任的趋势，透过监管部门的解释，这些立法被进一步理解为要求网络交易平台普遍性地主动监控用户交易。③

再者，监管重点转向基于风险的监测与预警。习近平总书记在"4·19"讲话中着重提出要全天候全方位感知网络安全态势。"大数据、智能化、移动互联网、云计算"的发展，使得黑客攻击的频率和复杂程度大幅提升，网络安全需要从被动防御转型为主动防御，从传统网络安全进入网络安全2.0时代，对安全风险隐患主动监测并智能感知，实时应对处理。④ 对此，《网络安全法》专章提出"监测预警与应急处置"的若干措施，要求

---

① 马费成、李小宇、张斌：《中国互联网内容监管体制结构、功能与演化分析》，《情报学报》2013年第11期，第1124～1137页。
② 张效羽：《互联网平台需要什么样的责任机制》，《党政干部参考》2016年第5期，第40～41页。
③ 赵鹏：《私人审查的界限——论网络交易平台对用户内容的行政责任》，《清华法学》2016年第6期。
④ 董超：《网络安全2.0的发展思路和理念探索——基于网络安全监测预警服务体系的研究与开发》，《信息安全与通信保密》2015年第9期。

"国家建立网络安全监测预警和信息通报制度"。

最后，监管制度呈现清晰的大数据时代特征。过去相对独立分散的网络已经融合为深度关联、相互依赖的整体，形成了全新的网络空间①。而得益于信息技术的迅猛发展，网络空间日益成为一个市场容量巨大、发展潜力无穷的数据宝藏，人类社会进入了"数据即财富"的大数据时代。② 这一时代特征，是把握网络空间安全监管方向的核心。《国务院关于印发促进大数据发展行动纲要的通知》（国发〔2015〕50 号）提出要"加强大数据环境下的网络安全问题研究和基于大数据的网络安全技术研究"，为充分运用大数据先进理念、技术和资源，加强对市场主体的服务和监管，国务院还专门发文强调大数据对提高政府服务和监管能力的重要意义③，这些都体现出网络空间安全监管的大数据时代特征。

（二）面临的主要问题与对策

当前中国网络空间安全风险的形成和积聚与这些年网络安全监管转型滞后直接相关。监管体制变革滞后，多部门交叉监管，沿用既往现实空间监管思路与监管方式，是网络空间安全监管不到位与低效，以及网络空间安全风险与矛盾增多的重要因素，而进行中的全面实施促进大数据发展行动，加快推动数据资源共享开放和开发应用则可能进一步叠加风险与矛盾。

第一，中国网络空间监管体制下，监管规则制定权与执行权、审批权与监管权均合二为一，与数字经济复杂环境下监管的专业性、独立性的客观要求不相适应。这种"谁执法谁起草"④、"谁审批谁监管"⑤ 的体制不可避免地形成以部门利益导向立法、"借法扩权"、"借法逐利"、"以审代管"、

---

① 赵泽良：《依法治网，全面践行习总书记网络安全观》，（2017 - 04 - 27）http：//theory. people. com. cn/n/2014/1028/c386964 - 25922084. html.
② 檀有志：《大数据时代中美网络空间合作研究》，《国际观察》2016 年第 3 期，第 28～41 页。
③ 国办：《国务院办公厅关于运用大数据加强对市场主体服务和监管的若干意见》（国办发〔2015〕51 号）。
④ 宋伟：《破解"谁执法，谁起草"难题》，《政府法制》2010 年第 1 期，第 20～21 页。
⑤ 盛小伟、顾海兵：《"谁审批谁监管"的失灵和变革》，《领导科学》2015 年第 4 期。

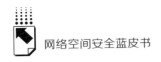

"重审批轻监管"的问题，不能不说这是监管不适应转型发展的重要因素，是监管变革面临的突出问题。

"十三五"是实施国家大数据战略的关键五年，也是大数据风险与挑战增多的五年。在这个特定背景下，不仅数据保护需要类似欧盟国家及日本、韩国、新加坡等国家的专门数据保护机构，维护网络数据安全乃至传统的网络运行安全、网络内容安全，也亟待参考域外经验，确立相对独立的监管机构负责或者政府指导下的专业第三方机构参与。

第二，由于历史原因，我国的网络空间安全监管曾是"九龙治水"，存在多头管理、职能交叉、权责不一、效率不高等弊端，已经到非解决不可的地步①。中央网络安全与信息化领导小组的成立，以及《网络安全法》赋权国家网信部门统筹协调网络安全工作和相关监督管理工作，实现了网络空间安全监管的提升层级、增强权威，并加强集中统一领导。然而，在网络运行安全、内容安全及数据安全等具体领域，各部门的职责权限，仍存在一定的空白、交叉甚至冲突。

网络运行安全领域的关键信息基础设施领域，应尽快制定《关键信息基础设施安全保护条例》，明确专门牵头机构与具体行业主管部门的有效分工，以及关键信息基础设施保护与网络安全等级保护的协调；对网络内容安全领域的复杂问题，各部门也要摆脱过于依赖审批权，国家网信部门和有关部门要理顺执法体制，加强执法能力建设，使现有的法律得到更好的执行；网络数据安全则面临更为棘手的局面，一方面数据安全监管制度远未成熟，机制与规则有待摸索完善，另一方面网信、工信、公安乃至其他行业主管部门等均涉及数据安全监管部分甚至大多数环节，如何实现各监管部门之间数据安全监管机制与规则的协调，还属未知，有待网络空间安全监管制度的进一步深入改革。

第三，网络空间安全监管陷入路径依赖，忽视网络空间安全的新特征与特殊性，沿用既往现实空间监管思路与监管方式，导致的后果是网络空间安

---

① 王秀军：《网络安全主要包含哪些内容》，《青年记者》2014 年第 11 期。

全缺乏基础性支撑，出现各种错位。固然网络空间是现实空间的延伸，是对现实空间的虚拟，是现实空间的映射①，网络安全也呈现与现实风险之间相互交混的"多元性"②，但网络空间本身与现实空间既交融又区分③，网络空间存在相对其他空间独有的安全威胁，如信息基础设施的运行安全风险、网络空间对舆情内容的放大效应，而网络数据安全更是全新的非传统安全领域。

网络空间安全监管的新情况，亟待监管的新思路。网络空间治理需多利益方共同参与，多利益攸关方理论已在网络空间全球治理实践中有所应用④，对此有关监管部门应当自觉运用互联网思维，把握网络空间发展规律进行顶层设计。国家安全空间牵涉政府、企业、非营利组织、公民等多方利益，以信息基础设施保护领域的公私合作和推进网络安全威胁信息共享为代表的多方协作社会治理新模式，能够保障政府既有战略高度也接行业地气，使得政策法律制定与落地执行具有一定弹性和适应性，可以说以法治为基础的多元主体共同治理⑤是维护国家网络空间安全的有效解决方案。

五　小结

维护网络空间安全被认为是"协调推进全面建成小康社会、全面深化改革、全面依法治国、全面从严治党战略布局的重要举措，是实现'两个一百年'奋斗目标、实现中华民族伟大复兴中国梦的重要保障"，网络空间

---

① 戴维民：《有序与混乱——网络空间的矛盾与冲突》，《津图学刊》2003 年第 4 期，第 5～9 页。
② 廖丹子：《"多元性"非传统安全威胁：网络安全挑战与治理》，《国际安全研究》2014 年第 3 期，第 25～39 页。
③ 张新宝、许可：《网络空间主权的治理模式及其制度构建》，《中国社会科学》2016 年第 8 期，第 139～158 页。
④ 鲁传颖：《网络空间全球治理与多利益攸关方的理论与实践探索》，华东师范大学博士学位论文，2016。
⑤ 王名、蔡志鸿、王春婷：《社会共治：多元主体共同治理的实践探索与制度创新》，《中国行政管理》2014 年第 12 期。

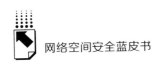

安全监管可谓任重而道远。网络空间安全监管制度建设是网络产业健康发展的重要保障，要正视网络空间安全监管面临的风险快速积聚与转型滞后的矛盾，加快推动传统网络安全监管向网络空间安全多方协作治理转型，坚持法治国家、法治网络一体化建设，切实做好网络运行安全和网络内容安全工作。同时，高度重视新兴的大数据安全风险，推动专业监管与社会共治的发展与衔接，用好"大数据"这把双刃剑，提升网络空间安全风险治理能力，实现对网络空间未知安全威胁的有效识别、监测、预警与处置。

B.7
2016年中国网络内容治理新动态

田 丽[*]

摘　要： 2016年我国立足互联网领域出现的新问题，出台了《网络安全法》、多个部门规章以及规范性文件对网络内容进行规范，并开展系列专项行动集中整治不良和违法内容，取得明显成效。但在日益严峻的网络安全形势下，仍然存在法律法规效力层级偏低、不能适应互联网发展特点等问题，需要我们进一步加强立法，发挥行政治理、公众监督、行业自律等多项手段对网络内容进行齐抓共管。

关键词： 互联网　内容治理　综合治理

中共十八大以来，党和国家高度重视网络内容治理，将其提升到网络安全的范畴，并在内容治理方面做了许多探索和努力。中央网络安全和信息化领导小组开创了统筹互联网信息内容管理、网络安全和信息化发展的新局面。2016年继续深化对网络内容治理的理论创新和实践探索，呈现出一些新动态。

一　立法立规进程加快

网络空间的法律建设通常有两种方式，一种是专项立法，主要是针对网

---

* 田丽，博士，北京大学新媒体研究院副教授，北京大学互联网发展研究中心主任，主要研究领域为新媒体与网络传播，网络舆情与传播策略，港澳台互联网研究等。

络空间的技术特征和应用发展的立法；一种是行业立法，主要是应对传统行业适应网络发展产生的问题。2016 年，我国网络空间治理立法工作的进程显著加快。

（一）《网络安全法》出台顺应时代要求

作为我国第一部全面规范网络空间安全管理方面问题的基础性法律，《网络安全法》将原来散见于各种法规、规章中的规定上升到国家立法层面，是依法治网的重要体现。《网络安全法》为网络内容治理提供了更加权威的法律依据，明确了内容管理的对象以及管理模式，使得网络内容治理在实践中更具可操作性。

1. 从管理对象看，《网络安全法》依旧承袭网络治理中的"九条底线"

如在第一章总则中的第十二条以列举的形式提纲挈领地明确了禁止传播的内容。第四章网络信息安全中的第四十七条、第四十八条、第四十九条、第五十条均明确将"法律、行政法规禁止发布或者传输的信息"[①] 作为管理对象，这些信息在网络中多以文字、图像、音频、视频等形式表现出来。

2. 从管理模式看，《网络安全法》明确了 1 + X 的共同治理模式

《网络安全法》明确了国家网信部门和有关部门在网络内容治理中的作为"管理者"的主导地位，但同时也规定了网络运营者、公民个人及组织等其他主体作为网络内容治理"参与者"的义务。从而形成了 1 + X 的共同治理模式，这也是《网络安全法》对于网络治理一贯坚持的基本原则。该法第四章网络信息安全中的第四十七条、第四十八条、第四十九条、第五十条即对网络运营者、个人和组织、电子信息发送服务提供者和应用软件下载服务提供者、国家网信部门和有关部门等多个主体在网络信息内容传播中的不同责任。

3. 从实践操作看，《网络安全法》更加突出网络运营者的法律责任

《网络安全法》强调网络运营者要加强对用户的管理，通过停止传输、

---

① 《中华人民共和国网络安全法》，http://www.npc.gov.cn/npc/xinwen/2016 - 11/07/content_2001605.htm。

消除等处置措施，防止违法内容的传播。强调平台责任是网络安全法的一个重大特色，这意味着网站不仅要对自己生产的内容负责，而且要对网民或其他组织在本平台上发布和传播的内容负责。但值得注意的是，平台在行使监管职责的时候，实际上成为"执法主体"，这无疑会对平台与用户之间的民事权利义务关系产生影响。虽然执法社会化在应对技术壁垒带来监管难题上具有一定的可行性，但是要想真正落实到位，平衡公权与私权，妥善处理各方权利关系，还必须设计与之配套的相关制度。

（二）专项立法由新闻内容向信息服务发展

2016 年，我国在互联网领域的专项立法主要有国家互联网信息办公室发布的《互联网信息搜索服务管理规定》、《移动互联网应用程序信息服务管理规定》、《互联网直播服务管理规定》以及国家工商行政管理总局发布的《互联网广告管理暂行办法》等。

随着互联网技术的发展，党和国家对互联网的认识不断深化，经历了一个从技术到媒体，从媒体到产业，从产业到社会，再到人类生活新疆域的发展过程。专项立法也在不断扩大立法范围，从最初把互联网作为信息存储与传播的技术，而重点保护计算机信息系统安全，到把互联网作为文化与信息传播的媒体，而专注规范网络媒体对新闻内容的生产，再到把互联网作为信息发布、交互、交易和服务的平台，而突出平台在网络治理中的责任。

从立法的范围来看，智能手机的普及使得公众获取信息的渠道从 PC 流向移动端，2016 年的网络内容治理立法适应移动互联网和网络应用服务的发展重点向信息服务领域倾斜，也更加注重对信息搜索、移动 APP 的监管。2016 年 5 月 2 日，在百度"魏则西"事件爆发之后，国家网信办会同国家工商总局、国家卫生计生委和北京市有关部门成立联合调查组进驻百度公司，这被视为国家有关部门加强互联网信息搜索服务监管的标志性事件①。此

---

① 《搜索引擎监管出大招》，http：//paper. people. com. cn/rmrbhwb/html/2016 – 07/04/content_1692536. htm。

次《互联网信息搜索服务管理规定》出台后，首次将搜索服务提供行为法定义务类型化，着重强调了对于收费搜索引擎的规范，针对自然搜索结果和付费搜索结果，做出了醒目区分的要求。这解决了一直以来互联网信息搜索服务提供者对于自然搜索结果和付费搜索结果在呈现上区分度不明显，有些内容甚至含有虚假信息的顽疾，对于重塑健康、有序的网络生态有着重大意义。

（三）行业立法不断追赶形势需要

行业立法主要有国家新闻出版广电总局、工业和信息化部公布的《网络出版服务管理规定》以及文化部发布的《网络表演经营活动管理办法》，前者主要针对网络出版服务这种"伴随社会生产力的发展而出现的出版形态和传播方式①"，后者主要针对线下表演通过网络平台在线上的传播。

网络出版物因其在本质属性上与传统出版物的高度一致性，一直被看作传统出版在网络上的延伸与发展。2016 年出台的《网络出版服务管理规定》前身是制定于 2002 年的网络出版管理部门规章《互联网出版管理暂行规定》，当时全国各类经营性和非经营性网站总数不足 10 万，从事网络出版活动的网站数量不多、形式较为单一②。经过十多年的发展，网络出版形式不断增多，原来的《暂行规定》已不再适应形势发展的需要，对于以互联网为依托的网络出版服务、网络出版物都需要重新被定义。而此前《暂行规定》并未单独提出"网络出版物"的概念。此外，近年来大量未经批准的非法网站和淫秽色情、有害信息等违禁内容在网络出版服务领域出现，由于法律的滞后给监管带来了难题。

---

① 广电总局负责人就《网络出版服务管理规定》答记者问，http：//www.cac.gov.cn/2016 - 02/17/c_ 1118075775.htm。
② 广电总局负责人就《网络出版服务管理规定》答记者问，http：//www.cac.gov.cn/2016 - 02/17/c_ 1118075775.htm。

二 专项行动上下联动，成效明显

注重发挥行政治理约束力强、见效快的优势，采取专项行动的方式对网络内容进行管理是近年来我国内容治理的重要手段。十八大之后，包括中央网信办在内的网络内容管理机关，先后开展了剑网、净网、护苗、清源、清朗等一系列专项治理活动（见表1），从而使网络空间的环境状态大为改观。

表1 针对网络内容管理的专项行动

名称	发布单位	级别	相关内容
剑网2016	国家版权局、国家互联网信息办公室、工业和信息化部、公安部	国家	整治未经授权非法传播网络文学、新闻、影视等作品的侵权盗版行为，保障有关权利人的合法权益；重点查处通过智能移动终端第三方应用程序（APP）、电子商务平台、网络广告联盟、私人影院（小影吧）等平台进行的侵权盗版行为，维护网络版权正常秩序；进一步规范网络音乐、网络云存储空间、网络转载新闻作品的版权秩序，营造网络版权良好生态
净网2016	全国"扫黄打非"办公室、公安部、工信部、文化部、国家网信办、新闻出版广电总局	国家	一是集中整治利用云盘传播淫秽色情信息行为。二是集中打击涉"黄"网络直播平台。三是持续打击微领域传播淫秽物品问题。四是及时处置不雅视频事件。五是组织开展查处违规新闻客户端
护苗2016	全国"扫黄打非"办公室	国家	专门打击制售传播非法有害少儿出版物及信息活动
清源2016	国家网信倡导，各级公安、文化、工商、网信共同参与	国家	重点针对政治性出版物、淫秽色情出版物、侵权盗版出版物、非法内部资料等各类出版物，从制作、运输、发行、传播一系列环节依法开展专项整治
清朗系列	国家网信办牵头，工信、公安、文化、工商、新闻出版广电等共同参与	国家	治理范围覆盖门户网站、搜索引擎、网址导航、微博微信、移动客户端、云盘、招聘网站、旅游出行网站等各平台各环节，治理内容包括各类违法违规文字、图片、音视频信息

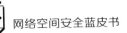

名称	发布单位	级别	相关内容
绿网2016	山东	地方	以互联网协议（IP）为主要技术形态，以计算机、电视机、手机等各类电子设备为接收终端，通过移动通信网、固定通信网、微波通信网、有线电视网、卫星或其他城域网、广域网、局域网等信息网络，从事开办、播放（含点播、转播、直播）、集成、传输、下载视听节目服务等活动。包括非法生产、销售和使用非法电视网络接收设备（含应用软件）的行为；通过互联网非法传播有害网络视听节目的行为；擅自从事互联网视听节目服务的行为；利用户外大屏幕、楼宇电视、移动车载电视等公共视听载体违规播放广播影视节目的行为
打击治理电信网络新型违法犯罪专项行动	河北	地方	侦破了一大批重大电信网络诈骗案件，共破获部督案件3起，省督案件8起，抓获督办案件犯罪嫌疑人67名，追回、冻结赃款合计3100余万元。其中，包括部督石家庄"1·22"非法控制计算机信息系统案、衡水安平"3·10"QQ聊天诈骗案、省督秦皇岛"11·9"特大网络诈骗案、衡水"3·19"冒充军人电话诈骗案等。还连续破获了一批"黑广播""伪基站"犯罪案件。河北省共抓获犯罪嫌疑人27名，打掉"黑广播"窝点123个，查扣设备143套；打掉"伪基站"犯罪团伙15个，抓获犯罪嫌疑人61名，缴获"伪基站"设备75套，有效遏制了电信网络诈骗上下游灰色产业犯罪发展蔓延势头
打击新型网络传销违法犯罪专项行动	内蒙古	地方	重点打击依托微信平台，以"微商"名义进行的传销活动和以"虚拟货币""金融互助""爱心慈善""旅游互助"等名义为幌子实施的网络传销犯罪活动
微信谣言整治专项行动	广东	地方	一是早于防范。指导腾讯制定并发布《微信公众平台关于谣言专项整治的公告》和《微信安全团队关于谣言专项整治的公告》，教育微信用户不造谣、不传谣、不信谣。二是严于处置。利用辟谣中心，发动微信用户积极举报谣言，并严厉处罚制造传播谣言的个人用户和账号。2016年1～5月，共删除谣言文章8.5万篇，处罚违规账号7000多个。三是勤于探索。腾讯尝试使用机器人识别疑似谣言信息，并与中山大学合作开展谣言专项课题研究
严厉打击网络淫秽色情违法犯罪专项行动	四川	地方	截至2016年4月初，共侦破网络淫秽色情案件68件，抓获各类违法犯罪嫌疑人154名，打掉境外色情网站4家，查获淫秽网盘账号4万余个、淫秽视频7000万余部，扣押作案电脑66台、手持移动上网终端121部、银行卡123张，查获涉案资金700余万元，扣押涉案车辆6台

2016 年专项行动呈现以下特点。

一是领域的继承性与发展性。专项行动在时间上具有连续性，剑网、净网、清源等系列活动已连续开展多年。从整治重点内容上来看，既有常抓不懈的一直作为重点打击对象的老问题，也有结合互联网形态发展而增加的新问题。如针对利用互联网制作传播淫秽色情信息行为的"净网行动"，2014 年的行动主要对互联网站、搜索引擎、应用软件商店等互联网信息服务提供者和网络电视棒、机顶盒等设备，进行全面彻底清查，删除含有淫秽色情内容的文字、图片、视频、广告等信息；2015 年的行动针对微博、微信、微视、微电影等"微领域"以及网络淫秽色情视频、微视频进行集中整治；2016 年的行动在 2015 年"微领域"的基础上，扩大到针对云盘、网络直播平台、不雅视频事件、新闻客户端等多领域的整治。

二是国家层面和地方政府的上下联动。"净网 2016"、"剑网 2016"等多个专项行动均由国家层面的相关部门牵头组织，联合各部门在全国范围内集中开展，形成各地各级各部门联动的综合治理。

三是突出属地管理的重要性。2016 年的专项行动突出了"谁主管"、"谁负责"的属地管理，在中央国家机关统一部署下，落实到各地相关部门。但是由于互联网传播的跨地域性，各省（区、市）的互联网管理往往需要不同地域间互联网管理部门的互相配合。这就要求网络内容治理上既要坚持属地化管理的基本原则，又要形成有效的协同合作关系。

三　综合治理有所发展仍待进步

我国互联网治理主要采取依法治理为主的综合治理模式。综合治理，包括了依法治理，同时强调社会力量的参与性。这几年，我国在互联网综合治理方面积累了经验，在内容管理中当前最典型的做法就是监督举报和强化平台责任。

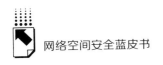

（一）突出网络平台的社会责任

总的来说，在我国网络发展的过程中，网络运营者履行社会责任呈现出"野蛮生长、问题凸显、情况紧迫"的特征。2010 年腾讯公司与奇虎 360 公司的恶性竞争事件就暴露出国内互联网企业在尚未健全的市场环境中滥用垄断地位、破坏市场规则等问题。而刚刚过去的 2016 年，从魏则西事件、徐玉玉事件到罗一笑事件，网络运营者侵害用户权益、忽视员工利益、侵犯知识产权等问题屡见不鲜。2016 年，习近平总书记在网络安全和信息化工作座谈会上提出互联网企业要讲责任，强调"只有积极承担社会责任的企业才是最有竞争力和生命力的企业"。

《网络安全法》第九条明确了网络运营者需履行的社会责任，"必须遵守法律、行政法规，尊重社会公德，遵守商业道德，诚实信用，履行网络安全保护义务，接受政府和社会的监督，承担社会责任。①"这条规定回应了当前网络空间中的一系列问题，明确了网络运营者应该承担的社会责任。

（二）重视网民的监督举报

网民作为互联网活动的主要参与主体，既是互联网的建设者，也是监督者。

截至 2016 年 12 月底，全国网络举报部门直接处置或向执法部门转交网民有效举报 343.8 万件，通过各类渠道向网民反馈处置结果 340.2 万件。其中，中国互联网违法和不良信息举报中心直接受理违法和不良信息有效举报 38747 件；各地网信办举报部门受理违法和不良信息有效举报 93.1 万件，环比增长近 3 倍，同比增长近 12 倍；全国主要网站受理违法和不良信息有效举报 263.1 万件，同比增长 43.1%。②

---

① 《中华人民共和国网络安全法》，http：//www.npc.gov.cn/npc/xinwen/2016 – 11/07/content_2001605.htm。
② 中国互联网违法和不良信息举报中心，http：//www.12377.cn/txt/2017 – 01/22/content_9309227.htm。

（三）提升网络素养成宣传常态

2016年，中央网信办进一步将培育"中国好网民"工程化，并于2月26日开展相关动员部署会。自此，全国网信系统正式启动了"争做中国好网民工程"，该工程为期5年。据统计，2016年，"中国好网民"微博客户端粉丝数量高达16万，共发布3360篇文章；微信平台的粉丝数量超过25万人，共发布862篇文章。9月19日，由中央网信办等六部门共同举办的"2016年国家网络安全宣传周"在湖北武汉开幕。9月19～25日，全国各省区市围绕"网络安全为人民，网络安全靠人民"这一主题，积极开展网络安全教育活动，活动兼具知识性、互动性、体验性和趣味性，营造了全民参与的氛围。

开展"中国好网民"、"网络安全宣传周"等宣传工作有力地培育了广大人民群众的网络安全意识，提升了网民的网络素养，增强了网民的基本上网防护技能，有利于网民形成懂法、守法的良好上网习惯。

四 特征与问题

（一）"九不准"贯穿互联网法律体系中

自1994年接入国际互联网以来，互联网领域的立法一直是我国立法工作的重点，目前已初步建立互联网法律体系，形成了由法律、行政法规和部门规章组成的三层级规范体系，网络法治化进程正在提速。从表2可以看出，是否违反"九不准"① 已经成为定义违法和不良信息的准绳，"九不

---

① 不得制作、复制、发布、传播含有下列内容的信息：（一）反对宪法所确定的基本原则的；（二）危害国家安全，泄露国家秘密，颠覆国家政权，破坏国家统一的；（三）损害国家荣誉和利益的；（四）煽动民族仇恨、民族歧视，破坏民族团结的；（五）破坏国家宗教政策，宣扬邪教和封建迷信的；（六）散布谣言，扰乱社会秩序，破坏社会稳定的；（七）散布淫秽、色情、赌博、暴力、凶杀、恐怖或者教唆犯罪的；（八）侮辱或者诽谤他人，侵害他们合法权益的；（九）含有法律、行政法规禁止的其他内容的。

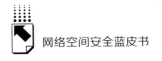

准"也已经成为整个互联网法律体系的灵魂，被多数互联网法规、规章广泛引用，并贯穿其中。

表2 "九不准"在互联网法规规章中的引用

法律层级	法律法规名称	具体内容
法律	网络安全法	任何个人和组织使用网络应当遵守宪法法律，遵守公共秩序，尊重社会公德，不得危害网络安全，不得利用网络从事危害国家安全、荣誉和利益，煽动颠覆国家政权、推翻社会主义制度，煽动分裂国家、破坏国家统一，宣扬恐怖主义、极端主义，宣扬民族仇恨、民族歧视，传播暴力、淫秽色情信息，编造、传播虚假信息扰乱经济秩序和社会秩序，以及侵害他人名誉、隐私、知识产权和其他合法权益等活动。
行政法规	计算机信息网络国际联网安全保护管理办法	任何单位和个人不得利用国际联网制作、复制、查阅和传播下列信息：（一）煽动抗拒、破坏宪法和法律、行政法规实施的；（二）煽动颠覆国家政权，推翻社会主义制度的；（三）煽动分裂国家、破坏国家统一的；（四）煽动民族仇恨、民族歧视，破坏民族团结的；（五）捏造或者歪曲事实，散布谣言，扰乱社会秩序的；（六）宣扬封建迷信、淫秽、色情、赌博、暴力、凶杀、恐怖，教唆犯罪的；（七）公然侮辱他人或者捏造事实诽谤他人的；（八）损害国家机关信誉的；（九）其他违反宪法和法律、行政法规的。
	电信条例	任何组织或者个人不得利用电信网络制作、复制、发布、传播含有下列内容的信息：（一）反对宪法所确定的基本原则的；（二）危害国家安全，泄露国家秘密，颠覆国家政权，破坏国家统一的；（三）损害国家荣誉和利益的；（四）煽动民族仇恨、民族歧视，破坏民族团结的；（五）破坏国家宗教政策，宣扬邪教和封建迷信的；（六）散布谣言，扰乱社会秩序，破坏社会稳定的；（七）散布淫秽、色情、赌博、暴力、凶杀、恐怖或者教唆犯罪的；（八）侮辱或者诽谤他人，侵害他人合法权益的；（九）含有法律、行政法规禁止的其他内容的。
	互联网上网服务营业场所管理条例	互联网上网服务营业场所经营单位和上网消费者不得利用互联网上网服务营业场所制作、下载、复制、查阅、发布、传播或者以其他方式使用含有下列内容的信息：（一）反对宪法确定的基本原则的；（二）危害国家统一、主权和领土完整的；（三）泄露国家秘密，危害国家安全或者损害国家荣誉和利益的；（四）煽动民族仇恨、民族歧视，破坏民族团结，或者侵害民族风俗、习惯的；（五）破坏国家宗教政策，宣扬邪教、迷信的；（六）散布谣言，扰乱社会秩序，破坏社会稳定的；（七）宣传淫秽、赌博、暴力或者教唆犯罪的；（八）侮辱或者诽谤他人，侵害他人合法权益的；（九）危害社会公德或者民族优秀文化传统的；（十）含有法律、行政法规禁止的其他内容的。

法律层级	法律法规名称	具体内容
行政法规	互联网信息服务管理办法	互联网信息服务提供者不得制作、复制、发布、传播含有下列内容的信息：(一)反对宪法所确定的基本原则的；(二)危害国家安全，泄露国家秘密，颠覆国家政权，破坏国家统一的；(三)损害国家荣誉和利益的；(四)煽动民族仇恨、民族歧视，破坏民族团结的；(五)破坏国家宗教政策，宣扬邪教和封建迷信的；(六)散布谣言，扰乱社会秩序，破坏社会稳定的；(七)散布淫秽、色情、赌博、暴力、凶杀、恐怖或者教唆犯罪的；(八)侮辱或者诽谤他人，侵害他人合法权益的；(九)含有法律、行政法规禁止的其他内容。
部门规章	互联网视听节目服务管理规定	视听节目不得含有以下内容：(一)反对宪法确定的基本原则的；(二)危害国家统一、主权和领土完整的；(三)泄露国家秘密、危害国家安全或者损害国家荣誉和利益的；(四)煽动民族仇恨、民族歧视，破坏民族团结，或者侵害民族风俗、习惯的；(五)宣扬邪教、迷信的；(六)扰乱社会秩序，破坏社会稳定的；(七)诱导未成年人违法犯罪和渲染暴力、色情、赌博、恐怖活动的；(八)侮辱或者诽谤他人，侵害公民个人隐私等他人合法权益的；(九)危害社会公德，损害民族优秀文化传统的；(十)有关法律、行政法规和国家规定禁止的其他内容。
	网络出版服务管理规定	网络出版物不得含有以下内容：(一)反对宪法确定的基本原则的；(二)危害国家统一、主权和领土完整的；(三)泄露国家秘密、危害国家安全或者损害国家荣誉和利益的；(四)煽动民族仇恨、民族歧视，破坏民族团结，或者侵害民族风俗、习惯的；(五)宣扬邪教、迷信的；(六)散布谣言，扰乱社会秩序，破坏社会稳定的；(七)宣扬淫秽、色情、赌博、暴力或者教唆犯罪的；(八)侮辱或者诽谤他人，侵害他人合法权益的；(九)危害社会公德或者民族优秀文化传统的；(十)有法律、行政法规和国家规定禁止的其他内容的。
	中国互联网络域名管理办法	任何组织或个人注册和使用的域名，不得含有下列内容：(一)反对宪法所确定的基本原则的；(二)危害国家安全，泄露国家秘密，颠覆国家政权，破坏国家统一的；(三)损害国家荣誉和利益的；(四)煽动民族仇恨、民族歧视，破坏民族团结的；(五)破坏国家宗教政策，宣扬邪教和封建迷信的；(六)散布谣言，扰乱社会秩序，破坏社会稳定的；(七)散布淫秽、色情、赌博、暴力、凶杀、恐怖或者教唆犯罪的；(八)侮辱或者诽谤他人，侵害他人合法权益的；(九)含有法律、行政法规禁止的其他内容的。
	互联网新闻信息服务管理规定	互联网新闻信息服务单位登载、发送的新闻信息或者提供的时政类电子公告服务，不得含有下列内容：(一)违反宪法确定的基本原则的；(二)危害国家安全，泄露国家秘密，颠覆国家政权，破坏国家统一的；(三)损害国家荣誉和利益的；(四)煽动民族仇恨、民族歧视，破坏民族团结的；(五)破坏国家宗教政策，宣扬邪教和封建迷信的；(六)散布谣言，扰乱社会秩序，破坏社会稳定的；(七)散布淫秽、色情、赌博、暴力、恐怖或者教唆犯罪的；(八)侮辱或者诽谤他人，侵害他人合法权益的；(九)煽动非法集会、结社、游行、示威、聚众扰乱社会秩序的；(十)以非法民间组织名义活动的；(十一)含有法律、行政法规禁止的其他内容的。

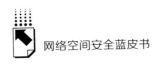
续表

法律层级	法律法规名称	具体内容
部门规范性文件	广电总局关于加强互联网视听节目内容管理的通知	互联网视听节目不得含有以下内容:(一)反对宪法确定的基本原则的;(二)危害国家统一、主权和领土完整的;(三)泄露国家秘密、危害国家安全或者损害国家荣誉和利益的;(四)煽动民族仇恨、民族歧视,破坏民族团结,或者侵害民族风俗、习惯的;(五)宣扬邪教、迷信的;(六)扰乱社会秩序,破坏社会稳定的;(七)诱导未成年人违法犯罪和渲染暴力、色情、赌博、恐怖活动的;(八)侮辱或者诽谤他人,侵害公民个人隐私等他人合法权益的;(九)危害社会公德,损害民族优秀文化传统的;(十)有关法律、行政法规和国家规定禁止的其他内容。
	广电总局关于进一步加强网络剧、微电影等网络视听节目管理的通知	网络剧、微电影等网络视听节目不得含有以下内容:1. 反对宪法确定的基本原则的;2. 危害国家统一、主权和领土完整的;3. 泄露国家秘密、危害国家安全或者损害国家荣誉和利益的;4. 煽动民族仇恨、民族歧视,破坏民族团结,或者侵害民族风俗、习惯的;5. 宣扬邪教、迷信的;6. 扰乱社会秩序,破坏社会稳定的;7. 诱导未成年人违法犯罪和渲染暴力、色情、赌博、恐怖活动的;8. 侮辱或者诽谤他人,侵害公民个人隐私等他人合法权益的;9. 危害社会10. 有关法律、行政法规和国家规和国家规定禁止的其他内容。

(二)依法治理深入人心,法律法规效力层级较低

"十二五"期间,网络立法进程明显提速。制定出台互联网相关法律法规、规范性文件共76部,同比增长262%。特别是中央网络安全和信息化领导小组成立以来,颁布实施47部互联网相关法律法规,占"十二五"期间立法总量的62%,网络立法速度明显加快①。可以说,从数量上看,我国互联网领域的立法已经初具规模,有利于在广大人民群众及相关组织机构中树立依法治网的意识。

但是,从质量上讲,互联网领域的相关立法效力层级较低。截至2016年底,由全国人大常委会制定的互联网专门立法仅有4部,即2000年颁布的《关于维护互联网安全的决定》(2009年修正)、2004年颁布的《电子签

---

① 《"十二五"期间中国互联网立法大提速》,http://news.xinhuanet.com/politics/2015－10/29/c_128372662.htm。

名法》（2015 年修正）、2012 年颁布的《关于加强网络信息保护的决定》、2016 年颁布的《网络安全法》。其他立法大多属于部门规章，甚至是其他规范性文件，这些法律效力位阶普遍较低。

（三）典型案例影响立法进程，依法治网缺乏系统性

影响重大的网络事件的发生，不断引发各种各样的法律问题，倒逼相关法律法规或文件的出台。但这种情况下的立法，更多的是应急性的，在立法之初或许就缺乏体系化的构建，往往是网络事件涉及哪个部门，哪个部门就依据或者参照能够适用于互联网的传统法律对网络事件进行处置，随之出台相关部门规章或者规范性文件，使得各部门规章之间缺乏系统性，在实际管理中也难以有效统筹各个部门。比如针对乱象丛生的互联网直播问题，2016年 7 月，文化部下发了《关于加强网络表演管理工作的通知》；9 月，国家新闻出版广电总局依据《互联网视听节目服务管理规定》下发了《关于加强网络视听节目直播服务管理有关问题的通知》；11 月，国家互联网信息办公室出台了《互联网直播服务管理规定》；12 月，文化部出台《网络表演经营活动管理办法》。但由于直播平台所涉及的直播内容多样，有些带有表演性质，有些又属于赛事直播，这三个部门出台的文件在管理对象方面存在明显的交叉，监管又陷入"多头管理"的怪圈，在实际管理中也难以有效统筹各个部门，更加难以有效地对互联网上出现的违法犯罪行为和有害信息进行及时治理，见表3。

表 3　针对互联网直播问题出台的部门规范性文件

部门规范性文件	出台部门	管理对象
《互联网视听节目服务管理规定》	国家新闻出版广电总局	本规定所称互联网视听节目服务，是指制作、编辑、集成并通过互联网向公众提供视音频节目，以及为他人提供上载传播视听节目服务的活动。
《互联网直播服务管理规定》	国家互联网信息办公室	本规定所称互联网直播，是指基于互联网，以视频、音频、图文等形式向公众持续发布实时信息的活动；本规定所称互联网直播服务提供者，是指提供互联网直播平台服务的主体；本规定所称互联网直播服务使用者，包括互联网直播发布者和用户。

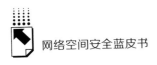
续表

部门规范性文件	出台部门	管理对象
《网络表演经营活动管理办法》	文化部	本办法所称网络表演是指以现场进行的文艺表演活动等为主要内容,通过互联网、移动通讯网、移动互联网等信息网络,实时传播或者以音视频形式上载传播而形成的互联网文化产品。网络表演经营活动是指通过用户收费、电子商务、广告、赞助等方式获取利益,向公众提供网络表演产品及服务的行为。将网络游戏技法展示或解说的内容,通过互联网、移动通讯网、移动互联网等信息网络,实时传播或者以音视频形式上载传播的经营活动,参照本办法进行管理。

(四)行政治理深度有效,其他治理手段亟待加强

互联网治理体系的建设、互联网治理能力的强弱事关国家治理的成败,长期以来,约谈、关停等行政手段一直是我国互联网治理的主要抓手,也取得了明显成效。据统计,2016 年全国网信系统全年依法约谈违法网站 678家,会同工信部门取消违法网站许可或备案、关闭违法网站 3467 家,移送司法机关相关案件线索 5604 件。有关网站依据服务协议关闭各类违法违规账号群组 506 万个①。

从长远来看,互联网治理不能仅仅单纯依靠行政管理,而应该以开放、对话的姿态,深化政府与互联网企业、行业组织、科研机构以及公众的参与合作,构建多主体共同参与的治理模式。互联网时代,权力结构正在"去中心化",我们也欣喜地看到在互联网相关立法工作上正在改变传统的政府主导、过程相对封闭的模式,而是以公开草案、建议稿等方式让多主体参与到互联网的治理中。

---

① 中国网信网,http://www.cac.gov.cn/2017 – 01/20/c_ 1120352553.htm。

美国联邦网络安全法律框架

张　衡*

摘　要：　虽然美国并没制定统一的联邦网络安全法，却通过大量政策和法律构建了美国联邦网络安全制度体系。本文初步梳理了联邦各职能机构的网络安全职能，并从联邦信息系统安全、关键基础设施安全、网络安全威胁信息共享、联邦政府供应链网络安全和数据安全等方面介绍了美国联邦网络安全的制度框架。

关键词：　美国　网络安全　法律　关键基础设施　威胁信息共享

一　美国联邦"网络安全"概念的形成

随着无处不在的信息通信技术融入现代社会生活的方方面面，信息通信系统及其内容的安全性成为政策制定中的重要议题。然而，"网络安全"是一个宽泛的、充满争议的、有点模糊的概念，往往缺乏精确的定义。美国联邦立法对此概念经历了从计算机安全、信息安全到网络安全的发展变化。

（一）保护计算机系统安全时期

美国早在《1986 年计算机欺诈和滥用法》中就提出了保护联邦和金融机构计算机系统的概念，要求对为进行欺诈性偷窃而故意非法进入联邦利益

---

* 张衡，上海社会科学院信息研究所助理研究员，华东政法大学博士研究生，主要研究方向为网络法律与政策。

计算机系统，以及篡改联邦利益计算机系统的信息，或妨碍该计算机系统使用的行为进行惩罚。① 《1996 年国家信息基础设施保护法》Title II 修改了《1986 年计算机欺诈和滥用法》，扩大了计算机犯罪的概念，规定未经授权进入受保护的计算机系统并通过各种形式进行恶意破坏的行为，利用电子手段对他人和机构进行敲诈的行为，或是试图这样做的行为都要受到刑事指控。

（二）保护信息安全时期

2002 年《联邦信息安全管理法》（FISMA）提出了信息系统安全和信息完整性、保密性和可用性（CIA）的概念。该法规定"信息安全"是指保护信息和信息系统不受未经授权的访问、使用、披露、破坏、修改或者销毁，以确保信息的完整性、保密性和可用性。《2002 国土安全法》中将"信息安全"定义为"保护信息和信息系统免受未经授权的访问、使用、披露、中断、修改或破坏，以提供完整性、机密性、可用性和可信性"。美国立法中，有时也将"信息保障"（information assurance）与"信息安全"（information security）并用。比如《联邦军事法》[10 U. S. C. 2200（E）] 将"信息保障"定义为包括计算机和网络安全以及由国防部长所指定的任何其他信息技术。美国国家安全局（NSA）将"信息保障"定义为"保护并确保其可用性、完整性、可信性、机密性和不可否认性及维护信息和信息系统的措施"。

（三）保护网络安全时期

美国虽然早在 1999 年颁布的《新世纪国家安全战略报告》（A National Security Strategy for a New Century）就开始使用"网络安全"一词，② 但在此后一系列的政策中并未对其概念或定义作界定。由于美国联邦并未制定统一的网络安全法，所以有关网络安全的法律概念并未清楚得以界定。直到《2015 年网络安全法》，才在"网络安全威胁"的定义中间接明确网络安全

---

① 第 1030 条：与计算机有关的欺诈及其相关活动。

② The White House，"A National Security Strategy for a New Century，"at http：//clinton4. nara. gov/media/pdf/nssr – 1299. pdf.

的概念，其网络安全的内容包含了信息系统安全和数据安全两个部分。[①] 数据则包括了"存储在信息系统上的"、"正在处理过程中的"、"途经该信息系统的"，所有牵涉到这三种形态的数据。

从美国近期的立法看，网络安全通常包含以下三种情况：（1）旨在保护计算机、计算机网络、相关硬件和设备、软件及其包含和传输的信息（包括软件和数据）以及其他网络空间要素的活动和措施，以防遭到非法行为的威胁和侵害。（2）保护免受网络威胁的行动。（3）实施和改进这类行为的广泛领域内的努力。[②]

（四）网络安全与其他概念的关系

在公共讨论中，网络安全往往与隐私、信息共享、情报收集和监控等其他概念混合在一起。隐私与个人控制他人访问自身信息的能力有关。因此，良好的网络安全可以帮助保护电子环境中的隐私，但是为了网络安全而共享的信息有时可能包含一些属于私人的个人信息。网络安全可以是防止来自信息系统的秘密监视和情报收集，但在针对网络攻击的潜在来源时，对信息系统的监控也可能有助于实现网络安全。因此，系统内信息流的监视应该是网络安全的重要组成部分。[③]

二 美国联邦网络安全法律框架

近年来，针对美国政府和企业的网络攻击的频率越来越高，影响也越来越大，修订网络安全立法框架成为美国国会立法中的重要议题。美国国会提

---

① 《2015 年网络安全法》规定，"网络安全威胁"指可能对某一信息系统的安全、有效、机密和完整等属性造成负面影响的未经授权的行动，或者对存储于该信息系统的数据、正在该信息系统上处理的数据、途经该信息系统的数据造成负面影响的未经授权的行动。

② 对此概念更加深入的讨论，请见 *Creating a National Framework for Cybersecurity*：*An Analysis of Issues and Options*。

③ See，for example，Department of Homeland Security， "Continuous Diagnostics and Mitigation（CDM），"June 24，2014，http：//www.dhs.gov/cdm。

出了许多与网络安全相关的法案，主要集中在以下领域：①保护私人关键基础设施；②在私营和政府机构中分享网络安全信息；③保护联邦信息系统的国土安全部门；④《联邦信息安全管理法案》改革；⑤网络安全人才培养；⑥网络安全技术研发；⑦网络犯罪；⑧数据泄露通知；⑨与国防相关的网络安全。① 目前，虽然美国还没有制定统一的联邦网络安全法律，但是据统计，联邦层面共有 50 多部法律直接或间接地处理网络安全问题。美国联邦重要网络安全法律法规梳理如表 1 所示。

表 1　美国联邦重要网络安全法律

时间	名称	要点
1986	《1986 年计算机欺诈与滥用法》	禁止对联邦计算机系统和银行以及州际和国外商用系统进行各种攻击。针对政府电脑的电子侵入、超越授权访问和破坏信息行为定罪；将盗用电脑密码定罪，并为情报和执法活动确定法定豁免
1986	《电子通信隐私法》（ECPA）	针对电子和通信服务中分享或存储的数据，试图在隐私权和执法需求之间获得平衡。除非另有规定，否则禁止拦截或访问存储的口头或电子通信，使用或披露所获得的信息或拥有电子窃听设备
1988	《1987 年计算机安全法》	授权美国国家标准与技术研究院（NIST）负责制定联邦除国家安全系统以外的计算机系统的安全标准
1995	《减少文书工作法》	授权管理和预算办公室（OMB）制定信息资源管理政策和标准，就信息技术问题咨询 NIST 和 GSA，要求联邦机构实施信息安全与隐私相关的流程
1996	《克林格 - 卡亨法》（信息技术管理改革法）	要求联邦机构确保制定适当的信息安全政策，OMB 负责监督主要的 IT 采购，由 NIST 制定、商务部长颁布强制性的联邦计算机标准。国家安全系统大部分情形下例外
1996	《健康保险携带和责任法案》（HIPPA）	要求卫生与公众服务部部长制定保护个人可识别健康信息隐私的安全标准和规定，并要求相关保健实体保护这些信息的安全
1999	《金融服务现代化法》	要求金融机构保护客户的所有敏感信息的机密性

---

① Federal Laws Relating to Cybersecurity: Major Issues, Current Laws, Proposed Legislation, https://www.everycrsreport.com/reports/R42114.html.

时间	名称	要点
2002	《国土安全法》(HSA)	授予国土安全部保护国土安全和关键基础设施(CI)的一般职责,还要求其承担一定的网络安全职责。 设立国土安全部(DHS),授予其保护信息基础设施的职能,包括为州、地方政府和私营组织提供网络威胁和漏洞信息,提供危机管理支持和技术援助。加强对网络犯罪的刑事处罚
2002	《网络安全研究和发展法》	确立了国家科学基金会(NSF)和 NIST 研究网络安全的职责
2002	《联邦信息安全管理法》(FISMA)	厘清并加强 NIST 和联邦机构的网络安全责任,建立联邦事件中心,并授权 OMB 负责颁布联邦网络安全标准
2002	《萨班斯－奥克斯利法案》	要求美国上市公司对包括网络安全措施在内的内部控制进行年度评估
2005	《能源政策法》	要求联邦能源监管委员会(FERC)为确保某些类型电力设施的可靠性制定标准
2006	《2007 年国土安全部拨款法》	要求对化学设施安全制定新规则,包括网络安全要求
2014	《网络安全人员评估法》	要求对 DHS 网络安全人员进行常规性的评估
2014	《网络安全加强法》	鼓励公共和私人部门合作,加强网络安全研发,增加人员储备和提高公众意识
2015	《2015 年网络安全法》	包括《2015 年网络安全信息共享法案》、《国家网络安全促进法》、《联邦网络安全人力资源评估法》

三 联邦机构的网络安全职能

当前,美国联邦政府已经建立起了比较完善的网络安全职能体系。美国联邦政府在处理网络安全事务中承担的任务很复杂,不仅要保护联邦信息系统,还需要在保护非联邦信息系统方面发挥适当的作用。对各联邦机构来说,保护联邦数据、IT 系统和网络是所有政府机构的共同责任,各联邦机构根据法律授权主导或参与网络安全保护任务。

(一)国土安全部成为美国网络安全权力架构的核心

FISMA 和《2015 年网络安全法》对国土安全部的职能做出了规定。

(1) FISMA 指定 DHS 作为联邦网络安全的执行领导机构,并授权 DHS

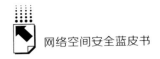
协调政府网络安全工作，向联邦机构发布具有约束力的业务指令，提高其网络安全水平。

（2）DHS 通过国家网络安全保护系统（CybersecurityProtectionSystem，简称 NCPS，俗称"爱因斯坦计划"）和持续诊断和缓解（CDM）计划为联邦机构提供通用的安全能力①，实施风险评估，并根据《第 41 号总统政策指令》提供事件响应协助。

（3）授权 DHS 作为美国网络信息安全共享的枢纽。DHS 需要在机构内部建立网络安全威胁信息共享的程序，以接受各实体或政府共享的指标和防御措施。该程序还需确保各相关联邦机构能够自动、实时地接受共享指标。DHS 必须部署一个系统，在网络流量交换或从某机构信息系统中发现网络安全威胁；防止或修改此类流量，以消除网络安全威胁。

（4）明确 DHS 在网络安全事故应急处置和关键基础设施安全保障任务中的牵头部门地位。比如 DHS 部长可以向联邦机构发布紧急指令，以应对实质性的信息安全威胁、漏洞或事故；或者授权入侵检测和采取预防措施，在遇到即将来临的威胁时保护联邦机构信息系统。DHS 必须制定战略，确保影响关键基础设施实体的网络事件不会对公共卫生或安全、经济安全或国家安全造成灾难性的地区性或全国性影响。

（5）授权在 DHS 之下成立国家网络安全和通信整合中心（NCCIC）。NCCIC 通过制定一个程序，供全国范围内的互操作协调员报告涉及应急响应服务者使用的网络面临的风险或事件。

---

① 为了保障持续监控 ISCM 计划的顺利进行，美国国土安全部开发了"将持续诊断与缓解（CDM）作为工具和服务交付计划（The tools and services delivered through the Continuous Diagnostics and Mitigation program）"，由通用动力公司等的 17 家服务商，签订了为期五年的由政府制定的一系列"持续监控"协议。这些公司将为美国国土安全部、联邦、州和地方政府提供持续监控工具，持续监控可以加强政府网络空间安全、评估和打击实时网络空间威胁，并将持续监控作为一种服务手段（云服务），提供给需要的政府单位的网络空间监控和安全风险缓解服务。同时为需要额外服务的机构提供数据整合和提供用户个性化服务。简单而言，就是将持续监控需要的产品和服务标准化，通过服务提供给政府单位。CDM 计划力图保护联邦以及政务单位的 IT 网络免受网络安全威胁，通过提供持续监控引擎工具，诊断、缓解工具和持续监控服务 Continuous Monitoring as a Service（CMaaS）来增强政府网络安全态势。

（二）管理和预算办公室（OMB）负责监督和指导联邦机构的信息安全实践

根据 2014 年的 FISMA，OMB 负责监督联邦机构的信息安全实践，制定和实施相关政策和指导方针。联邦首席信息安全官（CISO）领导 OMB 网络和国家安全局（OMB Cyber），该部门是联邦首席信息官办公室内的专门团队，与联邦机构领导层合作处理信息安全优先事项。OMB Cyber 与政府合作伙伴一起制定网络安全政策，对联邦机构的网络安全计划实施数据驱动的监督，并协调联邦响应网络安全事件。

（三）国家标准与技术研究院（NIST）负责制定网络安全标准和指南

NIST 是商务部下属的一家技术型机构，负责与 OMB 和其他联邦机构协调制定联邦信息系统的标准和指导方针。此外，NIST 负责制定联邦信息处理标准，提供包括事件处理和入侵检测、供应链风险管理和严格身份验证在内的广泛主题的管理、操作和技术安全指南。

（四）司法部（DOJ）负责执行网络安全相关法律

司法部以下属的联邦调查局（FBI）为主，负责调查网络安全入侵、攻击公共和私人目标的罪犯，海外敌对势力和恐怖分子的攻击。为了加强网络安全事务的处理能力，FBI 设立了网络处、全球部署的网络行动小组，以及与联邦、州和地方执法机构及网络安全机构开展合作。

（五）情报部门收集网络安全相关情报

网络安全的一个重要组成部分是获取和分析针对特定实体或企业实施威胁和恶意行为人的信息。由国家情报总监办公室领导，情报部门向联邦政府提供包括 NSA 和 CIA 等 17 个机构的工作成果。

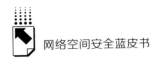
（六）总务局（GSA）管理联邦采购中的网络安全

GSA 向整个联邦政府提供管理和行政支持，并为联邦机构建立采购工具。这包括最近设立的高度自适应网络安全服务（HACS），该服务旨在为联邦机构在网络相关事件发生的事前、事中和事后提供快速可靠的关键服务。GSA 还主持联邦风险与认证管理项目（FedRAMP），加强政府使用云服务的安全。

（七）国防部（DOD）负责国防领域网络安全

根据美国国防部 2015 年发布的《网络安全战略》，DOD 的网络安全职能分别是保障国防部网络、系统、信息的安全；保障美国本土和相关利益关免受可能造成严重后果的网络攻击；为军事行动和其他安全行动提供网络支持。[①]

（八）联邦特定职能部门和监管机构负责关键基础设施的网络安全保护

第21号总统政策指令（PPD－21）"关键基础设施安全和恢复力"确定了16个关键设施部门。通过联邦、州、地方、部落、管辖地的政府机构的合作，以及公私部门组织的合作，实现加强关键基础设施安全和恢复力的目标。

（九）各联邦机构负责各自信息系统和信息的安全

FISMA 要求联邦机构的负责人负责联邦信息和信息系统的安全。各联邦机构的负责人可以将该权力授予其各自的首席信息官（CIO）或机构高级信息安全官员，比如 CISO。各联邦机构负责配备必要的人员、流程和技术来保护联邦数据。比如，卫生和人力服务部通过成立工作组，为联邦政府规

---

① 沈逸：《美国国防部发布新网络战略：突破"军民两分"原则》，http://www.thepaper.cn/newsDetail_forward_1325267.

划建立一个独立的系统，以共享卫生保健领域的网络安全威胁情报；针对联邦的联网医疗设备和电子健康记录提出保护建议。

（十）国家安全委员会（NSC）向总统提供网络安全咨询意见

NSC 是负责协调总统高级顾问、内阁官员、军事和情报界顾问的总统执行办公室。NSC 从国家安全和外交政策的角度向总统提供咨询意见。NSC 和 OMB 协调并与联邦机构合作实施政府的网络安全优先事项。

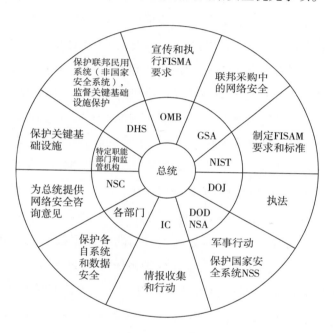

图1 美国联邦机构网络安全职能

四 美国网络安全制度的重点

（一）保护联邦信息系统网络安全

自 2015 年美国人事管理办公室（OPM）数据泄露事故发生后，政府部门面临网络安全的严峻挑战，进一步推动了美国保护联邦信息系统网络安全的各项举措。尽管每个联邦机构负责自身的网络安全，但 DHS 和 GSA 还是在联邦层面管理着一系列政府网络安全计划，为各联邦机构提供一致的、高效益的解决方案，帮助确保联邦系统和信息的安全。主要的政府网络安全项目包括持续诊断和缓解项目、"爱因斯坦计划"、FedRAMP 和 HACS 等。

1. 持续诊断和缓解项目（CDM）

DHS 的 CDM 项目提供现成的商业性工具和服务，加强联邦、州、地方、区域和部落政府的网络安全能力。OMB《备忘录 M – 14 – 03 加强联邦信息和信息系统的安全性》首次描述了 DHS 的 CDM 计划。该项目赋予政府IT 资产以自动选择系统管理功能的能力，包括但不限于资产检测、配置管理和漏洞管理。CDM 通过发展自动化管理和检测能力，加强联邦机构识别、优先、减轻网络安全风险的能力。通过自动化管理和监测功能，加强了机构识别网络安全风险，排列优先级以及减轻风险的能力。此外，联邦机构可以分析来自监测器的数据，以增强其管理资产、用户和网络数据的流程管理。

2. 国家网络安全保护体系（爱因斯坦计划）

根据《国土安全法》和 FISMA，美国 2003 年启动了爱因斯坦计划（EINSTEIN），并于 2009 年将其并入刚启动的全面国家网络空间安全计划（CNCI），且改名为国家网络空间安全保护系统（NCPS）。"爱因斯坦计划"是美国为了加强联邦政府网络系统安全而进行的一项长期的安全监测与防护计划。[①] 借助爱因斯坦计划，DHS 建立了一套系统，能够自动进行入侵检测、防御、解析和信息共享，使得各联邦机构能够接近实时地感知其网络基础设施面临的威胁，并更迅速地采取恰当的对策。目前，NCPS 已经在美国政府机构中除国防部及其相关部门之外的其余 23 个机构中部署运行。

NCPS（包括爱因斯坦计划）通过近乎实时地识别和预防恶意网络活动，对联邦行政机关民用网络入侵威胁进行态势感知。DHS 于 2012 年开始部署

---

① 《美国联邦政府全面推行"爱因斯坦 – 3A 计划"》，http：//sec. chinabyte. com/451/13643451. shtml。

"加速爱因斯坦3"（E3A）。E3A 为联邦机构提供入侵防御功能，可以在网络入侵造成损害之前进行阻止或禁用。通过与主要互联网服务提供商签约，E3A 的初步部署侧重于提供影响联邦民用网络约 85% 的网络安全威胁对策。此外，DHS 还推出了 E3A 的扩展服务，为互联网服务提供商不提供 E3A 保护的联邦机构提供类似的对策。爱因斯坦计划的实施以及 CDM 提供的工具是 DHS 入侵评估计划中规定的深度防御方法的基础。

3. 联邦风险和授权管理计划（FedRAMP）

GSA 负责管理 FedRAMP，该计划在联邦政府范围内采用标准化方法验证云产品和服务是否符合联邦网络安全标准。DOD、DHS 和 GSA 的首席信息官组成联合授权委员会（JAB），充当 FedRAMP 的治理和决策机构。该计划增强了对云安全声明有效性的信心，通过使用一套基准的协议标准来提高安全授权的一致性。这种方法可以避免传统的 IT 系统管理方法可能出现的冗余、高成本和低效率。此外，FedRAMP 还提供了多种途径，允许云服务提供商一次验证其产品，并利用该认证将其产品和服务出售给多个联邦机构。

4. 高度适应性网络安全服务（HACS）

为了支持"网络安全国家行动计划"，GSA 在"IT 计划 70"中增加了四个 HACS。"IT 计划 70"是联邦政府的主要 IT 采购工具，可在网络相关事件发生的前、中、后向联邦机构提供快速、可靠的关键服务。这些 HACS 为感兴趣的联邦机构提供了购买高级安全测试工具和功能的机会，这些工具和功能与 DHS 国家网络安全评估和技术服务团队提供的功能类似，为联邦机构提供定期评估，服务包括渗透测试、事件响应、网络追踪、风险和脆弱性评估。

（二）关键基础设施网络安全

在美国的制度框架中，"关键基础设施"是指对美国至关重要的物理或虚拟的系统和资产，使这些系统和资产丧失能力或对其进行破坏将对国防安全、国家经济安全、国家公共健康安全及其结合造成破坏性的影响。美国政府认识到，针对关键基础设施的网络入侵是必须面对的越来越大的威胁，围绕关键基础设施界定、保护机构设置、监测预警、应急响应等方面，通过法律、战略、计划、行政令、总统令等一系列制度已逐步形成一套相对完善和成熟的保护制度体系。美国保护关键基础设施网络安全的政策的主旨是提高国家关键基础设施的安全性和弹性，并维护一个鼓励效率、创新和经济繁荣的网络环境，同时促进安全、商业机密、隐私和公民自由。

1. 美国关键基础设施网络安全保护的发展历程

早在克林顿政府时期，美国政府就开始致力于关键基础设施保护和网络防御。1996 年 7 月，克林顿总统签署的第 13010 号行政命令可以被视为美国保护关键基础设施的起点。该命令定义了关键基础设施，识别了关键基础设施部门，设立了"总统关键基础设施保护委员会"。委员会建议政府与私营部门加强合作与沟通，并将有关入侵技术、威胁分析和黑客防御的信息传播作为其主要任务。① 由此可见，鼓励私营部门和政府部门之间的合作始终是美国网络安全政策的主要内容。

布什总统在"9·11"恐怖袭击事件后发布了两项涉及关键基础设施保护的行政命令。2001 年 10 月 8 日，布什总统签署的第 13228 号行政命令，成立了国土安全办公室和国土安全委员会，要求国土安全办公室制定和实施全面的国家战略，确保国家信息系统免遭恐怖主义威胁。国土安全委员会就所有国土安全事宜向总统提供意见。同日，布什总统还签署了第 13213 号行政命令《信息时代的关键基础设施保护》，将联邦关注的焦点从物理威胁转向网络威胁。美国联邦政府认识到技术已经改变了社会功能运行的方式，因此，需要确保关键基础设施信息系统的安全。该命令还建立了"总统关键基础设施保护委员会"，负责提出保护关键基础设施的指导方针和倡议。

奥巴马总统上任后，将网络安全威胁视为国家安全威胁，并要求全面审查联邦政府职权范围内的所有计算机基础设施。② 《综合国家网络安全倡议》

---

① Moteff, Critical Infrastructures: Background, Policy, and Implementation, 3.

② Executive Office of the President of the United States, The Comprehensive National Cybersecurity Initiative (Washington, DC: Executive Office of the President of the United States, 2009), 1.

（CNCI）在支持奥巴马政府网络安全目标方面发挥了关键作用。CNCI 设定了三个主要目标，以帮助保护美国网络空间。第一个目标是通过建立或增强联邦政府内部网络漏洞、威胁和事件的态势感知共享，最终与州、地方、部落政府和私营部门建立起防御威胁的前线。这种统一的防线将具有共同的"快速行动以减少目前的漏洞并防止入侵的能力"。第二个目标是通过增强美国的反间谍能力和增强关键信息技术供应链的安全来捍卫全面的威胁。第三个目标是通过网络教育加强网络安全环境，协调和指导整个联邦政府的研发工作；制定战略以遏制网络空间的敌对或恶意活动。

2013 年 2 月，奥巴马总统发布了第 21 号总统政策指令（PPD – 21）和第 13636 号行政命令。PPD – 21 "关键基础设施安全和恢复力"确定了 16 个关键基础设施部门：化工，商业设施，通信，关键制造业，水坝，国防工业基地，应急服务，能源，金融服务，粮食和农业，政府设施，医疗保健和公共卫生，信息技术，核反应堆、核材料及核废物，运输系统，水及污水处理系统。① 每个部门对计算机、网络和自动系统的依赖程度都不相同，许多部门对物理设施安全保护具有相当的经验，但无法应对网络威胁的快速发展。② 该指令认识到加强关键基础设施安全和恢复力的重要性，比如，对发电厂、水处理设施或者商业航线系统的成功网络攻击将对安全和经济造成毁灭性的影响。③ 指令建议通过联邦、州、地方、部落、管辖地的政府机构的合作，以及公私部门组织的合作实现加强关键基础设施安全和恢复力的目标。同时，PPD – 21 细化了联邦机构在关键基础设施安全和恢复力方面的角色和责任。

---

① Directive on Critical Infrastructure Security and Resilience, 2013 DAILY COMP. PRES. DOC. 92, 10 – 11 (Feb. 12, 2013).

② *See* Press Release, Am. Pub. Power Ass'n et al., The Electric Power Industry Is United in Its Commitment to Protect Its Critical Infrastructure (Feb. 2014), http://www.eei.org/issuesandpolicy/cybersecurity/Documents/Joint% 20Trades% 20Physical% 20Security% 20Backgrounder. pdf.

③ Susan Joseph, A Cybersecurity Framework for the Nation's Critical Infrastructure, CABLELABS, http://www.cablelabs.com/a – cybersecurity – framework – for – the – nations – critical – infrastructure – how – cablelabs – is – helping/ (last visited Mar. 8, 2016).

网络安全立法在议会中数次受挫的情况下，2013 年 2 月，奥巴马总统发布第 13636 号总统行政命令"提升关键基础设施"以保护那些不受保护或缺少保护的关键资源。该命令包括了强化关键基础设施安全和恢复力的条款，包括要求 NIST 制定一个网络安全框架，减少对关键基础设施的网络威胁。2014 年 2 月，NIST 发布了"提升关键基础设施网络安全框架"，为所有关键基础设施组织提供了风险管理的原则和最佳方案，提升关键基础设施的安全和恢复力。该框架明确指出，它并不是要替代现有的实践，而是对现有实践的补充和对现有标准框架的结构化。框架是自愿性的，具有广泛的适用性，并不是针对某个关键基础设施部门的特定网络安全风险。①

2. 美国保护关键基础设施网络安全的政策特点

（1）强调建立公私合作伙伴关系的重要性。不管是克林顿时期的第 13010 号行政命令，还是奥巴马时期的第 13636 号行政命令，都强调了联邦政府与关键基础设施所有者和运营者建立伙伴关系的重要性。由于美国绝大多数关键基础设施都由私人所有和经营，这种公私合作伙伴关系的建立有助于改善网络安全信息共享，协同开发和实施基于风险的标准。② 第 13636 号行政命令还呼吁扩大私营部门专家临时进入联邦服务的计划，以增加政府和私营部门之间的有效合作。

（2）推动公私合作的网络威胁信息共享。美国联邦政府关键基础设施保护的政策目标是增加与美国私营部门共享网络威胁信息的数量、质量和及时性，以更好地防御网络威胁，而政策重点则是加强富有成效的信息共享，以确保向被授权接收的关键基础设施传播机密报告。根据 1998 年第 63 号总统政策指令，美国政府设立了信息共享和分析中心（ISAC），旨在推动关键基础设施部门间的信息共享。2015 年 2 月，白宫发布第 13691 号行政命令，意在加强私营部门之间的网络安全信息共享。它推动信息共享和分析组织

---

① Karen Epper Hoffman, *Following the Framework*: *Government Standards*, SC MAG. （June 2, 2014）, http: // www. scmagazine. com/following – the – framework – government – standards/ article/346294.

② Exec. Order No. 13636, 78 FR 11739 （2013）, 2.

（ISAO）作为关键基础设施安全信息收集、分析和共享的实体，协助网络安全事故的防范和恢复。白宫的举措使 ISAO 触及的范围可以扩大至关键基础设施以外的所有实体。同月，奥巴马政府还设立了网络威胁情报整合中心（CTIIC），目的是针对外国网络安全威胁和影响国家利益的事件进行综合分析，并支持包括 DHS 的 NCCIC 以及 DOD 和 DOJ 等部门的网络安全工作。

（3）合作建立自愿性网络安全框架。NIST 通过制定"网络安全框架"，以解决国家关键基础设施的网络脆弱性。框架包括了私营部门利益相关方的参与，以合作建立网络安全最佳实践。该框架旨在提供一种"弹性的、可重复的、绩效的及高效的方法"，帮助关键基础设施的所有者和运营者识别、评估和管理网络风险。还要求国土安全部长实施"自愿性关键基础设施网络安全计划"，以激励采纳"网络安全框架"的私营部门关键基础设施利益相关者。①

（4）强调以监测预警为制度核心。根据 1998 年《第 63 号总统令》，美国设立了国家基础设施保护中心（NIPC）。NIPC 作为关键基础设施信息安全监测预警的国家级中心机构，是国家关键基础设施威胁评估、报警、脆弱性和执法调查、响应的实体。NIPC 包括 FBI、美国特勤局以及其他在计算机犯罪和基础设施保护领域富有经验的调查员，还包括来自 DOD、中央情报局以及领导机构的一些代表。2002 年，美国设立 DHS 来统一管理国土安全事务，将原有的 NIPC 归入 DHS 进行统一协调，这样有利于在紧急事件发生后进行快速响应，同时加强部门之间的合作。DHS 将 NIPC 解散，重新成立隶属于 DHS 国家防护与计划司（NPPD）的基础设施保护办公室（Office of Infrastructure Protection）。

（5）职能部门负责颁布各自领域内的保护关键基础设施的标准。比如，联邦能源监管委员会（FERC）制定了"关键基础设施保护可靠性标准"，以保护大容量电力系统可能存在的脆弱性。标准要求电网系统的资产所有人和运营者记录、报告并向北美电力可靠性公司（NERC）和 FERC 提供遵从

---

① Exec. Order No. 13636, 78 FR 11739（2013）.

证明，还要求描述所有网络系统对大容量电力系统产生的低中高影响。此外，标准还呼吁责任企业识别、评估、修正网络政策的缺陷。此外，美国运输安全管理局（TSA）有权根据授权颁布有关管道物理安全和网络安全的规定，尽管其尚未行使该项权力颁布网络安全要求。金融、卫生保健和政府承包部门都要服从规范或合同要求，实施管理的、技术的和物理的防范措施，阻止或缓解网络攻击。

（三）网络安全威胁信息共享

网络安全信息共享这一概念最早由美国于 20 世纪 90 年代后期提出，涵盖国家之间、国内各级政府之间、政府与私营企业之间以及私营企业相互之间的网络安全信息共享。① 在奥巴马政府时期，为了应对愈演愈烈的针对关键基础设施的网络攻击，美国的网络安全政策重点加强了政府和私营部门的信息共享，推动完善网络信息安全的组织架构和制度建设。

1. 美国网络安全信息共享制度框架

2013 年，奥巴马总统签署了《第 13636 号行政命令》和《第 21 号总统政策指令》，并于 2014 年对《国家基础设施保护计划》进行了更新。《第 13636 号行政命令》寻求产业与政府在信息共享和标准制定方面更加深入的合作，扩大了信息共享的范围，允许网络威胁情报（包括机密情报）从政府快速流动至私营部门。PPD－21 是关键基础设施安全的指导性文件，促成了 NCCIC 的成立，并在此后成为政府和私营部门之间所有关键基础设施网络威胁情报共享的关键节点。NCCIC 的职能在于在联邦实体和非联邦实体之间实时共享有关网络安全风险、事件、分析和预警的信息，并为公共和私营部门提供额外服务，例如技术协助、风险管理支持和事件响应能力。2015 年 2 月，奥巴马总统又签署《第 13691 号行政命令》要求 DHS 建立 ISAO。在 ISAC 基于行业部门的信息共享组织基础上，扩大到美国经济的各个领域。2015 年 12 月 18 日，奥巴马签署《2015 年网络安全法》。该法为私营企

---

① 马民虎：《信息安全法研究》，西安：陕西人民出版社，2004，第 171 页。

业与美国联邦政府共享网络威胁信息提供了绝大多数的民事、监管、反垄断的免责保护。

2. 美国网络安全信息共享制度特点

（1）全面覆盖的组织架构

目前，美国建立了以 DHS 为主导，以关键基础设施部门（行业）为核心，以 NCCIC、ISAC 和 ISAO 为网络，覆盖联邦、州、地方、部落和地区的公私部门间网络安全信息共享体系。DHS 主要负责协调美国整体网络安全信息共享事务，通过"融合中心网络"作为联邦政府、州、地方、部落和区域以及私营部门合作伙伴之间接收、分析、汇集和共享网络威胁信息的关键节点。美国各关键部门（行业）建立了基于行业的 ISAC，负责协调、促进业内公私部门之间的网络安全信息共享。① ISAC 通过建立起各类关键基础设施的基本统计数据，成为机构内部以及各类机构之间的数据交换所，提供可供私营部门使用的历史数据图书馆，在 ISAC 认为适当的情况下，这一历史数据图书馆可供政府使用。非关键部门的企业也可以通过建立并加入非行业性的 ISAO，进一步完善网络安全信息共享的机构体系。

（2）以关键行业/部门为核心逐步扩展至所有行业组织

美国网络安全保护制度的核心是关键基础设施，因此，网络安全信息共享也是关键基础设施保护制度中的重要一环。美国 16 个关键基础设施行业都建立了自己的 ISAC。通过行业－政府合作伙伴关系，构建美国整体的网络安全信息共享体系。随着网络安全信息共享机制获得广泛的社会认同，特定行业以外的机构也有了加入信息共享的需求。2015 年，奥巴马总统签署《改善私营领域网络安全信息共享行政令》，批准建立新的ISAO，制定了一系列 ISAO 的自愿加入标准，促进政府与私营部门之间对网络威胁情报的信息共享。ISAO 为特定行业以外的组织提供了与政府和

---

① ISAC 全国委员会认可下列中心：航空，国防工业基地，应急服务，电力部门，金融服务，信息技术，海事安全，多州事务，通信，全国卫生保健，核工业，石油燃气，公共运输，房地产，科研教育，供应链，路面交通和水源。鉴于近年来零售业不断遭遇网络安全攻击，还建立了零售业 ISAC。美国法律企业和汽车业近期也宣布建立中心。

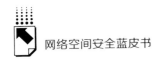

其他组织共享网络威胁信息的机会，从而扩大了美国网络安全信息共享的模型。

（3）通过激励措施鼓励企业自愿参与

私营部门通过参与 ISAC 和 ISAO 实现信息共享。以 ISAC 为例，这是一种基于部门或行业的组织，比如金融、能源、航空等不同行业的成员公开自愿地联合组织在一起。法律并没有对私营部门共享信息提出强制性要求。2015 年 12 月，美国政府颁布《2015 年网络安全法》，[①] 其中的一些重要条款旨在促进网络安全威胁信息在政府和私营企业间的共享，标志着多年来在产业要求的网络安全信息共享责任保护和政府获取信息需求之间达成了妥协。《网络安全法》为与第三方分享网络威胁信息和监控自己的信息系统的企业提供免责保护。具体而言，《网络安全法》规定，"任何法庭都没有理由由于分享或接收网络威胁信息或保护措施而使私人机构遭到不利的裁决"。如果通过电子手段与联邦政府分享信息，则信息必须经过 DHS 建立的"端口"进行。为了符合免责保护的要求，同第三方分享网络威胁信息的企业必须保证遵守法案关于清除个人信息的要求。另外，法案对通过国土安全"端口"与联邦政府分享信息的企业，根据其分享的信息实施免责保护，其目的是引导企业通过统一的平台与联邦政府分享，而不是同具体某联邦机构或部门一次性分享。另外，《网络安全法》还包含了《信息自由法》、《反垄断法》、《知识产权法》的责任豁免保护措施。

（四）联邦政府供应链网络安全

第三方风险是组织面临的最具挑战性的网络安全风险之一。目前，美国联邦政府正在制定和完善供应链风险管理标准、实践和指导方针。比如，通过在联邦政府采购中提出安全控制条款、安全事件通知、系统评估和检测、安全尽职调查等，确保第三方承包商产品和服务的安全性。

---

① 《2015 年网络安全法》由三部分组成，包括《2015 年网络安全信息共享法案》、《国家网络安全促进法》和《联邦网络安全人力资源评估法》。

《联邦采购条例》（FAR）、FISMA、OMB 政策以及 NIST 标准共同构成了联邦各机构保护政府和供应商信息系统安全的制度框架。

1. 对联邦政府承包商提出最低网络安全要求

《联邦采购条例》是美国联邦承包商网络安全监管的核心制度，所有联邦政府机构和国防部承包商的信息系统必须符合联邦采购条例及其补充规定①提出的网络安全要求。2016 年 5 月 16 日，DOD、总务署（GSA）和国家航空航天局（NASA）发布一项最终规则，在 FAR 中增加新的子部件和合同条款，对处理、存储或传输联邦合同信息的承包商信息系统提出基本的安全保障要求。2016 年 6 月 16 日，美国联邦政府对承包商开始实施新的网络安全要求 FAR52.204－21。该规则与国防部 DFARS 252.204－7012 类似，对所有联邦承包商信息系统基本安全保护提出了 15 项安全要求。②

2. 将联邦信息系统技术规范应用于承包商系统

NIST 制定的联邦信息系统安全管理指南也为联邦政府承包商保障网络安全提供指南，要求联邦机构提供组织信息安全计划整体有效性的年度报告，包括安全评估期间指出的补救措施的进展。《SP 800－53 联邦信息系统和组织的安全和隐私控制》详细介绍了风险管理框架（RMF）的步骤，其中涉及用于评估联邦信息系统的安全控制，作为"安全评估和授权（SA&A）流程"的一部分。这些安全控制用于评估对系统的逻辑和物理访

---

① 比如，国防部联邦采购条例补充规定（DFARS 252.204－7012）保护国防信息和网络事件报告安全（2015/12）。

② 这 15 项要求分别是：1. 访问仅限于授权用户；2. 限制允许授权用户可以执行的信息系统交易和功能的种类；3. 对连接的外部信息系统进行认证控制；4. 对公共可访问的信息系统上发布或处理的信息进行控制；5. 识别代表用户或设备的信息系统用户或处理行为；6. 在允许访问信息系统之前，认证或验证用户、处理和设备的身份；7. 在处理、发布或再利用之前，清除或销毁保存有联邦合同信息的信息系统介质；8. 物理访问信息系统、设备和操作环节仅限于获得授权的个人；9. 陪同访客并监控访客的行为，维护物理访问、控制和管理物理访问设备的审计日志；10. 监控、控制并保护信息系统外部边界和关键内部边界的组织通信；11. 实现公共访问系统部件的子网络在物理上或逻辑上与内部网络隔离；12. 及时识别、报告和修正信息及信息系统缺陷；13. 在组织信息系统的适当位置保护系统免受恶意代码攻击；14. 及时更新恶意代码保护机制；15. 对信息系统执行定期扫描和对外部下载、打开、执行的文件进行扫描。

间，并包括隐私控制、访问控制、审计、事件响应、媒体保护、业务连续性和灾难恢复等领域的检查。所有联邦信息系统必须符合"SP 800 - 53"才能获得运营许可（ATO）。NIST《SP 800 - 171 保护非联邦信息系统和组织中的受控非密信息》，为联邦机构提供了保护在非联邦系统和组织中的数据的处理、存储或传输，保护受控非密信息（CUI）机密性的建议要求。《第13556 号行政命令 - 受控非密信息》制定了一项管理信息的方案，要求根据法律、法规和政策进行保护或传播控制 CUI 信息。

3. 以"安全评估"确认承包商安全状态

联邦机构还通过"安全评估"来确认承包商是否保持安全的状态，允许联邦机构对先前的独立评估进行验证。联邦机构在选择供应商时还需要考虑参与招标的供应商的以往业绩或者其他"非成本评估因素"。这些非成本评估因素包括要求供应商合同中包含"保护、发现和报告信息安全事故"的条款；供应商以往的业绩记录以及必要的组织、经验、财务、技术和操作控制措施。

4. 限制"外国"供应商参与联邦信息技术采购

美国联邦法律以多种方式限制"外国"参与联邦采购。首先，要求对外国政府的所有权或控制权进行披露。美国法典 10 U. S. C. § 2327y 要求参与国防部招标的企业投标书中披露该公司或附属公司的重大权益是否由外国政府或外国政府的代理人拥有或控制。其次，禁止签署违反美国国家利益的合同。根据 1979 年《出口管理法》，禁止与支持国际恐怖主义的外国政府具有"重大利益"的公司签订合同。

（五）数据安全规则

美国联邦人事管理办公室、大型连锁零售商家得宝、塔古特等遭受网络攻击，致使大量用户数据泄露的事件推动了美国政府采取积极防御的策略来保护数据安全。

1. 美国联邦政府更新数据安全政策

2016 年 11 月，国家档案文件管理局（NARA）开始实施 CUI 标记和处理要求标准化规则。该规则在整个联邦政府层面厘清和规范了 CUI 的处理规则。NARA 将 CUI 定义为处于保密信息和非控信息之间的中间层级的受保护信息。根据定义，CUI 包括专有信息、出口控制信息、法律程序相关的特定信息几个信息大类。2017 年 1 月，DHS 在《国土安全采购条例》（HSAR）中增加三项新的规则，对承包商和分包商提出了新的数据安全和隐私要求。通过增加这些规则，DHS 对所有承包商义务做了标准化的规定。而 NIST 则发表了 SP 800 - 171，为联邦机构保护由私营承包商所控制的 CUI 提出了要求和建议。

2. 特定职能部门强化数据安全规则

《金融服务现代化法》（GLBA）和《健康保险携带和责任法》（HIPPA）分别要求金融服务和卫生部门采用技术、管理和物理防御的方法来保护用户信息免遭非授权的访问或使用。一些州也制定了与 GLBA 和 HIPPA 要求相类似的法律。

在卫生保健业，卫生与人力服务部采纳了安全标准来保护个人的可识别健康信息。适用 HIPAA 的组织必须实施仅允许获得授权的个人访问电子健康信息的技术政策，要有措施来防止未授权登录。GLBA 要求金融机构识别和控制客户信息及信息系统的风险，恰当处置客户信息。机构必须采取的恰当措施包括客户信息系统的登录控制和监控系统，以及侦测攻击或入侵客户信息系统的程序。金融监管部门也通过"联邦金融机构检查委员会"（FFIEC）发布了一系列小册子，作为"IT 检查手册"的组成部分，涵盖的问题包括信息安全、外包技术服务、管理和治理。

联邦银行监管部门在 2000 年发布了一些数据安全指南，包括"建立信息安全标准跨部门指南"。该指南要求相关"金融机构"实施综合的书面信息安全计划，包括与机构的"规模和复杂性"以及"活动的性质与范围"相适应的管理的、技术的和物理的防范措施。证券交易委员会（SEC）也发布了对上市公司的指导意见，阐述了确保证券业未来网络安全的具体步骤。

3. 加强消费者数据安全

联邦贸易委员会（FTC）对企业收集、维护和储存消费者个人信息提出了最低安全要求。FTC 是主要的联邦消费者保护机构，依据《联邦贸易委员会法》"禁止不公平与欺诈行为或实践"条款保护用户隐私。2015 年 5 月，FTC 发布了《从安全开始》的指南，告诫公司要汲取 10 种教训，如认证控制、网络碎片化等。FTC 制定了积极的执法计划来审查据称没有采取"合理"步骤来保护消费者信息的企业，也经常与被调查企业达成长期的和解协议，以使其承担网络安全义务。这些义务需要企业履行长达几十年，需要企业采取一定的安全措施，并聘请外部独立审计机构证明企业履行和解协议的情况。

4. 提出数据泄露报告与通知要求

虽然美国没有制定统一的数据泄露报告法，但联邦和州的许多法规要求组织向监管当局报告数据泄露事件。上市公司也需要通过 SEC 公报来披露影响公司产品、服务，以及与客户和供应商关系、竞争环境或金融控制有关的重要数据泄露事故。国防部承包商系统中涉及的国防信息如遭遇数据泄露，必须向 DOD 报告。HIPAA 涉及的组织受保护的健康信息遭遇泄露后必须通知卫生和人力服务部部长。大多数州也颁布了数据泄露通知立法，要求组织向州检察长和其他州监管部门通报关于个人可识别信息泄露的情况。许多州也要求向个人通报，某些情况下则向媒体、消费者信用报告机构通报导致个人信息泄露的网络安全事件。不履行网络安全威胁报告义务和数据泄露事件报告义务可能会面临处罚，包括民事执行罚款和通过诉讼判决金钱赔偿。

B.9
云计算安全与合规研究

何延哲 *

摘　要：　本文首先分析近一年来云计算安全的热点问题，归纳出当前
主要的云计算安全威胁；其次，针对中国云计算安全标准以
及合规现状做一详细的说明和分析；最后，分析《网络安全
法》内容对云计算安全合规的影响，并对云计算安全趋势做
出展望。

关键词：　云计算　安全　标准合规

一　云计算安全现状分析

（一）2016～2017年云计算安全热点问题回顾

1. GitLab 删库事故

GitLab. com 是利用 Ruby on Rails 实现的一个开源版本管理系统，实现
了自托管的 Git 项目仓库，并通过 Web 界面公开访问，属于在线 SaaS 服务。
2017 年 1 月 31 日，一位身处荷兰的疲惫系统管理员在进行数据库复制过程
中不小心在服务器上删除了一个目录——包含 300GB 实时产品数据的一个
文件夹，在取消 rm - rf 删除命令后该文件夹只剩下 4.5GB 数据。虽然

---

* 何延哲，中国电子技术标准化研究院工程师，主要研究方向为云计算安全、安全标准与合规、
信息安全风险评估、个人信息保护等。

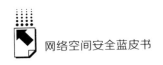

GitLab 立即启动恢复数据工作，但最后还是酿成丢失 6 个小时生产数据的惨剧。GitLab. com 号称有五重备份机制：常规备份、自动同步、LVM 快照、Azure 备份、S3 备份，可是最终还是敌不过管理员的一次误操作。

　　表面上看，删库事故发生的原因、场景等都属于传统因素，与云计算关系不大，但正因为其具备云服务多租户、资源集中等特征，才会让事故严重程度加深，事故影响面变广，对作为服务商的形象、客户信任产生严重影响。类似情况还有，2016 年 4 月，一家小型主机托管公司 Marco Marsala 也由于类似问题，不慎删光了所有客户的数据。

　　此类事故再三证明，云计算服务模式并未彻底避免"管理员误操作"这一传统威胁，无论哪种技术或应用模式，都很难打破管理员高权限的现状，再加上资产、数据的集中效应，所带来的安全风险不容忽视。

　　2. 苹果公司担心其付费使用的服务器留有"后门"

　　苹果公司的很多服务如音乐商店 iTunes、应用商店 App Store 和云服务 iCloud 对数据存储需求过于庞大，苹果公司现在自建所有的数据中心，然而不得不付费使用竞争对手的云服务，如亚马逊 AWS、微软 Azure 和谷歌的云服务。

　　但是，苹果公司担心其付费使用的这些云服务可能存在安全隐患。比如很多云服务供应商同意为政府监控活动设置"后门"，从其他硬件制造商那里购买的服务器可能会在运输途中被人动手脚设置"后门"。苹果公司曾一度拍下了其所用服务器主板的照片，详细记下其中的每块芯片型号，以确保对每个零部件做到心中有数。与此同时，苹果公司提出"McQueen 计划"，拟建造更多的数据中心来运行自己的服务，以减少对竞争对手云服务的依赖。苹果公司甚至还试图像谷歌和亚马逊一样设计和打造自己的服务器，并由自己负责经营管理。

　　苹果公司采取的上述做法，是因其对云服务商供应链安全有所担忧。可见，一方面，云计算服务安全问题中，供应链安全是很基础，也是很关键的环节，更是难以取得满意效果的环节；另一方面，就连 IT 界巨头都只能采取保守措施来防范供应链安全风险。可见公有云在安全信任方面还将面临不小的挑战。

3. 两个 bug 导致谷歌云全球性瘫痪

2016 年 4 月 11 日，谷歌计算引擎的网络管理软件中的两个 bug，致使谷歌云全线下线，长达 18 分钟的无云时间使得谷歌云变成了乌云。谷歌原以为只是一个局部性错误，没想到结果却演变成了一场覆盖所有区域的停运事件。谷歌的工程副总裁 Benjamin Sloss Treyno 特意写了一份详细的声明来解释故障原因。简单来说，工程师在网络上传播有缺陷的配置后，这两个bug 使网络管理软件的两套保障机制犯了错误，误以为新配置是有效安全的，并予以部署。

由此案例可见，用自动化机制替代人为操作进行把关也并非万无一失，由于云平台规模大，配置复杂，运维过程往往对自动化机制依赖程度很高，一旦自动化机制出现异常，带来的影响往往是全局性的。

4. Salesforce 因数据中心电力故障导致数据库故障而停运

2016 年 5 月 9 日下午，Salesforce 的华盛顿数据中心的一部分系统出现了停电故障，结果使其#NA14 变得无法访问。检修团队查明根源是断路器出现了故障（尽管它在 2016 年 3 月通过了负载测试），于是切换到芝加哥的另一个数据中心。完成切换工作后，就在当天下午 7 点 39 分发出了"警报解除"的信号。可是没过多久，工程师开始注意到性能下降，迅速演变为全面的服务中断。后来才发现，这归咎于存储阵列的固件错误，结果导致了写入时间显著增加，进而使数据库开始超时，一次写入操作都没有完成，导致文件不一致和数据库集群故障。最终，服务整整停运了将近 20 个小时，还丢失了近 4 个小时的客户数据。同年 11 月 15 日，云服务托管公司 Memset 发生停电事故，由于堆叠式路由器各自运行不同的软件版本，恢复电力电源不稳，导致路由器进入了一种故障恢复模式，需要手动干预，最终使服务中断了近两个小时。

从此类案例可见，电力故障不可怕，可怕的是电力故障诱发的其他问题。通常情况下，真正的大面积停电故障等场景在应急演练中不易模拟，其成本和代价太高，测试环境下和小范围的评估很难准确定位真正问题。因此

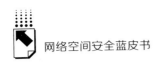

云平台因其架构的复杂性，所面临的威胁很难准确预测，某个点出现问题就可能诱发多点问题并发，最终造成全局影响。

5. 谷歌和亚马逊的云服务平台发现隐藏恶意软件

最近一份研究发现，600 多个云存储库将恶意软件和其他活动托管在大型知名云平台，包括亚马逊、谷歌、Groupon 和数千个其他网站。研究人员还发现数百个包含恶意内容（包含数百个 bucket，提供恶意软件）的活跃存储库。威胁攻击者正通过云服务隐蔽地传送恶意软件和其他恶意内容。乔治亚理工学院的电气和计算机工程教授 Raheem Beyah 表示，"当谈到恶意 bucket，我们的研究发现新一波基于存储库的网络攻击，云存储库已成为恶意网络活动的中心。"攻击者有时会开通廉价账户托管软件，同时将其他隐藏恶意内容的软件托管在知名云服务上，混杂在无害内容中，从而防止恶意软件被列入黑名单。Beyah 表示，受隐私保护和道德约束的服务提供商倾向于未经客户同意，避免检查客户的存储库。就算他们愿意检查，发现恶意内容的难度也较大。

从此案例可见，利用云服务的便利性实施恶意攻击的行为已成为现实，而最为头疼的是云服务商碍于隐私保护、商业秘密保护以及免责考虑，必然不会深度检查存储在云平台中的软件、代码是否安全。而一旦曝光此类问题，则会对云服务商造成非常不利的影响，如果此类问题频发，将对整个云计算产业蒙上一层阴影。

6. IT 之家的跨云平台迁移事件

2016 年 10 月，IT 之家公开了其从阿里云向百度云迁移的细节，随后阿里云也给予了积极的回应。IT 之家告诉媒体，从 7 月到 10 月的三个多月里，随机故障逐步演化成持续性问题，在此期间他们一直与原云服务平台做各种交涉和等待改进，直到最后不得不重新接洽选择新的云服务商。IT 之家也直言作为租户实施迁移的过程非常痛苦和折腾，但最终还是完成了迁移工作。

众所周知，云服务往往会为租户带来可移植性和互操作性的担忧，抛开 IT 之家迁移的原因和繁杂的迁移过程不谈，其能完成迁移也印证了云平台自身的可移植性和互操作性，当然，还有一层原因是由 IaaS 服务本身的特点所决定的，即其仅依赖最基础的操作系统和数据库。租户对云平台上的功能模块依赖越多，其移植的成本就越高，云服务商理应承担的责任就越多，这是需要充分考虑的一种风险。

7. 大量云存储功能网盘停止个人用户存储服务

2016 年 10 月，国内云存储几大巨头之一的 360 云盘突然停止个人服务。360 在公告中指出，云盘存储的私密性、管理的复杂性，导致无法解决盗版侵权、传播淫秽色情信息和非法文件等问题。并表示在网盘存储、传播内容等方面的合法性和安全性得到彻底解决之前不考虑恢复服务。纵观 2016 全年，已有多家互联网网盘出现中止服务或关闭部分功能的情况，比如新浪微盘宣布彻底关闭服务并放弃云盘市场，金山快盘关闭个人存储服务，腾讯微云关闭中转功能，华为网盘停止网盘服务，仅手机用户可用等。

除了商业模式和技术上的原因，政府表现出强监管态度是引发上述现象的直接原因。从网盘服务机制看，属于偏 SaaS 类服务，由于 SaaS 类和 IaaS 类服务不同，云服务商与客户之间的责任划分更加困难，因为服务形式和服务内容的多样化会无限扩大其安全问题的范围，也理所应当地面对更为严苛的监管和合规要求。因此，云服务商才会对承担过高法律和安全合规风险的 SaaS 服务予以放弃，这也将成为今后 SaaS 服务长足发展和应用的一大挑战。

8. 公有云在信任问题上的挑战

知名研究机构 SANS Institute 在最近的一项调查报告中表示，在调查了近 300 名 IT 专业人士后发现，相比 2015 年，2016 年不信任公共云的暗流来得更加汹涌。2016 年，62% 的调查对象担忧存储在公共云上的数据有可能被外人访问。而这个比例在 2015 年仅为 40%。同样在 2016 年，一半以上（56%）的调查对象表示，他们缺少进行取证分析或发现泄密事件所需要的访问权限和工具，相比之下上一年这个比例还只有 33%。究其客观因素，越来越多的客户将敏感数据迁移上云，而云服务商并未在数据安全方面提供更加有说服力、更加透明化的解决方案。有媒体在互联网爆料，某金融机构员工将文档存在公有云上后发现其 MD5 值被修改，投诉无果后，第二天再

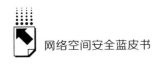
下载文件其 MD5 恢复原样，从此这家金融机构再不使用公共云。

反观云服务商，一直在建立用户对云服务信任问题上不遗余力，所有的云服务商都会坚决表态其不会接触用户数据。以国内云服务商为例，2016 年，腾讯云推出国内首款专用宿主机 CDH（Cvm Dedicated Host），可实现云端宿主机级隔离。从专用虚拟机到专用宿主机，为了迎合客户的安全需求和安全合规监管要求，云服务商实现了网络、内存、磁盘均租户专用，以满足敏感业务数据保护、磁盘消磁等要求。然而，降低成本是云计算服务的初衷，为了以安全性的提升赢得更多用户信任，专用宿主机的模式是尝试在安全和成本之间取得新的平衡。阿里云在 2016 年也首次发布数据安全白皮书，对用户关心的云上数据安全问题进行了深入剖析，通过完善的数据安全管理和先进的技术支撑实现对用户数据安全的承诺，以增强用户对使用云服务的信心。2016 年，各大云服务商也在加快云计算服务安全合规工作，以其越来越高的合规水平来进一步建立用户对其云计算服务安全能力的信任。

（二）主要云计算安全威胁

从近年来云计算服务所面临的实际安全问题出发，结合云计算的特点和发展趋势以及部分已有观点①，总结归纳以下安全威胁，供关注云计算安全的人士参考。

威胁 1：客户凭证管理不当，导致非授权访问

仅从比例来看，因客户自身原因导致的安全攻击事件始终占到绝大多数。对于客户来说，访问凭证是其使用云计算服务的最关键要素，尤其是公有云访问入口面向互联网，掌握访问凭证即意味着获得云资源的管理权。因此，凭证管理在云计算安全中显得格外重要，经常出现的弱口令问题、凭证管理松散导致的共享账号、未定期更换口令以及未及时撤销权限问题均将导

---

① CSA：《2016 年十二大云安全威胁》，2016. 3. 14，http：//www. aqniu. com/news - views/14290. html。

致非常严重的后果。此外，账号被盗、账号劫持等问题也将直接导致管理后台被控等致命后果。

威胁2：客户缺乏相应技能，安全配置不当

对于刚刚部署上云的客户来说，完全适应全新的云环境绝对是一个不小的挑战，而这其中最关键的要素是客户是否具备应对云安全问题的技术人员。如今，云平台的功能和安全机制既完善又复杂，用好这些功能本身不是一件容易的事，更何况迁移过程中涉及的配置同步问题很难做到100%的对等，有所遗漏也属正常。因此，受这些因素制约，迁移后应用系统的安全防护能力有可能会在短期内低于迁移前的状态，如果客户技能匮乏严重，对云平台上自身承担的安全职责认识不够，则好比驾驶一辆高级轿车而手不握方向盘，其后果可想而知。

威胁3：数据丢失和数据泄露

随着云服务的成熟，由于云服务商失误导致的数据丢失和数据泄露在逐步下降。但数据丢失和数据泄露均属于云服务商和客户"零容忍"的安全问题，还需继续引起高度的关注。

首先，预防数据丢失和数据泄露是典型的"共担责任"，一方面，云服务商需要提供更完善的数据加密、副本快照、多地备份机制，实施业务可持续性（BCP）和灾难恢复（DRP）最佳实践。另一方面，客户也应做好自身的数据安全保护工作，如多因子认证、最小权限分配、安全审计、数据加密、适当的本地备份等。客户在选择上云的业务时也要有充分的考虑，如果数据过于重要，则对云服务的依赖相应要有所降低。

其次，云服务商掌握了大量客户的数据资源，尤其是社区云等模式，汇集了大量特定行业的有价值数据，对黑客有着巨大的吸引力。近年，勒索软件等恶意行为大肆增长，黑客会以永久删除云端数据或公开数据为由敲诈云服务商及其客户，因此需要对此做好充分防范工作。尤其是在全球高度重视个人信息、商业秘密和知识产权保护的情形下，数据的泄露和丢失将导致企业招致巨额罚款或面临法律诉讼，这将是对企业形象和业务毁灭性的打击。

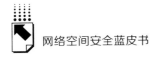

此外，云服务商至今还需花费大量精力说服客户，其不会以任何形式触碰客户数据。从长期来看，随着云计算安全合规工作持续开展，客户需对云计算模式逐渐熟悉和适应，才能达到逐步消除猜疑与顾虑的目的。

威胁 4：物理设施故障

云平台将大量计算、存储和网络资源集中化，故需要在物理设施保障层面给予高度重视，近年来出现的安全事件有很多都是电力、链路等物理设施故障导致的云服务中断，一旦发生此类事件其影响是全局性的，而且一般带有"后遗症"，因为设备中断后重启等造成配置紊乱、服务异常、切换异常、数据备份失效等情形屡见不鲜。从云服务商角度来看，其物理设施往往为非自建场所，无法对其可用性进行"直接控制"，也不便于开展大范围模拟物理设施故障应急演练，SLA 协议也并不能让云服务商对物理设施安全高枕无忧。

威胁 5：管理员误操作和自动化机制错误

近年来，云计算服务出现的严重服务中断事件很多都与"错误"两字有关，第一种是人为出现的错误，比如误删客户文件，错配协议策略等，一般出现在更依赖于人力运维的中小型云服务或私有云服务；第二种是自动化机制产生的错误，一般出现在大型公有云平台，由于其后台复杂，规模庞大，其更新、部署等常规操作依赖自动化机制，即使在测试环境进行了充分的验证，仍不能排除在更复杂、更庞大的生产环境中发生错误的情况。此类问题很难彻底避免，需要云服务商不断完善管理体系，积累更多的运营经验，以提高云服务容错率。

威胁 6：内部人员恶意行为

内部人员恶意行为的产生有很多种可能，比如在职员工或已解雇员工、系统管理员、外部供应商、商业合作伙伴等，为窃取数据牟利或为恶意报复公司，都会发起恶意行为。在云环境下，存在恶意的内部人员其破坏力非常巨大。众所周知，管理员的一次误操作都有可能对整个云平台产生全局影响，更何况是一个蓄意已久的内部人员，其行为将更加隐蔽，目的更加明确。可以说，如果云平台因为恶意内部人员造成重要客户数据丢失、篡改或泄露，则是对云服务商形象的致命打击。

威胁7：网络攻击

之所以把网络攻击列在后面，是因为从近年的云计算安全事件分析，很少有大型云服务商直接因网络攻击而发生重大安全事件，但仍然存在不少针对小型云服务商的网络攻击事件，究其原因，恶意人员或竞争对手会在攻击成本上、成功概率上有所考虑，攻击小型云平台则显得更加可行。常见针对云计算平台的攻击形式是DDoS攻击（分布式拒绝服务攻击）、APT（高级持续性威胁）攻击以及针对云平台Portal和API的网络攻击。无论是应对哪种攻击形式，云平台都要比客户传统数据中心更有经验，云平台以其带宽优势、威胁分析优势、技术团队优势为客户提供了更优秀的解决方案。但是，即使如此，在应对网络攻击方面还需谨慎对待继续进步，云服务商还需要留意平台自身的安全漏洞，做好关键管理人员的APT攻击切入点（包括：鱼叉式网络钓鱼邮件、U盘预载恶意软件和通过已经被黑的第三方网络等）防范工作。客户要留意非对称的、应用级的DDoS攻击以及针对应用层面的网络攻击，保护好自己的Web服务器和数据库，因为这些安全职责往往更多地由客户自行承担。

威胁8：技术共享风险

共享技术或开源代码中的漏洞给云计算带来了相当大的威胁。一方面，由云计算服务的性质所决定，云服务商必须共享基础设施、平台和应用，一旦其中任何一个层面出现问题，每个租户都会受到影响。而云平台上的一个漏洞或错误配置，就能导致整个云平台都遭到破坏。此外，如果云租户中存在恶意用户，则存在其侵入另一个云租户的环境，或者干扰其他云租户应用系统运行的风险。另一方面，众多云服务商采取相同和相似的基础架构或开源方案，一旦某个云平台的模块出现安全漏洞，其影响面非常广泛，甚至波及一大批云服务商。

共享技术或者大规模应用的技术在成熟度、互操作性等方面有较多优势，但也是恶意人员所长期关注的目标，目标越大，对其诱惑力就越大，云服务商应将检验、挖掘云平台安全漏洞工作常态化，以免在漏洞爆发时出现

过于被动的局面。

威胁9：缺乏充分调查

如果一家公司在没有完全理解云环境及其相关风险的情况下就投入云服务的怀抱，那等在它前方的，必然是无数的商业、金融、技术、法律和合规风险。比如，某个涉及处理个人信息的应用系统要迁移上云，必须考虑云服务商是否在执行个人信息保护方面与其有一致的原则，上云后是否要对其隐私政策进行调整；再比如，某机构应用系统数据较敏感，如果在上云后其数据被备份至多个地区甚至包括海外数据中心，则可能出现违反相关法律规定有关本地化存储的要求。不仅如此，客户应与云服务商之间充分沟通合同中的责任条款，厘清安全责任，确保上云后不会削弱其应用系统的安全状况。

威胁10：云服务滥用

云服务既可以造福各行各业的租户，也可能被用于支持违法活动，比如利用云计算资源破解密钥、发起DDoS攻击、发送垃圾邮件和钓鱼邮件、托管恶意内容等。虽然不干扰、不监控租户的行为是出于对租户权益保障的基本要求，但是出于法律责任和安全考虑，公有云服务商还需要通过检查流量等方式识别其云资源是否被用于执行DDoS攻击等违法活动，虽然难度很高，却是公有云服务商必须高度重视的一个方向。

二　我国云计算安全合规现状

云计算安全问题纷繁复杂，而安全合规是落实云计算安全工作的有效抓手，也是评判云计算安全能力的重要参考，现对我国云计算安全标准和合规现状做以下简要分析。

（一）我国云计算安全标准现状

1.国家标准

目前，在国家信息安全技术标准化委员会（TC260）归口，已经发布和制定中的云计算安全标准包括如下。

（1）已发布的国家标准

表1 已发布的云计算安全国家标准

标准名称	简介	适用对象和范围	主要合规要求
GB/T 31167 – 2014《信息安全技术云计算服务安全指南》	提出了云计算服务的基本概念、主要风险，政府部门采用云计算服务的安全管理要求，以及生命周期各阶段的安全管理和技术要求。	适用于政府部门采购和使用社会化的云计算服务，也可供重点行业和其他企事业单位参考。	中央网信办党政部门云计算服务网络安全审查、《关于加强党政部门云计算服务网络安全管理的意见》中网办发文〔2014〕14号
GB/T 31168 – 2014《信息安全技术云计算服务安全能力要求》	描述云服务商应具备的安全技术能力，是国内首个针对云服务商安全技术提出详细控制要求的国家标准，对云服务商进行安全能力建设有很高的参考价值。	适用于对政府部门、重点行业和其他企事业单位使用的云计算服务进行安全管理，还可为云服务商建设安全的云计算平台和提供安全的云计算服务提供参考。	中央网信办党政部门云计算服务网络安全审查、工信部《关于规范云服务市场经营行为的通知》（公开征求意见稿）

（2）正在研究和制定的国家标准

表2 TC260 – WG5组内云计算安全国家标准

标准名称	简介	适用对象和范围	主要合规要求
《信息安全技术网络安全等级保护基本要求第2部分:云计算安全扩展要求》送审稿	GB/T 22239的本部分规定了不同等级云计算系统的安全扩展要求。	适用于指导分等级的非涉密云计算系统的安全建设和监督管理。	《信息安全等级保护管理办法》，《网络安全法》第二十一条指出，国家实行网络安全等级保护制度。
《信息安全技术网络安全等级保护安全设计技术要求第2部分:云计算安全要求》送审稿	GB/T 25070的本部分规定了不同等级云计算系统的安全设计技术要求，包括第二级至第四级云计算系统安全保护的安全计算环境、安全区域边界、安全通信网络和安全管理中心等方面的设计技术要求。	适用于指导分等级的非涉密云计算系统的安全建设和监督管理。	《信息安全等级保护管理办法》，《网络安全法》第二十一条指出，国家实行网络安全等级保护制度。

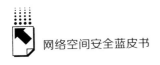
续表

标准名称	简介	适用对象和范围	主要合规要求
《信息安全技术网络安全等级保护测评要求第2部分:云计算安全扩展要求》送审稿	本部分规定了对不同等级的等级保护对象是否符合 GB/T 22239.2 - 20XX 所进行的测试评估活动的要求,包括对第二级等级保护对象、第三级等级保护对象和第四级等级保护对象进行安全测试评估的要求。本部分规定了不同等级的保护对象的云计算安全扩展测评要求,除使用本部分外,还需参考通用测评要求。	适用于信息安全测评服务机构、等级保护对象的主管部门及运营使用单位对等级保护对象安全等级保护状况进行的安全测试评估。信息安全监管职能部门依法进行的信息系统安全等级保护监督检查可以参考使用。	《信息安全等级保护管理办法》,《网络安全法》第二十一条指出,国家实行网络安全等级保护制度。

表3　TC260－SWG－BDS 组内云计算安全国家标准

标准名称	简介	适用对象和范围	主要合规要求
《信息安全技术云计算安全参考架构》报批稿	规范了云计算安全参考架构,包括云计算角色、安全职责、安全功能组件以及它们之间的关系。	适用于所有关于云计算服务的角色,如云服务商、云服务客户、云代理者、云审计者、云基础设施运营者等。	暂无
《信息安全技术云计算服务安全能力评估方法》报批稿	给出了依据 GB/T 31168 －2014《信息安全技术云计算服务安全能力要求》,开展评估的原则、实施过程以及针对各项具体安全要求进行评估的方法。	适用于第三方评估机构对云服务商提供云计算服务时具备的安全能力进行评估,云服务商在对自身云计算服务安全能力进行自评估时也可参考。	中央网信办党政部门云计算服务网络安全审查
云计算服务持续监管框架及技术规范(草案)	从云计算服务持续监管相关术语、主要角色、主要角色监管职责、持续监管的指标体系和接口规范五个方面描述云计算服务持续监管框架及技术规范。	适用于指导云服务商、云服务客户等对云计算服务实施持续监管工作。	未知

续表

标准名称	简介	适用对象和范围	主要合规要求
政府门户网站云计算服务安全指南(草案)	介绍了政府门户网站应用云计算服务的规划准备、选择服务商和部署、运行监管、退出服务四个阶段,对各个阶段的安全需求进行了阐述。	适用于指导政府部门网站采用云计算服务,可供云服务商、监管部门、云服务客户、第三方评估机构、第三方服务商五个角色参考。	未知
桌面云安全技术要求(草案)	规定了基于虚拟化技术的桌面云系统的安全功能要求。	适用于桌面云系统的设计、开发,可用于指导桌面云系统检测。	未知
网站安全云防护平台技术要求(草案)	规定了网站安全云防护产品的技术要求。	适用于网站安全云防护产品的设计、开发与检测,为实施网站安全云防护提供技术参考。	未知

当然,除了以上标准,还有很多通用型安全标准在云计算领域得到应用,在此不再详述。

2. 行业和地方标准

表4　云计算安全行业和地方标准

标准名称	简介	适用对象和范围	发行部门	主要合规要求
YD/T 3157 - 2016《公有云服务安全防护要求》	规定了公有云服务分安全保护等级的安全防护要求,涉及应用安全、网络安全、主机安全、数据安全、虚拟化安全、物理环境安全和管理安全。	适用于基础电信业务经营者和增值电信业务经营者运营的公有云服务。	中华人民共和国工业和信息化部	工信部《关于规范云服务市场经营行为的通知(公开征求意见稿)》
YD/T 3158 - 2016《公有云服务安全防护检测要求》	规定了公有云服务分安全保护等级的安全防护检测要求,涉及应用安全、网络安全、主机安全、数据安全、虚拟化安全、物理环境安全和管理安全。	适用于基础电信业务经营者和增值电信业务经营者运营的公有云服务。	中华人民共和国工业和信息化部	未知

标准名称	简介	适用对象和范围	发行部门	主要合规要求
YD/T 3148 - 2016《云计算安全框架》	分析了云计算环境中云服务客户、云服务提供商、云服务伙伴面临的安全威胁和挑战，提出了可减缓这些安全风险的相关能力要求。	适用于所有关于云计算服务的角色，如云服务客户、云服务提供商、云服务伙伴等。	中华人民共和国工业和信息化部	未知
DB44/T 1342 - 2014《云计算数据安全规范》	规定了从数据存储安全、数据传输安全、数据共享安全、数据安全迁移、数据安全隔离、数据备份恢复和数据安全销毁等方面的云计算数据安全要求。	适用于云计算中实现数据安全的活动，可供云服务商和云服务客户参考。	广东省质量技术监督局	未知
DB44/T 1458 - 2014《云计算基础设施系统安全规范》	规定了云计算基础设施系统安全的物理环境安全、存储和虚拟化存储安全、网络和虚拟化网络安全、主机和虚拟化主机安全、云平台管理系统安全及终端和虚拟化终端安全六个方面的要求。	适用于指导组织在云计算基础设施系统的安全规划、设计、实现和运行维护中，开展信息安全保障工作。	广东省质量技术监督局	未知
DB44/T 1562 - 2015《云计算平台安全性评测方法》	规定了云计算平台的术语和定义、符号和缩略语、平台安全通用要求及评测方法。	适用于云服务商、第三方、监管机构等对云计算平台安全性进行评测。	广东省质量技术监督局	未知

（二）政府和监管机构主导的云计算安全合规

1.党政部门云计算服务网络安全审查

（1）背景。2015年6月，中央网信办公布了《关于加强党政部门云计算服务网络安全管理的意见》（中网办发文〔2014〕14号），[①] 阐明了加强

---

① 中央网络安全和信息化领导小组办公室 中网办发文〔2014〕14号 关于加强党政部门云计算服务网络安全管理的意见，2015.07.14，http://www.cac.gov.cn/2015-07/14/c_1115916403.htm。

党政部门云计算服务网络安全管理的必要性和紧迫性，提出党政部门在采购使用云计算服务过程中应遵守的原则，以及党政部门合理确定采用云计算服务的数据和业务范围。同时，文件中还明确指出"党政部门采购云计算服务时，应逐步通过采购文件或合同等手段，明确要求服务商应通过安全审查。鼓励重点行业优先采购和使用通过安全审查的服务商提供的云计算服务"。

（2）现状。2016年9月20日，中央网信办公布了首批通过党政部门云计算服务网络安全审查（以下简称"云审查"）的云计算服务名单，已有三家国内云服务商运营的云计算服务通过云审查。如今，党政部门云计算服务网络安全管理体系已逐步建立，运行效果和影响力也初步显现，是我国云计算服务安全管理的重要里程碑，也标志着我国正在迈入"政务云"安全治理的先进国家行列。

（3）展望。第一，国家标准落地方面，云审查无疑起到非常重要的推动作用，随着云审查的继续推进，将进一步扩大标准影响并促进落地。GB/T 31167－2014《云计算服务安全指南》和GB/T 31168－2014《云计算服务安全能力要求》与云审查工作密切绑定，标准的影响力得以在业界迅速扩大，无论云服务商是否参与云审查，都将这两个标准作为其所首要参考的云计算安全标准。同时，GB/T 31167和GB/T 31168也在2016年被评为优秀网络安全国家标准。

第二，审查效率提升方面，云审查所表现出来的特点是周期长、把关严，在党政部门信息化转型上云的关键时期，云审查目前的效率还有待提升。一方面，以满足更多云服务商申请审查的需要，另一方面，进一步充实我国党政部门当前用云的迫切需求。要提升审查的效率，一方面，需要鼓励云服务商开展安全标准的自检查、自合规工作，使其最大限度地预先满足相应的安全能力，以确保在不降低质量的前提下缩短安全审查的实施周期；另一方面，可以培育和发展更多的第三方机构参与云审查工作，以免形成"瓶颈"效应。

第三，行业延伸方面，虽然云审查目前所主要针对的是党政部门用户采购云计算服务需求，但在市场缺乏更多可参考的权威安全评估机制的情形下，云审查很可能形成"风向标"效应，重点行业会充分参考云审查的模式和结论，以满足其采购云计算服务的需求。14 号文中提到："鼓励重点行业优先采购和使用通过安全审查的服务商提供的云计算服务"也是云审查结论可灵活使用的一种体现。

2. 信息安全（网络安全）等级保护

严格来讲，原有的等级保护制度所关心的对象是信息系统，由于近年来云计算、大数据、移动应用、物联网、工业控制系统等新技术、新应用模式的出现，等级保护的概念和适用范围也在相应扩展，云计算等级保护作为其中一个重要落地点，可以简单解读如下。

（1）背景。信息安全等级保护制度是国家信息安全保障工作的基本制度、基本策略和基本方法，是促进信息化健康发展，维护国家安全、社会秩序和公共利益的根本保障。2007 年 6 月，公安部等四部委联合下发《信息安全等级保护管理办法》[①] 以来，已有数以万计的信息系统开展等级保护备案和测评工作，取得了显著的成效。

2016 年 11 月，我国《网络安全法》正式发布，其中第二十一条明确指出："国家实行网络安全等级保护制度"，信息安全等级保护制度正式进入了 2.0 时代。支撑网络安全等级保护的安全标准也迎来更新、修订和补充，全新的《网络安全等级保护基本要求》标准涵盖了通用要求、云计算安全扩展要求、移动互联安全扩展要求、物联网安全扩展要求、工业控制安全扩展要求以及大数据安全扩展要求 6 个部分的内容。其中，第 2 部分是专门针对云计算安全的要求，这意味着云平台需要专门通过针对该部分标准合规的测评才可以达到等级保护的要求，业界称之为"云等保"。

（2）现状和展望。事实上，针对云平台的等级保护测评工作已经开展多年，一般情况下是将云平台视为信息系统，主要依据 GB/T 22240 – 2008《信息系统安全保护等级定级指南》、GB/T 22239 – 2008《信息系统安全等

---

① 公安部等，《关于印发〈信息安全等级保护管理办法〉的通知》，2007 年 7 月 24 日，http://www.gov.cn/gzdt/2007 – 07/24/content_ 694380. htm。

级保护基本要求》等原有标准开展测评工作，由于缺乏标准支撑，并未针对云平台的技术和管理特点做相应的测评。如今，《信息安全技术网络安全等级保护基本要求第 2 部分：云计算安全扩展要求》已在送审稿阶段，由于标准内容已成型，已可以运用到实际的测评工作之中。

标准一旦发行，"云等保"工作也将逐步迈入正轨。由于等级保护工作已开展多年，其模式成熟、管理有序、支撑队伍庞大，可以预见，"云等保"安全标准将迅速落地，"云等保"也将得到广泛普及。对于曾经已经通过等级保护测评的云平台，在新一年的测评工作中定会加入新的标准要求，云服务商也将迎来一波大规模的测评内容升级的考验。

（三）行业和市场主导的云计算安全合规

1. 可信云认证

可信云服务认证是 2013 年由数据中心联盟和云计算发展与政策论坛联合组织的面向云计算服务可信度和规范的认证，核心标准为中国通信标准化协会 YDB 144 - 2014《云计算服务协议参考框架》，为满足整个云计算产业规范的需求，在面向 IaaS/PaaS 的可信云服务认证基础上，经过 3 年多的发展，可信云已经打造了覆盖云计算产业各领域的趋于完善的评估标准体系，包括可信云服务（公有云和托管云）评估、专项评估、云保险、开源解决方案评估四大类。未来还计划展开私有云成熟度评估和混合云评估（评估标准正在制定中）。

可信云评估在业内的认可度和影响力不断提升，越来越多的云服务商和云服务参与可信云评估。据数据中心联盟可信云服务工作组最近一次统计，目前共有来自 83 家云服务商的 154 个云服务通过可信云公有云服务（公共云和托管云）评估，11 家企业的产品通过开源解决方案评估；在可信云专项评估上，6 家云服务商通过了金牌运维专项评估，6 家云服务商通过了安全专项评估，37 家云服务商，覆盖 29 个地区（包括海外）的 91 个云主机进行了可用性监测；在云保险上，4 家云服务商已投保，10 余家云服务商正在合同的签订过程中，30 余家企业在积极跟进。

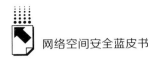
值得注意的是，2016年，可信云推出了"可信云服务安全认证"，从用户的角度出发，基于云服务的业务安全，评价云服务的安全保障程度，可信云认证也因此成了云计算安全合规的选择之一。

可信云认证可以看作由国内行业发起、市场自发组织、成员自愿参与的行业自律行为，近年来其快速的发展、所取得的成绩以及市场认可度有目共睹，其优秀经验值得学习和推广。《网络安全法》第十七条指出，鼓励有关企业、机构开展网络安全认证、检测和风险评估等安全服务。实践证明，充分动员行业和企业力量正是推动云计算市场规范发展、促进云计算服务落地、保障云计算服务安全的有效路径。

2. C - STAR 云安全评估

云安全联盟（CSA）在2012"安全云"大会上正式发布了其开放认证框架（OCF），以帮助云服务提供商提升其云安全实践的透明度，提高云服务的市场可信度，增强云服务于用户的安全信心，以便企业和个人用户接受和使用所提供的云服务。

为协助云服务提供者展现其云服务安全水平及安全管理成熟度，赛宝认证中心于2014年与CSA正式开始合作，针对OCF第2等级开展第三方评估认证，即 C - STAR 云安全评估。云安全评估认证采用云计算信息安全的行业黄金标准——CSA最新发布的云控制矩（CCM V3.0），结合国内相关法律法规（如等级保护和个人信息保护指南等）和GB/T22080标准要求，形成 C - STAR 云安全控制矩阵，有效评估云服务的安全状况，并用云计算信息安全管理的最佳实践指导企业提升云服务信息安全水平，从而将云服务的信息安全隐忧大幅降低。

C - STAR 从应用和接口安全、审核保证、业务连续性管理和操作弹性、变更控制和配置管理、数据安全和信息生命周期管理等16个云安全控制领域，对云服务的安全控制状况进行系统评估。同时，为了帮助企业对云安全管理成熟度进行评估和持续改进，引入了云安全管理成熟度评价，对 C - STAR 云安全控制矩阵中的安全控制措施进行成熟度评分并划分为5个等级，不同分数等级代表云服务提供商的安全控制的管理成熟度水平。

企业若通过 C – STAR 评估，则可获得赛宝与 CSA 联合颁发的 C – STAR 云安全证书，获得 CSA 官网证书注册并受到国际认可，以及获得云安全管理成熟度报告。C – STAR 云安全证书是国内云安全认证与国际认证互认互通的典型案例，其经验值得借鉴。

3. 其他

除了以上合规，云平台还能通过其他通用、非针对云计算安全相关的合规或认证，比如 ISO27001、ISO20000、ISO22301、ISO27018 等，在此不作一一介绍。

（四）国内云服务商合规现状

2016 年是云服务商在安全合规方面快速发展的一年，也出现了中央网信办云经审查发布名单、云等保初步推广、可信云推出安全专项评估、国内云服务商取得海外合规认证等重要的标志性事件。

首先，在国内云计算安全合规方面，绝大多数云服务商都取得了不同数量的可信云认证，以及通过信息安全等级保护测评（三级居多），鉴于党政部门云计算服务网络安全审查涉及特定领域、审查周期长等原因，仅有个位数云服务商的云计算服务接受了审查。

其次，在国际云计算安全合规方面，作为传统安全认证的 ISO20000、ISO27001 得到绝大多数云服务商的青睐，有部分公有云服务商取得了 CSA STAR、ISO22301 等认证，此外，出于某些特定领域客户需求，如金融领域，还有个别公有云服务商取得了较为严格的支付卡 PCI – DSS 认证以及 SOC 审计认证等。

再者，在海外云计算安全合规方面，我国云服务商由于业务延伸至海外较少，除取得国际通行的安全合规之外，对海外其他国家的云计算安全认证涉及很少，仅有极个别云服务商取得诸如新加坡 MTCS T3 级之类的安全认证。由此也可以看出，我国云服务商的海外业务才刚刚起步，海外市场有待进一步发展和成熟。

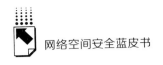

三 云计算安全与合规展望

（一）《网络安全法》对云计算安全合规的影响和建议

2016 年 11 月《网络安全法》的发布可谓整个信息安全行业绝对意义上的大事件，对于安全合规人员来讲，其工作内容将有大范围的扩展，从原先主要的标准合规、合规认证到如今还增添了法律合规，且法律合规更具备强制性、紧迫性特点。在 2017 年 6 月 1 日《网络安全法》正式实施前，所有安全合规从业人员应紧盯《网络安全法》的配套政策和相关规定，以免出现合规方面的被动情形。

既然称作《网络安全法》，顾名思义，其中每一条款均与云服务商有所关联。在此，就其中的新内容、难点内容做简要分析。

1. 关键信息基础设施保护

《网络安全法》第三十一条规定，国家对公共通信和信息服务、能源、交通、水利、金融、公共服务、电子政务等重要行业和领域，以及其他一旦遭到破坏、丧失功能或者数据泄露，可能严重危害国家安全、国计民生、公共利益的关键信息基础设施，在网络安全等级保护制度的基础上，实行重点保护。《网络安全法》首次明确提出"关键信息基础设施保护"的要求，是应对当前网络空间安全态势的有效机制，也是建设与我国国际地位相称、与网络强国相适应的网络空间防护力量的重要举措。

就目前市场上的云计算服务而言，其大多涉及公共通信和信息服务，云平台客户涉及公共服务、金融、电子政务等重要行业和领域的情况非常普遍。因此，不难看出，具备一定规模的私有云、社区云以及存在大量客户的公有云属于关键信息基础设施保护的范畴，如果国家在后续逐步推出相应的安全管理办法以及需要遵守的安全标准，绝大部分云服务商则需要对其密切关注。

从《网络安全法》目前所规定的关键信息基础设施运行安全要求可以看出，大部分内容属于常规性的安全义务，很多云服务商可能已经满足了其要求。比如安全技术措施的同步规划、同步建设、同步使用，设置专门的安全管理机构和负责人，安全教育和技能培训，容灾备份，应急演练，供应商保密协议，每年至少一次检测评估，接受国家网信部门的抽检等。但是安全审查和跨境传输则属于新设要求，需要予以重点关注。

2. 安全审查

《网络安全法》第三十五条规定，关键信息基础设施的运营者采购网络产品和服务，可能影响国家安全的，应当通过国家网信部门会同国务院有关部门组织的国家安全审查。安全审查是站在国家安全层面所提出的全新安全要求，其所关注的正是供应链安全。

对于云计算服务安全来讲，由于其结构复杂，规模庞大，供应链众多，不再简单是云服务商履行其安全义务就可以保障安全，云服务供应链的安全性也同等重要，一旦供应商的产品和服务存在恶意行为，将对云平台及其客户的数据安全、系统可用性产生致命影响。正因为关键信息基础设施本身的重要性，一旦发生此类问题可能直接导致其运营者遭受重大损失，并影响到公众利益，乃至国家安全。2017年2月，中央网信办公开《网络产品和服务安全审查办法（征求意见稿）》[①]，对安全审查的依据、机构、方式、内容、结果发布形式等提出要求，《网络安全法》第三十五条中的安全审查机制已初见端倪，期待后续有更详细的规章制度、标准规范等要求。

关于安全审查，党政部门云计算服务网络安全审查的做法，对云服务商来讲是最值得关注和参考的实例，目前，云审查已经形成了由审查办公室、第三方机构、专家委员会、支撑标准等组成的审查体系和实施办法，且已经发布了首批通过安全审查的云服务名单。其中，GB/T 31168 - 2014《信息安全技术云计算服务安全能力要求》就是所参考的主要技术标准，因此，云服务商可以充分参考标准要求，开展自合规检查，以满足安全审查的要求。

---

① 中央网络安全和信息化领导小组办公室：《网络产品和服务安全审查办法（征求意见稿）》，2017. 2. 4，http://www.cac.gov.cn/2017 - 02/04/c_ 1120407082. htm。

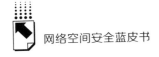

3. 数据跨境

《网络安全法》第三十七条规定，关键信息基础设施的运营者在中华人民共和国境内运营中收集和产生的个人信息和重要数据应当在境内存储。因业务需要，确需向境外提供的，应当按照国家网信部门会同国务院有关部门制定的办法进行安全评估。大数据时代，数据的重要性越来越明显，其价值也越来越高，数据一旦跨境，就会直接面临司法管辖权变更的风险，可能会发生国外政府和机构监听、提取数据的情形，将可能对个人和公众利益乃至国家安全带来影响。

云计算服务是典型的跨地域运营模式，而其强大的容灾备份能力是其最重要的优势之一，目前市场上主要公有云服务商均在海外部署了云计算节点和数据中心，云服务客户可以自行选取数据的存储地点。由于目前还尚未出台关于数据跨境安全评估的相应细则，所以仅从现有规定来做以下分析。

首先，如果在充分告知并认可云平台安全措施的前提下，客户为了满足其业务需求，自行选取将其业务数据置于海外数据中心，则无须执行安全评估。

其次，云服务商无疑需要收集和产生个人信息，首先应当做到的是对云服务客户的充分告知，包括所收集和产生的个人信息以及其所存放的地点。如果这些数据存放在境内即可满足业务所需，则云服务商应严格执行境内存储的要求。如果确实存在需要向境外提供的情况，则应按照相关规定执行安全评估，确保安全风险可控。由于云服务客户众多，因此评估的形式以自评估形式开展的可能性较大。

再者，云服务商因服务种类、服务对象、服务规模等因素而收集和产生的数据构成重要数据（可能包括国家地理数据、安全态势数据、海量公民基础信息等）且需要跨境传输，则需要遵照相关规定执行安全评估。由于数据的敏感性和影响的广泛性，该安全评估由专业机构执行的可能性较大。

总之，涉及海外节点的云服务商应该密切关注数据跨境安全评估的相关规章制度，同时也包括对海外其他国家相关制度的了解和熟悉，以规避相应的法律风险。

4. 协助执法

《网络安全法》第二十八条规定，网络运营者应当为公安机关、国家安全机关依法维护国家安全和侦查犯罪的活动提供技术支持和协助。为维护国家、社会和个人的权益，司法取证是有效打击网络犯罪的重中之重。然而，云服务客户将其业务和数据置于云平台上，由于客户并不掌握云平台技术，因此将对执法的技术支持和协助工作转移到云服务商身上，从而使云服务商所扮演的角色变得更加复杂。

首先，云服务商强调其不会触碰用户数据，保护数据安全是其所坚持的根本原则，然而执法例外则给该原则的实施增加了不少难处，云服务商无法规避使用技术手段触碰用户数据的可能，同时在设计系统时必须要有额外的考虑，有可能增加其负担。

其次，云平台上必然涉及个人信息、商业秘密等敏感信息，而云服务商对国家公安机关、国家安全机关的执法提供技术支持和协助的行为有可能会被误解，会被别有用心之人利用，可能严重影响云服务客户对云服务商的信任。

总之，云服务商应继续关注协助执法方面的细节，尽可能形成透明公开的执法配合行为规范，以规避法律风险和信任危机。

（二）云计算安全合规热点展望

1. 个人信息保护

2016 年 8 月 24 日，"徐玉玉"事件为个人信息保护工作的严峻形势敲响了警钟，事实上，2016 年是我国在个人信息保护工作方面的重点布局之年。首先，11 月发布的《网络安全法》中多处强调了加强个人信息保护的规定；其次，全国信息安全技术标准化委员会在 4 月立项重点标准《个人信息安全规范》，本着急需急用的原则，该标准已经完成社会公开征求意见，即将进入送审阶段；此外，国家各部门也针对各行各业个人信息保护工作提出了相应的管理要求。

从国际来看，在云计算领域开展个人信息保护合规工作也是近年来的热点方向。2014 年 8 月，ISO/IEC 27018《信息技术安全技术公有云中个人信

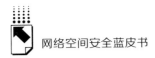
息（PII）处理者的个人信息保护实用规则》正式发布实施，其立即得到主流云服务商以及云服务客户的重视，随之而来的是该标准合规工作的广泛实施。此外，NIST SP 800-144《公共云计算安全和隐私保护指南》也是被云服务商广泛参考的标准之一。

在我国持续加强个人信息保护的情形下，云计算服务应积极面对与个人信息保护相关的安全合规工作。正在制定的《个人信息安全规范》标准延续了 GB/Z 28828-2012《信息安全技术公共及商用服务信息系统个人信息保护指南》的基本原则和要求，并提出了与国际接轨、翔尽的个人信息安全措施，是云服务商可重点关注和参考的国家标准。

2. 市场规范性

云计算服务近年来得到快速发展，其服务形式也越来越多样化，原有的 IDC、ICP、ISP 等牌照已无法涵盖所有互联网服务形式，2016 年年底，工信部正式发行 CDN 牌照。2016 年 11 月，工信部发布《关于规范云服务市场经营行为的通知》① 并向全社会征求意见。通知中，对外商投资、合法经营、VPN 接入、个人信息保护、数据本地化、网络安全防护等方面提出要求。2017 年 1 月，工信部出台《关于清理规范互联网网络接入服务市场的通知》②，部署相应的清查工作。

一方面，云计算服务内容越来越多样化，如今大数据、物联网、区块链、人工智能等新的云上业务模式以及行业云特点的分化造成了相应监管措施的空白，另一方面，云服务客户也呈现多样性态势，越来越多重要的系统和数据向云上迁移。因此市场规范性方面的合规和监管将是云服务商面对的一种常态。

3. 安全持续监督

越来越多的云服务客户意识到，动态性和持续性的安全才是云计算服务

---

① 工业和信息化部：《关于规范云服务市场经营行为的通知（公开征求意见稿）》，2016 年 11 月 24 日，http：//www.miit.gov.cn/n1278117/n1648113/c5381374/content.html。

② 工业和信息化部：《关于清理规范互联网网络接入服务市场的通知》，2017 年 1 月 2 日，http：//www.miit.gov.cn/n1146290/n4388791/c5471946/content.html。

应有的安全状态，而在安全合规工作中，实施持续监督也是其关注的重点。然而，实施有效的安全持续监督亦非易事，SLA 协议等方式也受到部分专业人士的诟病，批评其导致云服务商刻意追求指标而非更灵活、更安全的服务。在持续监督过程中，除了使用传统的定期安全检测、审计等方式，还可以使用技术手段和 API 接口等方式实施监督，但出于对云平台整体边界安全的考虑，以及安全态势信息非客户独享和其敏感性等原因，技术监督很难真正发挥效果，其往往仅落实在可用性监督方面。目前国家标准《云计算服务持续监管框架及技术规范》正在制定过程中，云服务商应关注标准的内容，并在安全持续监督等方面积极尝试，以更好地应对安全监管。

4. 服务安全认证

近年来，云计算服务得到广泛应用，大量传统网络产品、安全产品等受其冲击，其产品形态也逐渐发生变化，越来越多的产品供应商以服务商的形式出现在云平台第三方服务市场。随着产品服务化的改变，传统的产品测评和认证形式出现了应对困难的情况。同时，目前针对云计算服务的评估和认证，由于第三方服务不属于云服务商本身的直接责任范围，因此在评估过程中往往绕开了这一部分，可能导致出现安全合规方面的空白。

就整体情况而言，服务安全认证的完善性远不及产品认证，针对服务的安全认证将是推动第三方服务得到更多客户认可、促进云平台第三方服务市场繁荣的重要保证，是今后云服务商需要持续关注且主动参与的重要方向。

5. 安全合规人员

2016 年是云计算安全合规领域爆发性增长的一年，与此同时，云服务商对于安全合规从业人员的需求也在不断增加。安全合规人员既需要具备一定技术基础，还需要懂管理，有资源，善沟通，有丰富的从业经验，属于复合型人才，尤其是针对云计算专业方向的人才更加紧俏。2017 年是《网络安全法》的实施年，随之而来的将是大量配套的行政法规、管理规定、标准规范，再加上云服务商积极出海布局，其对安全合规人员的需求将进一步增长。

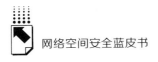
6.安全信任中心

可以说，安全合规的目的就是建立更好的信任，云计算从出现、发展到大规模应用的过程，也是不断与更多客户建立信任的过程。而安全合规工作本身也面临困境，越来越多的安全合规无形中为企业增添了负担，而合规工作本身也会有大量重复的情形，合规互认也困难重重。越来越多的云服务商为了更好地应对合规工作，尽可能避免资源浪费，更透明地展示自身云服务的安全能力，便开始部署相应的"安全信任中心"，以实现客户、社会、监管机构对其的一站式监督。

就安全信任中心建设情况而言，国外的云服务商遥遥领先于国内云服务商，国内云服务商目前多数还处于"贴logo"阶段，在安全相关的问答、白皮书、评估报告公开等方面都有不同程度的欠缺。从今后安全合规工作的发展来看，设置更为全面、专业、透明的"安全信任中心"将是云服务商的主流趋势。

（三）云计算安全趋势展望

云计算安全问题复杂、多变，其趋势有必然因素也有偶然性，下面针对云计算安全趋势提出几个简要观点。

1.云服务商将被赋予更多安全责任

从经典的云服务商和客户安全责任划分原则中可以得出，从IaaS、PaaS再到SaaS，云服务商所有承担的安全责任从基础设施和硬件、虚拟化资源、控制平台，逐步扩展至软件平台、应用程序。随着近年来SaaS服务模式的快速发展和应用，云服务商必然会被赋予更多的安全责任，同时，由于服务内容多样化，很多云服务也不再是单纯的IaaS、PaaS或SaaS模式，而成为一个服务综合体，随之而来的是云服务商成为安全责任的综合体。

这就给云服务商带来了一个难题，其承担的责任与所获得的利益是否成正比。以2016年"网盘停服"事件为例，网盘这一传统SaaS服务给云服务商带来的巨大的监管压力和法律风险，与其获得的利益不相当，因此迎来了大批网盘关停事件。同理，云服务商在选择增加新的服务内容时，需要充分考虑安全责任、监管压力和法律风险与收益的比例关系，而且需要考虑新增服务内容是否会过度放大整个云平台的安全责任、监管压力和法律风险，从而决定是否在原有平台中开展服务或新设平台开展服务。

2. 云计算安全将呈现更多技术和行业特征

随着新技术与云计算的结合，云计算服务所涵盖的范围得到迅速扩展，如今通过云计算服务可以购买的服务类型已经包括了大数据分析、物联网、区块链、人工智能等新兴技术，未来新兴技术的落地将更多地以云服务的形式展现，一个大型云平台就会成为信息技术服务的"超级市场"，可供客户随意挑选。当然，云计算服务安全也将逐步呈现更多的技术特征，大数据、物联网、区块链、人工智能等安全问题也将成为云计算安全问题中的一部分。

同样，由于行业业务差异性，一朵云包打天下的情形已不多见，就连公有云巨头亚马逊也为应对不同的客户需求而与 VMware 开展合作，所以近年来出现了许多具备一定规模的行业云平台。因为行业主营业务不同，其所关心的安全风险侧重点也有所不同，比如政务云关心资源隔离，医疗云关心个人隐私保护，工业云关心接口安全，金融云关心身份鉴别等，同时，各行业都存在相应的监管机构，会对本行业提出额外的安全要求，这也决定了不同行业云将在安全方面呈现出不同的行业特征。

3. 混合云安全将得到重视

大量客户在本地化迁移上云的过程中发现，云平台不是万能的，并不是每家企业的业务都可以在云平台中完美部署，因此出现了大量的云平台客户回归本地数据中心或私有云的现象，业界称之为"回旋效应"。正是客户"迁移上云－回旋－部分迁移上云"的不断尝试，促成了混合架构，即混合云的场景越来越普遍。

混合云可以看作客户在业务、成本、安全之间权衡的产物，混合云最大程度地利用了云计算的安全优势，如高带宽、内容分发、防 DDOS、态势感知等，可本地化存储数据也缓解了对云服务商的信任难题。然而，混合云对业务的割裂、导致边界复杂化、跨云策略设置、管理复杂度上升、敏捷性和弹性下降、数据频繁转移等问题将是长期困扰混合云的安全问题，目前混合云很难形成较一致的安全解决方案，也暂无相关安全标准，只有解决好混合云的安全问题才能更好地推进混合云模式的发展和成熟。

4. 从虚拟化安全到容器安全

可以毫不含糊地说，是虚拟化技术成就了云计算。而如今，容器的崛起挑战了虚拟机管理程序乃至操作系统的初始设计目标。容器是一种轻量级的虚拟技术，是对操作系统层的虚拟，因此其启动速度更快，交付更方便，扩展更容易。然而，从安全方面来看，比起容器，虚拟机则具备更完善的隔离和更成熟的安全机制。容器所采用的共享内核、共享文件系统、包括容器软件本身的安全都还需要继续接受考验，另外，传统安全监控工具和系统短时间内还无法适配容器，容器镜像安全和配置文件的安全也没有统一的标准，可见云平台容器化后的安全将是今后的热点之一。

相比云计算的技术更迭速度，云计算安全方面的研究、检测、评估一直处于滞后状态。就从容器的快速崛起以及更轻量级无服务器架构（Serverless）的出现来看，当大多数机构对虚拟化安全的研究还不深入的时候，新的技术已经产生并应用，云平台的安全焦点已经被转移，虚拟化安全的问题则可以被认为得到有效解决。简而言之，真正解决安全问题的正是技术的加快更迭，而并非专门的安全研究、检测和加固，这是一个非常有趣且值得研究的命题。

5. 云计算安全生态构建

云计算安全非一方之责已成基本共识，云服务商、云服务客户、云平台第三方供应商、监管机构等多个机构参与，共同付出，才能维持互利共赢的云计算安全生态。大型云服务商一直致力于营造自身的云计算生态环境，而将来的云计算安全生态应当更多体现在云服务商之间的合作上，以良好的互操作性和可移植性，联动更活跃的安全防护机制，为整个云计算生态营造安全氛围，让更多的客户接纳、拥抱云计算。

　　未来云计算安全将要遭受的挑战，是增加还是减少，尚不得而知。可是，云计算所出现的安全问题，再也"捂不住"，倒逼云服务商不得不重视和改进问题，这就是进步。大家都说，云计算就是未来社会的引擎，曾几何时，人类将自己的未来托付给机器和电器，才迎来经济、社会繁荣发展的今天，同样有理由相信，安全的云计算定将造就更美好的未来。

B.10
协助执法制度的时代张力及其构建

黄道丽　何治乐*

摘　要：　国家安全与个人隐私的冲突使协助执法制度的时代张力凸显
　　　　　无疑，在《反恐怖主义法》和《网络安全法》框架之下，协
　　　　　助执法法制化问题在我国已经得到初步解决。本文聚焦网络
　　　　　时代恐怖主义和高科技犯罪环境下的协助执法制度，分析协
　　　　　助执法对惩治刑事犯罪和维护国家安全的重要意义，研判美
　　　　　国、澳大利亚、俄罗斯、英国等国协助执法制度的最新进展
　　　　　和特点，提出我国落实协助执法制度的几点建议。

关键词：　协助执法　合法拦截　数据留存

　　2013 年爆发的美国国家安全局监控丑闻，一度引发世界各国和民众的
监听恐慌，国家安全与个人隐私的冲突使协助执法制度的时代张力凸显无
疑。一贯被作为协助执法制度内涵核心的合法拦截和数据留存规定也因可能
存在的隐私风险而被极力限制。欧盟法院于 2015 年 10 月做出裁定：美国与
欧盟在 2000 年敲定的"安全港协议"无法充分保护欧洲的个人数据，必须
予以撤销。"安全港协议"被撤销的动议源于爱尔兰公民在美国监听丑闻后
的起诉，其目的在于对抗美国对欧洲公民个人隐私的监控。2016 年 4 月联

---

* 黄道丽，西安交通大学博士研究生，公安部第三研究所副研究员，主要研究方向为网络与信息
安全法；何治乐，硕士，公安部第三研究所助理研究员，主要研究方向为网络与信息安全
法。

邦调查局（FBI）诉苹果公司①强制要求解密一案将协助执法制度中的价值冲突上升至白热化。随着恐怖主义新威胁促动安全和隐私价值位阶的动态调整，信息化发达国家据此调整国内立法，加强通信监控能力，以有效防范和打击恐怖主义等犯罪活动；同时为尊重人权，在有关网络监控立法中兼顾隐私和产业利益，尽量减少情报收集对民众隐私的侵犯。研判国外立法的发展变化，对我国协助执法制度的完善有着现实意义。

一　协助执法的概念厘定及其必要性

如英国首相特蕾莎·梅所言，"技术进步使得执法机构开展活动显得非常吃力，网络空间成为法外之地。"② 信息网络新技术发展演变对执法机构的执法能力提出了新的挑战，各国执法机构开始考虑寻求相关网络服务运营主体的协助，通过立法确定强制性的协助执法义务。

（一）协助执法的概念厘定

传统法律意义上的协助执法制度是指，执法机构在进行侦查和刑事调查时，相关的单位和个人有义务提供执法便利。鉴于网络的普及发展和对基础设施的渗透影响，协助执法一般被理解为通信协助执法。因此，提供执法便利应当从广义理解，即有助于侦查和调查的协助行为都应当包含在协助执法的范畴之内。通信协助执法首先是针对通信服务提供者和电信设备制造商等。1994 年，美国发布《通信协助执法法》，第一次将"通信协助执法"

---

① 由于苹果公司在 iPhone 上提供的 iMessage 信息服务使用的是端到端加密，在苹果公司服务器上没有通信内容备份，因此除非用户将信息备份到 iCloud，苹果公司才能从服务器将信息提交给执法部门，因此美国司法部等部门也"反对苹果、Facebook 及 Whatapp 等公司使用端到端加密"，目前关于美国 IT 公司和执法部门关于解密的争论还没有最终定论，但在 2015 年的一些涉毒和涉枪击案件中，苹果公司最终从自己的服务器上向联邦政府机构提交了一些 iCloud 数据。

② http：//www. telegraph. co. uk/news/uknews/terrorism – in – the – uk/11974112/New – spying – powers – to – be – unveiled – by – Theresa – May – live. html.

确定为法律概念，该法要求某一指定电信部门通过对其系统进行设计或更新，从而确保有权机关获取监控信息。协助执法是公民、机构和组织等应尽的法律义务，是追查犯罪、维护公共和国家安全的必要手段，传统的方式一般是检举、揭发、协助调查等。随着信息技术的发展，传统的协助方式已经不能满足新型犯罪预防的需要，出现了应对新技术发展的两种新形式，一种是要求互联网服务提供者配置接口以获取数据（被称之为"合法拦截"），另一种是根据法律法规，将用户的通信数据或活动过程数据保留一定时间（被称之为"数据留存"），通过对实时数据和存储数据的综合获取以协助执法。

合法拦截（lawful interception）（动态）和数据留存（data retention）（静态）成为各国常用和主要的协助执法方式。

合法拦截又叫合法监听，是利用信息技术对互联网服务提供者等主体的通信数据进行实时收集，并及时记录的侦查措施，目的是帮助执法机关查明犯罪事实。合法拦截由执法（侦查）机关直接实施或由拦截主体提供协助，对于被拦截主体而言，其实施过程是秘密的，拦截主体应当满足法定的保密义务。数据留存旨在建立一个复杂的国家级监管计划，是为了维护国家安全、社会公共利益而要求互联网服务提供者将用户的相关数据（一般包括位置数据、身份信息等）留存一定的时间，帮助执法权力机关调查犯罪证据。因此，本文阐述的协助执法为网络环境下的广义协助执法，可界定为：协助主体（包括互联网服务提供者、通信服务提供者等）对其软硬件设备进行特殊设置，以达到执法权力机关对犯罪嫌疑人或其他对象的监听控制，主要方式是合法拦截和数据留存等，以协助预防和侦查犯罪、反恐怖主义等维护国家安全的行为。①

（二）协助执法制度的必要性

在现代社会还未证明普遍监控将产生不利的隐私影响之际，有别于"棱镜"事件的数据留存和合法拦截更加不能被指控会必然给隐私带来负面

---

① 马民虎、果园：《网络通信监控法律制度研究》，法律出版社，2013，第28~30页。

效应。即使微软和苹果等大型科技公司起诉 FBI 的事实激化了国家安全与个人隐私的争论，但将协助执法所代表的公权力与个人私权利置于天平两端则是不科学的，也不符合技术革新对相应立法构建的需求。

关于协助执法侵犯隐私权的争论不仅存在学界和业界中，在政府和立法层面也很激烈。2014 年 4 月，欧盟废除《数据留存指令》，认为其严重干扰了公民的隐私权和个人资料保护权。欧盟最高法院指控英国政府强迫电信和互联网服务提供者保留电话数据和互联网使用记录的行为违反了隐私相关法律。尽管最高法院建议英国取消其本国的《数据留存法》，但并未得到响应，英国政府反而在 2016 年又颁布了被称为"窃听宪章"的史上最严协助执法法《调查权法案》。这从侧面反映出，在网络攻击、网络恐怖主义频发的信息技术时代，明确具体地规定通信运营者的协助执法义务具有紧迫性和现实意义。

从打击高科技犯罪和反恐的境内外执法实践看，协助执法行为和证据不仅受限于司法部门严格的形式要件审查和排除，而且现有法律规定在适用于具体案件时更处于无法涵盖主流商用技术的主要协助形式和内容的尴尬境地，应对技术更新的趋势预判和感知亦无从谈起。协助执法通过合法拦截和数据留存的动静态结合方式，预先为执法机构布置执法环境，建立紧急状态下的应急预案机制，成为各国情报机关、执法机构、国家安全机关侦查的主要手段。

1. 帮助调查犯罪，提高侦破效率的有力武器

在利用数据进行管理的新型政府发展时期，数据被用于医疗、金融、教育、能源等关键基础设施领域，以便改善社会发展方式，提高政府的政务能力。数据挖掘和分析技术的精准预测确实给社会带来了颠覆性变革，但正如硬币的两面，在不成熟的社会环境中，新技术的产生必然伴随着不可预知的安全风险，在数据驱动发展的全新局面下，危害网络安全的违法和犯罪活动也成倍增长。利用互联网犯罪的低成本、传播快、互动性高、影响范围广等特点，色情信息、暴力言论、知识产权侵犯、煽动分裂言论等充斥着网络的每个角落。

传统的刑事犯罪已经开始转战线上，网络犯罪分子往往具有较强的技术能力，能够轻易抹除痕迹以躲避追查，执法机构的执法能力受到前所未有的

挑战。数据因其对生活的渗透性存在，被用于几乎每一项严重的刑事犯罪或国家安全调查，包括网络反恐、间谍、破坏计算机信息系统等。执法机构受制于技术能力和资源限制，使得单独证据的追踪和复现面临障碍，无法快速有效识别犯罪嫌疑人。协助执法通过动态的合法拦截和静态的数据留存，可以帮助执法机构快速取得侦查依据，有效克服证据溯源的困难，提高案件的侦破率，对惩罚犯罪、维护社会稳定具有直接的推动作用，对激发企业创新、促进产业发展具有间接的提升效能。

2. 打击恐怖主义，维护国家安全的重要手段

相比刑事犯罪而言，恐怖主义受到严重的意识形态影响，一般带有浓重的政治目的，恐怖组织具有极强的组织性和纪律性，所进行的恐怖活动不仅会造成社会冲突和公众内心的强烈动荡，暗杀、袭击等活动更会直接影响国家的政治形态。与传统恐怖主义相比，现实与虚拟无缝对接、边界和距离逐渐模糊的网络社会成为恐怖分子掩盖身份、从事恐怖活动的绝佳场所。网络的匿名性和复杂性增加了攻击节点和作战单元，恐怖主义变得更多地干涉别国内政，同时带来财产损失、人员伤亡的一系列负面连锁反应。美国政府高层官员一致将恐怖主义视为对国家安全的真正威胁，"网络珍珠港"被认为普遍存在。需要集合社会力量（尤其是拥有高技术水平的网络服务提供者）预先布置执法环境，合法拦截和数据留存能够帮助建立执法活动的快速反应机制，是网络反恐的必要手段。

美国 2001 年 "9·11" 恐怖袭击事件、马德里 2004 年火车爆炸恐怖袭击事件、伦敦 2005 年公共交通恐怖袭击事件中，恐怖分子均使用了网络通信进行有效动员、组织和实施，而有关安全机构事先难以有效监控。2015年 11 月，法国巴黎发生的恐怖袭击事件中即有证据显示，恐怖分子出乎意料地使用了索尼公司生产的 PS4 游戏机内的通信功能进行联系，绕过了执法机构对传统网络工具的监控，并成功发动导致了严重伤亡的袭击[①]。在另一

---

① 比利时内政部长让·邦（Jan Jambon）在巴黎恐怖袭击事件的联合调查中表示，恐怖分子使用了索尼的 PS4 游戏机作为通信工具，这主要是因为安全部门很难追踪 PS4。让·邦说："与 WhatsApp 相比，PS4 追踪起来要困难许多。"

起发生在澳大利亚的案件中，一名 14 岁的男孩使用 PS4 游戏机与 IS 恐怖组织进行联系，并下载了关于炸弹袭击事件的策划书。2013 年"棱镜门"泄露的文件也显示，恐怖分子运用《魔兽世界》等游戏的虚拟会议功能进行联络。

针对上述严峻的网络反恐形势，各国也做出了相应的立法应对，自1994 年美国国会通过《通信协助执法法》之后，美国有关执法机关建议，基于反恐的需要，必须尽早对互联网上的通信联络进行监视和监听。美国联邦通信委员会（FCC）在 1997 年 10 月开始执行《通信协助执法法》，同时发布了立法倡议通知。欧盟理事会在马德里恐怖袭击后发布了打击恐怖袭击的相关声明，将立法措施列入计划内，要求理事会"对服务提供者存留流量数据进行规制的建议"进行考查，强调这些建议"应该以在 2005 年 6 月采用为目的而优先考虑"。① 此外，在 2015 年法国恐怖袭击和伊斯兰国的刺激下，法国、德国、英国等国均强化了本国的通信监控立法。

二　国外协助执法制度的立法现状和趋势

（一）立法现状

信息化发达国家基本都有规制协助执法义务的专门性立法，且颁布时间较早。美国 1994 年颁布了《通信协助执法法》，规定电信运营商有根据监听令状和其他法定的许可向执法机关提供协助监听的义务；2001 年颁布《爱国者法案》，以防止恐怖主义为目的扩张了美国警察机关的权限。欧盟 1995 年颁布《欧盟理事会通信合法拦截决议》，规定各国的执法机关有权对电信运营商及网络服务商提出协助监听的法律要求，执法机关可以要求运营商在使用加密技术的情况下，提供监听的通信初始信息。英国 2000 年颁布《调查权管理

---

① 王新雷、马海蓉：《反恐背景下欧美通信协助执法制度研究》，《信息网络安全》2009 年第8 期。

法案》，通过该法案，一旦发生对国家安全或预防、侦查犯罪活动产生威胁的任何情况，国务大臣可以签发令状授权相关权力机关监听邮政服务或公共电信系统。澳大利亚 2006 年颁布《电信拦截法修正案》，规定除了按照本法案实施的监听外，通过该系统的其他监听行为都属于犯罪，并明确了实施合法监听的条件和情况。这其中不乏时间已到期或引起争议的法律，但大部分仍在施行并出现了新的修正案，如美国《爱国者法案》在 2015 年到期停摆后即被新的美国《自由法案》所替代，其通信监控的内容几乎未变。近几年，随着网络攻击和恐怖主义的频繁发生，澳大利亚、美国、英国等通过新的立法或修订旧法扩大协助执法义务，帮助执法机构调查犯罪和防控恐怖主义。

1. 澳大利亚《电信（监控和接入）修正（数据留存）案》

2015 年 4 月 13 日，澳大利亚通过《电信（监控和接入）修正（数据留存）法案》，对 1979 年的《电信（监控和接入）法案》及 1997 年的《电信法案》进行修正。在合法拦截方面，规定澳大利亚安全情报组织、国家警察部队、澳大利亚犯罪委员会等 20 多个机构可以在没有令状的情况下查看通信元数据，但这样的申请必须由高级官员或官员批准。在数据留存方面，要求电信运营商对特定类型电信数据的法定留存义务，留存期限为两年。通信数据（元数据）包括电话呼叫和互联网数据，电话呼叫包括：来电显示；通话的日期、时间和持续时间；通信位置或使用通信的路线；电话被分配的唯一标识符。网络数据包括：发送电子邮件的地址；电子邮件的发送日期、时间和接收人；电子邮件的附件大小和文件格式；互联网服务提供商（ISP）持有的账户详细信息，例如账户是否已激活或暂停。服务提供者必须使用加密措施保护元数据的可信性，确保其免受未经授权的干扰和访问。

针对大部分 ISP 没有能力或成本过高构建数据留存系统的情况，2016 年 8 月，澳大利亚政府拨款 1.28 亿澳元作为数据留存的补偿款，通过资金支持的方式减轻守法企业的遵从成本，尤其强调对小型提供商的政策支持。获得资助的包括 180 个 ISP，大部分 ISP 获得了实施成本 80% 的补偿金，ISP 在签署资金协议时将立即获得其资金的 50%，以便帮助企业实现合规。在这次的资助计划中，最少的 ISP Arris 获得 1 万澳元，最多的是 ISP Telstra 获得 3990 万澳元。

2. 美国《自由法案》

"斯诺登"事件给世界人民带来的隐私恐慌，使得批评矛头一致指向美国，美国遭遇空前的信誉危机。2015 年 6 月 2 日，美国通过《自由法案》，修改了前一天过期的《爱国者法案》的一些内容，被认为是对"棱镜门"等监控丑闻的正式回应，也是 1978 年美国确定情报监控制度之后最重要的改革法案。该法案对广泛的合法拦截保持不变，同时对披露数据和透明度进行了调整，可以看出美国政府对协助执法的需求和认可，也体现了对隐私的尊重，因此该法案被描述成"平衡的方法"，白宫在一份声明中说："该法案确保了我们的情报和执法能力。"《自由法案》允许电话公司大量收集美国公民的元数据，然后由美国国家安全局访问，将"电话详细记录"定义为会话识别信息（包括呼出或接收电话号码、国际移动用户识别码或国际移动站台设备识别码），电话卡号码，呼叫时间或持续时间，但识别信息不包括通信的内容，用户或客户的姓名、地址、财务信息、全球定位系统信息。要求联邦调查局在应用程序中持续生成调查详细信息以防止国际恐怖主义，但需要证明：①有合理理由表明呼叫详细记录与调查有关系；②选择的具体期限对外国势力或其代理人从事恐怖主义活动有合理明确的解释。

为了限制情报机构对隐私的不必要干扰，该法案对外国情报监控法院进行了改革，允许其指定个人或组织担任法庭之友协助审查，包括提供技术专业知识。法案需要法庭之友提供：促进对个人隐私和公民自由保护的法律论点，或与情报收集或通信技术相关的其他法律论点或信息。《自由法案》允许谷歌和脸书等公司披露政府执法请求的信息，从而提高透明度。按照该法案，自其公布起 180 天内，电信机构应该建立有关电话数据的留存制度，并向相关政府部门备案，该制度发生调整应及时汇报。此外，在获得外国情报监控法庭认可并拿到调令的情况下，本国情报执法机构可以要求电信运营商上缴相关数据。①

---

① http://www.gxgg.gov.cn/news/2015-07/99156.htm.

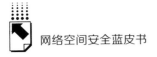

3. 俄罗斯《反恐法修正案》

2016 年 6 月 24 日，俄罗斯通过了《"反恐法"和在个别法律法规中确立反恐和社会治安补充措施的修正案》（简称《反恐法修正案》），对《反恐法》、《俄罗斯联邦行政处罚法》、《信息、信息技术与信息保护法》、《通信法》等法律予以修订。《反恐法修正案》修订《俄罗斯联邦行政处罚法》，在第 13.31 章增加 21 节，"在互联网传播信息的组织者，如果其不履行向联邦安全权力执行机关提供对收到、传递、送达和处理的电子信息进行解码的必要信息的义务，将对公民处以 3000~5000 卢布的行政罚款，对公职人员处以 30000~50000 卢布的行政罚款，对法人处以 800000~1000000 卢布的行政罚款"；《反恐法修正案》补充 2006 年《信息、信息技术与信息保护法》第 41 条，规定"在互联网上传播信息的组织者，如果在接收、传递、送达和处理互联网用户电子信息时使用了电子信息附加加密，或者为互联网用户提供了电子信息附加加密的可能性，必须向联邦安全权力执行机关提供必要的接收、传递、送达和（或）处理的电子信息的解码信息"；补充《信息、信息技术与信息保护法》第 31 条，规定"在互联网传播信息的组织者必须按照俄联邦法律规定的情形，向国家侦查机关或者俄联邦安全机关提供本章第 3 条规定的信息"。其第 3 条规定为"在互联网传播信息的组织者在俄罗斯境内必须保存：①关于互联网用户接收、转交、送达和（或）处理语音信息、文本、图像、声音、视频和其他电子信息事实数据，以及这些用户的信息，自行为实施一年以内；②互联网用户的文本信息、语音信息、图像、声音、视频以及互联网用户的其他电子信息，自信息接收、传递、送达和（或）处理起保存至六个月。保存上述信息的程序、期限和规模由俄联邦政府规定。"

同时，《反恐法修正案》增加 2003 年《通信法》第 64 章第 11 条规定，"通信运营商必须为国家侦查机关或者俄联邦安全机关提供规定的通信用户的信息、使用服务的信息和其他的上述国家机关履行法定职责必需的信息"；同时，对《通信法》第 64 章第 1 条做出修订，"通信运营商在俄罗斯境内必须保存：①有关通信用户接收、传递、送达和处理语音信息、文本信息、声音、视频或其他信息的事实数据，自行为实施三年以内；②通信用户的语音信息、文本信息、声音、视频或其他信息的数据，在接收、传递、送达和（或）处理六个月内。保存上述信息的程序、期限和规模由俄罗斯联邦政府规定。"

《信息、信息技术与信息保护法》和《通信法》分别对互联网传播信息的组织者和通信运营商规定了不同的数据留存期限，这是立法者考虑到两者的性质、规模、财力等区别做出的不同规定。

4. 英国2016年《网络安全战略》和《调查权法案》

2016 年 11 月 1 日，英国《网络安全战略》提出，密码技术是保护敏感信息和国家安全的基础，且私营部门（企业）的技术和能力对于发展密码技术很重要。战略提到英国政府非常支持加密技术，因为加密可以保护公民的私人数据或知识产权，但与此同时英国也需要确保恐怖分子和罪犯不能借助加密来营造一个"安全空间"。为了预防恋童癖者和恐怖分子等违法犯罪行为，2015 年，英国首相卡梅伦表示，有意在网络在线领域禁止对通信内容加密，但是由于禁止加密会影响英国的商业中心地位，最终并没有颁布类似的禁令。英国政府希望和行业合作来确保这一点，并建立一个完善的法律框架和监管体系，警察和情报部门可以访问恐怖分子或罪犯间的通信内容。必要时，英国政府将要求企业对相关信息进行解密，而企业也需要配合政府进行解密。①

2016 年 11 月 29 日，英国通过《调查权法案》（被戏称作"窃听宪章"），旨在进一步厘清执法机构在通信及通信数据的拦截、获取、留存及设备干扰等方面的权力，使得权力的运行更加清晰透明。该法案为英国情报和执法机构实施有针对性的通信拦截、通信数据的批量收集、通信的批量拦截引入新的权力，并重申了现有权力。允许警察和情报机构实施针对性的设备干扰，即以黑客攻击形式侵入计算机和设备系统中获取数据，以及在涉外调查中，允许为了国家安全事务而进行大规模的设备干扰。"设备干扰"系

---

① http://mt.sohu.com/20161111/n472968395.shtml.

指执法部门可以针对特定对象的电子设备通过技术手段或黑客攻击形式侵入对方的计算机和设备系统中，从而获取数据。在合法拦截方面，规定了批量拦截令状，赋予可以对"涉外通信"进行批量拦截的权力，其中"涉外通信"的内涵广泛，这是确定了"域外通信的管辖权"。在数据留存方面，有权机关可以发布留存通知，要求针对特定通信进行数据留存，留存通知要求留存数据的期限不能超过十二个月，即期限只要在一年内，都可以对通信服务提供者提出留存要求。特定公共机构的高级官员可以赋予相关执法人员通信数据的获取权，但授权的行使需要满足法定条件。

（二）协助执法制度的内容特点和趋势

1. 延长数据留存期限

数据留存可以帮助执法机关获得恐怖分子或犯罪分子的个人数据，协助侦查取证机关尽快掌握犯罪行为人的行踪，能够切实有效的预防犯罪，及时惩治犯罪行为。各国普遍承认数据留存的刑事调查价值，但数据留存的期限是一直以来备受争议的问题，留存期限直接关系企业对数据库的投入和维护成本，国外协助执法法律制度都会规定数据留存期限，不同的是期限长短的设置。欧盟2006年《数据留存指令》颁布后，欧盟成员国都对其进行了国内转化立法，关于数据留存的期限，大部分规定为六个月或一年，例如英国、芬兰、荷兰、法国、西班牙、意大利（限于互联网接入、电子邮件和电话数据）规定为一年时间，卢森堡、立陶宛等国家规定为六个月。分析可知，经济实力强的国家一般技术和企业发展较快，数据留存期限较长，而小国家规定期限较短。近两年的立法将期限规定为两年（澳大利亚）或三年（俄罗斯）的行为，虽然与国家的整体发展关系密切，但也充分说明数据留存的重要意义和国家的强力支持态度。

2. 重视网络服务提供商的成本补偿

协助执法的数据留存方式不仅需要互联网服务提供商的技术配合，建立并维护数据库，更需要承担巨大的经济成本。虽然成本暂时无法用精确的数字计算，但依据美国一家机构的调研估算得出，遵从英国反恐和犯罪相关法案的协助执法要求，建立并维持数据留存体系的正常运行需要企业支出500万~600万英镑（留存期限为一年），若留存期为两年的国家，则本国的互联网服务提供商需花费更多。这对于互联网企业，尤其是处于发展初级阶段的中小企业来说是更加沉重的负担。英国2009年《数据留存法》第11条规定了国务大臣对公共通信提供者因遵守协助执法制度所支出的任何费用进行补偿的权力，但需事先通知国务大臣并征得同意，国务大臣拥有审计的权力。欧盟其他成员国在转化欧盟指令时，涉及成本补偿问题的国家很少，补偿制度也不明确。澳大利亚2016年专门发布资金支持政策，拨款1.28亿澳元对履行协助执法义务的企业进行资助，并且明确了每家企业的资助金额，这不仅能够提高企业协助调查的积极性，也保证了政策的透明度。

3. 明确协助执法主体的责任

法律的惩罚机制具有教育和评价的基本功能，能够起到重要的威慑作用，每个法律制度都具有相应的行为处罚机制，协助执法也不例外。在协助执法作为打击恐怖主义、维护国家安全的武器手段日益凸显其作用的信息通信时代，各国一般选择加重企业违法的经济代价和个人违法的人身自由限制。俄罗斯《反恐法修正案》不仅修正法律提升处罚额度，还根据主体不同可能造成的不同后果进行了区分，公民、法人和公职人员的处罚虽不尽相同，但毋庸置疑都很严厉。2016年3月，法国社会党议员雅恩·伽鲁特（Yann Galut）提出一项新的法规修正案，规定了在恐怖调查期间苹果等科技公司违反协助解密义务的，可被判处五年以下有期徒刑；公司每拒绝一次协助调查请求，要支付100万欧元的罚款①。该法案在法国下议院投票中已经通过，被列入司法部长让－雅克·于尔伏斯（Jean－Jacques Urvoas）的提案中。英国2016年《调查权法案》规定了非法拦截罪，故意拦截通信者将视情况被处以两年以下监禁或罚款；而在收到执法机构的令状后拒不协助采取措施的运营商，将处以最高两年的监禁、不超过法定最高限额的罚款或两者并罚。

---

① http://bgr.com/2016/03/01/apple－iphone－encryption－fine－france/.

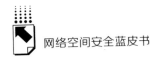

4. 明确规定协助解密义务

在各国的协助解密制度中，通信服务提供商由于对通信内容进行管理（例如对通信内容进行加密），而被规定为主要协助主体。协助执法机构解密可能会涉及对隐私的侵犯，对企业信誉的威胁等，因此遭到一些科技巨头甚至政府人员的反对和抗拒（例如 FBI 与苹果争议事件中各方的观点）。但是，技术的进步，黑客攻击手段的提升，反恐形势的恶化等，都使得执法机构获取情报的能力下降，解密成为执法机关追踪证据的有力方式。通过 2016 年苹果与 FBI 的解锁争议和诉讼，各国在综合考量技术发展和执法机构执法能力的基础上，加强了对协助解密义务的立法支持。例如，俄罗斯明确了在互联网上传播信息的组织者对电子信息的解码义务；英国提出了加密技术对于维护数据安全的重要性，强调英国政府会要求企业对相关信息进行解密，而企业也需要配合政府进行解密；英国也规定，国内通信服务提供商（CSPs）必须具备对其加密数据的解密能力，而对国外的 CSPs 则没有此要求（区分国外与国内的 CSPs，立法目的应是兼顾企业创新考虑，吸引国外 CSPs 在英国本地发展，加强本土企业的竞争力，抑或是执法管辖权限制）。

5. 制度设计兼顾隐私保护

执法机构在要求通信服务提供商实施协助执法时，由于内部人员疏忽或者制度不健全等原因，可能会泄露将获取的个人数据，这些数据一般包括位置信息、通话记录、电子邮件等与个人隐私密切相关的内容。若互联网服务提供者及执法人员疏忽或恶意泄露、售卖这些数据，会直接侵害公民的隐私生活，并扰乱通信自由。鉴于此，各国在设计协助执法制度时，都采取措施降低数据泄露的风险，澳大利亚立法将访问留存数据的机构限定为"刑法执法机构定义的机构"，以此保证只有执法机构或其授权机构才能访问数据，防止产生未经授权的干扰和破坏。被授权人员在披露数据之前必须充分考虑对相关个人隐私的干扰，考虑数据的可用性和披露的正当性。英国的 2016《调查权法案》加强了对记者和律师等特殊群体的身份信息保护，取消了安全和情报机构在寻找记者来源方面的豁免权利。此外，对于留存数据的类型，澳大利亚和英国立法规定的都是通信的信息，而不是通信的内容，换言之，通信信息包括通话时间和持续时间、邮件发送地址和接收时间等，而不包括通信人之间的通话内容和邮件主题，体现了对隐私的保护和尊重。

6. 通过第三方透明度报告等事后披露机制缓解隐私保护焦虑

此外，尽管协助执法实施的前提是经过有权机构的审查、批准（具体规定在国家相关立法中存在差别），并在案件的司法程序中也将接受非法证据排除的考验，但由于执法协助具体行为的秘密性要求，只有在执法行为结束和结果形成后方能发布，因此协助执法与隐私保护的知情同意存在天然的对立。除严格规范协助执法的程序要求外，通过第三方通信服务商平台，乃至执法机构本身的定期汇总披露，已经成为各国频繁使用的用于缓和隐私冲突的重要机制。例如境外主要的即时通信厂商、主要的系统软件提供商等都按照年度发布透明度报告，披露协助执法机构提供信息的整体信息，以及不予披露的例外和理由（例如美国 FISA 下的国家安全保密例外），这些机制已经证明各国政策在缓和公众有关隐私保护焦虑方面的有效性。

三　我国协助执法制度的立法现状和落实策略

（一）我国协助执法制度的立法现状

我国协助执法规定散见于 1995 年发布的《人民警察法》、1997 年颁布的《计算机信息网络国际联网安全保护管理办法》、2000 年通过的《电信条例》、2000 年通过的《互联网信息服务管理办法》、2005 年颁布的《互联网安全保护技术措施规定》等法律法规中。随着新技术和网络的普及使用，2012 年《刑事诉讼法》、2015 年《国家安全法》、2015 年《反恐怖主义法》和 2016 年《网络安全法》对协助执法制度进行了完善。

1995 年《人民警察法》（2012 年修订）第十六条规定，协助执法的权利主体是公安局，目的是侦查犯罪，条件是经过严格的批准手续，这里规定的协助执法形式是技术侦察措施。

1997 年《计算机信息网络国际联网安全保护管理办法》（2011 年修订）

第一次规定了单位和个人提供数据文件的协助义务。根据该法案第八条内容，协助执法的权力主体是公安机关，义务主体是从事国际联网业务的单位和个人，义务内容包括：①接受协助执法权利主体的安全监督、检查和指导；②如实提供有关安全保护的信息、资料及数据文件。协助执法的目的是帮助查处通过国际联网的计算机信息网络进行的违法犯罪行为。

2000 年《电信条例》第六十六条对电信内容检查的协助执法作规定。根据该条款，协助执法的原因是出于国家安全或追查刑事犯罪，协助执法的权力机关包括公安机关、国家安全机关或者人民检察院，条件是依照法律规定的程序对电信内容进行检查。本条明确禁止电信业务经营者及其工作人员擅自向他人提供电信用户使用电信网络所传输信息的内容。

2000 年通过的《互联网信息服务管理办法》第一次对信息留存的内容（日志）和期限（60 日）进行了明确规定。根据第十四条的规定，协助执法的义务主体是互联网接入服务提供者，义务内容是记录上网用户的信息，这些信息包括上网时间、用户账号、互联网地址或者域名、主叫电话号码等。此外，应该对这些信息记录进行备份保存，备份主体包括互联网信息服务提供者和互联网接入服务提供者，时间为 60 日，且应该在国家有关机关依法查询时提供。

相比《互联网信息服务管理办法》，2005 年颁布的《互联网安全保护技术措施规定》的信息留存制度更加细化，并明确了公安机关的处罚权。信息留存内容主要体现在该规定的第十二条及第十三条，第十二条首次明确了互联网服务提供者在采取安全保护措施时应该预留联网接口，该接口应符合公共安全行业技术标准的规定；第十三条规定的协助执法的义务主体是互联网服务提供者和联网使用单位，要求其采取的记录留存技术措施具有保存记录备份至少六十天的功能。此外，第十五条规定了违反第十二条和第十三条的处罚措施，由公安机关给予警告或者停机整顿不超过六个月的处罚。

2012 年《刑诉法》在其第二编第八节"技术侦察措施"中专门规定了协助执法制度，内容比较全面，在我国现行立法状态下对完善协助执法程序具有重要意义。根据一百四十八条的内容，一般情况下，采取技术侦察措施的权力机关是公安机关，案件类型包括危害国家安全犯罪、恐怖活动犯罪、黑社会性质的组织犯罪、重大毒品犯罪或者其他严重危害社会的犯罪案件，目标是侦查犯罪，条件是需经过严格审批流程。此外，对于重大的贪污、贿赂犯罪案件以及利用职权实施的严重侵犯公民人身权利的重大犯罪案件，人民检察院在立案后可以采取技术侦察措施，按照规定交有关机关执行。第一百四十九条规定了批准手续的具体流程，首先应确定采取技术侦察措施的种类和适用对象，批准决定的有效期为签发后三个月内。复杂、疑难案件有必要延长期限的，经过批准可延长，但每次不得超过三个月。第一百五十条是对侦查人员在技术侦察过程中的信息保密义务要求，保密内容包括国家秘密、商业秘密和个人隐私，且应及时销毁与案件无关的材料。

2015 年《国家安全法》第四十二条、七十四条、八十一条对协助执法作了有关规定，第四十二条规定协助执法的权力主体是国家安全机关和公安机关，权力内容是搜集涉及国家安全的情报信息。第七十四条规定协助执法的权力主体是国家安全机关、公安机关和有关军事机关，义务主体是公民和组织，目的是维护国家安全，义务内容包括提供其所知道的证据、提供必要的支持和协助等。第八十一条是针对义务主体在协助执法过程中发生财产损失或人身伤害、死亡情况，做出的国家补偿和抚恤优待规定，强调的是造成损害后的经济补偿，而不是对互联网服务提供者的守法成本补偿，前者发生在协助执法之后，而后者则发生在之前。协助执法更偏重于加重企业成本，鲜少直接对其造成经济损害，根据该法很难得到补偿，且实践中尚未出现类似案例。

2015 年《反恐怖主义法》对协助执法的规定体现在第十八条，协助执法的义务主体是电信业务经营者、互联网服务提供者，权力主体是公安机关、国家安全机关，协助内容是为依法防范、调查恐怖活动提供技术接口和解密等技术支持。第九十一条规定的是违反十八条的处罚，包括单处或并处罚款和拘留，处罚主体还包括直接负责的主管人员和其他直接责任人员。

2016 年《网络安全法》明确提出实行网络安全等级保护制度，体现在第二十一条。网络运营者应当按照网络安全等级保护制度的要求，履行下列安全保护义务，保障网络免受干扰、破坏或者未经授权的访问，防止网络数据泄露或者被窃取、篡改；（三）采取监测、记录网络运行状态、网络安全事件的技术措施，并按照规定留存相关的网络日志不少于六个月；第二十八条规定，网络运营者应当为公安机关、国家安全机关依法维护国家安全和侦查犯罪的活动提供技术支持和协助；第五十九条规定，网络运营者违反第二十一条规定的，由有关主管部门责令改正，给予警告；拒不改正或者导致危害网络安全等后果的，处一万元以上十万元以下罚款，对直接负责的主管人员处五千元以上五万元以下罚款；第六十九条规定，网络运营者违反本法规定，有下列行为之一的，由有关主管部门责令改正；拒不改正或者情节严重的，处五万元以上五十万元以下罚款，对直接负责的主管人员和其他直接责任人员，处一万元以上十万元以下罚款……（三）拒不向公安机关、国家安全机关提供技术支持和协助的。

综上可以看出，截至目前，我国没有专门的协助执法法律，通过《反恐怖主义法》的规定解决了长期以来未能解决的电信业务运营者、互联网服务提供者提供技术接口和解密等技术支持和协助的高位阶段的法律依据问题，同时也为《网络安全法》的"技术支持和协助"提供了内涵的背书。通过《网络安全法》的规定，公安机关、国家安全机关获得支持协助权的范围由信息提供扩展到各类技术支持和协助，在实质上蕴含了信息提供、系统调用、接口提供、解密支持、人力协助等种种可能，同时加大了网络运营者的法律责任。在具体适用上，如属于维护国家安全和侦查犯罪的情形，适用《网络安全法》；如属于防范、调查恐怖活动的情形，适用《反恐怖主义法》。

值得注意的是，虽然《反恐怖主义法》《网络安全法》顺应时代发展规定了协助解密义务、数据留存期限及相应的处罚制度，但没有详细的执行依据和标准，实践中会给企业遵从带来困难。关于协助执法的经济补偿规定更为简单，不具有强制执行力，与国外的财政拨款举措相比，容易造成执行乏力和义务主体消极守法的局面。此外，相关规定也没有出现协助执法中对公民隐私保护的内容，我国没有专门的隐私或个人信息保护法，《网络安全法》中规定的个人信息保护内容是迄今为止最为全面的保护制度，但缺少关于合法拦截和数据留存过程中的数据访问限制规定。

（二）我国协助执法制度的落实

网络社会成为滋生重大刑事犯罪及恐怖主义活动的场所，网络暴力、色情信息、政治危害言论等潜移默化地影响着意识形态，早已超越简单的隐私侵犯范畴，上升至对社会稳定和国家安全的威胁。网络的即时传递性、迅速交融性等特征为技术发展带来颠覆性改革，其天然短板——安全漏洞的存在也使得攻击随时随地会发生，攻击者高明的隐藏手段不断削弱执法能力，判断攻击源头和甄别攻击方式遭遇技术瓶颈和法律障碍，全方位暴露了现行发展环境下执法机构的脆弱性。应对网络攻击需要合法拦截和情报收集是各国都承认的事实，并采取了一系列立法措施予以支持，相对于信息化发达的美国、英国、澳大利亚等，在《反恐怖主义法》和《网络安全法》框架之下，协助执法法制化问题在我国已经得到初步解决，但法律规定尚不丰满，可能使得技术支持和数据留存在执行过程中遭遇瓶颈，要在相关下位法和配套标准中进一步落实是接下来的重点，本文认为至少应包括以下几方面内容。

1. 明确界定数据留存的范围

国外普遍采用列举法具体列出数据留存的种类，纵观国际立法内容，留存的通信数据包括通信的时间及持续时间、设备位置、电子邮件的发送地址等，不涉及具体通信内容，俄罗斯新近立法则将通信内容纳入留存范围。目前我国《网络安全法》和相关法律中规定的数据留存范围限于日志。建议在配套标准或下位法中对网络日志的详细类型进一步明确，便于明确指导服务提供者遵从。

2. 建立协助主体的经济补偿制度

从扶持产业发展、鼓励创新的角度考虑，欧盟少数国家和澳大利亚都建立了协助主体（主要针对通信服务提供商）的权利救济制度，主要表现为守法成本和费用的补偿，以保障通信服务提供商履行协助执法的权利请求。我国虽然互联网使用规模较大，但是企业大多处于转型发展时期，过重的守法经济负担不利于其成长。建议我国借鉴澳大利亚立法经验，构建协助主体的权利维护途径，同时建立配套的审查和问责机制，避免出现"数据留存成本过高而不应予以执行"的片面论断。

3. 科学慎重规定数据留存期限

数据留存的协助执法方式通过将数据静态地保留在数据库中，以备执法机关调查使用，从而提高案件侦破效率，构建和谐社会。然而，数据留存期限牵涉到隐私保护、企业经济负担等多方面因素，历来都是立法审慎的对象。从目前国外最新立法来看，期限一般为一年至三年不等，大部分国家的立法机构选择的是两年，这是出于网络犯罪隐蔽性强的考虑。我国《网络安全法》规定的六个月期限，对于手段越发多样化和暴露性差的网络犯罪而言，可能会出现刚发现犯罪行为而数据早已销毁的状况。建议在调整修订立法时，重新考虑数据留存的期限。

4. 完善有关法律责任制度

为了实现协助执法的可操作性，发挥法律惩罚制度的威慑力，加大处罚也应纳入法律调整范围。法国议员雅恩·伽鲁特在提出法案时曾称，"数据加密让我们面对着一个法律真空，它阻碍了司法调查，只有金钱才能迫使这些极其强大的企业选择遵从。"[1] 因此法案草案规定了极为严厉的处罚措施。与之比较，我国现行立法的罚款数额明显过低。建议按照营业额的百分比处罚更为合理，这种处罚方式经常出现在欧盟立法中[2]，其按照主观形态、行为造成的严重性等确定处罚金额的方式值得我们借鉴。

5. 完善隐私保护的相关立法

虽然不能将协助执法与隐私保护置于完全的对立面，但不可否认的是，

---

[1] http://digi.163.com/16/0302/10/BH56D4HF00162OUT.html.

[2] 例如欧盟《一般数据保护条例》（GDPR）第 79 条第 4 款规定：对下列存在故意或者过失的人员，监管机构可处以最高 250000 欧元的罚款，或对企业最高处以其年全球营业额 0.5% 的罚款……第 5 款对下列存在故意或者过失的人员，监管机构可处以最高 500000 欧元的罚款，或对企业最高处以年全球营业额 1% 的罚款……第 6 款：对下列存在故意或者过失的人员，监管机构可处以最高 1000000 欧元的罚款，或对企业最高处以年全球营业额 2% 的罚款……行为造成的严重后果不同，处罚会随着严重性增加。

协助执法制度会对个人隐私和通信自由造成极大的侵害。在承认协助执法制度必要性和迫切性的基础上，采用技术措施和立法手段预防和降低隐私安全风险也是可行和有效的。建议在落实我国协助执法制度时，将隐私保护融会贯穿，寻求合法拦截和隐私干扰的最佳平衡点，构建必要的事后信息披露机制，切实做到在保护国家安全的同时重视公民私权利，实现宪法规定的人权保障制度。

此外，落实过程中还应注意深入进行协助执法与宪法、刑诉法等基本法律制度、原则关系的理论研究，重视以下问题：（1）丰富对协助执法主体及其范围的动态调整问题；（2）深入理解技术与"无罪推定"、不得"自证其罪"等原则的冲突与协调，例如账户密码、指纹等生物特征在证据形式上的差异和协助执法难度的差异；（3）探寻协助执法的补偿与处罚之间具体金额的平衡点等。

四　展望

网络时代对传统协助执法的思路和实现提出了全新和持续的挑战。以美国为代表的英、美、法制度路径在于不断穷尽协助执法的主体和类型，如《通信协助执法法》曾配合联邦通信委员会（FCC）解释努力尝试增加协助执行的通信运营商概念范围，但2016年4月FBI诉苹果案中仍然暴露了列举式协助的不足，执法部门不得已援引《全令状法案》（ALL WRITS ACT）以实现"必要或适当"的协助。对于我国而言，尽管具有概括立法的天然优势，但仍面临如何快速借鉴、吸取各国在信息技术快速发展中的立法和执法经验教训的问题，同时更需清楚认识后发现劣势以提升全面执法的能力。

本文认为，网络时代的协助执法路径一方面体现了执法权（能力）扩张的内在需求，其扩张主要体现在：第一，协助执法从传统的补充、印证作用，已经上升为全面、客观获取证据的必要和适当机制；第二，协助执法的外部性，即通过协助主体"外包"行为实现执法效率的提升和执法成本的

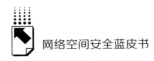
降低。另一方面，执法权的扩张应配备约束机制，特别是在我国关于隐私的法律概念和论证尚不充分、对协助主体监管缺失规范的场景下。

在技术发展超越现行立法时，应如何权衡各方利益关系和法律价值，完善和落实我国现行协助执法制度体系，解决矛盾冲突，保障执法机构的权力和国家安全机制的有效运作，值得有关部门深思并尽快解决。

B.11
国家基础数据保护研究

杜 霖*

摘　要：　当今社会，数据承载的价值不断增大，面临的安全风险也与日
俱增，数据安全形势严峻。国家基础数据的高价值导致数据泄
露产生的影响加剧，甚至会影响社会稳定与国家安全。为了对
国家基础数据进行更系统的保护，本文深入调研梳理了国内外
数据保护政策及管理现状，明确了国家基础数据的定义、范畴
及分类，提出了新形势下保护国家基础数据的政策建议。

关键词：　国家基础数据　数据安全　分类保护

一　研究背景与研究目标

随着是数字经济时代的到来，数据资源的开发利用已涵盖了产业发展、
政府治理、民生改善等多个领域，极大方便了人民的生产、生活。然而，在
数据价值急剧提升的同时，具有重要价值的国家基础数据面临的泄露风险也
逐步增大，给公共安全造成了潜在威胁。为了对国家基础数据进行更系统的
保护，本文首先通过方法论明确了国家基础数据的定义、判定标准及分类，
其次对数据开放与保护的关系进行辨析并梳理了国内外针对基础数据的管理
现状，最后提出了新形势下针对国家基础数据的阶段性保护规划以及可落地
的保护建议。

---

* 杜霖，硕士，中国信息通信研究院工程师，研究方向为数据安全、工业互联网安全。

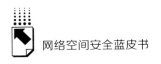

二 明确国家基础数据的定义与分类

（一）国家基础数据定义

定义是对概念的内涵或事物的本质特征做简要而准确的描述，对国家基础数据进行定义，首先应准确把握其本质特征。通过对国家基础数据进行语义解读及政策解读，并结合时代发展趋势，分析提炼国家基础数据的本质特征，从而形成国家基础数据的准确定义，具体思路如图1。

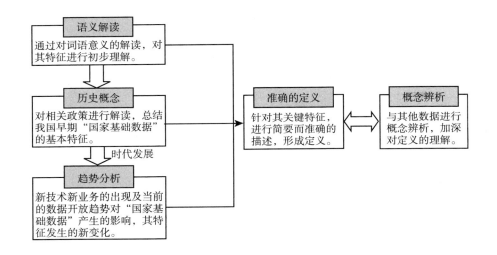

图1 定义国家基础数据的思路

其中，"语义解读"是指通过分析解读词语意义，对国家基础数据的特征进行初步理解；"历史概念"是指对相关政策进行解读，总结我国早期国家基础数据的基本特征；"趋势分析"是指随着新技术新业务的出现及当前的数据开放趋势，国家基础数据的本质特征开始显现时代特性。"准确的定义"是对国家基础数据的本质特征进行简要而准确的描述，形成定义。"概念辨析"是通过与其他类型的数据进行概念辨析，旨在加深对国家基础数据定义的理解。

1. 国家基础数据的语义解读

"基础"即事物发展的根本或起点。"国家"是指由领土、人口、主权和政府组织所构成的共同体。由此引申，"国家数据"是具有国家主权性的数据，数据内容应涉及国家基本构成（领土、人口、政府等）。"国家基础"是指能够支撑国家运作的基本领域或基本的社会经济活动，是国家发展的根本，具有重要性与战略性。"基础数据"是指根本数据或起点数据，是一手的、可增值的。国家基础数据的语义解读如图 2 所示。

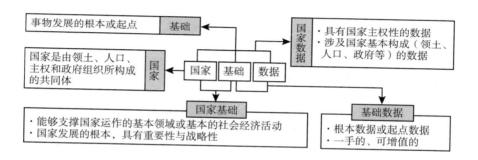

图 2　国家基础数据的语义解读

国家基础数据可以被初步理解为：具有国家主权性的、涉及国家基础领域或支撑社会基本经济活动的、影响国家发展的、具有重要性与战略性的数据资源。

2. 国家基础数据的历史概念

当前国内外并无"国家基础数据"的明确定义。但"基础信息资源库"、"基础数据资源库"等表述已经散见于我国部分战略政策中，通过政策分析可见，"国家基础数据"的历史概念与形态已初具雏形。

我国在多项政策中提及建立国家基础数据库，数据库建设正逐步完善。我国于 2002 年首次提出建设国家基础数据库，国务院办公厅在《国家信息化领导小组关于我国电子政务建设指导意见》中指出"启动人口基础信息库、法人单位基础信息库、自然资源和空间地理基础信息库、宏观经济数据库的建设"。2012年5月，国家发展改革委印发《"十二五"国家政务信息化工程建设规划》，提出深化国家基础信息资源开发利用并依法向政务部门和社会开放。2015年7月，我国再次提出建设基础数据资源库，《国务院关于积极推进"互联网+"行动的指导意见》要求建立国家政府信息开放统一平台和基础数据资源库，开展公共数据开放利用改革试点。

通过对政策内容进行分析解读，初步总结出早期国家基础数据的六大基本特征：一是数据所有者为政府；二是数据内容涉及人口、经济、地理等国家基础领域；三是数据产生方式是由国家有关部门进行采集；四是数据存储于政府内部的政务信息系统；五是数据价值高，具有公共性与战略性；六是数据形式为电子数据。

3. 国家基础数据的趋势分析

我国早已进入互联网时代，国家基础数据从产生到应用的全过程都受时代趋势所影响，其特征也发生了新变化。

在数据产生阶段，新技术极大地增强了个体生产数据的能力。移动互联网、云计算、大数据技术的广泛应用，大型互联网巨头、大数据服务公司迅速崛起。企业生产、收集或存储数据的能力极大增强，企业的数据战略价值及对国家安全的影响力逐步提升，应纳入国家基础数据主体范畴中，国家基础数据的所有者因此有了扩展。随着数据挖掘、关联分析等新技术的发展，衍生数据的价值增大，部分影响国家发展的衍生数据应被纳入国家基础数据范畴，于是，国家基础数据的产生方式更趋多样化。

在数据发展阶段，数据承载的价值从商业利益上升至国家安全，数据承载了国家主权、网络安全、经济发展、公民权益等多重诉求。与此同时，信息化发展极大地拓宽了网络空间的边界，作为发展的前提，网络空间安全成为研究热点。因此，国家基础数据的内容变得极为丰富，涉及的基本领域不断增多，并延伸至网络空间边界。

在数据应用阶段，《"互联网+"行动指导意见》、《促进大数据发展行动纲要》中均提出加快政府数据开放共享，开放共享是数据发展的大势所趋。开放共享使得国家基础数据从相对封闭的政务信息系统延伸至联网的企业系统或互联网平台，国家基础数据的存储日趋开放。

随着当前国家基础数据发展的新趋势，国家基础数据的所有者、内容、产生方式、存储都发生了变化，总结如表1。

表1　互联网时代国家基础数据的特征变化

	前期情况	发展趋势	解读	案例
数据所有者	政府数据	政府数据＋企业数据	政府、企业、公民均可产生数据，企业掌握的大量重要数据也是国家基础数据的重要构成	地理数据：拥有手机定位信息，能掌握人口流动等信息　经济数据：电商数据能够挖掘客户数据，揭示经济规律
数据内容	经济民生	经济民生＋网络空间	从老百姓衣食住行到国家重要基础设施安全，网络空间相关内容也成为影响我国发展的新领域。	随着国家对网络安全的重视，关键信息基础设施相关数据如漏洞库等，也是国家基础数据的重要内容
数据产生方式	收录采集	收录采集＋数据处理	利用关联分析、数据挖掘技术所产生的分析数据也是国家基础数据的新内容	宏观经济数据：阿里研究院每月发布"阿里巴巴网购价格系列指数"，展示各行业商品的网购价格变化
数据存储	政务信息系统	政务信息系统＋企业信息系统	随着数据量的增加及数据的开放共享，政府与企业间的大量数据应业务需求流动共享	2013年，国家药监局三大药品数据库的权威药品信息入驻百度；2015年，阿里将药品监管网的基础设施从甲骨文数据库迁移到阿里云平台

4. 国家基础数据的准确定义

通过上述分析，提炼国家基础数据的本质特征，以便对其进行准确定义。国家基础数据的定义应包含如下特征：一是国家基础数据所有者包括政府、企业；二是国家基础数据主权属于国家；三是国家基础数据内容涉及国家基础领域或社会基本经济活动；四是国家基础数据具有公共性、重要性和

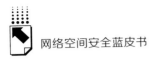

战略性价值；五是国家基础数据通过采集统计和数据处理产生；六是国家基础数据具有一定规模，数据存储量较大；七是国家基础数据形式为电子数据。

由此给出国家基础数据定义：政府或企业经过收录采集或数据处理后形成的具有一定规模的、涉及国家基础领域或支撑社会基本经济活动的、具有重要性与战略性的电子数据集合，其主权属于国家，对国家发展与安全具有重要意义。

5. 国家基础数据的定义辨析

当前，我国颁布了网络安全法与一系列大数据发展战略，网络数据、政府数据开放及个人数据保护成当前热点，应对其进行概念辨析，加深对国家基础数据定义的理解。

（1）国家基础数据和网络数据定义辨析

网络数据定义：网络数据是指通过网络收集、存储、传输、处理和产生的各种电子数据。（《网络安全法》）

定义辨析：国家基础数据不止来源于网络，也包括政府或企业采集收录的数据，以及部分符合定义的网络数据，如图 3 所示。

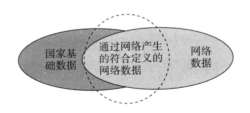

图 3　国家基础数据和网络数据定义辨析

（2）国家基础数据和大数据定义辨析

大数据定义：具有海量的数据规模、快速的数据流转、多样的数据类型和价值密度低四大特征的数据集合（麦肯锡）

二者差异：大数据需要通过一系列数据分析处理过程才能挖掘出其潜在价值，而国家基础数据本身就是高价值数据，如图 4 所示。

图4 国家基础数据和大数据定义辨析

（3）国家基础数据和政府数据定义辨析

政府数据定义：所谓政府数据是指政府和公共机构依据职责所生产、创造、收集、处理和存储的数据。（新华网）

二者差异：国家基础数据不只包含部分符合要求的政府数据，也包括企业中具有相同价值与影响力的数据，如图5所示。

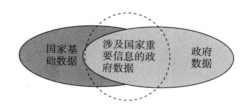

图5 国家基础数据和政府数据定义辨析

（4）国家基础数据和个人信息数据定义辨析：

个人信息数据定义：个人信息，是指以电子或者其他方式记录的能够单独或者与其他信息结合识别自然人个人身份的各种信息，包括但不限于自然人的姓名、出生日期、身份证件号码、个人生物识别信息、住址、电话号码等。（《网络安全法)》）

二者差异：个人信息数据强调个人数据主权，而国家基础数据强调国家数据主权，具有一定规模的个人数据集合才能够被纳入国家基础数据范畴。

6. 国家基础数据的判断标准

依据定义及特征，采用可定量及可定性的选取原则，选取三项国家基础数据的判断标准：一是数据存储标准，国家基础数据存储量应达到一定规模；二是数据内容标准，国家基础数据应聚焦于事关我国经济民生、社会稳

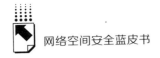
定、国家安全的重要基础性领域；三是数据价值标准，国家基础数据应具有重要性与战略性，一旦公开或不当使用就会影响社会稳定发展甚至国家安全。

（二）国家基础数据分类

分类的目标是为了清晰有效地对国家基础数据进行保护，将国家基础数据从数据所有者、数据内容和数据保护程度三个不同维度来划分，也有效解答了"谁来保护，保护什么及怎么保护"的问题。

1. 按数据所有者分类

政府、企业、公民都会产生各种数据，但承担保护责任与义务的主体为政府与企业。按数据保护主体，可将国家基础数据分为企业数据和政府数据，国家基础数据是政府与企业中存储的具有国家战略性价值的数据。

其中，政府数据是指在政务信息系统中存储的影响国家发展的具有主权性和战略性的数据资源，是政府数据开放过程中需要重点保护的对象，包括人口信息数据、经济统计数据、地理环境数据、关键政策法规数据、军事相关数据等；企业数据是指企业运作中收集或产生的重要战略性数据，一旦泄露会影响社会稳定发展，包括用户信息数据、统计数据、重要生产数据、经济指数相关数据、漏洞库等。

2. 按数据内容分类

国家基础数据若要从数据内容进行分类，则应参考政府数据。政府是我国最大的数据拥有者，也是保护数据安全的重要角色。在政府数据开放的进程中，不同的国家或组织对于政府数据已有不同的分类。

美国、欧盟已在拓展政府数据开放能力方面取得了显著成效，分类更具参考价值。国际化组织方面，开放数据晴雨表和全球开放指数作为评价各国数据开放程度的评判标准，较为权威。政府数据分类可参考："开放数据晴雨表"、全球开放数据指数、美国开放政府数据、欧盟开放政府数据。

"开放数据晴雨表"旨在揭示全球不同开放数据计划的渗透性和影响力。针对14类政府数据集进行评价，如图6所示。

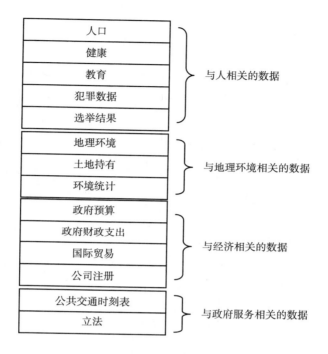

图 6 开放数据晴雨表

全球开放数据指数由英国开放知识基金会发布，开放知识基金会于2004年在英国剑桥成立，是非营利性组织，致力于推广各类形式的开放知识。编制开放数据指数的目的在于为每个关键数据集设立数据的采集和发布标准，推动各个国家地区能够采用此标准开放数据。开放数据指数针对13类关键数据集进行评价，如图7所示。

美国政府不断利用云计算、大数据等技术手段实现政府信息对社会的开放共享，并处于领先地位。2009年，美国上线 Data. gov 网站，首次集中开放政府数据，并将政府数据集划分为13个主题类别，如图8所示。

欧盟建立 PublicData. eu 数据平台，将数据集分为14个大类，并向欧洲范围内的公共机构提供开放、免费、可重复利用的数据集，如图9所示。

参考政府数据分类，结合国家基础数据的定义及其战略价值高等特征，国家基础数据按数据内容可划分为六类：与人相关的数据；与地理环境相关

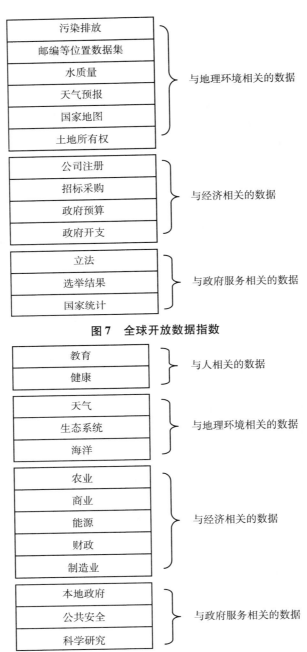

图 7　全球开放数据指数

图 8　"美国政府数据"分类

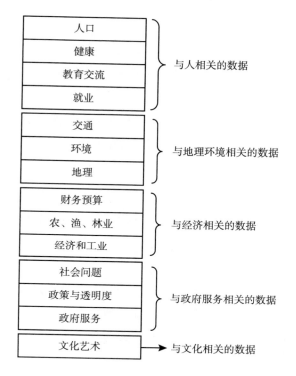

图9 "欧盟政府数据"分类

的数据；与经济相关的数据；与政府服务相关的数据；与文化相关的数据及与网络空间相关的数据。具体内容如表2所示。

表2 国家基础数据按数据内容分类

大类	国家基础数据内容
与人相关的数据	涉及人口、健康、教育、犯罪、就业等数据信息。
与地理环境相关的数据	国家关键地区如重要军事领地等地理数据；部分测绘数据等。
与经济相关的数据	反应我国经济趋势的各类统计数据、研判我国整体经济态势的指数等数据、关键信息基础设施的数据。
与政府服务相关的数据	涉及公共安全、社会问题和部分政府内部重要数据。
与文化相关的数据	具有重要商业价值的非遗信息。
与网络空间相关的数据	网络空间测绘相关的数据，例如关键信息基础设施相关的数据；网络空间安全相关的数据，例如漏洞库、病毒库及态势感知平台中的数据信息。

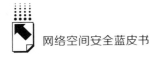
3. 按数据保护程度分类

按数据保护要求从高到低划分为三大类：保密数据、敏感数据和开放数据。

第一类：涉密的国家基础数据。将国家基础数据中符合《中华人民共和国保密法》相关规定的部分数据划分为涉密的国家基础数据，如：国家事务的重大决策中的秘密事项；国防建设和武装力量活动中的秘密事项；其他经国家保密工作部门确定应当保守的国家秘密事项。

第二类：敏感的国家基础数据。敏感的国家基础数据是指一旦公开、不当使用或未经授权被人接触或修改会不利于国家利益或政府计划实行的基础数据，如：关键信息基础设施中的重要业务数据；重要地理信息；人口信息；国家重要经济统计数据等其他数据，企业运作中产生的涉及国家安全的企业数据等。

第三类：开放的国家基础数据。通过公开渠道免费访问获得的、不受版权或知识产权限制的、可自由使用、增加价值、重新发布的部分国家基础数据可被归类为开放的国家基础数据，如：农业、工业等行业部分数据、开放给公众的数据、教育信息、法人单位信息等。

三 国家基础数据的保护现状

国家基础数据的高价值导致数据泄露产生的影响加剧，甚至会影响社会稳定与国家安全，如美国税局遭网络攻击，泄露 10.4 万纳税人信息，损失 5000 万美元，再如我国多省社保信息或遭泄露，2015 年 4 月，大量社保系统相关漏洞出现在补天漏洞响应平台，涉及人员数量达数千万。美国长期对外开展大数据资源争夺，国家基础数据安全及数据主权面临挑战，如美国"棱镜"事件披露，美国政府和互联网公司合作，对多个国家的网络空间数据资源进行监控及分析。

以"棱镜"事件为界，前期各国纷纷出台政策，推进数据开发利用，数据开放逐年深化，后期各国开始明确并不断强化数据保护责任，数据成为重要的国家资源。总体来说，很多国家对数据的使用从"开发利用"转向

"注重保护"。

各国纷纷出台政策着眼于数据保护。美国于 2009 年出台《开放政府指令》，着眼于政府数据开放，同时提出了开放网络平台中政府信息资源的保护手段和公开流程。英国积极开展"Data. Gov. uk"数据开放网站项目，实测开放政府数据保护政策的应用效果。日本在 2013 年"创建最尖端 IT 战略"中，阐述了开放公共数据和大数据保护的国家战略。欧盟司法法院推翻了所谓的"安全港"协议，反对美国对其数据的监测。

国家基础数据是我国需要开发利用的数据，而国家基础数据的特性又使其面临的安全风险加剧，进行国家基础数据管理是数据管理发展的必然趋势。厘清数据的管理思路，一是要明确数据开放与保护的关系，有利于我国确立国家基础数据的安全保护要求及安全目标；二是要梳理数据开放与保护的管理现状，对提出可落地的国家基础数据安全保护措施具有重要的启示功能。

（一）数据开放与保护的关系辨析

当前，数据开放与保护的范围逐渐扩大，显现交叉重合的趋势。国家基础数据需要兼顾开放与保护。

以欧美为代表、包括我国在内的数据开放概念更多是指政府数据开放。企业具有决定是否开放数据的自主权，前期的数据开放概念不涉及企业数据。

数据保护更多关注的是个人数据保护。欧美等国的各项数据保护法案主要针对个人信息保护及个人隐私保护。我国不止强调个人数据保护，也十分重视涉及国家安全的数据保护问题。

数据开放是双刃剑，国家基础数据是我国重要的数据资源，必须正确把握国家基础数据开放与保护的关系。

一是正确保护国家基础数据是数据深度开放的前提。对涉及国家安全的基础数据进行保护是数据开放的必要条件。如果以数据安全为由拒绝开放政府数据，会影响我国数据产品及产业的发展，反之，缺少对国家基础数据的保护而导致重要数据资源的流失，则会对公共安全和国家安全造成危害。

二是正确保护国家基础数据有利于避免公共利益受到侵害。关联分析、

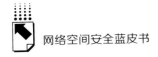
数据挖掘等大数据技术为智慧城市、智能交通等惠及民生的服务项目提供了技术支撑。一旦这些数据技术被黑客利用，众多公民、企业的隐私将被侵害，而且随着大数据技术的进步，人群数据的"可识别性"范围不断延伸，公共利益受到严重危害。

三是正确保护国家基础数据有助于避免国家安全受到侵害。国家关键基础设施或政府机构中承载大量数据，涉及交通、能源、金融等多个行业，是被攻击的重点对象。这些国家基础数据的开放、交易涉及个人隐私、社会安全，乃至国家安全。

总而言之，我国应保证国家基础数据充分、完整、使用流程规范。国家对基础数据具有一定的监管能力，既能确保基础数据对全国提供有效服务，又能对其进行有效保护。

（二）国内外数据管理现状

由于国内外并无国家基础数据的概念，因此暂无专门针对国家基础数据的安全管理手段及要求。但国家基础数据作为各国数据资源的重要组成部分，其管理应顺应数据发展趋势，契合数据管理发展需求，因此明确政府数据等相关数据管理现状，对我国建立"国家基础数据"管理手段有着重要的借鉴意义。

各国对政府数据遵循"公开为原则，保密为例外"的理念，以保密审查为核心制度，对拟公开的信息是否损害国家利益或侵犯公民、法人或其他组织的合法权益进行审视、检查和判定，以决定是否公开。同时，美国按照政府数据的不同开放程度对其采取相应程度的保护管理措施，如图10所示。

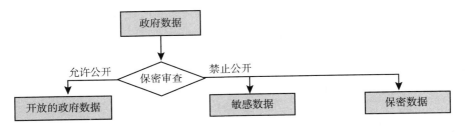

图10　政府数据管理总体概况

对于开放的政府数据，英美建立了完善、严密的法律保障机制，从法律层次上奠定政府数据有效利用的基础。英美形成了较成熟的许可机制，增强了政府数据开发利用的可实现性。

对于敏感数据，美国发布 13556 号总统令《关于"敏感信息"和信息自由法案指南》及配套的指南规范等对其进行管理，并成立专门的管理机构即"敏感信息"管理办公室，同时规定了统一的管理流程及标识。

对于保密数据，其中与国家安全有关的数据资源，按照国家安全与紧急状态法和总统指令处理和实施。商业秘密按照国家法律保护，隐私信息按照国家隐私法的规定办理。

1. 美国敏感信息管理现状

"敏感信息"也被称为"受控非密信息"（CUI），其精确定义是"根据法律、法规和政府范围内的政策，需要进行保护和控制传播的信息"。"敏感信息"具有以下特点：一是传播控制性，"敏感信息"强调对信息传播环节的严格控制。二是不易辨别性，判断信息是否为"敏感信息"的标准是其传播后的危害性，难以衡量，不易辨别。三是难以规范性，"敏感信息"不易辨别，不能公开，对其的安全管理难度极大。

2010 年 11 月 4 日，奥巴马总统发布《受控非密信息》13556 号总统令，设计了一系列严密的制度、机制对"敏感信息"的管理权力及管理过程进行规范，宗旨是"确立公开、统一的'敏感信息'管理模式"。

（1）设立专门的管理部门对"敏感信息"进行监管，部门主任由信息安全监督局局长兼任。主管部门为美国档案与文件管理局，其下属的信息安全监督局执行相关管理职能，"敏感信息"管理办公室负责具体的日常工作，明确管理部门及相关行政机构的主要管理职责。

（2）建立"敏感信息"类别并进行统一登记，对其添加标识并适时解除。由各相关行政部门建立"敏感信息"类别，并根据需要建立子类别。目前，美国共注册登记 22 类，均需填写统一格式的登记表。同时，"敏感信息"必须添加标识并适时解除。

（3）对"敏感信息"采取全生命周期的保护措施，控制安全风险。各机构对"敏感信息"采取保护措施,规定"敏感信息"未经授权不得访问。各机构要向执行部门提交年度报告,开展自我检查,减小"敏感信息"在存储、加工、传输等各环节中的安全风险。

2. 美国开放数据管理现状

在法律保障方面,以美国为代表的发达国家很早就开始进行数据的开发利用,通过不断完善各类法律政策建立政府数据安全保护体系,对政府数据开放的原则、范围进行限定,对收集的数据进行审查评估,为政府数据开放保驾护航。

美国出台的相关核心法律有《信息自由法》、《文书削减法》,配套政策则有《信息自由法备忘录》、《开放政府指令》等。英国出台的核心法律有《公共部门信息再利用规则》、《自由保护法》,配套政策有2010年及此后的《卡梅隆总理给政府部门的信》、《英国公共部门信息原则》等。

在技术保障方面,美国发布《国家/国土安全和隐私保密检查表和指南》,提出建立适当的数据安全保护措施,对数据的安全开放进行保护及限制,要求公开数据集的内容不得对国家安全造成威胁,以应对国家安全的泄露风险。

(1)国家建立安全工作小组,对数据集的安全开放情况进行评估。各机构在向Data. gov网站提交数据集之前,应将申请公开的数据集与对照检查表一同提交,并由安全工作小组进行审核,如果数据集涉及国家或国土安全问题,审查人员必须提供开放理由说明。

(2)企业自发形成开放数据中心联盟,发布数据安全框架,为其成员企业提供安全技术支持,共同提升数据安全保护能力。

3. 我国基础数据的管理现状

近年来,我国日益重视数据资源管理,安全意识较高,开放与保护并重。2015年7月,我国颁布《国务院关于积极推进"互联网+"行动的指导意见》,提出数据开放与安全,完善网络数据共享、利用等的安全管理和技术措施,探索建立数据安全流动认证体系,完善数据跨境流动管理制度。2015年9月,国务院关于《促进大数据发展行动纲要》中提出要强化大数据安全保障，加快政府数据开放共享，推动资源整合，提升治理能力，强化安全保障，提高管理水平，促进健康发展。2016 年 11 月，《中华人民共和国网络安全法》出台，明确指出保障网络数据安全，网络运营者采取数据分类、重要数据备份和加密等措施，防止网络数据泄露或者被窃取、篡改，加强对公民个人信息的保护。

当前，国家基础数据的管理工作没有国家层面的统筹，各相关部门依据职责分散管理，涉及部门较多，没有形成管理体系。我国基础数据保护管理职责散落在各行业主管部门如公安部、工信部、国土资源部、商务部、财政部等，数据安全保护责任一般由下属数据中心负责，如表 3 所示。

表 3　我国国家基础数据管理现状

数据种类	监管部门	监管职责
与人相关的数据	公安部、工信部、教育部、卫生计生委……	负责人口资料收集整理，建立人口信息库，维护相关数据安全并防止信息泄露。
与地理环境相关的数据	国土资源部	下设数据中心，统计维护相关地理数据，并保护各类国土资源数据安全。
与经济相关的数据	统计局、财政部、国家工商行政管理总局……	收集整理相关统计数据，下设信息中心或网络中心等，防止敏感信息泄露等。
与政府服务相关的数据	各级政府机构信息中心	负责政府数据库的运行与维护。
与文件相关的数据	文化部	负责非物质文化遗产保护，建立健全数据库，并对其中具有商业价值的信息进行安全保护。
与网络空间相关的数据	网信办	负责我国网络数据的统筹管理、法律法规制定。

四　新形势下国家基础数据管理面临的建议

我国应采取"政策先行、技管结合"的原则，构建"以政府和企业为责任主体、基于数据内容并按照数据敏感程度进行分类管理"的国家基础数据安全保护体系，如图 11 所示，保障国家基础数据充分完整、使用流程规范，使之免受偶然或恶意的破坏篡改和泄露，同时为数据产业发展提供安全解决路径。

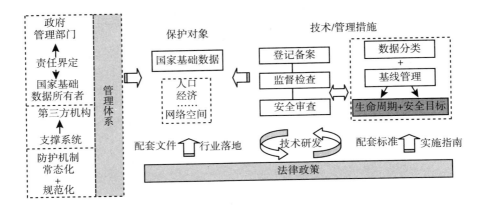

图 11   国家基础数据安全保护体系

（一）技术/管理措施建议

建立"数据所有者自主登记备案，关键环节进行安全审查，统筹部门组织监督检查"的国家基础数据安全保护工作流程，形成常态化和规范化的防护机制，如图 12 所示。

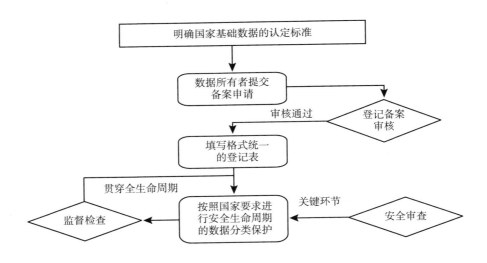

图 12   国家基础数据安全保护流程

首先由主管部门确定国家基础数据的认定标准，数据所有者根据国家要求对自身所有的数据进行对比，若符合国家基础数据定义则按要求提交备案申请。在登记备案环节，对数据所有者提交的备案申请进行审核，审核通过后由数据所有者填写格式统一的国家基础数据登记表。数据所有者应对国家基础数据进行全生命周期的数据分类保护措施，国家基础数据主管部门或其委托的第三方机构定期对数据所有者开展监督检查，并在关键环节进行安全审查。

1. 登记备案的重点内容

制定格式统一的国家基础数据登记表格，并对其保护等级添加标识；将国家基础数据登记表进行分类登记，可根据需求在大类下设子类，建立并及时更新国家基础数据的分类登记；定期对国家基础数据的登记库进行整理，适时调整标识或登记表格

2. 安全审查的重点内容

业务数据、人口信息等国家基础数据须存储在中国境内，若外国政府要求访问企业掌握的国家基础数据，则须获得国家安全部门的批准；对敏感数据的开放进行审查；对国家基础数据所有者使用的相关安全产品及服务进行安全审查。

3. 监督检查的重点内容

数据所有者根据国家要求开展自评估或接受第三方机构的风险评估，防范和化解数据安全风险，将风险控制在可以接受的水平；存储国家基础数据的企业的数据安全能力建设应达到国家政策和标准要求；政府和企业应按照国家安全要求采取技术措施进行国家基础数据保护

4. 全生命周期的数据分类保护思路

国家基础数据涉及的领域多样，难以细化；规模庞大，范围宽广；数据价值不易量化，识别困难。鉴于国家基础数据以上特点，其安全保护应采用"数据分类" + "基线管理"的思路，采取按数据保护程度的分类方法，将国家基础数据分为三大类，按照不同类别对国家基础数据提出基线管理要求，从而达到安全目标。

其中，基线管理的保护思路主要是根据国家基础数据的生命周期提出相应阶段重点关注的信息安全目标。生命周期包括四个阶段：数据采集阶段，即对国家基础数据进行获取并记录；存储加工阶段，即对国家基础数据进行的操作，如存储、修改、挖掘等；数据传递阶段，即将国家基础数据提供给第三方，如向公众公开、向特定群体披露、将国家基础数据复制到其他信息系统等；数据销毁阶段，即删除国家基础数据，使国家基础数据不可用。信息安全目标是安全工作的理论基础，包括：机密性、完整性、可用性、可控性及不可否认性。

针对国家基础数据的分类保护，具体内容及管理原则如表4。

表4　国家基础数据的分类保护思路

分类		具体内容	管理原则
第一类：涉密的国家基础数据		国家事务的重大决策中的秘密事项、国防建设和武装力量活动中的秘密事项……	严格按照国家保密规定进行保护
第二类：敏感的国家基础数据	受控非密	与人相关：人口身份信息…… 与地理环境相：重要地理信息…… 与经济相关的数据：敏感的经济统计数据…… 与网络空间相关：网络空间测绘数据……	谨慎采集和利用、严格控制访问、限制传递和留存
	受控开放	与人相关：教育、就业数据…… 与经济相关：人口普查数据、价格指数等各类经济统计数据…… 与网络空间相关：信息系统漏洞数据、病毒库数据……	谨慎采集和利用、严格控制访问、适度传递和留存
第三类：开放的国家基础数据		电子地图、学校列表、医院处方数据、企业公司注册信息……	按照一般的数据保护要求管理即可

对国家基础数据进行全生命周期分类保护的具体措施建议如表5。

（二）法律政策建议

我国应加强国家基础数据立法保障，推动国家立法进程。

表5 国家基础数据全生命周期分类保护的具体措施

关注点	数据采集		存储加工		数据传送		数据销毁	
	管理措施	关注点	管理措施	关注点	管理措施	关注点	管理措施	关注点
受控非机密数据 机密性 可用性	1. 收集国家基础数据应当有正当、明确的目的 2. 收集时应取得数据所有者的知情同意 3. 采用已告知的手段和方式搜集，不得采取隐蔽手段或间接方式收集国家基础数据 4. 企业按照业务需求收集最必要的国家基础数据 5. 数据量达到一定规模，应开展一级安全保护措施	机密性 完整性 可用性 可控性	1. 对存储介质的维护、更换、升级和销毁等操作需制定严格的管理流程，登记和审批制度并落实 2. 国家基础数据应加密存储 3. 保证加工过程中信息运行，基础系统处于稳定运行，可用状态 4. 境内存储，不允许跨境流动 5. 存储系统处于内部安全域，不对互联网提供服务	机密性 完整性 可用性 可控性	1. 不应违背收集阶段告知的使用目的，或超出告知的使用范围转移用户个人电子信息 2. 应有完善的数据完整性校验等手段 3. 未经同意，不得将国家基础数据转移给境外获取者，包括位于境外的个人或境外注册的组织和机构 4. 政府建立许可申请机制，第三方使用国家基础数据填写申请，将目的和使用方方可申请，经过主管部门审批后方可使用 5. 应对国家基础数据的传递操作进行日志记录，并对日志记录中的国家基础数据进行模糊化处理	机密性 完整性 可用性 可控性	1. 对于要离开系统的国家基础数据存储介质，必须采用有效的手段彻底删除数据 2. 删除过国家基础数据过程应进行日志记录 3. 企业数据量达到一定规模，泄露会引发社会动荡时，应按国家规定进行调整，例如建立国家基础数据库进行统一保护	机密性 可用性
受控公开数据 机密性 可用性	1. 收集国家基础数据应当有正当、明确的目的 2. 收集时应取得数据所有者的知情同意 3. 采用已告知的手段和方式搜集，不得采取隐蔽手段或间接方式收集国家基础数据 4. 企业按照业务需求收集最必要的国家基础数据	机密性 完整性 可用性 可控性	1. 对存储介质的维护、更换、升级和销毁等操作需制定严格的管理流程，登记和审批制度并落实 2. 国家基础数据应加密存储 3. 保证加工过程中信息运行，基础系统处于稳定运行，可用状态 4. 跨境流动需经过安全审查	机密性 完整性 可用性 可控性	1. 不应违背收集阶段告知的使用目的，或超出告知的使用范围转移用户个人电子信息 2. 应有完善的数据完整性校验等手段 3. 未经同意，不得将国家基础数据转移给境外获取者，包括位于境外的个人向境外注册的组织和机构 4. 政府应对国家基础数据去向进行记录和保留 5. 应对国家基础数据的传递操作进行日志记录	机密性 完整性 可用性 可控性	1. 对于要离开系统的国家基础数据存储介质，必须采用有效的手段彻底删除数据 2. 删除国家基础数据过程应进行日志记录	机密性 可用性

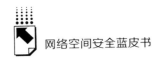
1.尽快出台数据安全保护基本法，增设关于国家基础数据定义和保护的法律条款

一是在数据安全保护法中明确规定"国家基础数据具有重要性与战略性，其主权属于国家，对国家发展与安全具有重要意义"，将其作为国家安全战略概念提出；二是在数据安全保护法的法规条例中明确网信部门为国家基础数据的统筹监管机构，主要负责组织制定国家基础数据安全保护的法规政策等；三是在《政府信息公开条例》中增加数据安全保护的条款，防止国家重要数据资源的流失。

2.配套国家基础数据保护落地办法，完善国家基础数据安全保护的法律政策

一是明确定义与范畴，指出"国家基础数据是政府或企业经过收录采集或数据处理后形成的具有一定规模的，涉及国家基础领域或支撑社会基本经济活动的，具有重要性与战略性的电子数据集合，其主权属于国家，对国家发展与安全具有重要意义"；二是制定针对国家基础数据的开放共享、跨境流动等场景的监管策略；三是明确国家基础数据收集、利用和公开等行为所应遵循的准则；四是合理设定数据所有者在国家基础数据全生命周期各阶段的责任义务，包括安全能力建设、配合执法义务、数据留存义务等；五是完善针对国家基础数据的管理机制，如登记备案、安全审查、主体问责等。

（三）管理体系建议

我国应构建统筹协调、分工明确的国家基础数据安全保护管理体系。

1.由中央网信办设立国家基础数据安全保护领导与统筹机构

如国家基础数据安全保护办公室。该机构负责统筹协调各数据内容主管部门，并明确各部门职责权限。同时，也应组织制定国家基础数据安全保护法规政策，推动相关数据内容主管部门及其部门落地国家基础数据配套文件及标准。此外，该机构也应联合其他职能部门或委托第三方机构组织开展登记备案、安全审查及监督检查等工作。

2.加强工信部、国家统计局及其他数据内容主管部门在国家基础数据保护工作上的协调配合

各部门根据职责加强国家基础数据定级审核、登记备案和安全审查工作，按照国家政策规定监督指导相关单位落实国家基础数据安全保护责任；加强部门间的协同配合，保障定期监督检查工作的顺利高效开展。

3.充分发挥第三方机构的作用，形成政策智囊、标准研究、安全评估等方面全方位、立体化的支撑体系

其中，政府智囊类机构提供国家基础数据安全保护工作的政策支撑；标准研究类机构主导国家基础数据保护标准制定，配合政府智囊完成相关政策的制定；安全评估类机构配合监管机构开展国家基础数据的安全审查、认证、评估等工作，着重开展针对国家基础数据的安全存储和开放审查、跨境流动的安全评估。

（四）技术标准建议

在技术能力建设方面，我国应重点突破核心技术瓶颈，强化国家基础数据安全防护能力。一是构建新型数据保护技术平台，加大自主创新力度，突破存储设备、服务器等关键设备，操作系统、数据库等基础软件的核心关键技术；二是加快数据加密、防泄漏、信息保密、关键数据审计与流动追溯等数据安全核心技术的研发力度并推动产业应用；三是研发能对国家基础数据窃取或监听进行拦截和溯源的安全技术产品。

在标准体系建设方面，我国应加快构建数据安全标准体系，积极研究制定通用和国家基础数据专用的数据安全标准。一是加强标准制定的顶层设计，加强国家基础数据安全的基础理论研究；二是研究制定专门的国家基础数据安全标准，健全现有数据安全防护标准；三是加紧制定物联网、工业互联网领域的数据安全标准，力求国家基础数据的相关安全标准与新技术新业务领域技术发展与应用扩展同步。

产业技术篇

Industry and Technologies

B.12
中国网络安全产业报告（2016）

赵 爽*

摘　要： 当前，网络安全形势日益复杂严峻，各国对网络安全的重视
程度不断提升，蓬勃发展的网络安全产业已经成为网络强国
建设的关键基石。本报告深入研究国内外网络安全产业发展
现状和趋势，分析探讨网络安全产业规模结构、政府政策、
企业发展、人才培养等重点问题，并对细分技术领域发展趋
势进行了研判预测。

关键词： 网络安全　产业政策　技术趋势　企业发展

---

* 赵爽，硕士，中国信息通信研究院工程师，研究方向为网络安全产业政策及规划。

第一章　网络安全产业范畴

一　网络安全产业的范畴

本报告所指的网络安全产业是以提供产品和服务解决用户网络安全问题获得经营收入的企业所构成的生态体系。

本报告中涉及的网络安全产业范畴包括但不限于政府、电信、金融、交通、能源、教育、医疗、制造、工业控制、公共设施等行业和企业级市场，以是否对外提供安全产品、服务或解决方案作为评判标准，重点覆盖主营业务为网络信息安全的企业、大型企业的安全事业部以及对外输出安全能力的互联网企业等。本报告不涉及军队、保密、国安等特殊领域以及专用领域的产品。

以腾讯、阿里、百度等为代表的中国大型互联网公司也建有较大规模的网络安全部门和团队，并且具有很强的安全保障能力。由于这些公司的安全能力主要是为了服务自身业务，为其主营业务和相关拓展业务提供安全保障，因此，未纳入本网络安全产业报告的数据统计范畴。

二　网络安全产品和服务分类

借鉴国际网络安全市场分类方式，结合我国网络安全产品和服务的主要功能和主流产品形态，本报告采取如下分类方式对国内国外产业细分领域进行分析。

（一）安全产品。我国网络安全产品领域可细分为安全防护、安全管理、安全合规、其他安全产品四个类别。其中，安全防护类产品主要包括防火墙、入侵检测和防御、安全网关（UTM）、Web应用防火墙（WAF）、防病毒、数据防泄漏等；安全管理类产品主要包括身份管理与访问控制、内容安全管理、终端安全管理、安全事件管理（SIEM）、安全管理平台（SOC）

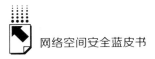

等；安全合规主要包括安全基线管理、安全审计、安全测评工具等。其他安全产品包括大数据、云计算、物联网、工业互联网、移动互联网等新兴领域的安全产品。

（二）安全服务。网络安全服务主要包括安全集成类、安全运维类、安全评估类、安全咨询类四大类别。其中安全集成类包括安全系统集成、安全合规整改服务等；安全运维类包括维保服务、专业运维等；安全评估类包括风险评估、渗透测试、等保评测等服务；安全咨询类包括安全教育培训、方案设计服务等。

第二章　全球网络安全产业发展

一　全球网络安全产业发展现状

（一）规模格局①

1. 产业增速达到历史峰值，北美市场继续领跑全球

2015 年全球网络安全产业规模达到 847.27 亿美元，较 2014 年增长 15.46%，预期 2016 年增长至 923.52 亿美元，2016 ~ 2019 年增幅会有所回落，复合年均增长率（CAGR）约为 8.1%。当前，网络安全产业规模仍维持在全球 IT 产业规模的 2%，但随着安全产业的高速发展，未来这一占比将有望提升。

从产业规模看，以美国为主的北美地区仍然占据全球市场最大份额，其次是西欧及亚太地区。2016 年，北美地区安全产业规模预计达到 378.73 亿美元，较 2015 年增长 8.7%，占全球安全产业规模的 41.01%；英国、德国等西欧国家安全产业规模将达到 243.88 亿美元，较 2015 年增长 8.3%，占全球比例的 26.41%；日本、澳大利亚等亚太国家安全产业规模将达到

---

① 资料来源：Gartner，Forecast：Information Security，Worldwide，2013 – 2019。

215.67 亿美元，较 2015 年增长 11.7%，占全球比例的 23.35%；非洲、东欧、拉丁美洲等其他地区安全产业规模占全球比例低于 10%。

从产业增速看，亚太新兴地区和拉丁美洲增速领跑其他地区。预测 2016~2019 年，中国、印度、泰国等亚太新兴地区的安全产业复合年均增长率将达到 12.79%，巴西、墨西哥、阿根廷等拉丁美洲地区达到 8.68%，西欧地区达到 7.46%，北美地区仍将保持 8% 的年复合增长率的高速增长。

2. 安全服务份额进一步提升，产品市场格局稳定

2015 年，安全产业各细分领域市场份额为：安全服务 60.10%，安全产品 39.90%，预计 2016 年安全服务在安全产业中的比重有望进一步提升，达到 60.86%，2019 年将达到 63.56%。

2015 年全球安全服务产业规模达到 509.20 亿美元，较 2014 年增长 21.8%。安全咨询、安全运维、安全集成的份额分别为：35.97%、33.75%、30.28%。其中，安全咨询领域，Deloitte[1]、IBM 和 EY[2] 三家企业市场占有率最高，市场份额均超过 10%；安全集成和安全运维领域由 Dell、IBM、Symantec[3] 等企业领军，Trustwave[4]、CenturyLink[5]、Orange Business Services[6] 等专业厂商参与竞争。从增速看，安全运维增速最快，2015 年达到 24.24%，安全咨询次之，为 17.59%，安全集成为 17.22%。新兴安全服务领域，以云服务外包方式提供安全防护能力的云安全服务逐步落地，预计 2017 年全球基于云的安全服务产业规模将达到 41 亿美元；威胁情报服务产业有望保持 60% 的年增长率，2018 年产业规模将达到 15 亿美元。

安全产品产业规模达 338.07 亿美元，较 2014 年增长 9.16%。主要产品份额依次为：防火墙 27.1%，终端防护软件产品 25.80%，Web 应用安全

---

① Deloitte：德勤，Deloitte Touche Tohmatsu Limited（DTTL），安全咨询公司。
② EY：Ernst&Young，安永会计师事务所。
③ Symantec：赛门铁克，安全公司。
④ Trustwave：面向企业和公共部门提供信息安全性与合规性管理解决方案的全球性供应商。
⑤ CenturyLink：美国电信运营商。
⑥ Orange Business Services：Orange（原法国电信）旗下提供企业级综合通信解决方案的分支机构。

7.68%，安全管理平台 5.53%，安全审计 5.24%，身份管理与访问控制 5.04%，入侵防御 5.03%。终端防护软件产品、内容安全管理产品等产品由 Symantec、McAfee①、IBM、TrendMicro②、EMC③ 和 Kaspersky④ 等 6 家占据领先份额；防火墙和入侵防御设备市场由 Cisco、CheckPoint⑤、Fortinet⑥、Palo Alto Networks⑦、McAfee、Blue Coat⑧ 和 Juniper⑨ 等 7 家企业主导。安全事件管理（SIEM）、数据防泄露（DLP）、工业网络安全等产品呈现出快速增长态势，预计安全态势感知能力将在安全产品中广泛应用，到 2017 年，超过 30% 的防火墙将具备安全态势感知能力。

3. 产业国别格局界限清晰，美、以、英位列前三

从国别角度看，美国的安全产业在技术创新力、企业影响力、资本活跃度、市场规模等多个维度的综合实力远超其他国家，位于国际安全产业的第一梯队。美国从"9·11"之后的《爱国者法案》，到反恐背景下的《美国自由法案》、2015 年底的《网络安全法案》，以及数量众多的网络安全相关法律为产业发展提供了有力的法律政策依据和市场需求，而政府的大力投入和积极作为更加速了美国网络安全产业的发展壮大。目前美国网络安全产业深入渗透到各行各业，政府、金融、医疗等行业市场已经形成一定规模，并有望保持快速增长。美国的产业格局层次清晰、体系完整，综合性、专业性和特殊性安全企业组成了鲜明的产业体系，也铸就了美国强大有力的网络安全保障力量。

以色列、英国、俄罗斯等国作为世界网络安全技术产品大国，在前沿技

---

① McAfee：迈克菲，网络安全和可用性解决方案的供应商。
② TrendMicro：趋势科技，网络安全软件及服务供应商。
③ EMC：易安信，美国信息存储资讯科技公司。
④ Kaspersky：卡巴斯基，网络杀毒及安全解决方案供应商。
⑤ CheckPoint：软件公司，网络安全解决方案供应商。
⑥ Fortinet：飞塔，网络安全设备供应商。
⑦ Palo Alto Networks：美国安全防火墙和入侵检测系统领先企业，成立于 2005 年，总部位于美国加州。
⑧ Blue Coat：应用交付网络技术厂商。
⑨ Juniper：瞻博网络，网络和安全性解决方案供应商。

术、海外市场、企业实力、国际声誉等方面处于领先地位，但与美国仍存在一定差距，位列国际安全产业第二梯队。以色列网络安全产业规模超过 60 亿美元，其中出口达到 35 亿～40 亿美元，成为美国之后的第二大安全产品出口国；在以色列，活跃着包括 Check Point、Septier Communication、CyberArk 等知名企业在内的 250 余家网络安全公司，2014～2015 年创新企业年度增长 30 余家。截至 2015 年，有超过 30 家国际知名企业在以色列设立研发中心，包括 Paypal、IBM、EMC、RSA、VMware、Deutsche Telekom 等。来自以色列的创新技术企业占据了 Gartner Cool Venders 榜单中的 40%，受到包括 IBM、Cisco、General Electric（GE）等巨头青睐，近两年吸收投资超过 10 亿美元，并购超过 15 亿美元。

英国的网络安全市场发展迅速，目前安全市场整体规模超过 170 亿英镑，预计 2016 年安全出口规模达到 14.7 亿英镑。英国拥有超过 2000 家本土和国外企业提供丰富的安全产品和解决方案，2015 年共有 11 家英国企业入围 Cybersecurity 500 榜单，仅次于美国和以色列，典型企业有英国电信（BT）、Sophos 等。

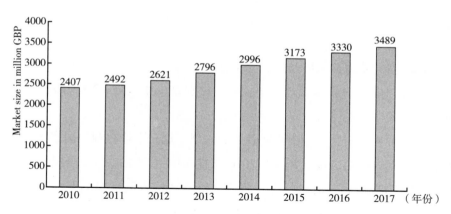

图 1　2010～2017 年英国网络安全市场增长趋势

资料来源：Statista，uk-cyber-security-size。

俄罗斯凭借其网络安全技术实力在国际网络空间博弈中处于优势地位。知名企业 Kaspersky 在俄罗斯网络安全产业中占据垄断地位。Kaspersky 公司

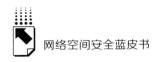

1997 年成立于莫斯科，销售面向全球 200 个国家的 4 亿用户，目前拥有员工超过 3000 人。Kaspersky 作为网络反病毒领域领军企业，近年来营收持续增长，2014 年达到 7.1 亿美元，位列终端安全领域 TOP4[①]。

德国、日本、中国等国具有较高的市场接受度和一定的企业基础，但在市场影响力、企业实力、技术先进性等方面仍有待提高，位列第三梯队；印度、菲律宾、澳大利亚等其他国家位列第四梯队。

（二）政策环境

2015～2016 年间，国际网络空间安全形势发生了显著变化，自美国提出"网络威慑"战略以来，各国对网络攻防能力建设的重视空前提高，反映在产业政策环境上表现为：西方对产业技术能力的指导或促进性政策增多，安全产业投入持续加大、国际交流日趋频繁，针对性较强的区域政策开始出现。

1. 美国：政府加强对产业技术能力建设的引导

美国将安全产业作为国家网络安全实力的重要支撑，长期依靠企业为联邦政府提供安全产品和服务，在安全企业发展壮大的过程中直接扮演着重要的角色。近年来，美国网络安全立法、纲要、行动计划的出台速度节奏加快，网络空间政策普遍涉及"促进安全产业发展"。自 2015 年公布"网络威慑"战略以来，美政策对安全企业，特别是中小企业的发展路线和技术能力更为关注，具体呈现以下特点。

一是加强对安全产业中长期发展的规划，提升企业在制定国家网络安全中长期规划时的话语权。美国在 2016 年发布的《网络空间安全国家行动计划》（以下简称《行动计划》）中规定：设立"国家网络安全促进委员会"，由技术专家、企业代表担任委员，研究制定美国网络空间安全十年行动路线，并促进各方在网络安全领域的交流与合作，使得政府和产业的协作伙伴关系更为流程化、规范化。《行动计划》既是奥巴马政府的网络安全政策

---

① 资料来源：IDC，Worldwide Endpoint Security Market Shares，2014。

"遗产"，也是未来一段时间美国网络安全政策可能的发展基调。从相关规定可见，未来美国产业与政府的联系将更为紧密高效，且不再限于信息共享、产品和服务提供等传统领域，而拓展到顶层设计、路线规划等更宏观的领域。

二是指导督促企业建设技术手段和应用最佳实践，提升产业整体网络安全技术水平。美国安全产业技术水平长期领先全球，企业在技术手段建设方面的自觉性和积极性较高。因此，美国以往相关政策多以充分利用企业技术储备为主。近年来，随着网络空间攻防对抗的日趋激烈，美国为了保障其网络基础设施安全，不断制定政策督促安全企业将技术能力维持在较高水平，努力消除安全技术短板。2016年美《联邦网络安全研究和发展战略计划》也提出要求NIST编制安全风险控制框架文件，帮助企业，尤其是中小企业提升安全风险排查和控制能力；并提出建立企业内部安全威胁事前预防和监测机制，要求企业研发设计相关系统，以实时识别内部人员带来的安全隐患等。

三是继续加大针对安全产业的资金投入，改善安全产业整体贸易环境。加大网络安全投资，是近两年美国各项安全政策的重要内容之一。美国不仅有通用的中小企业、科技创新型企业扶持政策，且针对网络安全产业人才培养、创新激励等，有专门的政策扶持。如《行动计划》提出投入6200万美元，用于推进"网络空间安全预备役"计划、开展网络安全教育培训等。2016年美国国土安全部还为参与科学与技术部门小型企业创建研究项目的网络安全企业提供共计130万美元的资金支持。此外，美国还有意放宽网络安全产品的出口限制，简化黑客和监视软件的出口审批程序，一方面为企业创造更好的贸易环境，一方面通过供应链确立对出口国网络安全产品和服务的实际控制。但此类政策调整不适用于对华的产品禁售，美在安全产业对华高技术产品和服务输出的问题上仍然非常谨慎。

2. 欧盟：打破碎片化市场的局限性

欧盟近两年新出台了《强化欧洲网络恢复系统及培育竞争与创新活跃的网络安全产业》等多部与促进安全产业发展紧密相关的政策文件。安全

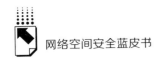

产业扶持政策无论在力度还是在针对性方面都明显增强。

一方面，欧盟新出台的产业政策聚焦打破国别性碎片化市场，增强安全企业的竞争力。《强化欧洲网络恢复系统及培育竞争与创新活跃的网络安全产业》中提到：当前，欧盟内部网络安全市场的产品和服务供应情况，仍主要根据地域分布的不同而不同，且不同地域之间的技术水平和解决方案差距明显；因此该文件提出要制定以市场为导向的政策措施来改变这一现状。由于欧盟范围内缺乏国际性安全巨头厂商，因此欧盟希望促进政府网络安全产品和服务的采购商加强对中小企业产品的采购，并帮助创新型中小企业在诸如加密系统等专业程度较高的市场或杀毒软件等成熟度较高的市场中，获得长足发展。为了实现这一政策目标，欧盟还出台了促进成员国内部跨境采购网络安全产品和服务的相关政策，建立不同成员国之间的网络安全产业信任方案，以此来进一步打破欧盟各国间的市场壁垒，最终提升欧洲企业在全球网络安全产业中的竞争力。

另一方面，欧盟相关政策文件继续规定了加大投资、加强技术创新等传统产业的扶持措施。《强化欧洲网络恢复系统及培育竞争与创新活跃的网络安全产业》文件中提出，扩大公共机构对网络安全产品和服务的需求，增加政府网络安全投资规模，为中小企业开辟有效的融资渠道。文件还提出政府要出台有效政策以推进欧洲的网络安全技术研发进程，并增加产品和服务创新以提高产业竞争力；建立专门的公私合作机构，统筹企业和政府掌握的资源用以支撑网络安全技术研发和创新。此外，文件为了保障相关政策的实施，进一步提出了建立安全技术产品和服务的认证体系，通过认证来推动某一产品或服务在欧盟全范围的推广应用。此外，欧盟 2016 年"地平线2020"研究计划也强调支持安全产业政策和行动计划实施，并进一步加强政企合作，以提高关键基础设施安全保障水平。

3. 英国：将发展产业纳入拓宽网络安全建设的渠道

根据英国《国家网络安全战略 2016～2021》，英国将在未来五年投入 19 亿英镑（约合 157 亿元人民币）加强网络安全建设，其中，发展安全产业也被视为拓宽网络安全建设的渠道之一。

英国将"发展"作为新一轮国家网络安全战略目标之一，提出"大力培养网络人才、发展最新技术，跟上全球互联网技术发展的步伐"。为实现这一目标，英国制定了多项行动计划，与产业相关的有：投资发展伙伴关系，使得全球网络空间的发展朝着有利于英国经济和安全利益的方向发展，不断扩大与国际伙伴（如：美国、欧盟、俄罗斯、北约等）的合作，促进共同安全；推动私营和公共部门合作，确保个人、企业和组织采用措施保持自身的网络安全；成立两个新的网络创新中心，以推动先进网络产品和网络安全公司的发展。拨款 1.65 亿英镑设立国防和网络创新基金，以支持初创网络安全企业。

4. 以色列：注重产业结构完备，大力扶持初创企业

以色列网络安全产业发展在全球属领先行列，安全企业数量仅次于美国，在以色列由网络安全"产业初创国"向"产业成熟国"转变的过程中，扶持政策发挥了重要作用。一方面，以色列在扩大产业规模的同时，注重完善产业结构，将基础设施保护、云计算、终端保护、威胁情报、应用（App）保护、工控系统、物联网、智能汽车等各个领域都纳入了产业政策扶持范畴。另有专门政策资助高校以完成网络安全新兴技术的研发和产业化应用。另一方面，以色列政府还为高级持续性威胁（简称 APT）、网络、移动以及云安全等领域的初创企业提供融资政策倾斜，鼓励企业间正常的收购与兼并活动，为在网络安全产业园区落户的安全企业提供长达 7 年的员工薪水退税折扣等。

此外，以色列政府鼓励本国企业与美国和西方知名安全企业进行交流合作，不断推动安全产品的出口，除保持防病毒、防火墙、防泄露等传统强势产品的出口外，还特别加大针对大数据分析、APT 攻击、DDoS、网络取证、手机安全、身份保护、隐私保护等方面的创新型产品出口。虽然以色列即将出台网络安全产品出口限制规定，但以色列政府也已表示出口限制范围有限，不会影响大部分安全产品的出口。在输出产品的同时，以色列政府还推动本国企业向其他知名企业输送安全人才，努力实现以色列的网络安全行业和人才与国际前沿科技和发展无缝接轨。

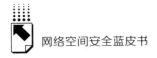

5. 俄罗斯：弱化安全产业的"商业属性"

俄罗斯在发展安全产业时，坚持以"构建一个独立、完整且稳定的互联网"为出发点和根本目的。强调以维护国家网络安全为产业发展的首要目标，弱化安全产业的商业属性。据此，俄罗斯的安全产业相关政策侧重于加强政府间、企业间以及企业和政府间在安全威胁信息、技术手段等方面的互信和共享。同时要求安全企业加强社会责任感，推动企业开发一些网络内容过滤与管理的软件，以避免未成年人在使用互联网时，受不良信息侵害。此外，随着网络空间国际交流的不断增多，俄罗斯也开始鼓励本国安全企业和外国企业开展交流合作，共同构建网络安全。

（三）企业发展

1. 企业营收大幅增长，2015年新上市企业融资成绩逊于往年

2015年，已经上市的安全企业全年营收平均增长24.4%，达到国际网络安全产业平均增长速度的3倍；企业平均营收7.33亿美元，约合人民币45.5亿，如图2所示。

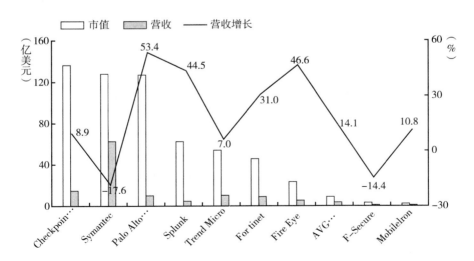

图2 国际上市安全企业2015年公司业绩

资料来源：Momentum Partners。

但由于近年全球股票市场低迷、持续的并购和风投热潮直接影响企业上市热情，国际安全企业上市数量不多，2015～2016年第1季度共有4家安全企业挂牌上市。其中，Rapid7公司致力于提供漏洞管理、渗透测试等安全风险管理解决方案，2015年7月完成IPO，总融资规模1.03亿美元。全球总部位于英国牛津近郊的SOPHOS公司提供防病毒和数据保护产品，于2015年6月上市，总融资规模5.53亿美元。提供安全的邮件归档和云存储服务的英国公司Mimecast于2015年12月11日上市，总融资规模7800万美元。戴尔旗下的安全公司SecureWorks是2016年第一家上市的安全企业，总融资规模1.12亿美元。此外，Optiv公司正在准备申请IPO，但是Carbon Black、Veracode、Blue Coat和Zscaler等安全企业暂时搁置了上市计划。

2. 并购市场量价齐升，私募等资本进入炒高市场估值

国际安全产业并购持续增长热潮，并购方范围和并购数量同步扩张，私募企业（PE）、电信服务商（ISP）、工业企业继IT企业、军工企业之后成为并购市场活跃买方。2015年，并购交易数量达到历史高峰，共计142起，相对近五年低点增长超过60%，并购金额总计超过403亿美元，身份和访问管理、威胁情报、应用安全和事件响应/演练是较为活跃的并购领域，谷歌、英特尔、思科、火眼、微软、IBM以及Rapid7、SOPHOS是并购市场中较为活跃的买方。2015年国际安全产业典型并购案例如表1所示。

表1　2015年国际安全产业典型并购案例

日期	被收购方	并购方	企业市值（百万美元）	近一年营收（百万美元）	企业价值收益比
2015.12.11	Cyveillance	LookingGlass Cyber Solutions	35.0	18.0	1.9x
2015.11.24	Fox – IT Group	NCC Group	135.2	29.0	4.7x
2015.10.21	TippingPoint Technologies	Trend Micro	300.0	169.0	1.8x
2015.10.19	VormetricThales	e-Security	421.0	53.5	7.9x
2015.10.9	LastPass	LogMeIn	115.7	11.2	10.3x
2015.10.8	Daegis	Open Text	20.8	23.7	0.9x

续表

日期	被收购方	并购方	企业市值 （百万美元）	近一年营收 （百万美元）	企业价值 收益比
2015.9.29	Intronis	Barracuda Networks	65.0	20.6	3.2x
2015.9.22	Elitcore Technologies	Sterlite Technologies	27.6	22.3	1.2x
2015.9.4	Good Technology	Blackberry	425.0	211.9	2.0x
2015.6.2	nSense	F – Secure	20.7	7.8	2.7x
2015.4.28	Cervalis	CyrusOne	400.0	70.0	5.7x
2015.4.14	Fidelis Cybersecurity	Marlin Equity Partners	200.0	60.0	3.3x
2015.4.7	Trustwave	Singtel	785.7	216.0	3.6x
2015.3.24	Accumuli	NCC Group	80.6	34.9	2.3x
2015.2.19	MegaPath Managed Services Business	Global Technology & Telecom	152.4	142.4	1.2x

来源：中国信息通信研究院整理。

2015～2016 年第 1 季度发生的几起典型的并购案例包括：在 IT 领域，思科以 4.53 亿美元的价格收购 Lancope，后者聚焦于行为分析、威胁情报分析及可视化，此次并购是思科一年之内的第四笔并购交易，将增强思科网络行为刻画及网络防御的能力。此外，火眼在 2016 年 1 月完成了一次战略性并购，以 2.75 亿美元的价格收购 iSight Partners，强强联合共同打造一个最先进、最全面的威胁情报平台，并将推动整个企业朝着以情报为导向的方向发展。在工业领域，2015 年 10 月覆盖航空、交通等领域的法国大型设备商泰雷兹集团以 4500 万美元的价格收购了 Vormetric，后者主要提供数据库安全、应用数据安全保护等安全产品和服务。同月，BAE SYSTEMS 以 2.33 亿美元收购了一家商业网络安全和合规提供商 SilverSky，目的是加强基于云计算的电子邮件和网络安全。美国通用电气公司 2015 年 5 月收购了总部位于加拿大温哥华的 Wurldtech，后者致力于提供工业系统的全流程安全控制及系统安全防护，服务范围覆盖能源、电力、交通、医疗等多个领域，此次并购将提升通用电气在工业物联网方面的安全能力。

3. 创投市场"黄金时代"延续，新兴领域和前沿技术备受青睐

2014～2015年可谓安全企业创业创新的"黄金时代"，风险投资对安全产业的投入持续升温。2015年安全产业风险投资数量较2010年增长超过100%，投资金额达39亿美元。与2014年相比，风险投资数量基本持平，投资规模增加了11亿美元，获得投资额最高的15家企业平均融资2.1亿美元。2010～2015年风险投资的数量和金额如图3所示。2014～2016年168家得到风险投资的企业中，融资额超过1亿美元的企业聚焦于实时数据采集、智能网络监控、基于云的威胁检测、物联网安全、高级威胁识别、虚拟化安全、基于云的终端安全等领域。

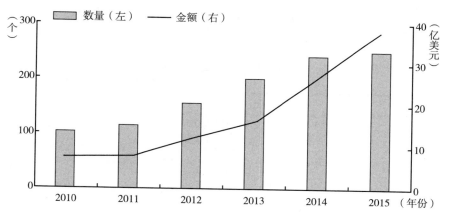

图3　2010～2015年国际安全产业风险投资数量和金额

资料来源：Momentum Partners。

具体而言，2015～2016年第1季度典型的风险投资案例如下：2016年3月，致力于为企业的数据和应用提供安全服务的Skyport Systems公司完成了C轮融资，金额达到3000万美元，由Google Ventures领投，Cisco Ventures、Intel Capital等5家企业跟投。同年2月，IT安全风险分析服务提供商Skybox Security宣布接受PSG公司9600万美元的投资，公司总融资规模达到1.38亿美元。致力于防电信诈骗的初创公司Pindrop Security在2016

年 1 月宣布获得 7500 万美元的 C 轮融资，投资企业包括 Google Capital、Citi Ventures 等 6 家公司。提供恶意软件预防和补救解决方案的 Malwarebytes 公司 2016 年 1 月筹得 5000 万美元的 B 轮资金，投资者是美国富达投资集团（Fidelity Investments）。

（四）安全人才

美国等发达国家均将网络安全人才培养和安全意识教育作为安全战略实施的重要举措之一。

1. 美国：20 世纪开始布局，人才培养体系完善成效显著

一是安全人才战略政策层次不断升级，范围不断扩展。美国在网络安全人才培养的战略布局最早可追溯至 1999 年，而后网络安全人才战略顶层设计不断加强。美国网络安全人才培养重点举措如表 2 所示。

表 2　美国网络安全人才培养重点举措

年度	主要举措
1999 年	1)《国家信息安全战略框架》 2) 国家网络安全教育培训计划（NIETP）
2002 年	3)《网络空间人才（Cyber corps）计划》 4)"网络安全研究与开发法案"
2010 年	5) NIST《美国网络空间安全教育计划（NICE）》
2011 年	6)《网络安全人才队伍框架》
2015 年	7)《网络安全法案》提出"网络安全教育之国家倡议"
2016 年	8)《联邦网络安全人才战略》

二是网络安全教育、宣传、培训体系完整，课程规范、师资有力、覆盖包括幼儿阶段在内的不同年龄层次。2011 年 8 月，美国国家标准与技术研究院发布《美国网络安全教育计划战略规划：构建数字美国》，将网络安全教育体系渗透至不同学龄，甚至包括幼儿阶段，并不断加强对青少年网络安全人才的培养和发掘。同时，向学术机构提供资源，在全美范围内加强网络安全教育。美国国家安全局和国土安全部共同发起的卓越学术中心（CAE）

计划，目前已认证了 200 家左右在网络安全学科领域达标的学术机构，政府将在此基础上继续加大鼓励措施，提升网络安全教育质量，扩大招生和师资规模。

三是建立网络安全人员职业发展路径和良好的职业晋升制度。随着网络安全形势日益严峻，网络安全工作领域不断拓展，网络安全人才晋升通道得到全面打开，大量大型企业设立了"首席安全官（CSO）"、"首席信息安全官"（CISO）等职位，多家美国《财富 500 强》公司都在公开招聘"首席信息安全官"。

四是重视宣传推广，向全社会广泛宣传网络安全知识和普及网络安全意识。由政府部门、行业协会、高校和企业等牵头组织，自 2004 年起启动"国家网络安全意识月"活动，每年 10 月定期举办，目前已连续举办 12 届，着力提升包括家庭、学校、企业、政府等在内的全社会网络安全意识。

2. 英国：着力打造和提升网络安全人才知识储备、技能和能力

近年来，英国政府一直将网络安全视为重点发展领域，高度重视网络安全人才培养，制定和实施了网络安全人才培养战略，以期在信息时代竞争中抢得先机。2011 年英国发布《网络安全国家战略》，强调"加强网络安全技能与教育，确保政府和行业提高网络安全领域需要的技能和专业知识"，在网络安全人才培养方面采取了一系列措施。

一是紧抓中小学和高等教育，普及安全意识和培育安全技能。目前已有 800 个中小学校参加到"网络安全挑战项目"，超过 2.3 万学生完成了学习计划。加强高校网络安全硕士学位的专业认证，2014 年和 2015 年各有 6 个网络安全硕士专业获取认证，目前全英共有 12 个网络安全硕士专业。2013 年 5 月建立两个博士培训中心，分别位于牛津大学和皇家霍洛威学院，用于培养下一代网络安全研究人员和领导人员。

二是建立网络安全人才认证管理体系，加强网络安全人才职业化教育和培训。2011 年英国国家信息安全保障技术管理局发布了《信息安全保障专业人员认证》框架，规定了政府公共部门及合作厂商的网络安全技术人员岗位职责及能力要求，建立了覆盖网络安全专业人员招聘、遴选、培训和管

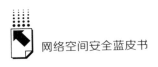

理等全流程的管理要求。截至 2015 年 9 月，共有 1200 余名网络安全专业人员通过认证，取得了 1730 份认证证书。

三是通过特殊项目渠道发现和培养顶尖网络安全人才。2015 年，英国政府通信总部启动"Cyber First"计划，全面搜寻顶尖网络安全人才，并培养"下一代网络安全专家"满足未来网络安全人才需求。计划高度重视通过网络安全竞赛发掘安全人才，同时，也为在选拔中脱颖而出的在校生提供教育资助，或工作实习机会。

3. 其他国家

以色列、日本等国家也在网络安全人才教育领域不断探索，形成了具有鲜明特色的人才培养模式。例如，以色列高度重视网络安全教育投入。2015 年全国教育支出占其国内生产总值的 6.5%，远高于经合组织（OECD）国家平均水平。以色列国家网络局与顶尖高校联合，5 年内共投入 6000 万美元，建设 5 个网络安全研究中心。在安全专家资源方面，初步估计以色列拥有超过 1.6 万网络安全专业人才，包括 1 万管理和技术人员，2000～4000系统架构和咨询师，2000 名工业系统、恶意软件和逆向工程工程师。又如，日本通过开展国际合作的方式加强网络安全人才培养。例如，日本九州大学与美国马里兰大学巴尔的摩分校签订协议，引进了网络安全对策教育项目与人才培养方面的经验技术，并设立了推进网络安全技术研究及专家培养等工作的研究机构"网络安全中心"。

二　全球网络安全产业发展趋势

（一）国家级网络安全投入强势增长，为产业发展注入强心剂

截至 2016 年 4 月，美国已组建 123 支网络部队，预计在 2018 年建成 133 支网络部队，总人数 6187 人；2017 年，美国各政府部门网络安全预算达 190 亿美元，较 2016 年增长 35.7%；其中美国国防部 2017 网络安全投入达 70 亿美元，较 2016 年增长 27.3%。英国计划在 2016～2020 年间将网络

安全投入增加一倍至 19 亿英镑，同时增加网络安全雇员 1900 人；英国政府及情报机构拟投入 650 亿英镑用于网络安全研究及投资。其他国家也纷纷加大安全投入，日本 2016 年防务预算中用于网络攻击防御响应投入达 240 亿日元，俄罗斯计划在 2017～2021 年投入 347 亿美元用于网络安全。

（二）网络安全攻击危害加剧，激发重点行业安全投入热情

当前全球网络安全事件快速攀升，安全事件造成的危害日益严峻。有统计显示，2015 年有超过 5 亿数据遭泄露或窃取，数据泄露平均损失达 350 万美元，增长超过 15%。2015 年网络攻击恢复投入达 4910 亿美元，达全球安全支出的 6 倍，Sony 影业、JP Morgan、EBay 等知名企业在网络攻击恢复上花费动辄千亿美元。金融、互联网、能源、工业等行业面临的网络攻击不断增多，危害影响的逐步扩大，进一步驱动网络安全投入增长。

（三）投资并购热潮降温，企业融合化和创新技术产品化成为重点任务

2015 年的安全领域，无论是兼并收购还是初创投资均达到历史高峰，安全领域并购交易数量达到 142 个，金额累计超过 403 亿美元，风险投资领域交易数量达到 248 个，金额累计超过 38 亿美元。热潮中，有超过 11 家实力较强的 IT 巨头、安全巨头投资收购超过 10 家企业，部分初创企业快速拿到多笔投资，所获投资金额为其他上市企业融资额数倍之多。热潮背后，并购企业并不能快速融合、初创企业不能快速获得认可成为市场隐忧，特别是一些聚焦于窄带领域的技术往往只能提供少数功能和单一解决方案，产品商业化推广面临重重困难。目前，Intel 拟出售其专注创投的子公司，该子公司近年来投资安全企业超过 10 余家，也是市场降温的侧面印证。

（四）攻击手段推陈出新，新兴领域安全技术亟待创新

安全威胁随技术发展快速演进，传统攻击手段在移动互联网、物联网、云计算、大数据、工业互联网等衍生出新的安全威胁。在移动互联网领域，伪基

站、移动支付安全、终端环境劫持、应用安全问题突出；在物联网领域，面临信道阻塞、伪造仿冒、虫洞攻击、海量节点认证、虚假路由等安全威胁；在云计算和大数据领域，接口安全、隐私保护、存储安全、数据审计、访问控制等成为关注重点。伴随着安全威胁范围持续纵向延伸、横向渗透，安全技术创新需与新领域结合，寻求解决问题新思路，方能在激烈的攻防博弈中找到平衡。

第三章　我国网络安全产业发展概况

一　我国网络安全产业整体发展情况

（一）政策体系

近年来，随着我国信息通信产业重要性的不断提升，产业发展也成为政策扶持的重要领域，产业政策的指导性、针对性不断加强，促进网络安全产业发展的行业规划不断增多，网络安全产业政策体系逐步成型。

1. 我国网络安全产业政策体系概览

我国现有涉及网络安全产业发展的政策基本可用"两类、三层次"来概括，其中"两类"政策一类是以安全产业为主体，直接促进产业发展的政策、规划，如《信息安全产业"十二五"规划》；另一类是促进整个信息通信产业或经济社会发展，因而间接促进了安全产业发展的政策，如：国家各类网络空间相关立法、产业促进规划或技术发展战略等。政策的"三层次"一是国家法律，目前主要是刚获得通过的《网络安全法》；二是工业和信息化部的各规划、纲要，如制定中的《信息安全产业"十三五"规划》等，作为信息通信行业主管部门，工信部出台的产业政策数量较多，操作性也不断增强，是安全产业最为重视的政策分类之一；三是重点行业政策，包括金融、公安、交通等行业出台的与网络安全产业相关的政策，这类政策层级不一，针对性通常弱于工信部的相关政策，但也能作为安全产业良性发展的有效助力和重要参考。我国安全产业政策体系如图4所示。

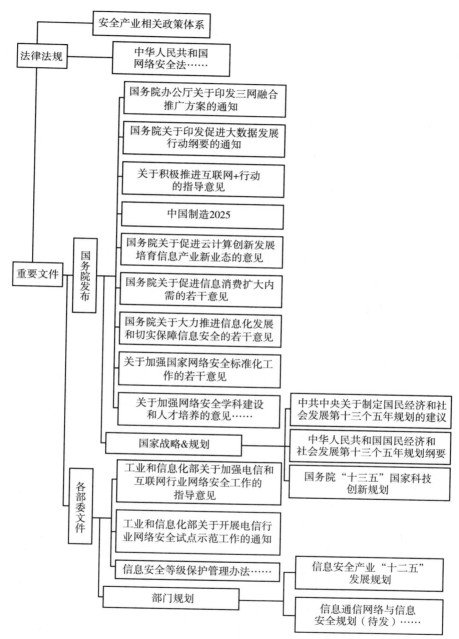

图4　我国网络安全产业相关政策体系

资料来源：中国信息通信研究院整理。

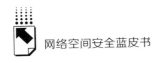

2．促进安全产业发展成为重大决策或重要文件频繁提及的内容

自 2015 年以来，党中央和国务院做出的重大决策或发布的重要文件中，凡涉及信息产业的，都基本包括了促进安全产业的内容，并主要通过促进高技术或创新企业、扶持中小企业、加强安全人才培养等方式来体现。如：国务院《关于加强网络安全学科建设和人才培养的意见》中提出鼓励企业深度参与高等院校网络安全人才培养工作，从培养目标、课程设置、教材编制、实验室建设、实践教学、课题研究及联合培养基地等各个环节加强同高等院校的合作，为安全产业加强人才储备提供了政策支持。《关于加强国家网络安全标准化工作的若干意见》中也提出要"促进产业应用与标准化的紧密互动。加强网络安全领域技术研发、产业发展、产业政策等与标准化的紧密衔接与有益互动"，这一政策规定更为直接，为企业推广自身优秀解决方案和技术措施提供了便利。近两年来，我国重大决策或重要文件中有关安全产业扶持的相关措施在多样性、针对性等方面都在向国际先进国家靠拢，政策利好稳步提升。

3．安全规划对产业发展的指导作用不断增强

我国"十二五"期间专门制定了《信息安全产业"十二五"发展规划》，作为推动信息安全产业向体系化、规模化、特色化、高端化方向发展，做大做强信息安全产业的指导性规划。2016 年正值"十三五"开局之年，已发表和即将出台"十三五"各项规划也多有涉及安全产业发展。如：《中华人民共和国国民经济和社会发展第十三个五年规划纲要》第二十三章"支持战略性新兴产业发展"将信息技术产业包括在内，也就事实上包括了安全产业；第二十六章"发展现代互联网产业体系"提出：促进互联网深度广泛应用，带动生产模式和组织方式变革，形成网络化、智能化、服务化、协同化的产业发展新形态。在《"十三五"国家科技创新规划》中也提出"加强现代农业、新一代信息技术、智能制造、能源等领域一体化部署，推进颠覆性技术创新，加速引领产业变革"。除以上两部规划外，"十三五"期间尚有信息产业规划、信息安全产业规划、国家战略性新兴产业发展规划、信息通信网络安全规划等有关促进产业发展的规划即将出台。这些规划

虽然在内容针对性上不如部分文件显著，但对大多数企业而言，这些规划为企业的发展目标、研发方向等提供了更具操作性的指导。

4. 各关键行业专项规划也开始涉及促进产业发展的相关内容

除信息通信业相关文件、规划外，交通、能源、教育等关键行业规划也涵盖了能促进产业发展的部分内容。如：《交通运输信息化"十三五"发展规划》提到"积极推动移动互联网、云计算、大数据等新技术在交通运输行业的应用……高度重视网络与信息安全体系建设"，将"交通运输信息服务政企合作模式基本形成，行业网络信息安全保障能力显著增强"列为规划的发展目标之一，并在主要任务"健全网络与信息安全保障体系"中提出"采用安全可信产品和服务，提升基础设施关键设备安全可靠水平"。《教育信息化十年发展规划》中也提到"建立教育信息化公共安全保障环境"和"教育管理信息安全保障体系"。这些行业规划的相关内容比起信息通信业更为笼统和间接，但客观上也为安全产业的进一步发展提供了良好契机。

（二）企业发展

1. 我国安全企业整体发展态势良好

国内安全企业 2015 年总体表现良好，稳步成长壮大的同时营收增幅明显。从营收规模来看，国内安全企业发展进入快车道，10 家上市安全企业 2015 年总营收规模达到 113.79 亿元人民币，平均营收增长率 38.2%。从净利润来看，2015 年 10 家上市安全企业的平均净利润 1.56 亿元，净利润增长率达到 41.19%，净利润超过 1 亿的企业共 8 家。从人均贡献来看，2015 年安全企业的人均产出也持续走高，10 家上市企业 2015 年平均人均营收达到 62.66 万元，较 2014 年的 45.95 万元增长了 36.37%。但也要看到，随着企业经营规模的增长，企业技术研发投入占营收规模的比值逐年下降，从 2013 年的 15.01%，到 2014 年的 14.28%，下降到 2015 年的 12.69%。10 家上市安全企业的 2015 年市场经营具体情况如图 5 所示。

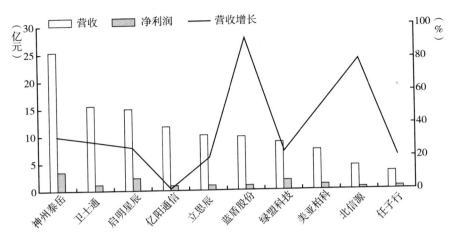

图5 2015年上市安全企业营收和利润统计

资料来源：中国信息通信研究院根据上市企业公开数据整理。

2. 安全企业密集新三板融资，资本市场高度活跃

2015~2016年7月，超过37家网络安全相关企业成功在新三板挂牌，目前总量已经超过43家。2015年，新三板挂牌安全企业平均营收7076.7万元，平均增长70.1%，平均净利润906.0万元，其中11家企业净利润告负。

3. 安全企业并购和战略合作增多，格局快速变化

一是大中型安全企业积极开展投资并购活动，增强产品布局及产业链控制能力。例如，2015年，蓝盾股份收购中经汇通100%的股权，实现公司从基础网络安全到应用安全的业务生态转型。美亚柏科与前海梧桐共同发起2亿元规模的并购资金，加速在网络空间安全、大数据产业的战略布局。立思辰收购数据安全管控领域的江南信安，丰富产品和服务能力。绿盟科技在2016年上半年投资了三家企业：（1）出资850万元参股阿波罗云公司（持股15.89%），在抗DDoS攻击、恶意流量清洗等技术领域开展深度合作；（2）出资600万参股逸得公司（持股15%），结合2家企业技术优势实现漏洞设备物理定位、威胁预警等综合安全管理服务；（3）出资230万美元参股美国NopSec公司，形成从漏洞发现、脆弱性分析到漏洞修复、风险管理等一揽子解决方案，并为海外战略布局奠定基础。

二是安全企业间、互联网企业与安全企业间的战略合作日益增多、合作程度不断加深。例如，2015 年启明星辰与腾讯达成战略合作，推出面向企业市场的终端安全解决方案。绿盟与阿里云强强联手，对接阿里云平台 180 万有安全需求的客户。2016 年北信源与启明星辰成立合资公司北京辰信领创，提升了对移动终端、物联网终端、社交网络终端、可穿戴等智能终端领域的安全能力覆盖，并与国内工业控制网络安全厂商匡恩网络共同出资设立信源匡恩。

4. 研发投入热情高涨，大数据、云、态势感知等成为重点领域

根据样本企业统计数据，国内网络安全企业年度研发投入合计超过 19 亿元。其中，上市企业年度研发投入平均为 1.35 亿元，研发投入占营收比例为 12.69%；新三板挂牌及中小型企业研发投入平均为 1426 万元，研发投入占营收比例高达 35.7%。新产品的推出频率约为 2.4 个每年，产品升级频率为 5.6 个每年。对于未来技术趋势，企业重点关注的领域依次为：数据安全、APT、态势感知、云安全、工业互联网安全；在新兴技术应用方面，企业最为关注的技术依次为：云计算、机器学习、人工智能、大数据分析。

5. 成立中国网络安全产业联盟，聚合产业势能，优化产业环境，促进产业发展

2015 年 12 月 29 日，中国网络安全行业首个全国性产业联盟，中国网络安全产业联盟在北京宣布成立。联盟由中央网信办网络安全协调局作为业务指导单位。成立近一年以来，产业联盟积极发挥桥梁和平台作用，积极参与国家产业规划、法律法规建设、国家标准研发等工作，组织和参与行业及国家网络安全重大活动，开展产业研究，努力致力于优化产业发展环境，推动产业进一步做大做强。截止到 2016 年 11 月 25 日，提交材料，并获得理事会审批的联盟会员单位数量达到 209 家，囊括了国内绝大部分主流网络安全企业。

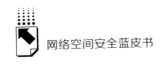
（三）安全人才

2014 年 2 月 27 日，习近平总书记在中央网络安全和信息化领导小组第一次会议上提出"总体布局统筹各方创新发展、努力把我国建设成为网络强国"的战略目标，并要求从技术、文化、经济、人才、国际合作交流等五大方面全面推动网络强国建设，标志着网络信息安全专业技术人才建设正受到国家全面重视，关系我国网络信息安全发展的全局和未来。

1. 增设"网络空间安全"一级学科

2015 年 6 月，为实施国家安全战略，加快网络空间安全高层次人才培养，国务院学位委员会、教育部决定在"工学"门类下增设"网络空间安全"一级学科。2016 年 6 月，中央网信办联合工信部等六部委共同印发了《关于加强网络安全学科建设和人才培养的意见》（中网办发文〔2016〕4 号）。《意见》明确，在已设立网络空间安全一级学科的基础上，加强学科专业建设，完善本专科、研究生教育和在职培训网络安全人才培养体系，促进我国网络安全人才成体系化、规模化、系统化培养，更好地满足国家安全对网络信息安全人才的需要。

2. 网络安全专业和人才基地遍地开花

近年来，我国网络安全人才培养取得一定进展，已有 126 所高校设立了 143 个网络安全相关专业，仅占 1200 所理工学校的 10%，近几年全国网络安全相关专业年均招生数在 1 万人左右。此外，四川大学、西安电子科技大学、北京邮电大学、上海交通大学、解放军信息工程大学等五所高校正在积极建设国家网络空间安全人才培养基地。

此外，区域性网络安全人才基地正在加紧建设。2016 年国家网络安全宣传周活动在武汉举办，武汉将创建国家网络安全人才与创建基地，打造国内首个"网络安全学院 + 创新产业谷"，网络安全学院采用"计划 + 市场"的方法，打造全国的网络安全"黄埔军校"。

二 中国网络安全产业市场规模

（一）总体规模

随着政策的持续利好，近年来国内网络安全产业高速增长。根据中国信息通信研究院和中国网络安全产业联盟统计测算，2015 年我国网络安全产业规模约为 283 亿元。从调研企业数据看，企业营收较 2014 年增长超过24.7%。

（二）区域分布

按我国领土地域分区划分，分为 7 大区域市场板块，分别为华北、华东、华南、华中、东北、西北、西南市场板块，2015 年，我国网络安全市场分区域格局如图 6 所示。

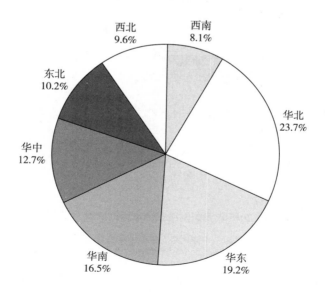

图 6 我国网络安全市场分区域格局

资料来源：中国网络安全产业联盟。

可以看出中国网络安全产品销售市场主要集中在华北、华东、华南三大区域，合计市场占比达到 60% 左右。由于经济相对发达、信息化程度较高、网络安全保护意识比较强烈等原因，网络安全产品需求也高于其他区域。随着信息化建设从发达地区向中西部区域推进，尤其是西部教育、金融以及企业信息化的不断发展，未来中西部地区网络安全市场将有较为明显的增长。

（三）行业分布

我国网络安全行业可以划分为政府、电信、金融、交通、能源、教育、医疗、制造、工业控制、公共设施等主要行业，2015 年各行业的市场规模和份额如图 7 所示。

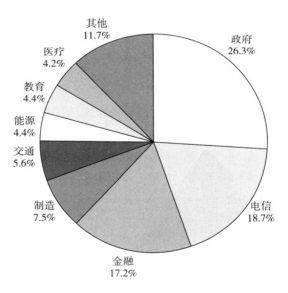

图 7　2015 年我国网络安全市场行业规模和份额

资料来源：中国网络安全产业联盟。

可以看到，政府行业仍然占据网络安全产品市场最大的份额，达到 26.3%；其次是电信行业，占到 18.7%；金融紧随其后，占据 17.2% 的份额；制造占到 7.5%；交通占到 5.6%，能源和教育领域均占到 4.4%。

（四）细分市场

从细分市场看，网络安全产品产业规模达 201.33 亿元，占比 71.21%。防火墙、统一威胁管理、入侵检测和防御、内容安全管理、身份管理与访问控制等产品占据市场主要份额。安全产品仍以软硬件结合产品为主导，纯软件产品仅在病毒查杀、访问控制等终端安全领域占据优势。安全服务产业规模达 81.41 亿元，占比 28.79%。安全集成占据服务市场超过六成份额，其次是安全评估，安全咨询和安全运维比例不高。细分市场规模如表 3 所示。

表 3　2015 年我国网络安全产业细分市场规模

	类　别		规模（亿元）
安全产品	安全防护	防火墙	49.30
		入侵检测和防御	18.74
		统一威胁管理	23.34
		应用安全	2.16
		VPN	6.32
		数据防泄露	5.89
	安全管理	身份管理与访问控制	11.72
		内容安全管理	17.41
		终端安全管理	12.12
	安全合规	安全事件管理	19.86
		安全审计	14.27
		安全评测工具	7.43
	其他产品		12.78
安全服务	安全集成	安全系统集成	53.67
	安全运维	维保服务、专业运维	6.89
	安全评估	风险评估、渗透测试、等保评测	16.83
	安全咨询	教育培训	4.02
合　计			282.74

资料来源：中国信息通信研究院。

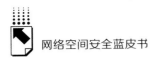

参考文献

赵爽：《网络安全产业发展态势与展望》［J］，《现代电信科技》2017 年第 1 期，第 1～6 页。

吴世忠等：《以色列网络安全管理体制发展演变考察报告》［J］，《汕头大学学报》2016 年第 6 期，第 1、8 页。

赵爽等：《国外网络与信息安全产业发展趋势及启示》［J］，《电信网技术》2016 年第 2 期，第 42～44 页。

刘多：《当前网络安全形势与展望》［N］，人民网，2014：http：//it. people. com. cn/n/2014/1124/c1009－26082592. html

Garter. Information Security，Worldwide，2013－2019［R］. 2016.

Momentum Partners. Cybersecurity Market Review［R］. 2016.

Cybersecurity Ventures. CybersecurityTop500［R］. 2016.

刘权等：《国内外网络安全产业比较研究》［J］，《工业经济论坛》2015 年第 4 期。

B.13
网络安全标准化体系研究

陈 湉*

摘　要：　本文对在国际上具有广泛影响力的四个主流网络安全标准化组织工作现状进行分析，同时梳理我国网络安全标准体系建设工作情况，分析我国网络安全标准体系建设实际需求，提出网络安全标准体系框架，并对如何进一步推进工作提出相关建议。

关键词：　网络安全　标准化　标准体系

一　研究背景及意义

网络安全标准化是国家网络安全保障体系建设的重要组成部分，在保障网络空间安全、推动网络治理体系变革方面发挥着基础性、规范性、引领性作用。近年来，我国高度重视技术标准制定工作，先后发布《深化标准化工作改革方案》（国发〔2015〕13 号）、《国家标准化体系建设发展规划（2016~2020 年）》，并启动《中华人民共和国标准化法》修订工作。针对网络安全标准化工作，中央网络安全和信息化领导小组办公室、国家质量监督检验检疫总局、国家标准化管理委员会联合发布了《关于加强国家网络安全标准化工作的若干意见》。

网络安全标准体系是由信息安全领域内具有内在联系的标准组成的科学有

---

* 陈湉，硕士，中国信息通信研究院安全研究所数据安全部副主任，研究方向为大数据安全、个人信息保护，网络和数据安全标准化。

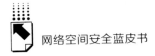

机整体。网络安全标准体系框架是用以表达标准体系的构思、设想、整体规划，其主要作用是为编制网络安全标准、修订标准化工作计划提供重要依据；促进信息安全领域内的标准组成趋向科学合理化，为信息安全保障体系建设提供支撑。

本文通过广泛调研国内外网络安全标准体系，深入分析通信行业网络安全标准化需求，结合通信行业技术特点，提出具备通信行业特色的网络安全标准体系框架，并对加强网络安全标准化工作提出相关建议。

二 国际网络安全标准体系分析

当前，国际影响力较大的标准化组织包括国际标准化组织（ISO）和国际电工委员会（IEC）、国际电信联盟电信标准分局（ITU－T）以及国际互联网工程任务组（IETF）。此外，在云计算和大数据安全标准化领域，云安全联盟（CSA）也具有较强的国际影响力。

（一）国际标准化组织和国际电工委员会（ISO/IEC）

国际标准化组织（ISO）和国际电工委员会（IEC）联合成立的信息技术委员会 JTC1 所属 SC27 组负责 IT 安全技术标准的研究。ISO/IEC JTC1 SC27 组的前身是 SC20（数据加密技术分委员会），目前 SC27 组共分为 5 个工作组，主要从事信息技术安全的一般方法和技术的标准化工作，见表 1 所示。

表 1 SC27 工作组分工

工作组	主要工作	工作范围
WG1 信息安全管理体系工作组	负责制定信息安全管理相关的需求、指南等标准的制修订工作。	涵盖信息安全管理系统、信息安全风险评估管理、商务应用、云计算安全等。
WG2 密码学与安全机制工作组	负责"确定 IT 系统和应用对安全技术和机制的需求，并开发相关安全服务的术语、通用模型和标准"。	机密性保护、实体鉴别、抗抵赖、密钥管理、数据完整性保护。

工作组	主要工作	工作范围
WG3 安全评价准则工作组	负责信息系统、部件和产品相关的安全评估标准和认证标准的制、修订工作。这些标准将涉及计算机网络、分布式系统及其相关应用服务等。	评估准则、使用准则的方法、评估认证及认可模式的管理规程。
WG4 安全控制与服务工作组	工作范围是与安全控制与服务有关的标准制定,与 WG1 密切协作。	研究范围包括《信息安全事件响应》、《信息通信技术的业务连续性》、《可信第三方服务》、《信息网络空间(Cyber)安全》项目里的"反间谍软件"、"反垃圾邮件"、"反钓鱼"、"网际安全事件合作与信息共享"、《应用安全结构》项目的"安全应用结构"、"应用安全保障"、"代理/服务应用安全"、"移动代理应用安全"。
WG5 身份管理与隐私保护技术工作组	研究和制定身份管理、生物特征以及个人数据保护相关的标准。	主要研究制订下列标准:身份管理框架、生物特征关联鉴别、生物特征样本保护、(个人)隐私(保护)框架、(个人)隐私(保护)参考结构、鉴别保障。由于个人隐私保护和身份管理等不仅仅是技术问题,还涉及很多社会问题,这些问题在概念、内容和如何实现等方面,还处在框架讨论和形成阶段。

在 ISO/IEC JTC1 SC27 组中,其内部对于网络与信息安全标准的架构是按照标准本身性质的不同来划分的,包括:管理指南类、技术规范类、评估认证类;而针对身份管理和隐私保护,由于其研究内容相对独立,所以单独成立了一个工作组。

(二)国际电信联盟电信标准分局(ITU – T)

国际电信联盟电信标准分局(ITU – T)是国际电信联盟管理下的专门制定电信标准的分支机构。ITU – T SG17 成立于 2001 年,负责研究网络安全标准,包括通信安全项目、安全架构和框架、互联网安全、电信信息安全管理、电信业务安全、用于安全的生物测定、安全通信服务、采用技术手段反垃圾邮件、身份管理体系与机制等。ITU – T SG17 在

2009～2012研究周期设置了3个工作领域（WP），其中前10个课题组（Q1－Q10）负责安全标准制定，研究基本涵盖了电信和信息技术领域对安全提出的需求。在2013～2016研究周期，ITU－T SG17组将工作领域拆分成了5个，并根据标准工作实际需求，通过新增、裁撤等方式最终形成了12个工作组，具体情况如图1所示。ITU－T SG17组当前的研究重点领域包括软件定义网络、云计算、物联网、生物特征识别、个人信息保护等。

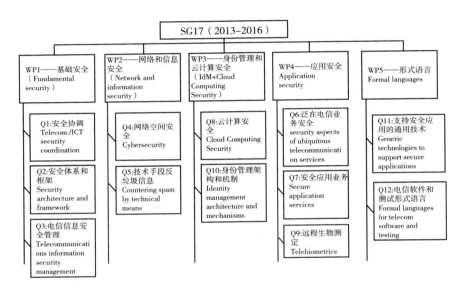

图1 ITU－T SG17组2013～2016研究周期工作组设置

从图1描述可以看出，ITU－T SG17对于信息安全标准框架的划分方式，大致遵循了ITU一贯的分层模式，分成网络和信息安全、应用安全，另外还有负责身份管理的子工作组。具体到课题组构架的设置上，由于影响因素较多，其更偏重于完整覆盖，而没有遵循一致的划分原则。

（三）国际互联网工程任务组（IETF）

IETF成立于1985年底，是全球互联网最具权威性的技术标准化组织，主要任务是负责互联网相关技术规范的研发和制定。目前 IETF 的标准研究工作分成七大领域：应用、网络、操作管理、实时应用和架构、路由、安全、传输等，每个领域下设若干研究工作组。其中安全领域目前活跃的研究组见表 2。

表 2　IETF 安全领域活跃的课题组

简称	工作组名称
Abfab	Web 以外联合接入的应用桥接
ace	受限环境的认证和授权
acme	自动化证书管理环境
cos	CBOR 目标检索对象签名和加密
curdle	CURves, Deprecating and a Little more Encryption
dane	基于 DNS 的命名实体认证
dots	DDoS 公开威胁信号
httpauth	超文本传输协议认证
i2nsf	网络安全功能的接口
ipsecme	IP 安全维护和扩展
jose	JavaScript 对象签名和加密
kitten	下一代通用认证技术
lamps	对 PKIX 和 SMIME 有限额外机制
mile	管理事件轻量级交换
Oauth	网络认证协议
openpgp	Open Specification for Pretty Good Privacy
sacm	安全自动化和连续监测
tls	传输层安全
tokbind	令牌绑定
trans	公正透明度

除了安全领域外，其他几个领域也有一些工作组的研究内容与安全相关，例如应用领域的 Web 安全工作组、路由领域的安全域内路由工作组等，安全领域和这些工作组的关系紧密，有时候会为其提供安全观察员。

IETF 遵循自下而上的标准工作机制，再加上互联网原始设计理念中的安全能力缺失，很多安全机制的设计都是打补丁的性质，这些都导致 IETF

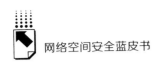

的互联网安全标准制定并没有一个完整的体系框架，技术工作组的设立都是按需而定的。从标准体系构建方面看，其可借鉴意义不大。

（四）云安全联盟（CSA）

云安全联盟（Cloud Security Alliance）是在 2009 年的 RSA 大会上宣布成立的一个非营利性组织，致力于在云计算环境下提供最佳的安全方案。目前，已有来自全球的 100 多家 IT 企业加盟，并于 ITU、ENISA、IEC 等 20 多家标准组织及机构合作，在云安全最佳实践与标准制定方面具有很大影响力。

CSA 内设标准秘书处和国际标准委员会两个与标准化工作相关的部门，负责与 ISO/IEC JTC 1/SC 27、ISO/IEC JTC 1/SC 38、ITU – T 协调合作，共同进行云安全标准的开发。比如，CSA 与国际标准化组织 ISO、ITU – T 等建立了定期的技术交流机制，相互通报并吸收各自在云安全方面的成果和进展。此外，CSA 还对 DMTF、OCDA、Cloud Standards、CCSA – CHINA、RAISE FORUM、SNIA、OASIS、IEEE Computer Society 等标准化组织和研究机构的成果进行追踪。

经过这几年的发展，CSA 的工作组数量迅速增多，目前已有 30 个工作组，涉及大数据、云数据中心、云审计、虚拟化等 30 个云安全领域。虽然 CSA 设有标准化部门，但目前来看，CSA 主要是以标准化建议书、安全建议书、白皮书的形式向全球发布云安全方面的参考与建议。已发布的成果文件包括《云计算面临的严重威胁》《关键领域的云计算安全指南》《身份隐私与接入安全》《如何保护云数据》《定义云安全：6 种观点》《云安全矩阵》《虚拟化安全》《数据中心保护》《分布式数据库审计》等。

三 国内网络安全标准体系分析

近年来，我国亦非常重视信息安全标准建设工作，基本形成了国家和行业层面相对完整的信息安全标准体系，目前国内涉及信息安全标准化工作的组织机构主要是全国信息技术安全标准化技术委员会和中国通信标准化协会。

（一）全国信息技术安全标准化技术委员会（TC260）

全国信息安全标准化技术委员会是国家标准化管理委员会的直属标准委员会，成立于2002年，编号为SAC/TC260。TC260是在网络安全技术专业领域内，从事网络安全标准化工作的技术工作组织。TC260负责组织开展国内网络安全有关的标准化技术工作，技术委员会主要工作范围包括：信息安全相关技术、机制、服务、管理、评估等领域的国家标准化技术工作。TC260框架下的信息安全标准体系构架如图2所示。

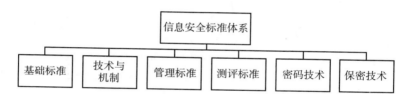

图2 TC260信息安全标准体系框架

基础标准负责安全术语、体系结构、模型框架类信息安全国家标准的制修订工作。

技术与机制负责标识与鉴别、授权与访问控制、实体管理、物理安全等安全相关技术机制的标准化工作。

管理标准负责制定信息安全管理基础、管理要素、管理支撑、技术工程与服务相关标准。

测评标准包含信息安全评测的基础标准、针对信息安全产品的评测标准、针对信息系统的安全评测标准。

密码技术分为基础、技术和管理三部分，具体涵盖：密码术语、密码算法、密码协议、密码管理、密码检测评估、密码产品设备、密码应用服务系统等多个分支技术。

保密技术分为技术标准和管理标准两部分，技术标准包括电磁泄漏发射防护和检测、涉密信息系统技术要求和测评、保密产品技术要求和测试方法、涉密信息消除和介质销毁、其他技术标准；管理标准包括电子文件管理、涉密信息系统管理、实验室要求等。

TC260 的内部组织共分为 7 个工作组（WG），见表3。

表3　TC260 工作组架构

工作组	研究内容
WG1 信息安全标准体系与协调工作组	研究信息安全标准体系；跟踪国际信息安全标准发展动态；研究、分析国内信息安全标准的应用需求；研究并提出新工作项目及工作建议。
WG2 涉密信息系统安全保密标准工作组	研究提出涉密信息系统安全保密标准体系；制定和修订涉密信息系统安全保密标准，以保证我国涉密信息系统的安全。
WG3 密码技术工作组	密码算法、密码模块、密钥管理标准的研究与制定
WG4 鉴别与授权工作组	国内外 PKI/PMI 标准的分析、研究和制定。
WG5 信息安全评估工作组	调查国内外测评标准现状与发展趋势；研究提出测评标准项目和制定计划。
WG6 通信安全标准工作组	调研通信安全标准现状与发展趋势，研究提出通信安全标准体系，制定和修订通信安全标准。
WG7 信息安全管理工作组	信息安全管理标准体系的研究，信息安全管理标准的制定工作。

（二）中国通信标准化协会（CCSA）

中国通信标准化协会成立于 2002 年，是我国开展通信技术领域标准化活动的非营利性组织。CCSA TC8 网络与信息安全技术委员会专门从事面向公众服务的互联网、通信网络包括特殊通信领域信息安全行业标准化研究，其设置了有线网络与信息安全、无线网络与信息安全、安全管理和安全基础设施 4 个工作组。CCSA 同样重视标准体系研究，其制定的网络与信息安全标准体系框架如图3所示。可以看出，CCSA 的标准体系框架有着明显的电信网络技术特点，以标准研究内容为分类维度，延续电信网络分层体系思维，将网络与信息安全标准分为业务与应用类、网络类、终端类、基础类和管理类。

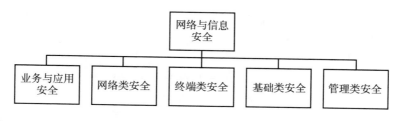

图 3　CCSA 信息安全标准体系框架

四　网络安全标准体系框架

研究制定网络安全标准体系框架从宏观层面可以引导建成适应发展、结构合理、科学高效的网络安全技术标准体系，从实践层面可以指导制定网络安全标准工作的整体规划。本文通过深入分析通信行业网络安全标准化需求和技术特点，提出了具备通信行业特色的网络安全标准体系框架。

（一）制定原则

研究制定网络安全标准体系框架遵循了下述原则：

全面性——全面覆盖通信行业内网络安全标准化需求；

规范性——符合标准化工作的原则和规范；

稳定性——确保在一定时期内体系框架稳定不变，能够对标准体系进行持续跟踪和比对；

可扩展性——充分考虑未来网络安全标准的新需求。

（二）网络安全标准化需求分析

通信行业网络安全标准的制定需求可以从标准研究对象、标准属性、标准工作范畴三个维度进行梳理，具体如图 4 所示。

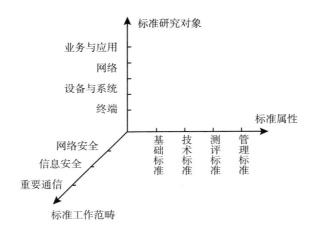

图4 通信行业网络安全标准化需求示意

其中，按照标准研究对象的维度，可以将通信行业网络安全标准化需求分为业务与应用类、网络类、设备与系统类、终端类。

业务与应用类是指按照《电信业务分类目标（2015版）》定义的增值电信业务，及互联网新业务新应用，如互联网数据中心（IDC）、内容分发网络（CDN）、即时通信业务。

网络类是指各类通信网络，如固定通信网、移动通信网、物联网、卫星通信网等。

设备与系统类是指各类主机、网络设备、安全设备，以及各类安全专用系统，如IDS、IPS、IDC信安管理系统。

终端类是指各类固定和移动终端、智能终端、物联网感知终端，如iPad、传感器、摄像头等。

（三）网络安全标准体系框架

本文提出的网络安全标准体系框架以标准属性作为一级分类维度，技术标准和测评标准以标准研究对象作为二级分类维度。体系框架在保证一、二级分类维度基本稳定的同时，兼顾通信行业网络安全标准化特色需求。体系框架如图5所示。在通用框架基础上，可以针对不同领域提出专门的标准体系架构，如大数据安全标准体系架构，以更好地体现技术特征。

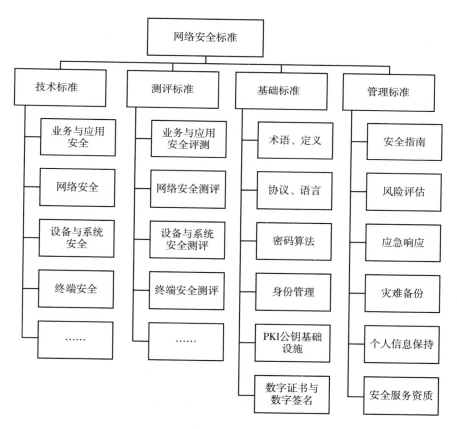

图5　网络安全标准体系框架

网络安全标准体系框架的三级分类充分体现通信行业技术特点和标准化需求，将标准研究对象进一步细分拓展，安全技术类标准的三级分类如图6所示。三级分类可以随技术发展趋势定期进行调整，保证标准体系框架的长期可用性。安全测评标准与技术标准存在一定对应关系，安全测评标准的三级分类可以参考安全技术标准。

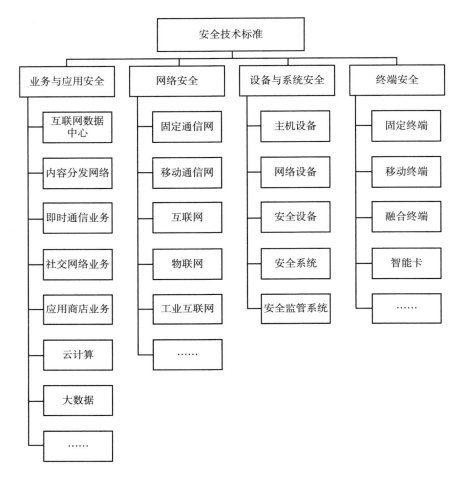

图6 网络安全技术类标准三级分类

五　网络安全标准化工作建议

2016年8月，中央网络安全和信息化领导小组办公室、国家质量监督检验检疫总局、国家标准化管理委员会联合发布了《关于加强国家网络安全标准化工作的若干意见》（下称《意见》），对我国构建统一权威、科学高效的信息安全标准体系和标准化工作机制进行了统一布局、统一谋划。本文结合《意见》的相关内容，以网络安全标准体系框架研究作为切入点，对我国未来网络安全标准化工作提出了如下建议。

（一）运用体系框架研究制定标准建设指南

制定标准建设指南过程中，综合运用标准体系框架，全面、系统梳理已发布的信息安全标准，总结分析当前信息安全标准体系内容交叉覆盖、结构失衡等问题，以问题为导向，以需求为牵引，指明下一步标准制定工作方向及重点，形成信息安全标准立项建议清单，形成对标准立项工作的有效引导。

（二）建立标准体系框架滚动更新机制

为了在快速制定标准的同时保证标准体系的规范有序、科学合理，应制定滚动更新机制，定期组织信息安全标准化专家对标准体系框架进行修订完善，特别是对三级分类进行修订更新，进而保持框架的适应性和前瞻性。

（三）热点领域网络安全标准研制方向的建议

本文通过跟踪国际网络安全标准化热点趋势，结合当前通信行业网络安全标准实际需求，提出"十三五"期间网络安全标准研制的主攻方向。

1. 大数据安全领域

大数据安全基础类标准：术语、定义；

大数据安全技术和平台类标准：脱敏、溯源等技术；平台组件及接口安全规范；

大数据安全管理类标准：安全防护、应急响应；

大数据安全测评类标准：风险评估、服务能力评测。

2. 物联网安全领域

物联网感知层安全防护标准：针对各类物联网感知终端、感知网关的安全防护技术规范及相应的测评标准。

3. 工业互联网安全领域

工业互联网安全基础类标准：安全参考架构；

工业互联网技术类标准：网络传输、接入等。

B.14
网络安全技术演进研究

戴方芳*

摘　要：　本文聚焦网络安全防御技术演进发展问题，通过梳理当前网络安全技术体系，包括整体视图、细分类别等，研究网络安全防御技术发展的影响因素和演进规律，并基于对规律、领域和现状的分析，从总体布局、发展重点等方面提出我国网络安全技术发展的具体思路和方向建议。

关键词：　网络安全　技术体系　技术演进

本文通过研究梳理当前网络安全技术体系，聚焦网络安全防御技术体系，研究发展影响因素、演进规律和发展趋势，研判我国网络安全技术发展现状以及与国际的差距，提出我国安全技术在总体布局、发展重点等方面的建议。

一　研究背景和目的

随着以信息通信技术与制造业融合创新为主要特征的新一代科技革命和产业变革的孕育兴起，以及信息通信网络向经济社会各领域的逐步渗透，网络安全事件也加速跨界蔓延。全球各主要国家高度重视网络安全问题，纷纷推进国家网络空间安全战略的深入实施，不断强化网络安全保障，网络安全

---

* 戴方芳，博士，中国信息通信院工程师，研究方向为网络安全技术与标准研究。

的地位日益提升。全球网络空间攻防对抗不断升级以及网络安全与传统安全融合交织等给安全防御工作带来了新的挑战。

（一）研究背景

1. 网络空间对抗强度不断升级，攻防呈现新特性

近年来，全球网络攻防对抗的强度、频率、规模和影响力不断升级，中国、美国、俄罗斯等国成为黑客攻击的主要目标国家，国家级攻击事件频频发生。如 2015 年，"匿名者"组织联合多国黑客发动对华网络攻击；近两年，"Strider"组织对俄罗斯、中国、瑞典、比利时等国家展开持续的网络攻击；2016 年，俄罗斯黑客入侵美国民主党委员会计算机系统导致大量敏感电子邮件被泄露，试图干扰大选。

随着网络空间攻防对抗强度的不断升级，网络攻防也呈现出不同于以往的新特性。一是攻防的不对称性。新一代信息技术不断发展催生新安全攻击手段日趋复杂多变，从漏洞后门、远程控制、社会工程学到木马和僵尸网络、拒绝服务攻击、APT 攻击，网络攻击趋向工具化、规模化；攻击类型也从短时间、突发性攻击向高级别、持续性攻击转变。网络攻击和安全防御在手段层面、信息层面的不对称现象都十分突出。二是行为主体的组织性。网络攻击的来源越来越多样化，不但有来自普通的网络黑客、网络恐怖分子的攻击，更有来自国家级、有组织的攻击，甚至是来自国家政府、军队、网络部队的攻击。如 2013 年发生的"棱镜"事件，正是境外情报机构针对世界主要国家发起的国家级、有组织、有计划的互联网渗透和攻击。三是波及关联的严重性。当前，越来越多的事关国计民生的信息系统逐渐实现 IP 化和开放互联，一旦发生网络安全事件，不但有可能造成大规模用户信息泄露、经济财产损失等，更加严重的是有可能导致国家关键信息基础设施系统瘫痪、网络中断、国家重要数据资源泄露、工业领域停业停产、重大人员伤亡等严重后果，如震网事件、乌克兰电力系统事件、以色列电力系统事件等，势必影响到国家安全、经济秩序正常运行和社会稳定。

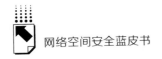

2. 网络安全与传统安全融合交织，威胁无孔不入

万物互联削弱了安全边界的概念，随着攻击点的不断增多和攻击面的持续扩大，网络空间安全威胁迅速向政治、经济、文化、社会、军事等领域传导渗透，对现实世界危害与日俱增。一是越来越多的智能设备被攻击者所利用，网络安全威胁逐渐泛化。2016 年 10 月 21 日，美国域名提供商 Dyn.com 遭遇大规模 DDoS 攻击，导致北美地区大量网站被迫下线，数百万用户无法正常访问互联网，主要攻击流量来源于受到 Mirai 僵尸网络感染的摄像机等逾 10 万台物联网设备。二是网络安全威胁迅速向传统领域蔓延，金融、电力、医疗等领域面临严重威胁。2016 年 2 月，孟加拉国央行 SWIFT 系统遭黑客攻击导致 8100 万美元被窃。2015 年 12 月，乌克兰电力系统遭攻击，造成大面积电力中断 3 ~ 6 小时，约 140 万人受影响。2016 年，洛杉矶、德国、墨尔本等多地医院遭受勒索软件、病毒等攻击，病人监护仪和输药管系统被入侵。2016 年二季度，1.54 亿美国选民的信息被泄露，1.17 亿用户数据在暗网被出售。

3. 我国对网络安全技术提出新要求

面对日益严峻的国内外安全形势，我国也对网络安全技术提出新要求。2016 年 4 月 19 日，习近平总书记在"网络安全和信息化工作座谈会"中提出"树立正确网络安全观，加快构建关键信息基础设施安全保障体系，全天候全方位感知网络安全态势，增强网络安全防御能力和威慑能力"；强调"网络安全的本质在对抗，对抗的本质在攻防两端能力较量"、"要以技术对技术，以技术管技术，做到魔高一尺、道高一丈"等一系列对网络安全技术布局和技术防范的重点和要求，这也是习总书记首次在公开场合提出增强网络安全威慑能力。

（二）研究目的

面对日趋严峻的安全形势和我国对网络安全技术提出的新要求，本文通过研究梳理当前网络安全技术体系，聚焦网络安全防御技术，研究安全技术发展的影响因素、演进规律和发展趋势，研判我国网络安全技术发展现状以及与国际的差距，提出我国安全技术在总体布局、发展重点等方面的建议。研究重点解决三大问题：一是研究梳理现有网络安全技术体系，包括整体视图、细分类别等。二是聚焦网络安全防御技术体系，研究技术发展影响因素和演进规律，包括：安全威胁和风险、信息网络技术的发展变化对网络安全技术手段的影响，以及安全防御技术体系演进规律和热点领域现状。三是研判我国网络安全技术发展趋势，提出发展建议举措。

本研究本着由远及近、从发展中看规律的探索思路，以发现规律、聚焦领域、立足现状、研提建议的脉络开展研究。通过梳理安全技术体系，并分析安全技术演进随安全威胁变化和 ICT 技术发展的规律，选取具有典型发展特征的热点领域分析其安全问题和技术现状，在领域现状中验证安全技术发展过程，最后立足我国安全技术和产业发展的现状，结合安全技术发展规律，提出未来发展思路和建议。本研究思路如图 1 所示。

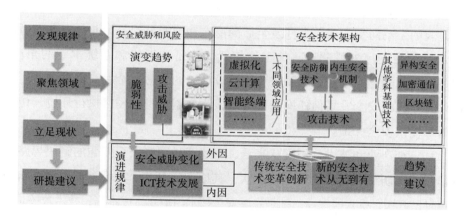

图 1 课题研究思路

二 网络安全问题概述

网络安全问题始于物理层面与"人"之间的分歧。软件、硬件、系统架构和协议等在设计时形成的脆弱性，以及利用这些脆弱性的攻击，是网络安全问题产生的根源。随着外界环境的不断变迁，安全问题面临的主要矛盾和矛盾的主要方面也不断变化，具体表现在：一是网络结构从中心化走向分

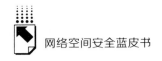

布式自组织；二是用户由"自律"走向"利益冲突者"；三是数据由少量结构化走向海量非结构化；四是接入方式由有线走向无线，本地走向云化；五是终端由"傻瓜式"走向智能化。由于网络安全技术是为应对攻击和威胁而衍生出的应用技术，具有较强的相对性和随机性，即使独立来看安全的系统，在面对互联需求、从封闭到开放的过程中都会发生安全状态的变迁，而网络安全的技术依附性和产业伴生性也决定了其从动性高于主动性。

为了应对外部威胁和解决内生脆弱性，网络安全也衍生出两种解决思路。一是从业务应用的角度，增加外部的防护手段来提供针对性的防御。通过隔离、过滤、检测等附加的安全防御手段对抗来自网络内部和外部的攻击行为，包括以基于 DPI/DFI、特征匹配的攻击检测，事件分析、访问控制、安全审计等为代表的被动检测和分析；以漏洞挖掘、渗透检测、态势感知等为代表的主动防御方法；事件发生后的追踪和溯源方法等。此种思路遵循的是"哪有弱点，在哪设防"的工作模式。二是从网络和系统本身的角度，加强设计的安全性。在底层系统和网络设计之初考虑安全性，通过加密、可信计算、异构安全、零信任网络等方式，为数据本身、网络执行环境、访问行为等提供安全保护。

从安全产业和技术应用现状来看，上述两种网络安全问题的解决思路表现出重外部防御、轻内生安全的现状，其原因有两点，一是针对性的防御方法短时见效快，投入回报高；二是底层安全技术门槛高，成本高，技术攻关难。

三 网络安全技术演进规律

（一）安全技术发展的影响因素

网络安全技术是聚焦应对外部安全威胁和内生脆弱性的技术，在安全技术的应用过程中，安全资产、安全威胁和安全措施构成了影响安全技术走向的三大要素，回答了要保护的对象是什么、需应对的是什么样的安全威胁、要采取的是何种安全措施的安全问题。其中，安全资产是安全技术保护的主体，包括基础 ICT 资产如软件、服务器、域名、Web 系统、ERP 管理系统、工业控制网络等；以及新的 ICT 技术形态如云计算、虚拟化、大数据、工业互联网、物联网、社会网络、移动互联网等。安全威胁是安全技术对抗的对象，包括由攻击行为诱发的外部安全威胁如恶意代码、僵尸网络、APT 攻击、DDoS、数据泄露等；以及内生脆弱性，即由底层系统设计缺陷而引发的协议、软硬件、架构的已知或未知漏洞。安全措施是安全技术应用的具象化形式。从业务应用的角度看，是通过隔离、过滤、检测等附加的安全防御手段对抗攻击行为。从网络本身的角度看，则是通过加强底层系统设计安全性，提高信息系统安全水平。

1. 安全资产内涵和外延的不断扩大推动安全技术适应性发展

作为安全技术保护的主体，安全资产与信息通信技术和产业的发展密切相关。数字化转型带来安全资产范围的不断扩张，整体 ICT 环境升级换代、创新变革。安全资产呈庞杂化、虚拟化、泛化发展态势，也推动了安全技术在应用中不断发展以适应新资产形态的保护需求。具体表现在以下两个方面。

一是随着安全认识的不断深入，传统安全资产的概念持续挖掘和延伸。以往对安全资产的理解局限于主机、服务器、软件系统等。随着安全认识的不断深入，安全资产逐渐扩展到和"行为"相关的方方面面，包括：用户账户、文件、数据、口令信息等。

二是新兴计算模式的出现，引发安全资产形态的变化。以移动计算、物联网、云计算、虚拟化等为代表的新兴计算形式逐渐取代以数据中心、企业网、终端为代表的传统计算模式，新的安全资产形态特点明显。一方面，网络规模、业务种类和数量的爆发式增长，使数据由少量结构化走向海量非结构化，数据逐渐呈现庞杂化发展趋势。另一方面，SDN/NFV 等虚拟化技术不断发展，网络、网元、组件等安全资源逐渐走向虚拟化。另外，接入方式由有线走向无线、本地走向云化，终端由"傻瓜式"走向智能化，安全边界逐渐消失，安全接入逐渐泛化。

2. 安全威胁的发展决定攻防态势呈螺旋式上升

随着安全威胁的演进，安全防御技术聚焦解决不同阶段的现实问题，滞后于威胁的变化，系跟随式发展，安全威胁与安全技术呈现"出现威胁—解决—再进化"的螺旋式上升态势。如图 2 所示。

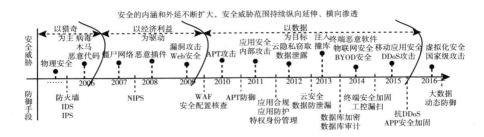

图 2　安全威胁发展过程

究其原因，安全的本质是衍生性、应对性的技术，"解决问题"的目标属性决定了安全技术对安全威胁的跟随性发展，攻防态势呈螺旋式上升。

3. 安全措施成为对安全技术有效性的直接检验

安全措施是保障信息传输和交换过程中的保密性、完整性和可用性等的技术和管理手段，其涵盖安全产品和服务、安全策略、安全产品部署方式、安全管理方式等。安全措施的部署是一段时期安全技术发展的最直接表现，其在不同环境下的应用效果是对安全技术有效性的直接检验，能够发现安全技术应用过程中遇到的具体问题，并对技术的发展形成正向的反馈效应。

从安全措施来看，其发展过程在类别、方法、体系、部署方式方面形成了独特的发展特征，具体表现在：一是类别不断扩充。安全措施的分类维度持续扩充，新的类别不断出现。例如，从措施部署位置看，安全措施逐渐扩充到覆盖应用、传输、接入、终端、数据和云安全防护等各个方面。二是方法不断改变。防护需求日新月异，安全措施依赖的技术方法不断改变。以检测为例，从早期基于规则的检测、到基于特征、基于行为和模型的检测。三是体系不断完善。围绕攻防形成的安全理论和应用技术体系不断完善。曾局限于以隔离、检测为主的防御措施，逐渐向体系化的方向发展，从基础核心技术中衍生出各方面的应用分支。四是部署方式不断变化。安全措施的表现形式、部署位置、部署方式等不断演进。安全防御措施的部署经历了由单点布防、物理隔离、协同防御、纵深防御等发展过程。

　　紧跟安全威胁的演变发展，安全措施的部署方式经历了对单点布防、物理隔离、协同防御、纵深防御等不同部署模式的探索，并逐渐向着动态防御的方向发展的过程，如图 3 所示。

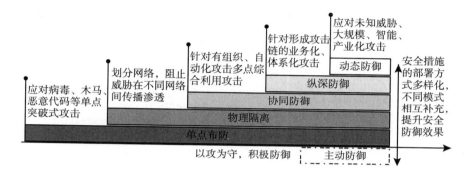

图 3　安全措施部署方式演变

　　● 单点布防阶段：病毒、木马、恶意代码等各类威胁刚出现，为了应对不同种类的安全威胁，衍生出针对性的检测应对手段，要求在保障互联互通的情况下，尽可能地保证安全。

　　● 物理隔离阶段：弥补单点检测可能出现的不足，进一步采用简单的二元安全观在逻辑上将网络划分为内网和外网、专网和公网、涉密网和非涉密网等。

　　● 协同防御阶段：多种检测方式协同，解决物理隔离的方式严重影响互联互通需求、单点防御检测过程过长，检测结果无法快速反馈响应，不同的设备间有冲突等问题。

　　● 纵深防御阶段：在协同防御的基础上，改变部署模式，以入侵容忍的原则，目的在于切断攻击链，从物理结构来看是从安全域到链路到应用层的逐层深入防御。

　　● 动态防御阶段：强调动态化、随机化、前瞻性，以诱骗攻击者、隐藏攻击目标为防御核心，通过高交互性的虚拟化技术、智能学习和预测技术等

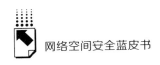
提高目标系统的防御水平。

各阶段防御方式、核心技术和主要问题如表1所示。

表1　安全措施部署方式各阶段对比

	防御方式	核心技术	主要问题
单点布防	检查数据包的各类标识,依靠特征检测威胁,根据入侵者,预设式、特征分析式的工作原理	检测与访问控制共存求荣,主要依靠访问控制、特征检测、异常检测、协议分析等	攻击者能利用一些漏洞绕过基础安全设备 移动、无线接入方式出现之后,接入点增加,边界不明显,基于边界的控制失效
物理隔离	以不可路由协议对可路由网络进行数据交换,网间设置隔离设备封装和转发数据,安全设备阻断外网攻击,两边网络不同时连接,只交换应用数据	专有安全协议、专用通信设备、加密验证机制、应用层数据提取和鉴别认证,只对网间的包的应用数据进行转发,不建立端到端连接	隔离的理念是在保障安全的前提下,尽可能的互联互通,在大规模应用场景下无法满足日益增长的互联互通需求
协同防御	多点联动,各安全产品以统一安全策略互补	主要依靠关联分析、安全管理等手段	厂商分散割据化,各类安全产品难以统一 安全设备封闭化,阻碍协同防御进一步发展,难以有效解决整合和联动问题
纵深防御	自外至内逐层深入,层层检测布防	攻击建模、攻防代价分析、风险分析等	面对高级攻击威胁,防御手段仍会被规避 边界是防御薄弱点,突破各级边界的攻击或造成严重后果
动态防御	根据系统安全情况和可能面临的攻击,进行网络元素的动态重构和变迁	预测恶意软件防御、动态目标防御、拟态安全等	处于比较初期的阶段,商用、企业级的产品和解决方案较少,实际效果仍待检验

总体看来,安全资产、安全威胁、安全措施三者对安全技术发展演变的影响可归结到内因和外因两种不同的推动力,其中内因是信息通信技术的演进,外因是安全威胁的变化。一方面,信息通信技术演进带动安全技术发展,另一方面,安全威胁和防御的拉锯战愈演愈烈,内因和外因在影响安全技术发展的过程中,也对安全技术的应用效果形成反馈和检验。

（二）安全技术体系发展演进

尽管安全技术及安全措施的部署方式随内外因不断发展变化，但其发展过程中，如访问控制、密码等技术贯穿始终；Web 防护、数据脱敏等技术分支从无到有，逐渐出现；而安全域、隔离等技术从有到无，逐步退热。网络安全技术形成了层次分明的体系架构，如图 4 所示。

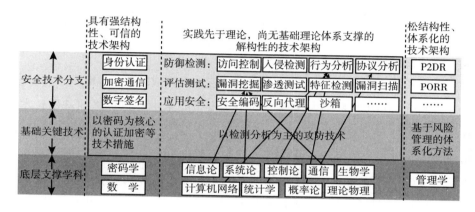

图 4　网络安全技术体系

如图所示，从横向来看，安全技术是由密码、数学、信息论等底层学科为支撑，在其上发展出了以密码为代表的具有强结构性、可信的技术架构，以防御检测、评估测试、应用安全等为代表的实践先于理论、尚无基础理论体系支撑的解构性的技术架构，以及基于风险管理的松结构性、体系化的技术架构。

1. 以密码为代表的体系化安全技术遵循自身演进规律

密码技术的发展经历了由古典密码、近代密码到现代密码的发展阶段。在古典密码阶段，密码技术基于字符变换来保证数据的安全，其安全性的核心是算法的保密。而随着高速、大容量和自动化保密通信的要求，机械与电路相结合的加密设备的出现，古典密码体制逐渐退出历史舞台。1949 年，香农发表《保密系统的通信理论》，基于复杂计算的密码成为可能，近代密码的发展也将密码的安全性逐渐聚焦于密钥的保密而非算法的保密。20 世纪 60 年代末 70 年代初，网络技术诞生并迅速发展，对可靠密钥协商、商用数据加密产生了新的需求。密码技术的发展进入了现代密码阶段，该阶段以对称加密机制和非对称加密机制为代表，是在近代密码发展的基础上可靠高效密码系统的持续发展和应用。

从密码技术的发展过程可以看到，密码在发展演变中其算法复杂度逐渐增高，密钥长度逐渐加大，计算机、通信、网络技术等外界条件的成熟不仅为密码技术带来发展契机，也带来了密码技术本身安全性的不断提升，内因成为推动密码技术发展的主动力。

2. 以检测分析为代表的解构性安全技术受内外因双向推动作用

检测分析是以攻防对抗为核心的实用安全技术中一以贯之的基础技术。在检测分析技术的发展过程中，一方面，信息通信技术的发展带动了检测分析对象的发展。流内容组成从传统的文本、网页、电子邮件等发展到语音、视频、多媒体社交等；流量访问和传输面临超千亿移动设备的联网需求；VoIP、VPN、工控等协议类型不断扩充。随着流传输、访问方式和网络静态结构的变化，检测技术、产品形态和部署方式不断发展，但包括攻击特征解析、病毒解析、用户认证、内容过滤等核心技术仍然适用。另一方面，安全威胁和防御的拉锯战愈演愈烈，攻击特征逐渐淹没在海量的数据中，呈现分散化，且存在大量未知威胁攻击特征，导致检测需求从"看得见"逐步发展为"看得全、看得清"，检测分析技术开始与关联分析、机器学习等手段相结合以提高检测的效率和精准度。

从检测分析技术的发展看，内外因的双向推动带动了检测需求、分析对象、部署方式的不断改变，其技术的表现特征也随之变化，而由于外因即安全威胁发展的随机性较强，内因成为影响检测分析技术发展的主要因素。

3. 应对攻防不对称性的需求带动非对称性安全技术的发展

随着攻防认识的不断深化，防御方逐渐认识到发展非对称、杀手锏技术，扭转攻防在时间上的不对称性是及时防御、形成威慑，甚至是大国网络空间安全博弈中实现战略制衡的有效手段，非对称性技术的发展也成为安全认知从木桶原理到长板原理的典型表现，从传统的补齐短板，在所有方面达到一致的安全性，到发挥优势，以攻为守加强全局安全性。此外，非对称技术的出现不仅仅是单点的技术突破，而是全技术链条或技术面的多点间协同发展的结果。如态势感知、0day漏洞挖掘等非对称技术更多的是贯穿预判、发现、响应等行动域的不同技术手段之间的联动结果，其发展是量变引起质变的过程；而情报收集、信息分析和资源挖掘等相关技术相结合，为以攻为守的防御方式提供了可能。

4. 对性能最大化的追求推动安全技术与新技术碰撞融合

安全技术发展到一定阶段，面对新的应用环境和需求，往往会受到性能的掣肘。因此，安全技术开始与新的需求或计算、网络形态碰撞融合，追求对技术瓶颈的突破。一方面，安全与基础网络、数据分析、物理等领域融合发展，追求性能、效率的最大化。量子密码以物理学作为安全模式的关键，追求通信安全性的最大化；区块链作为新型普适性底层技术框架，区块链中数据公开透明、安全程度高、可追溯性强，有望成为解决网络信任问题的"银弹"；人工智能、机器学习等算法替代传统的二元逻辑，处理海量数据的安全分析问题，提高安全分析的自动化程度。另一方面，安全防御思路寻求转变，防御由依靠外部防御转向内外结合。拟态安全、移动目标防御等动态防御技术以高交互性的虚拟化技术为核心，依靠内生环境主动创建不确定性，混淆攻击者，应对网络空间未知安全风险和不确定性威胁。以虚拟化为核心的攻击诱骗技术，在保障业务稳定性的同时欺骗攻击者，致力于扭转攻防不对称性优势，由单纯的被动防御转向主被动结合的防御方式。

四 热点领域安全技术发展

如前所述，信息通信技术的发展是带动安全技术发展演进的内在因素。而在信息通信技术发展过程中，网络架构、计算方式、终端形态等应用环境的变化，直接影响了安全技术在虚拟化、云计算/大数据、智能终端等领域的应用发展。

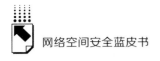

（一）虚拟化

自 2012 年谷歌开始部署 SDN 解决流量调度问题以来，通信设备商、网络运营商推动了 SDN/NFV 技术的发展，并逐步向规模化的商用部署和应用场景扩展。

1. 以 SDN/NFV 为代表的网络/网元虚拟化促进网络能力开放化

以 SDN/NFV 为代表的虚拟化技术的融合发展使得转发与控制分离、硬件与软件解耦成为可能，在应用层、控制层和基础设施层分别实现网络功能虚拟化、网络操作系统和无关协议的硬件转发，如图 5 所示。

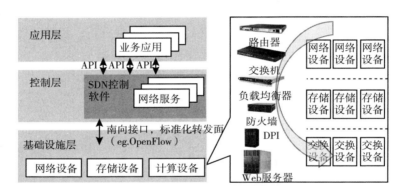

图 5　SDN/NFV 架构示意

● 应用层：实现网络功能虚拟化，主要是网络设备的软件和硬件解耦，使得电信软件能够运行在通用的硬件平台上，便于业务的创新和快速部署。

● 控制层：核心是网络操作系统，作为 SDN 控制器基础平台，包括开源操作系统（NOX、POX 等）和商用操作系统（如 NVP、BNC 等）。

● 基础设施层：根据 OpenFlow 等南向接口协议定义的行为，在底层实现无关协议的硬件转发。

2. 集中、开放的管理架构导致攻击面高度集中，安全漏洞充分暴露

集中、开放是 SDN 架构的优点，也引发了其控制层、应用层、资源层的安全问题，导致攻击面高度集中、安全漏洞充分暴露，具体表现在三个方面：一是应用层的开放性使得安全漏洞充分暴露，传统防护边界被破坏。由于缺乏对 SDN 应用的认证，攻击者可以利用合法应用的代码缺陷，或直接开发恶意应用，向控制器下发恶意流规则，从而达到攻击目的。二是控制层的管理集中性导致攻击对象高度集中，攻击难度下降。网络配置、网络服务控制、网络安全服务部署等高度集中于 SDN 控制器上，攻击者一旦成功实施对控制器的攻击，将直接影响整个网络。三是资源层对接收的流规则无条件执行，易被攻击所利用。在资源层存在预设的安全规则被绕过、窃听导致数据泄露、以资源层设备为跳板的 DOS 攻击等安全威胁，如图 6 所示。

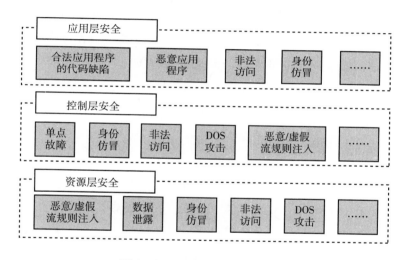

图 6　SDN 网络架构的安全威胁

针对 SDN 安全威胁，目前采取的措施是以控制层为防御重心，实行逐层深入的安全防御策略。研发 SDN 安全控制器是防范控制层攻击的主要途径，一是演进式安全控制器，其在现有开源控制器基础上，添加数据源认证、状态表管理、网络行为分析、访问控制等安全模块，将现有 SDN 控制器逐渐过渡至具备以上安全功能的安全控制器。二是革命式安全控制器，其突破现有控制器在系统架构、编程语言和预留接口等方面的限制，开发全新的、以安全性作为核心问题之一的、内嵌安全机制的 SDN 控制器。

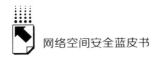

3. 现阶段虚拟化安全技术以实现自防御为发展目标

SDN 安全的发展思路见证了安全资产的变化对基础应用类安全技术的影响，在威胁形态相对不变的情况下，SDN 将防护重心聚焦于控制器，采取内部安全和外部防护并行的思路，其安全技术发展紧扣实现控制器安全自防御的需求。一是提高控制器自身的安全性。包括面向安全的新型控制器和网络操作系统的设计与开发，结合安全管理思想和密码学知识，设计新型、内嵌安全机制的 SDN 控制器，以及控制器攻击检测与防范技术，如面对伪造交换机、资源消耗、控制自身漏洞、DDoS 攻击等多种威胁，使用 IDS、认证、SSL、QoS、IPS、加固等手段对控制器进行防护。二是东西向域间通信安全。聚焦解决控制器跨域系统安全通信问题，主要是分布在不同自治域的控制器之间的安全和实时通信，解决单点故障、扩展性差等问题。三是南北向域内通信安全。目前 SDN 的南向接口比较统一，而北向接口种类相对繁杂，安全漏洞五花八门，其可移植性和扩展性成为未来 SDN 面临的重要安全问题。

（二）云计算和大数据

随着计算模式逐渐由以设备为中心向以服务为中心转变，IT 能力进一步走向专业化、集约化，实现存储、服务、数据资源共享。在云计算/大数据给各行业带来新的发展机遇的同时，数据的集中管理、数据的对外开放、设备的虚拟化等新技术特点和业务新形态应用，也给业务发展和平台架构带来新的安全挑战。

1. 云计算/大数据的新计算模式引发新安全风险

从早期的集中计算方式到分布式计算、网格计算、云计算，虚拟化、并行计算、海量数据管理和海量数据存储技术实现了云计算/大数据架构下计算能力的拆分。在云计算/大数据给各行业带来新的发展机遇的同时，数据的集中管理、数据对外开放、设备虚拟化等新技术特点和业务新形态应用，也给业务发展和平台架构本身带来新的安全挑战。一是敏感数据共享。在云计算/大数据架构中，敏感数据可能跨部门、跨系统留存，任一位置的安全防护措施不当，均可能发生敏感数据泄露，造成"一点突破、全网皆失"的严重后果。二是数据集中管理。云计算/大数据平台中各类数据集中存储，安全事件一旦发生，将涉及海量用户敏感信息和数据资产。三是业务应用开放。平台承载多类型业务应用，服务模式复杂化导致用户信息的传递与转发模型繁杂，用户资源传递难以追踪、定位引发业务逻辑安全、认证鉴权和不良信息管控等安全问题。四是平台组件开源。云计算/大数据平台多使用Hadoop、Hive、第三方组件等开源软件，其设计初衷多为高效数据处理，系统性安全功能相对缺乏，存在安全漏洞。五是基础设施虚拟化。存储、计算等多层面资源虚拟化带来数据管理权与所有权分离、网络边界模糊等新问题，基础资源共享导致虚拟机中的恶意代码可能具有更广泛的破坏作用，影响到物理机或其他虚机操作系统。

2. 云计算/大数据安全形成其独有的安全技术体系

为了应对以上安全风险，云安全和大数据安全分别在数据、虚拟化、平台和业务等方面采取了针对性的防御措施，形成了层次分明的安全防御技术架构。在云安全方面，主要有数据安全、虚拟化安全和网络安全。其中，数据安全是兼顾业务数据的保护和海量离线数据的安全，包括数据全生命周期的分类分级、标识、加密、审计等防护技术，以及数据库审计、数据防泄露、数据库防火墙等防护手段。虚拟化安全聚焦虚拟组件风险控制，包括对虚拟OS、虚机、虚拟化交换机等虚拟化组件实行安全配置和加固、虚拟化映像防护等。网络安全则大体遵循适应安全域动态变化的纵深防护，包括用防火墙和虚拟化防火墙实现网络入口和边界的隔离与访问控制，对云平台出口、生产区域边界等位置的异常流量监测与分析，关键计算服务域的入侵检测和分析等。在大数据安全方面，主要有大数据平台安全和大数据业务安全。其中，大数据平台安全采取与云平台安全防护类似的防护思路，并且在开源组件方面加入额外的账号管理、访问控制等防护措施。大数据业务安全关注信息保护和海量用户数据的脱敏，并建立安全管理模块，对非结构化数据进行处理和操作行为审计。

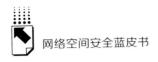

3. 云计算/大数据为解决安全问题提供了新思路

随着云计算/大数据技术的广泛应用，云上的安全防护和数据加密逐渐成为刚需，另一方面，在大规模、隐蔽、未知威胁的作用下，大数据也为安全分析带来了本质的技术革新。一是数据的集中存储和共享要求支持加密数据检索。针对加密数据的检索和操作是云平台需满足的基本功能，需要同态加密等手段。二是安全向基于云的服务模式转变。随着企业的 IT 设施都采用基于云的服务模式，从以"网络或系统"为中心的策略转变为"以信息或数据为中心"的策略，安全能力也逐渐向云端迁移。三是由点到面的安全分析。基于大数据做大安全，包括已知和未知威胁的预警，态势感知和监测预警，主动防御等。

（三）智能终端

1. 新型移动智能终端安全问题日益突出

伴随移动智能终端新技术、新业务和新应用的不断出现，车联网、可穿戴设备和智能家居等新型移动智能终端安全问题也越来越突出。一是车联网系统存在安全漏洞，易被破解。目前宝马、英菲尼迪等部分车型都被曝存在安全漏洞；2015 年，360 团队破解了智能汽车特斯拉的系统，可远程控制车辆。二是可穿戴设备存在数据失窃风险。目前生产厂商重视产品功能而对设备的安全性重视程度不足，导致攻击者可通过攻击获取可穿戴设备内存储数据，进而严重威胁用户数据安全。三是智能家居隐患多。2015 年 3 月，黑客利用手机端漏洞劫持三星 Smart‒TV；惠普公司研究发现，十大热门智能家居设备中，存在 250 个不同安全漏洞。移动智能终端安全问题日益突出。

2. 智能终端安全在网络、应用和终端安全层面衍生出不同的技术分支

移动智能终端设备在为人类带来便捷生活的同时，也为攻击者提供了新的土壤，所暴露的安全问题主要表现在网络安全、终端安全和应用安全三个方面。一是应用安全。主要包括应用安全漏洞和后门、应用内数据安全、用户认证等。二是终端安全。包括以终端应用运行安全、终端应用业务流安全为主的应用运行相关安全问题；以操作系统安全机制、操作系统漏洞为主

的操作系统安全问题；以硬件芯片可信、硬件虚拟化安全为主的硬件芯片安全问题等。三是网络安全。包括接入服务安全认证、传输加密与隔离、网络设备与环境安全问题等。

3. 智能终端安全防护形成了内部加固和外部防御相结合的解决方案

移动智能终端的发展是终端泛化的必然趋势，针对移动智能终端在应用软件、操作系统和硬件芯片上所暴露出来的安全问题，目前在移动智能终端安全防护方面，移动智能终端安全防护形成了内部加固和外部防御相结合的解决方案。

在应用软件安全防护方面。一是终端应用运行安全防护。保证终端应用软件在运行中的安全，防止黑客的入侵；二是终端应用业务流安全，确保终端应用业务流的安全，减少损失。三是移动 APP 加固，部署安全加固软件，以有效降低安全更新服务所带来的重大安全风险。

在操作系统安全防护方面。一是终端操作系统安全机制。对终端进行各种操作的审计和管控，如软件管理、白名单技术等。二是终端操作系统漏洞检测。主要指终端恶意代码防护，即恶意代码采集、查杀和防御技术。三是终端操作系统安全加固。利用对操作系统底层和安全机制的了解，在内核驱动层对操作系统进行加固，防止利用零日漏洞对操作系统进行的攻击行为。

在硬件芯片安全防护方面，一是终端硬件芯片可信技术。可信硬件驱动处于可信机制底层，要确保可信根不能被非授权使用。二是推动终端硬件虚拟化。降低终端硬件带来的风险，以支持迅速容灾备份与快速恢复。

五　我国安全技术发展现状

任何技术的发展都经历了从实验室到产业化的过程，安全技术也不例外。因此，网络安全产业既是推动安全技术落地的着力点，也在一定程度上反映了国家安全技术发展的现状。目前我国已基本形成了覆盖"预测—基础防护—响应—恢复"安全防御圈生命周期的产品和技术体系，为企业和

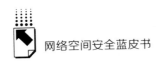

个人用户提供包括风险预判、攻击预测、安全防御、事件检测、追溯响应等在内的全生命周期的安全产品和服务，如图7所示。

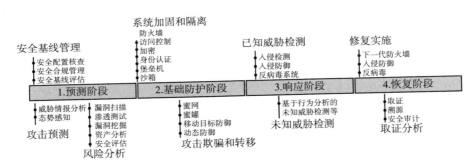

图7 我国网络安全产品体系

从防御周期各阶段所涵盖的安全产品和服务种类来看，我国安全产品目前大部分集中在基础防护阶段，以入侵检测、入侵防御、WAF等为代表，为用户提供攻击检测、访问控制等方面的安全防御；而随着国内市场对安全服务接受度的逐渐提高，安全服务类型和市场规模也不断增长，除了已形成的集成、运维、评估和咨询四大服务领域外，威胁情报、态势感知、事件溯源等作用于预测或恢复阶段的安全防御措施也逐渐以安全服务的形式在兴起，并成为安全企业尤其是以技术创新为主导的初创企业争相布局的热点领域。

（一）我国安全企业发展迅速，产业格局逐渐成形

在基础、通用技术领域，我国安全企业发展已成规模，技术产品相继成熟，成为我国网络安全防护的重要基础。在新兴、前沿技术领域，通过与国际企业与机构的合作交流、学习和技术引进，以及紧跟国际安全技术发展趋势进行产品研发，一批产品相继在国内市场推广应用，尤其是初创企业发展势头明显。一是传统安全企业实力稳步提升，产品线日趋丰富。以启明星辰、绿盟科技、安天、安恒、知道创宇等为代表的传统安全企业在防火墙、入侵检测与防御、身份管理、访问控制等方面实力稳固。二是互联网和IT

企业逐渐加强在安全领域的布局。阿里、腾讯、360 等互联网企业以及华为、华三、中兴、亚信等 IT 厂商利用其人才资源、数据优势等，在云计算、大数据安全等领域加强布局。三是攻防研究实验室/团队引领核心安全技术发展方向。以 KeenTeam、蓝莲花、玄武等为代表的安全团队立足漏洞挖掘等网络攻防核心技术，促进企业安全防御水平提升。四是初创企业发挥技术优势，聚焦细分专业领域。以长亭科技、瑞数信息、微步在线等为代表的初创安全企业在动态防御、威胁情报等细分专业领域崭露头角。

（二）各领域空白渐被弥补，云、大数据安全、动态防御领域创新势头明显

随着我国安全产业各领域空白的逐渐被弥补，不仅在传统安全领域形成了一批有深厚技术积淀的安全企业，在虚拟化安全、工业互联网安全、云计算/大数据安全、动态防御等领域创新势头也逐渐凸显，如图 8 所示。

图 8　我国安全产业总览

（三）以初创企业为创新核心，新兴技术领域紧跟国际安全技术发展趋势

在新兴技术领域，我国也紧跟国际安全技术发展趋势，大批初创企业在自适应安全、动态防御、攻击诱骗等领域，从跟随到抢占技术先机，逐渐引

领安全技术和产业发展方向。例如，在自适应安全方面，2014 年初，Gartner 发布报告《防先进攻击的自适应安全架构设计》（Designing an Adaptive Security Architecture for Protection From Advanced Attacks），首次提出自适应安全的概念，旨在弥补云环境下动态业务、IT 环境和静态安全模式之间的鸿沟。我国已有青藤云安全等初创安全企业，推出相应的安全产品和解决方案。在动态防御方面，瑞数信息、爱加密、长亭科技等企业也在积极探索以虚拟化、多态为核心，隐藏攻击目标，蒙蔽攻击者以提升防御能力的安全技术产品。

（四）网络安全技术及产业短板不容忽视

虽然我国网络安全技术和产业已形成一定的发展规模，但与美国等发达国家相比，我国在核心技术、安全产业、科研能力等方面仍存在差距，发展和完善网络安全技术需充分重视短板问题。

一是基础能力薄弱以及创新不足等制约网络安全技术发展水平。在技术发展基础方面，高端存储、高性能计算等技术作为支撑安全技术性能突破的底层技术，目前在我国还未形成大规模产业应用，制约了安全技术的发展；云计算、虚拟化等新兴技术领域起步较晚，相应领域安全技术的发展也存在时间差，造成技术差距。在前沿、杀手锏技术发展方面，我国网络安全技术发展紧跟国外前沿趋势，但部分前沿技术仍处于概念期，作为主流技术应用的前景有待检验；非对称、杀手锏安全技术的发展刚刚起步，正经历从无到有的成长阶段；强有力基础技术支撑的缺乏导致前沿技术、非对称技术发展后劲不足。在技术创新方面，部分技术创新仍停留在表面，更多是借鉴国际的思路，原创性、根本性、实质性创新不足；借鉴学习西方技术时未能充分考虑底层技术、应用环境等差异；缺乏安全颠覆性技术、非对称技术等核心技术层次的创新。

二是安全产业起步晚，技术产品多样性仍需加强。一方面，我国安全产业起步较晚，尽管经过了近几年的高速发展，但产业整体规模仍旧较小，产值规模与国际相比悬殊；产业结构仍然主要依靠产品，服务采购严重不足，导致我国产业格局与国外出现明显反差，威胁情报、态势感知等部分以服务形态为表现的安全技术发展受到制约。另一方面，目前我国安全产品大部分集中在基础防护阶段，聚焦攻击检测、访问控制等方面的安全防御；威胁情报、态势感知、事件溯源等作用于预测或恢复阶段的安全措施逐渐以服务的形式在兴起，但安全产品同质化问题仍然存在，产品及技术多样性有待提升。此外，我国网络安全企业数量较多，大、中、小型安全企业数量超过1000 家，但产值规模超过 10 亿元的安全企业屈指可数。在企业规模、产业平均利润率等方面，我国缺少能与国外赛门铁克、IBM、FireEye 等企业竞争的巨头型安全企业或独立专业安全厂商。

三是基础理论创新突破和攻关能力不足，国际影响力有待提升。我国网络安全相关基础理论的国际影响力仍存在不足，尽管在国际高水平学术会议上已有一定数量的成果发表，但大部分为与国外机构合作研究的成果，反映出我国在安全基础理论创新和攻关上的不足。我国安全人才培养刚刚起步，教学体系尚不完善。网络安全人才学科教育面临师资力量不强、教材体系不完善、教学缺乏系统性、学生实践机会少等问题，学校培养与实际应用、产业需求存在脱节现象；庞大的地下经济也对安全人才进行腐蚀，加剧了安全人才供给不足的形势。国家级的网络空间安全重点专项于近年才开始启动，与集成电路、宽带移动等其他领域专项相比，安全相关重大战略产品、关键共性技术和重大工程相关专项的投入仍需加强；与美、英、以等国对网络安全研发的长期大规模投入相比，我国总体安全投入占 IT 投入的比例仍不高。

六　趋势和建议

结合安全技术发展演进规律，从总体上看，我国网络安全技术发展应补强基础及通用安全技术的薄弱领域，提高非对称、杀手锏安全技术的制衡能力，构筑前沿、颠覆性安全技术的先发优势，形成安全技术协同创新、快速迭代、互动发展的新局面。一是重点突破基础核心技术瓶颈，夯实基础，补齐基础及通用技术发展短板，提高核心安全技术竞争力；二是攻防同步发展，加强态势感知、零日漏洞挖掘等非对称、杀手锏技术和理论的研究；

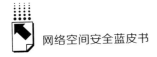

三是超前布局，积极构筑前沿、颠覆性安全技术的先发优势。

总体原则：立足我国国情，厘清技术发展重大方向问题、路线问题，遵循"攻防同步、统一部署、协同攻关、重点突破"的总体发展原则。

总体思路：一是政产学研协同，长期投入，不懈攻关，发展密码、漏洞挖掘、协议安全等基础及通用安全技术；二是政府主导，军民融合，突破监测预警、攻击溯源、零日漏洞等非对称、杀手锏安全技术；三是政府引导，产学先行，注重开放，探索区块链、同态加密等前沿、颠覆性安全技术。

总体目标：在攻防同步发展的大思路下，花 3～5 年的时间，做到我国网络安全"基础牢固、攻防兼备技术先进、产业发达、应用领先"。

（一）基础及通用安全技术随 ICT 技术同步发展，需长期投入、不懈攻关

基础及通用安全技术是奠定国家网络安全技术实力的根基所在，是技术创新孵化的重要土壤。发展基础技术，应该充分调动政、产、学、研各界力量，通过长期的持续投入和不懈的技术攻关，重点突破核心技术瓶颈，以举国之力提升我国核心安全技术竞争力。

1. 摆脱对国外密码技术的依赖，推动密码算法国产化和国产密码国际化

目前国家金融、医疗等重要信息系统中仍采用国外密码算法标准居多，应加快推动国产密码算法在国家重要信息系统中的应用实施，实现行业安全可控。此外，国产密码算法已有部分加入国际标准（SM2，SM9，ZUC 等），但国际影响力仍有限，推动国产密码国际化是我国密码技术研究走向国际的必经之路。

2. 加快部署新密码算法研究，推动密码技术从理论走向实践

一是抗量子计算的密码算法，随着计算机软硬件的发展以及计算能力的不断提升，尤其是量子计算的成熟，对经典密码的安全性提出了挑战，加快新密码算法的研究需求尤为迫切。二是面向大数据的密码系统，大数据环境下用户多、数据量大、数据所在地不确定、操作多样，需要加强对保障静态数据安全、数据传输和处理过程安全、结果真实性和不可抵赖性的密码系统

的研究。三是云环境下的密码解决方案，综合身份识别、数据审计保护、检索查询等实际需求的密码解决方案。四是密码算法与密钥融合的新型密码体制，面向移动互联的轻量级密码技术等。

3.夯实基础，发挥优势，提升我国网络安全检测分析技术能力

发挥我国安全产业优势，把握发展需求，进一步提升安全检测分析基础能力，已有的做大做强，龙头效应带动技术创新，加强国家的战略、政策引导。一是要扩大既有产品的应用范围。以通信、金融等领域的成功实践，推动已有安全检测分析产品在各行业领域的普遍应用。二是要跟上新技术发展的步伐，弥补技术空白和盲区。跟进新威胁、新技术发展，推动针对内部威胁、工业控制系统、车联网、云平台等的检测分析产品研发和技术能力的提升。三是要加强技术产品和能力的云端转型。充分利用云端的数据存储和计算资源，建立"安全数据仓库"，引入情境背景、外部威胁与社会情报信息，实现检测分析能力和精确度的质的飞跃。

（二）非对称、杀手锏技术需由政府主导，立足高位谋发展

非对称、杀手锏技术源于网络安全"易攻难守"的非对称特性，是网络积极防御能力建设的核心，是在大国博弈中实现战略制衡的有效手段。我国应把握"积极防御、主动应对"的原则，充分发挥政府主导作用，军民融合协同创新，全面加强相关理论和技术能力的发展研究。

1.积极防御，以攻为守，发展漏洞挖掘、渗透测试等主动安全防护技术

建立国家级网络安全检测实验室，攻关非对称理论和技术。培育深度漏洞挖掘能力，继续发展基于逆向、反汇编的 Fuzzing 漏洞挖掘技术，探索基于样本测试、异常捕获的深度挖掘方向；扩大漏洞挖掘范围，加大对基础软硬件、关键系统、智能设备、云平台、虚拟化组件的安全漏洞、后门的检测挖掘验证；发展 0day 漏洞挖掘和测试能力，加大对 0day 漏洞原理、触发方式等的全面研究和挖掘验证。

2.发展对安全风险看得清、找得到的全方位态势感知能力

建立国家级网络安全态势感知平台，提升网络安全风险预知和响应能

力。发展态势感知能力，顶层统筹，区域协同，形成基于信息预判技术、漏洞和威胁、安全事件共享的全方位态势感知能力；健全技术手段体系，不断完善"监测预警、应急处置、追踪溯源"的信息安全技术手段体系，提升信息内容监测预警、精细化区域化管控和追踪溯源能力；提升应急响应能力，重视关键信息基础设施、根域名等重要系统的灾备建设，完善跨网络、跨行业、跨部门的应急协调体系，提升国家网络与信息安全事件的整体应对、危机遏制和处置能力。

（三）前沿、颠覆性技术发展需产学先行，开放创新

前沿、颠覆性安全技术是与云计算、大数据、量子计算等新兴技术领域紧密结合的技术蓝海，是我国短期内有望从跟跑到并跑甚至领跑的重要技术领域。发展前沿技术，我国应注重开放创新，坚持政府引导、产学先行的大原则，鼓励发展一批具有前瞻性、先导性和探索性前沿安全技术。

一是把握虚拟化发展契机，发展以虚拟化为核心的高交互动态防御技术。鼓励产业创新探索，大力发展一批实用性强的前沿安全防御技术产品。借鉴吸收网络安全防御前沿理念，研究指令集、IP 地址、配置和组件等底层元素的动态重构和变迁方法，探索突破一批高交互、异构防御技术，提高网络安全整体防御水平；探索构建以预测恶意软件防御、动态目标防御、拟态安全防御等前沿技术为基础的网络安全动态防御技术体系。

二是人机交互建立级联效应，推动人工智能在深度安全分析中的应用，实现网络安全以快制快、以智对智。抓住人工智能产业发展机遇，促进实验室成果孵化转化。推动人工智能在网络安全分析领域的融合应用，借助 AI 的学习和进化速度应对变化的攻击行为，探索网络安全实现高度自动化的可能性。鼓励企业建设和应用大数据安全分析平台，促进安全分析智能化发展，推动人工智能在入侵检测、态势分析、攻击预警等领域的应用。

三是全面推进以密码为核心的前沿理论的融合创新研究和实用化。发展从密码衍生的前沿安全技术，探索解决认证、信任、保密通信问题的新思路。一是生物特征识别，探索将生物特征的唯一性和不可变性与经典密码相

结合的方法，重点研究本地认证和远程认证的场景差异，探索基于生物特征识别的身份认证方法。二是区块链，通过对金融、医疗、通信等领域区块链服务模式部署的探索，开展对基于区块链的分布式信任服务模式的研究，研究用区块链解决大规模信任管理问题、DNS 安全等问题的技术方案。三是量子密码，充分发挥我国在量子通信、量子密码领域的基础优势，推动产学研各界对量子密码技术领域的探索和布局，鼓励通过建设联合实验室等方式，促进研究成果转化，并推动其产业化应用，提高关键技术的开发和应用能力。四是同态加密，对于理论研究已相对完善的同态加密技术，需继续加大投入、加强引导，推动相关技术的实用化和落地。

（四）以政策为导向，以标准为规范，以产业为根基，多措并举促进技术发展

1. 以政策为导向

一是政策举措的贯彻落实，加大对《国家信息化发展纲要》、"十三五"规划等有关安全技术发展方向和举措的贯彻落实。二是科研专项的鼓励引导，加强核高基、网络空间安全重点专项、国基金等科研专项中对安全技术研究方向的正确引导。三是鼓励扶持产业发展，鼓励将安全产业纳入国家相应的基金和专项资金支持范围，加大对中小、创新企业的扶持力度。

2. 以标准为规范

一是完善标准的规划和研究，加强网络安全标准化工作的顶层设计，完善标准制定的战略与基础理论研究；跟踪信息及安全技术和标准化发展动态，完善技术标准体系，加快制定区块链、智能设备安全等新技术新业务安全标准。二是推动标准应用落地，加大标准规范的宣传贯彻力度，切实做好标准实施监督和检查工作；建立政府监管部门之间的沟通协作机制，避免造成资源的重复和浪费。三是提升国际影响力，积极参与网络安全国际标准化活动及工作规则制定，推动我国密码、云安全等标准国际化，逐步提升我国在网络安全国际标准化组织中的影响力。

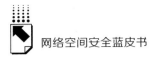

3. 以产业为根基

一是加强创新能力建设，增强产业竞争实力，加强政产学研用结合：鼓励企业与科研机构、高校合作共建研发中心、技术与产业联盟。二是创新合作机制，鼓励建立以产业链为基础的多层次合作联盟，支持以企业和专业机构为核心的联合团队通过共同承担国家重大项目等方式开展安全技术自主创新，提升创新能力。三是促进产业集聚发展，加强以骨干企业为龙头的国家网络安全产业基地建设

七　总结

发展网络安全技术，要把握网络安全技术发展的内在规律，辩证地处理安全与发展、开放与自主的关系，在攻防同步发展的大思路下，夯实基础，厘清头绪，花 3 ~ 5 年重点突破和掌握一批关键/核心技术，打造具有我国特色的安全技术/信息技术生态系统，扭转被动局面，实现安全技术从跟随引进到自主创新的跨越发展。

B.15
网络安全漏洞产业及其规制初探*

石建兵　黄道丽**

摘　要：　网络安全漏洞的信息披露政策和共享是漏洞治理的核心事务。
本文尝试通过研究网络安全漏洞产业的企业分布来讨论规制
因素及规制方法。首先归纳漏洞的基本特征以及漏洞产生的
原因，通过划定漏洞的生命周期，对应于漏洞信息的发现、
披露和利用等三个环节，借鉴漏洞产业的研究框架，描述漏
洞产业化的发展过程，辅以归纳和预测漏洞产业可能的发展
趋势，侧重将漏洞产业分为厂商、漏洞发现、漏洞平台及漏
洞利用等四个部分逐步讨论可行的规制因素，最后提出漏洞
产业的规制方法和建议。

关键词：　漏洞　漏洞生命周期　漏洞产业

随着各种信息系统对信息的处理能力与存储能力的提高，海量丰富的数
据信息和方便快捷的服务，促进了劳动生产率的提高和社会进步。同时，信
息系统中蕴含的巨大宝藏，也使得能突破信息系统的防护获取控制权的技术
能力变得炙手可热。信息系统自身的缺陷和巨大的经济利益诱惑，直接推动
了漏洞交易市场的形成。与此同时，信息安全攻防领域内的分工日益细化，

　　* 本课题获信息网络安全公安部重点实验室开放课题项目资助，项目编号：C15605。
　** 石建兵，上海社会科学院应用经济研究所，博士研究生，主要从事数字经济、信息安全产业
　　　政策研究；黄道丽，公安部第三研究所（信息网络安全公安部重点实验室），副研究员，主
　　　要从事网络安全法律研究及相关政策研究。

围绕着"漏洞"攻防促进了网络漏洞产业的发展。根据美国网络安全公司 *Cybersecurity Venture* 发布的季度报告《2015 全球网络安全市场报告》[①]，全球网络安全市场由市场规模预测确定，据预测 2014 年的市场规模为 710 亿美元，到 2019 年将超过 1550 亿美元。各类与网络漏洞相关的犯罪数量和手段不断升级，每年大约给世界经济造成数千亿美元的损失，同时也威胁着国家安全利益。自伊朗"震网病毒"事件始，武器级"漏洞"已悄然现身，各国对漏洞信息控制权的争夺也日趋白热化。

网络安全漏洞作为重要的资源和知识产品，围绕网络安全漏洞的挖掘、披露和利用正在造就一个日益繁荣、黑白难辨的新兴市场。既有发展庞大的、有高度组织性的地下市场，对全球范围内的政府、企业和个人的网络安全造成巨大的威胁；也有如 CERT/CNCERT 等政府机构建立的国家级、公益性的信息安全漏洞共享平台或民间漏洞披露平台等，力图打破地下市场的技术垄断，而成为推动漏洞修复，维护网络安全的重要力量。促进网络漏洞产业合理有序的发展，让安全漏洞从挖掘、披露和利用各个阶段都处于可控可管的状态，有必要从产业角度进行研究和分析。基于此，本文尝试对当前紧迫的安全漏洞的治理问题从规制因素层面作初步探讨。

一 漏洞的产生及生命周期

（一）漏洞产生的原因

漏洞也称脆弱性，是网络信息系统中必然存在的弱点和瑕疵。我国国家标准《信息安全技术 信息安全风险评估规范》（GB/T 20984 – 2007）将信息系统脆弱性定义为"可能被威胁所利用的资产或若干资产的薄弱环节"。而李健等学者总结网络空间漏洞是指计算机系统的硬件和软件、网络通信协

---

① Cybersecurity Industry Growth Outlook – 2H 2015，http：//sandhill. com/article/cybersecurity – industry – growth – outlook – 2h – 2015/.

议、网络系统安全策略方面存在的缺陷。攻击者能够在未授权的情况下，利用这些缺陷，访问网络，窃取数据或操控数据，以及瘫痪网络的功能，甚至对网络系统制造物理性破坏①。从上述的漏洞定义看，漏洞是网络信息安全的内部威胁，本身并不会造成损害，但所有的安全威胁均是由于漏洞的存在，一旦漏洞被发现、披露和滥用就可能造成损害。

综合多个文献总结，导致漏洞形成的原因包括客观和主观因素，客观因素主要由于软件系统功能更为复杂、互联网蓬勃发展下的设备的广泛链接、操作系统及硬件架构过于集中和单一、开发商技术能力越来越不能满足大型系统的开发等情况。主观因素主要是厂商出于经济性的考虑，不能或者不愿意承担"足够安全"的信息系统所需要额外开发和测试的成本，也包含由开发人员故意开发或部署的恶意代码，甚至预留系统后门等因素。

对于技术性因素引起的漏洞，业界的基本共识是，软件开发商承担了软件的设计与开发，需要对软件的安全使用承担相应的责任，所以漏洞的修复通常也必须由其来完成。据此，厂商和开发者作为漏洞产生和修补的主要干系人，在未来的漏洞治理中也是一个重要客体。

（二）漏洞的生命周期

漏洞一般会贯穿软件或硬件产品的全生命周期，即在设计、开发阶段可能相关漏洞即已存在，但通常较为关注的是在发现和披露阶段。经过初步研究，漏洞生命周期一般如图1所示。

漏洞的生命周期一般分为开发、发现和披露三个阶段。

开发阶段。主要指系统在开发初始即关注安全漏洞问题，从开发角度看，一般包含需求定义、设计、开发、测试及部署等阶段，这些都被视为安全漏洞产生的起点。发现阶段。在产品发布被应用后，即进入漏洞发现阶段。此阶段即为漏洞的被侦测及发现的一个过程描述，根据信息安全公司定

---

① 李健、温柏华：《关于网络空间漏洞国家管理的观察与思考》，载惠志斌主编《中国网络空间安全发展报告（2015）》，社会科学文献出版社，2015。

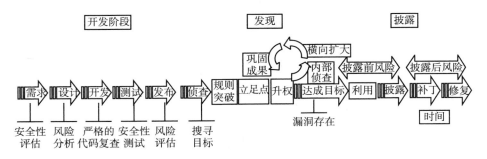

图1 漏洞的全生命周期

义的 *FireEye* 的发现模型[①]，一般包括初步侦查、规则突破、设置立足点、提权、内部侦查、横向扩大、巩固成果等阶段。披露阶段。此阶段是漏洞治理中最受人关注的部分。

漏洞产业化的主要阶段，一般分为评估、披露、补丁和修复四个阶段。漏洞的发布渠道通常有向厂商直接报告、公开的论坛、竞赛、漏洞发布平台、地下市场等。通过漏洞的生命周期分析可在不同的阶段采用有针对性的管控治理模式，以便实现漏洞安全治理的目标。

（三）漏洞利用及其缓解技术

漏洞利用在当前主要有两种类型：一是针对控制流的劫持类攻击，二是基于数据流的攻击。通常基于控制流的攻击往往直接攻击主机，通过发现和寻找系统的弱点进行提权操作获取更敏感的访问权限；而基于数据流的攻击往往是瘫痪或者利用规则漏洞进行敏感数据访问等目的而进行的操作，漏洞利用技术属于"攻"。而漏洞缓解技术一般指防止漏洞被利用或者提高漏洞入侵难度的方法，可看成漏洞的"防"。

一般"进攻"的目标是利用漏洞从而获得高价值的敏感数据或系统控制权，这两者是漏洞产业中黑市的主要交易对象，也是最有价值的经济目

---

① FireEye Incident Investigation Solution , https：//www. fireeye. com/content/dam/fireeye－www/global/en/solutions/pdfs/sb－incident－investigation. pdf.

标。围绕这个目标，"攻"和"防"的技术及市场都得到快速发展，催生了网络安全漏洞的产业化发展。

二　网络漏洞市场及其产业化发展

（一）漏洞市场的类型与治理

漏洞市场主要指漏洞发现后进行信息公开和交换的场所，后逐渐发展成可交易的模式。总的来说，现有的软件漏洞市场主要分为以下几种类型。

1. 漏洞挑战赛

漏洞挑战赛通常作为公开赛的形式出现，通过现场展示攻防技巧和方案，促进行业和安全软件的发展，对于厂商、安全研究人员和黑客都是一个较好的平台。

2. 漏洞代理

主要有政府干预市场、企业漏洞市场和地下市场。政府干预市场，即政府干预下的漏洞市场，常见的有 CERT 模式，这种模式主要参与者一般为政府机构。很多国家开始投入大量资金成立国家的软件漏洞信息库，由政府提供公共品服务，其目的在于提高一国的网络信息安全防护能力。但由于漏洞也是一种有价值的知识产权产品，政府很难通过强制手段要求发现者共享或义务提供，一般也会采用准市场的方式来最大可能获取这些成果，目前，政府干预市场的交易方式主要有三种模式：内部发现、合同研究和对外部购买。内部发现指政府设立专门的研究机构来进行漏洞发现并检测，但政府也愿意付出成本来获取漏洞信息，也就是通过合同研究和外部购买通过外包的方式来获得漏洞信息。各国 CERT 中心是这一类型漏洞代理的主要代表。

企业漏洞市场。软件供应商漏洞市场主要分有偿和无偿两种模式，主要由厂商或非政府机构提供服务，与政府干预市场相比此类市场交易相对活跃一些，目前较为成熟的企业漏洞市场如表 1 所示。

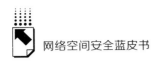
表1 当前较为活跃的企业漏洞市场

市场名称	所有者	类型	设立时间	备注
Vulnerability Contributor Program(VCP)	iDefense(VeriSign)(美)	研究、交易	2002 年	
Zero Day Initiative(ZDI)	TippingPoint(Trendent)(美)	研究、交易	2005 年	
oCert	The oCERT team	开源漏洞披露	2008 年	
Project Zero	Google	研究、发布	2014 年	
HackOne	HackerOne(美)	漏洞众测	2012 年	知名用户如 Yahoo、Twitter、Adobe、Uber、facebook 等均使用
Zerodium	Zerodium（Vupen Security)(美)	研究、交易	2015 年	
Packet Storm	Packet Storm(美)	交易	1998 年	
Nettragard	Nettragard(美)	研究、交易		
Qavar	Qavar(新加坡)	研究、交易		
ReVuln	ReVuln(马耳他)	研究、交易		工控软件的零日漏洞交易,如 SCADA 系统等;
Vulnerabilities Brokerage International(I)ruid)	DustinTrammel(美)	交易		
COSEIN	COSEIN(新加坡)	研究、交易		
乌云网				已暂停
漏洞盒子				已暂停

注：作者综合整理自网络。

地下市场。地下漏洞市场可分为暗网市场（*Darknet Markets*）和黑市（*Black Market*）两种，两者交易途径略有差异，但同样也有内部发现、合同、购买（含拍卖）三种交易模式。主要涉及的参与者为出售漏洞信息的卖方和意图将漏洞信息用于恶意利用的买方。这种形式的交易若在线完成一般会出现在暗网中，除最早的 *WabiSabiLabi*（已关闭）、*Silkroad*（已关闭）较具知名度，截至目前尚有约 70 多个较为活跃的地下黑市市场，其中以 *TheRealDeal*、*Cyber Arms Bazaar*、*Darkode*、*Silkroad 2.0*、*Alphabay*、*Dream Market*、*Valhalla*（*Silkkit*）等地下市场在线率高、交易相对活跃。而直接交易敏感数据的一般在黑市较多，其交易手段与传统商品交易黑市类似，形态也较多样，取证及取缔均存在一定的难度。

由于目前基于市场的治理模式相对简单，一般采取鼓励和限制两种做法，若市场中存在相当多的非法商品或不合乎规范的行为，就会采取限制或其他管制的办法来禁止服务或限制服务，而对于促进信息安全产业发展的服务和商品，则应给予鼓励和支持。

（二）漏洞产业化的形成过程与现状

在漏洞市场的蓬勃发展下，漏洞产业化也悄然形成，典型的特征是分工越来越明确、各部分功能也越来越专业，有着专业细分服务以及相对完善的品质控制，形成富有特色的经营方式和组织形态。

近年来，关于漏洞行业的产业化问题，受到国内外理论界的普遍关注。如韦韬等人在《软件漏洞产业：现状与发展》（2010 年）文中提到软件产业，提出可以通过漏洞的生命周期分解成漏洞发现、安全信息提供、漏洞信息资源应用等三个环节，对应于此，可以把软件漏洞产业也划分为三个环节：厂商作为前端，上游是漏洞发现，中游是安全信息提供机构（SIP），下游是各种行业应用[1]。而在维基百科中将"用来描述与软件漏洞、零日、赛博武器、监视技术及其相关工具的销售市场与相关的事件"的定义是"Cyber - arms industry"[2]，从字面含义可理解为"网络武器产业"，查阅相关细节其在定义时参考了彭博社（Bloomberg）的相关系列报道，其内涵与韦韬等人的概念在一些基本特征如市场、供应商等方面还是吻合的。本文考虑到该产业发育相对成熟，为便于进行分析监管方案，故借用此框架进行分析。

如同其他产业的发展历程一样，漏洞产业也是在技术进步和市场逐步完善的基础上逐步形成的，截至目前漏洞产业化可分为三个发展阶段：产业导

---

[1]　韦韬、王贵驷、邹维：《软件漏洞产业：现状与发展》，《中国信息安全》2010 年第 1 期。

[2]　https://en.wikipedia.org/wiki/Cyber - arms_ industry.

入阶段、发展前阶段和发展中阶段，主要划分的依据是沟通方式和产业内企业数量和规模。

1. 产业导入阶段

此阶段的起点可定义到计算机的发明应用或商业化的正式应用，完成时间可到互联网刚兴起的年代（可定为第一个商用搜索引擎 *Yahoo* 投入运行的时间，1995 年），因为此阶段大部分的产品仍然是以信息孤岛运行的，这些产品即便存在缺陷或漏洞由于物理位置的隔离，通常也很难形成大规模的影响。在这个阶段，其产业形态较为简单，一般仅包含厂商和用户（含部分安全爱好者），并无其他类型的专业服务机构或专业的产品市场，但如同任何其他经济体一样，地下市场总是或多或少的存在着。其产业构成如图 2 所示。

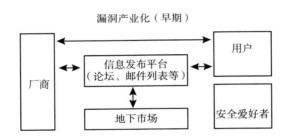

图 2　漏洞产业化的导入阶段示意

2. 发展前阶段

由于计算机及网络技术的迅速发展，此时网络漏洞开始显现它的经济价值，但在此阶段能够发现和利用漏洞均为计算机专业人士，通常认为对于经济利益的追求并非第一位，漏洞将主要以提交厂商或 *CERT* 为主。此阶段的完成可用安全信息公司 *iDenfense* 设立 *Vulnerability Contributor Program*（*VCP*）为标志性事件。

其产业模式如图 3 所示。

本阶段产业链开始形成；企业和用户分布开始集中；开始有专门化服务；有网站开始尝试进行网络漏洞披露，如美国在 1988 年即设立 *CERT* 进

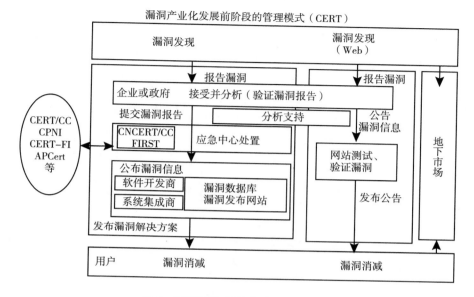

图 3　漏洞产业化的发展前阶段示意

行漏洞的披露管理，此阶段进行漏洞交易的地下市场开始出现。最主要的特征是：由于计算机及网络技术的发展，互联网聚集的人群越来越多，网络应用越来越丰富，多种多样的商业服务、电子政务开始应用，网络上存在大量的高价值目标。

3. 发展中阶段

本阶段可定义为自发展前阶段到目前，及今后数年。本阶段的主要特征为：分工越来越专业化，有明显的上下游协作关系，同时各企业在纵向联系中较为紧密，故参照韦韬等人的定义进行进一步梳理，其产业发展关系如图4所示。

软件漏洞产业主要由位于前端的厂商、上游漏洞发现、中游漏洞披露以及下游漏洞利用组成。首先，软件产业是软件漏洞产业的前端，一般指软件企业和所生产的软件。其次，漏洞发现是整个产业运作的源头，涉及的企业主要包括漏洞研究机构、计算机辅助分析工具提供商等。第三，中游是安全信息提供机构（*Security Information Provider*，*SIP*），它是漏洞产业的枢纽，

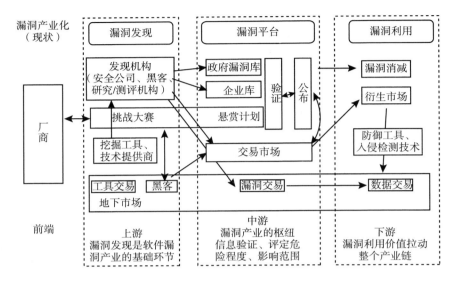

图 4　漏洞产业化现状示意

其主要职能是验证漏洞信息，评定其危险程度，分析相关版本中漏洞的存在情况，同时联系督促软件厂商进行修补、发布升级。第四，*SIP* 将杂散的漏洞信息，提升成可以计算和利用的漏洞知识，交付给下游使用。下游是整个产业中最为鱼龙混杂的所在，可以是极具专业意识的衍生市场，也可能是游走在黑白边缘的漏洞使用者，无疑给监管带来更大的挑战①。

（三）漏洞产业化的发展动力

漏洞产业化的主要促进因素如下。

1. 网络效应

由于这个产业主要是双边市场，交易双方具有相互依赖性，这就是网络效应（*network effect*）或者需求方的规模经济（*demand - side economies of scale*）。在网络安全漏洞产业中，一个产品使用的用户越多，吸引的安全研究人员也就越多，而其挖掘出的漏洞价值也就越大。例如零日漏洞的销售商

---

① 韦韬、王贵驷、邹维：《软件漏洞产业：现状与发展》，《中国信息安全》2010 年第 1 期。

Zerodium 公司其针对各类零日漏洞制定出不同的价格表，其收购金额最高的针对苹果公司最新的 iQS 越狱漏洞为 150 万美元之巨，而在 2015 年同类漏洞为 100 万美元。此网络效应不仅仅体现在吸引更多安全研究人员参与所呈现的"正向网络效应"，也有漏洞越多的产品将被更多用户所弃用而表现为"负向网络效应"，在产品中出现"负向网络效应"实际也是市场对于安全性能不佳的厂商一种惩罚。网络效应还会出现在交易平台、研究机构、服务商等各种参与方上。

2. 锁定效应

在安全漏洞产业中，锁定效应处处可见，如所使用的软件或系统，虽然存在各种漏洞，但由于锁定效应的存在将仍然不得不依赖于这些等待修补的软件或系统；而在这个过程中，就给漏洞消减乃至黑色产业链带来更多的机会，要么使用更高效的安全服务，要么等待网络窃贼打包掠夺走你的数据资产。

3. 规模效应

产业内企业在生产规模达到一定程度后，其生产、管理成本会下降，从而利润增加，而且由于运营的是数据资产，其规模经济可能会无限大。当然，漏洞产业化也有不少制约因素，包括负的外部性和道德风险等。从经济运行角度看，漏洞的存在对于整个经济运行就是负的外部性，本来可以忽略或者不处理，但由于各种因素的存在，使得这个产业变得更加畸形发展。关于道德风险主要指参与交易的一方所面临的对方可能改变行为而损害到本方利益的风险。由于漏洞本质上也属于专有的知识产权，具有相应的独特性和时效性，如厂商提供的产品是否有瑕疵、漏洞信息的发布是否完整、漏洞发现和验证过程是否有违相关准则、漏洞交易是否独家等一系列的问题，道德风险也是这个产业良性发展的关键。

（四）漏洞产业化的发展趋势

纵观而言，这个产业目前尚处于高速发展阶段，其大致发展趋势如下。

（1）专门化：漏洞产业将越来越专门，参与其中的企业将越来越多，分工也将更明确，另外由于网络效应的存在，在相关领域如安全技术、产品

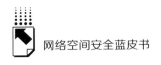

提供商、甚至漏洞平台还会出现垄断企业。

（2）碎片化：网络空间主权的模糊及各国政策、法律法规的差异，为应对各类监管措施，但又由于网络监管的难度，同时这个产业所运作的商品又是不可见的数据资料，这个产业将不可避免的碎片化，以便于企业的生存和发展，同时赚取更丰厚的利润。

（3）柔性化：对应碎片化的企业布局，整个产业的生产运作方式将更为柔性化，以面对更具弹性的客户需求和外部监管。

（五）漏洞产业化的治理需求

1. 前端厂商的规制需求

前端厂商由于提供的产品存在漏洞，也是整个产业的存在基础，似乎是整个产业链最基础的受压迫者，但也应当看到厂商也负有相应的责任，通常厂商出于经济性的考虑，有可能没有完全或者充分地进行安全设计评估、安全性测试等导致系统存在漏洞，而且在漏洞被发现后，厂商也应保证漏洞修复的效率，及时通知用户，以避免更多无谓的损失。

从治理角度看，厂商可能出现的漏洞可归结为无意漏洞和有意漏洞两种：由于非自然力、设计不严谨、错误的测试用例、开发技术不熟练、安全性测试不完整、使用配置不当等原因引起的漏洞，都可视为厂商无意而为的失误所引起的漏洞，对此，需要规制厂商对于漏洞的修复效率以及公告的范围要求等。而对于厂商出于某种考虑故意设计或预留的漏洞，如在系统有意留"后门"等，则属于可查证的一种恶劣行为，是行业所不容许的，需要严惩。

2. 上游漏洞发现及其治理需求

漏洞发现过程需要大量的技术和人力，同时也需要大量的社会协作，其成果也是一项知识产权。在产业中这类企业较多，但主要有两类。

（1）漏洞发现机构。漏洞发现机构主要包括了黑客、安全公司、测评机构和研究机构等。除了黑客组织、小型安全公司和专门的政府机构以外，大部分的漏洞发现组织并不主要经营漏洞发现业务，只是将漏洞发现作为其提供的安全产品或服务的核心能力。

（2）挖掘工具及技术提供商。这些供应商提供漏洞发现所必要的工具和技术，如软件逆向分析工具，漏洞挖掘工具和漏洞验证工具，以及提升漏洞发现效率的错误注入工具、静态分析工具等等，为漏洞产业的各个环节提供技术支撑。[1] 关于漏洞发现的治理，主要在漏洞分析和嗅探的方法和挖掘对象的选择，对于工具和技术的销售，主要在于销售对象的选择。

3. 中游 SIP 的作用及其治理需求

SIP 的运营模式及工作及时性、成果的有效性对社会安全利益有着重要的影响，也是信息安全经济学关注的焦点。一般认为，有如下三个方面需要平台去考虑如何提供有效的服务。

（1）运营模式。运营模式主要指漏洞搜集模式和漏洞公布模式，这是规制的重点，在不同的法律规范基础和不同的政策出发点，其承担的责任不同。首先，关于漏洞搜集模式。不同的漏洞搜集模式会导致善意安全人员和黑客付出不同程度的努力去发现漏洞，也会使用不同的途径进行漏洞发布，在整个产业中需要从经济性和法律规制角度去认证思考，当然漏洞信息收集模式的差异也会导致不同的收益人群规模，与社会总福利息息相关。在具体的交易中，定价策略及交易规则也是需要规制的考量点。其次，关于漏洞披露策略。漏洞的公布策略在整个产业中是最为关键的环节，其设计漏洞公布的时机、公布的范围等。漏洞收集及披露的治理也是目前各国研究的重点，其治理需求较为广泛，涉及漏洞信息通过什么方式提交，漏洞信息在专业机构、研究人员和厂商间如何共享，何时或者通过什么方式向公众披露等。漏洞披露策略应当谨慎、审慎的设计和评估，一方面既要符合漏洞治理和利用的要求，另一方面也要符合全社会总体安全利益。

（2）漏洞数据库与漏洞验证。重点在于是否建有安全可靠的漏洞数据库及是否有能力进行漏洞验证。漏洞的验证也是在探讨各项法律规制时需要重点考虑的内容。

---

[1]　韦韬、王贵驷、邹维：《软件漏洞产业：现状与发展》，《中国信息安全》2010 年第 1 期。

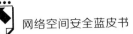

（3）SIP 产业中的企业。包括如表 1 所列出的典型漏洞交易市场的各类企业，还有通常由政府机构建设的政府漏洞库管理机构，如 CERT 等，还有相当多的从事安全评估的专业机构等。漏洞信息平台是整个产业中最为关键和重要的环节，所以对于平台的管理和建议是进行规制的立足基点，涉及漏洞信息共享的责任、权利和义务等方面，还与市场的建立和运营密切相关。

4. 下游的漏洞信息资源应用，需求牵引产业发展

主要涉及信息安全保障和信息安全风险评估，数据交易，以及软件安全能力测评等。

（1）漏洞消减。消减的主要目的在于阻止不合法的用户利用漏洞，或提高漏洞复用的难度。例如在漏洞发现及披露后，应在广泛的范围内进行影响范围评估、快速开发、测试和部署补丁等。

（2）数据交易。在目前整个漏洞产业中，数据交易无疑是整个产业中最能体现价值的部分，但由于相关法律法规的限制，目前主要以地下市场的形式存在。

（3）安全能力评估与防护产品。漏洞与安全性难以评估有着密切的关系。通常需要第三方机构从测评的角度对于产品的安全能力和安全性能做出主动、客观的评估，才能促进漏洞的有效管理；在漏洞的发现与利用中，还会促进安全防护工具及入侵检测技术的发展，也会有更多的企业和服务商进入。

由于目前所能观察到的漏洞危害，一般是通过漏洞利用的后果程序来评定的，这方面也属于可观察和可度量的，也是目前监管和治理的重点，但采用哪种管理机制和形式更为有效，是当前业界进行深入分析与探索的一项议程。

三 网络漏洞产业的规制初探

（一）漏洞产业的规制方法

由于漏洞产业涉及整个国家的信息安全和网络空间疆域，不仅需要关注漏洞产业的健康发展，还需要更多地从国家整体利益出发寻求恰当的规制手段和方法。

据此，我们初步对漏洞产业的规制节点整理如图 5 所示。

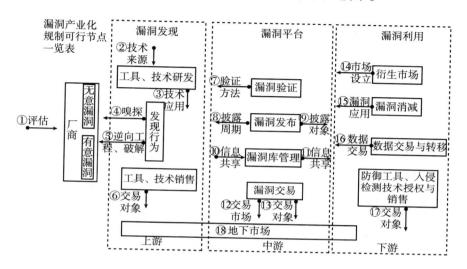

图 5　漏洞产业化规制可行节点一览

结合漏洞的生命周期及产业发展状况，我们初步整理了 18 个漏洞产业可进行规制的节点，这些节点不仅是产业发展与社会的界面，同时也是提高社会总体福利的管控点，也可称为构建网络安全社会的基点。

（二）漏洞产业的规制因素评估表

结合漏洞产业的规制可行节点，我们还尝试在各国的规制方法中梳理出了规制因素，这些同样适用于中国的规制政策建议。规制因素评估表如表 2 所示。

表 2　漏洞产业的规制因素评估

规制节点		规制要素	规制方向	规制操作
准入	厂商准入	厂商的安全性审核	限制	社会规范、法律
	指引厂商开发更安全的产品	政策性鼓励	鼓励	架构、经济

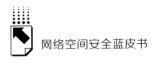
续表

规制节点	规制要素	规制方向	规制操作
前端厂商	无意漏洞的政策	减少安全隐患	激励性 – 厂商自律、关注安全	架构、经济
	无意漏洞被发现后通知用户的方法、周期		激励性 – 及时通知	经济、法律
	漏洞被发现通知用户的范围	审核是否符合双边协议		法律
	有意漏洞的处置	有意漏洞的惩罚	限制	架构、经济、法律
上游漏洞发现	工具和技术研究	工具和技术的持续研究	激励性	架构、经济
	技术共享	技术来源的限定与审核	激励性与限制性	经济、法律
	发现手段及行为	发现漏洞的方法	限制性：对于商用及高保密系统的保护；	规范、法律
	逆向工程在发现中应用	发现漏洞所采取的手段	限制性：保护厂商权益	架构、规范、法律
	发现工具及技术的交易	技术和工具的销售	鼓励性	架构、规范、经济、法律
中游漏洞平台	漏洞验证方法	漏洞如何进行验证、检验及影响范围评估	限制性	架构、规范、法律
	漏洞披露的周期	漏洞披露的周期	激励性	经济、法律
	漏洞披露的对象	漏洞的公开范围	限制性	法律
	信息共享的来源	接受来自他方的漏洞信息	激励性	经济、法律
	信息共享的去向	与其他单元进行信息共享	激励性、限制性	法律
	漏洞交易市场的设定	漏洞交易市场的设立和存在形式	限制性	规范、经济、法律
	漏洞交易对象的审核	漏洞交易对象的审核	限制性	法律
下游漏洞利用	衍生市场的设立	对于衍生品的鼓励或限制		经济、法律
	漏洞消减或应用	漏洞在披露后的后续处理	限制性、激励性	架构、规范、法律
	数据交易或转移	数据交易的审核与确认	限制性	法律
	数据转移的约束	数据转移尤其是跨境转移	限制性	法律
	防护工具及入侵检测工具的技术授权与销售	安全工具的技术授权与销售	限制性	架构、规范、经济、法律
地下市场	地下市场的管制	地下市场的打击与管制	限制性	规范、法律

结 论

随着信息技术的发展，用户对网络的依赖程度越来越高，各种旨在提高生产率或沟通效率的信息系统也在不断投入应用，由于网络安全漏洞的天然性，网络安全漏洞仍将呈大规模爆发趋势。目前，从制度层面来看，漏洞挖掘和披露行为的法律性质尚未明确，存在大量的灰色地带；漏洞的披露和报告尚缺乏完善的制度规范；从实践层面来看，存在漏洞地下黑市交易取证困难、打击不力，民间漏洞披露平台缺乏监管等一系列问题。

建议可通过法律法规和政策相关引导，借助市场力量，建设规范有序的漏洞披露和交易市场，规范、引导和监管白帽的漏洞挖掘和披露行为，把在地下市场进行的交易置于阳光之下，促进上下游企业的全面发展，推进网络安全强国建设。同时，促进漏洞产业化进程，可基于网络安全漏洞产业的发现、平台与利用三个阶段，利用管控节点分析可能存在的行为，进而归纳规制要素，梳理可行的规制方法、规制路径，进行全方位的管控。

B.16
车联网安全管理与技术研究新趋势

刘晓曼*

摘　要：　智能化和网联化将成为汽车产业发展的两大显著标志。车联
　　　　　网是物联网在智能交通领域的重要应用，可广泛用于改善交
　　　　　通安全、提高交通效率、提供信息娱乐和减少环境影响，是
　　　　　物联网最具有产业化发展潜力的应用领域之一，因此亟须开
　　　　　展车联网网络安全管理与技术研究，为车联网的发展提供安
　　　　　全指导，为政府提供监管依据和策略。面对上述新形势，本
　　　　　文在梳理车联网发展概况的基础上分别从管理层面和技术层
　　　　　面分析了车联网安全标准、政策和面临的安全威胁，并提出
　　　　　我国车联网安全发展的对策建议。

关键词：　车联网　车联网安全管理　车联网技术

一　车联网安全概况

（一）车联网内涵

近些年，汽车行业在数量呈爆发式增长的同时暴露出了一系列问题，如
交通安全（财产安全和人身安全）和环境安全等。面对如此严峻的挑战，
车联网未来势必走向智能化和网联化。美国、欧盟、日本以及中国政府均积

---

　* 刘晓曼，硕士、中国信息通信研究院工程师，研究方向为车联网安全、物联网安全。

极采取措施推动车联网发展，车联网技术成为当前一个关注重点和热点。

传统的车联网定义指的是利用特定的安装在车上的电子标签，借助于无线射频等一系列的识别技术，来达到在信息网络平台上提取并充分使用车的静态、动态和属性信息的目的，同时对所有车的运行状态依据不同的功能需求实施相应的监管工作。在此大背景下，智能汽车、网联车、互联网汽车、无人驾驶汽车等概念的出现，传统的车联网定义显然已显狭隘。就目前的认知来看车联网的定义也在与时俱进，指的是充分利用新一代信息通信技术，实现 V2X（车内部、车与车、车与人、车与路边基础设施）的智能网络连接，提升汽车智能化水平，优化交通效率，为用户提供全方位的连锁服务，创建汽车安全舒适、节能高效的创新型业务生态。它还将带动信息、汽车、交通产业深度融合和业务形态的调整，促进信息通信、汽车、交通运输等行业转型升级。

车联网是物联网在智能交通领域的重要应用，近些年，为了全面了解车联网安全威胁，相关的研究人员模拟了大量车联网攻击事件，与此同时国内外大量车联网安全事件也频繁发生，都反映出车联网在应用中面临巨大的安全风险。

在 2013 年的夏季 Defcon 黑客大会上，美国研究人员演示了如何对福特和丰田公司的智能汽车实施破解的过程，可利用 PC 远程控制车辆行驶操控系统及制动系统。2014 年 7 月，由 Visual Threat 团队使用一款手机 app 远程对智能汽车进行攻击。同年，黑客破解了特斯拉 Model S 相关 App 密码，通过定位车辆，盗窃了车主相关隐私信息。2014 年，360 安全团队破解了特斯拉智能汽车，在业界引起了不小的轰动，整个过程经历了远程攻击后在车主不知情的情况下使车鸣笛、闪灯、开启天窗、刹车、倒车、熄火等一系列过程。

2015 年，BYD 车辆云服务遭破解，遭受严重安全威胁。其中比亚迪有多款搭载的云服务汽车存在安全隐患问题，攻击者不仅能利用漏洞快速解锁智能汽车，更可进一步控制智能汽车。2015 年，众多厂商汽车因存在安全漏洞而处于危险之中。宝马公司 Connected Drive 被爆出，因 TSP 平台和 T-BOX 之间没有使用 HTTPS 加密传输，致使 VIN 和控制指令等信息泄露，黑客可以在获得用户信息后，远程打开车门并启动汽车。2015 年和 2016 年，

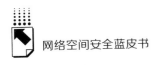
克莱斯勒 Jeep 自由光车型两度遭到黑客入侵。查理·米勒和克里斯·瓦拉赛克分别利用远程攻击、CAN 总线攻击两种方式两度入侵 Jeep 车型，实施对汽车的远程操作。

二 车联网安全技术现状

车联网的安全威胁主要来源于两大方面。一方面，与其他通用系统类似，在云、管、端方面会面临攻击威胁。另一方面，随着车联网关键技术研究、应用与实践部署的推进，车联网新的安全需求将应运而生。例如，融合异构网络的安全接入认证更为困难，新业务新应用下的新协议、新业务接口以及新的功能实体也将成为攻击对象。以下从终端安全、网络通信安全、应用服务安全和数据安全四个方面，对关键点进行威胁分析。

（一）终端安全

终端安全所要保护的主要目标是车辆电子标识、车辆语音和视频信息以及路网环境信息等。其中具备统一的数据接口和协议的重要性凸显，这对于智能传感器和终端的统一接入，推动全网范围内的数据共享和协同具有突出意义。与此同时，车联网中无线通信技术和接口的广泛应用也带来了两方面的安全威胁：其一，访问缺陷问题，如网络信号太弱以致机器无法感知现场环境；其二，攻击者利用网络攻击车内系统，导致一系列的安全问题，小到隐私安全，大到人身财产安全。

1. 基于车载诊断系统接口（OBD）的安全威胁

OBD 接口可能接收伪造信息（如传感器信息），并将伪造信息发送给 ECU 而达到控制车辆的目的。通过 OBD 接口接入具备在无线环境下接收和发送功能的恶意硬件，攻击者可远程发送恶意 ECU 控制指令，达到远程控制汽车的目的。

2. 车辆无线传感器的安全威胁

借助 DSRC（专用短距离通信）功能，诸如无线智能钥匙系统、攻击轮胎压力监测系统 TPMS、车路间通信等会面临很多潜在的安全威胁，如通信信息被窃听、恶意中断、注入等。研究人员聚焦于无线智能钥匙系统的攻击。

（二）网络安全

网络安全防护对象包括网络层的设备和设备之间的数据传输。存在的安全风险有：用户接入认证协议、网络传输协议、网络切换机制、密钥暴露和隐私泄露。

1. 车域网络通信协议安全机制不足

车域网络（如 CAN、LIN）采用标准网络互联互通，通信协议安全防护措施较弱，未作全面的完整性与机密性防护，不能抵御攻击者有针对性的对传感器信息、报文协议、报文构造的攻击行为。如利用 OBD 接口或 CAN 总线连接到智能汽车网络后，会引起一系列安全问题，如伪造 ECU 控制信息，导致 ABS、ESP 等电子系统出现安全故障等。

2. V2X 通信网络存在安全风险

V2X 通信网络通过 WiFi、移动通信网（3G/4G/5G 等）、DSRC 等车联网接入网络实现与车联网承载网络的互联，因车联网接入网络因自身有网络加密、接入认证、网络融合等一系列安全隐患，所以 V2X 通信也将面临同样的安全威胁。

（三）应用服务安全

应用服务安全涉及云平台安全、大数据平台安全、服务环境安全和服务接入安全等。面临的安全威胁主要来自两大方面：一方面，各类操作系统通常会存在安全漏洞隐患，其自身的脆弱性会导致应用服务系统的安全问题。另一方面，车联网的应用场景繁杂变换，不可能使用单独的某种技术解决面临的所有安全威胁，在面临安全威胁时要采取相应的措施。

1. 车载应用存在安全风险

车载终端 app 容易面临被黑客入侵和远程控制的安全风险，一旦车载终

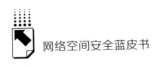

端被植入恶意代码，那么在与车载网络相连时，它可利用车载系统中的安全漏洞发起一系列安全攻击，如恶意代码攻击，对智能汽车恶意控制等。

2.车联网应用服务平台存在安全漏洞

车联网的应用平台作为互联网服务，不可避免会面临因为互联网服务应用漏洞所带来的安全风险，例如存在账户身份认证、Web 服务等方面的安全漏洞。作为车联网应用服务的中心节点，攻击者通过以智能终端或通信网络为入口，利用安全漏洞实施对应用服务平台入侵、控制等攻击，从而导致大量汽车被非法管控，同时威胁车联网整个网络的信息安全和隐私泄露。

（四）数据安全

网络系统的安全漏洞修复机制、数据流动管理体系的缺失，使车联网数据安全和隐私保护面临挑战。

车联网数据信息包括用户信息、用户关注内容、汽车基本控制功能运行数据、汽车固有信息、汽车状态信息、软件信息和功能设置信息等数据。黑客可以通过各类数据的逆向分析，形成对车主和车辆较为完整的认知，从而实施网络攻击。一方面，黑客可以获取个性化投保方案、定制资讯内容以及广告等众多服务信息，进而对用户实施网络攻击，如隐私泄露、发布恶意广告等，另一方面，黑客可能篡改、伪造车联数据，或利用这些数据对汽车实施攻击，如通信链中注入错误信标信息、篡改或重发先前广播的信标信息等行为，这将导致车载终端接收到不安全数据，进而使数据处理发生错误，而直接影响车辆运行安全，加剧车联网系统安全风险。

三　车联网安全管理现状

车联网是物联网在智能交通领域的重要应用，车联网可广泛应用于改善交通安全、提高交通效率、提供信息娱乐和减少环境影响，已引起我国工信部、公安部、交通部等监管机构的高度重视，从汽车的全生命周期考虑，必须协同发力助推车联网管理工作。

（一）车联网安全管理体系

车联网基于物联网技术，具备通信、互联网、电子、汽车装备、交通基础设施等多种属性，是技术融合的新领域，在监管上存在一定交叉。

1. 国际：国家交通管理机构是车联网建设与管理的关键主角

从国外来看，大多数国家的交通管理机构是车联网建设与管理的关键和主角。美国交通部负责车联网安全，美国交通部、美国高速公路安全管理局（NHTSA）与17家全球主流汽车制造商达成安全协议，应对汽车网络安全问题。英国交通部负责车联网相关安全管理，允许无人驾驶汽车在公路上行驶，并将修订目前的道路交通规则，但要求上路的无人驾驶汽车必须有人监控。日本警察厅是车联网安全的主管机构，启动了智能交通系统 – 安全2010项目（ITS – Safety 2010），实施基于V2I和V2V的协同驾驶安全支持系统。韩国国土交通部负责车联网安全相关管理工作，计划在京畿道华城打造一个模仿实际城市交通环境的大规模试验空间，进行自动驾驶汽车的开发和安全性试验。

2. 国内：职责交叉，尚无跨部委沟通机制

由于车联网是物联网在智能交通领域的重要应用，我国工信部、公安部、交通部、发改委、住建部均有涉及，其中工信部、公安部涉及较多，存在职责交叉，目前尚无跨部委沟通机制。详见图1车联网管理。

其中，工信部分管的工作主要包括六大块：①车联网关键技术研发；②车联网相关标准体系研究；③车联网平台及试验场地建设；④车联网基础设施建设；⑤车联网应用推广；⑥网络与信息安全保护。

（二）车联网安全管理标准

1. 国际：重点关注安全隐私和安全通信

国际上已有不同的安全组织开展相关车联网安全标准研究工作，典型的组织有ISO、ETSI、FG CarCOM和NHTSA等。关注重点集中在安全隐私和安全通信上。

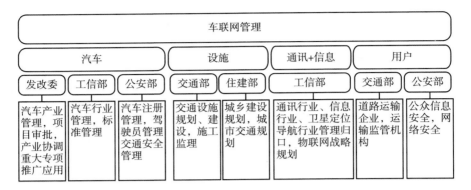

图1 车联网管理

ISO 是最早制定车联网相关标准的组织，发布了"电子计费的安全架构和安全准则"技术标准，"ITS 系统安全架构"、"隐私保护"、"合法监听"等安全相关研究报告。ITS WG5 安全工作组/欧盟 C – ITS Platform 发布了ITS 通信安全（TS 102 940 V1.2.1）、隐私与信任管理（TS 102 941 V2.1.1）、安全威胁评估标准（TR 102 893 V1.2.1）。2009 年成立了 FG CarCOM，主要进行汽车安全通信标准工作。NHTSA 发布了 DSRC 车辆通信的安全标准（1609.2 – 2013），并逐步开始关注隐私和通信安全。

2. 国内：重点关注终端安全和信息安全

我国车联网安全标准研究相对国际较滞后，但各行业协会也纷纷开展了相关的课题和标准研究工作，关注重点在车载智能终端安全和信息安全方面，但仍需统筹协调。

TC8 研究课题有《车路协同系统的安全研究》。TC10 的两个国标分别为《基于公众电信网 汽车网关技术要求》和《基于公众电信网 汽车网关测试方法》，一个研究课题为《汽车通信业务运营平台与汽车间通信的安全技术研究》。TC11 有 3 个研究课题和两个行业标准，研究课题分别为《移动互联网 + 汽车信息安全问题及关键技术研究》、《车载智能终端信息安全研究》和《基于车载诊断系统（OBD）的车辆诊断和安防技术》。两个行业标准分别为《车载智能终端信息安全技术要求》和《车载智能终端信息安全测试方法》。

除此之外，2016 年还成立了汽车信息安全工作委员会，拟开展《汽车信息安全标准体系总纲》、《汽车信息安全标准体系框架》等标准的编制。车载信息服务与安全工作组《车联网系统信息安全 第 1 部分：信息安全总体要求》、《车联网系统信息安全 第 2 部分：服务平台安全要求》。工信部装备司希望在汽标委的统筹下，加快信息安全保障体系建设，完善信息安全测试标准和规范。

（三）车联网安全管理政策

1. 国际：主要体现在信息安全和紧急服务方面

车联网是物联网在智能交通领域的重要应用，车联网可广泛应用于改善交通安全、提高交通效率、提供信息娱乐和减少环境影响，是物联网最具有产业化发展潜力的应用领域之一，已引起国际各个国家的高度重视，主要体现在信息安全和紧急服务方面。

美国在这方面走在前列。如早在 2002 年 5 月美国交通部就联合车辆安全通信联盟（VSCC）启动了车辆安全通信项目（VSC），来估计基于通信的车辆在安全应用领域的巨大潜能；在 2014 年底由国家标准与技术研究院出台了《车联网网络攻击防护安全框架》；在 2015 年初美国又推出了《车联网安全漏洞研究报告》；2016 年 1 月发布 SAE J3061《信息物理车辆系统信息安全指导手册》，规定了完整的生命周期范畴的过程管理框架；2016 年 1 月，美国交通部、美国高速公路安全管理局（NHTSA）与 17 家全球主流汽车制造商达成安全协议，应对汽车网络安全问题；同年底，以《汽车最佳网络安全指南》为重要依据，美国国家公路交通安全管理局旨在为汽车制造商提供最大援助，面对各种网络攻击有可能带来的潜在威胁问题。

除美国外，包括欧盟、日本、韩国在内的其他国家针对车联网安全问题也相继出台了一系列战略政策。如 2011 年 9 月欧盟发布了 4.1 版欧洲智能交通系统体系结构框架，突出强调了安全和紧急服务，可见欧盟对智能交通安全的重视。2010 年，日本启动了智能交通系统 - 安全 2010 项目（ITS - Safety 2010），实施基于 V2I 和 V2V 的协同驾驶安全支持系统。2016 年 11

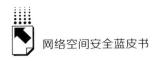

月，日本典型的汽车制造商计划在 2017 年筹建共享工作组，来团结一切力量应对黑客针对车联网的攻击，从而提高汽车信息安全的防护工作。2016年 8 月，韩国政府计划在京畿道华城打造一个模仿实际城市交通环境的大规模试验空间，进行自动驾驶汽车的开发和安全性试验。

2.国内：重点聚焦关键技术、标准、网络信息安全

2015 年 5 月，国务院印发《中国制造 2025》，提出基于大数据系统的智能化汽车产业链建设，突破车联网应用、车辆集成控制、信息安全等关键技术；2016 年 6 月，工信部发布《车联网创新发展工作方案》，重点聚焦共性关键技术、标准、网络信息安全等领域。另外，在交通运输标准化"十三五"发展规划中，提出着力推进综合交通运输基础信息交换共享、新一代信息技术共性应用、网络与信息安全保障等领域的标准制修订；《2012 ~ 2020 年中国智能交通发展战略》征求意见稿中，提出研究制定基于物联网技术的智能交通基础性标准，包括智能交通标识体系，专用短程通信、信息安全及认证等标准；《智能硬件产业创新发展专项行动（2016 ~ 2018 年）》把发展智能车载雷达、智能车载导航等设备作为专项，提出要提升产品安全性和便捷性，加强用户信息安全保护，维护产业良好声誉。2016 年底，我国在车联网发展大形势下推出了《节能与新能源汽车技术路线图》，这标注着信息安全正式成为车联网发展的重要元素。

四 车联网安全解决方案分析

（一）车联网安全产业现状

目前，美国的汽车工程师学会和日本的信息处理推进机构是国外著名的两个车联网安全产业联盟，他们都以将安全贯穿于汽车全生命周期的整体设计为宗旨。

美国的汽车工程师学会提供信息安全框架和流程，指导厂商识别和评估信息安全威胁，把信息安全防护贯穿到智能汽车研发的整个生命周期，并列举信息安全相关的工具和方法。日本的信息处理推进机构提出汽车信息安全模型"IPA Car"，这个模型涉及信息安全保护对象、信息安全威胁分析和信息安全管理等。

近年来，国内车联网安全产业联盟也相继成立，有力地推动了车联网安全的推进，同时也涌现出了具有代表性的企业助力车联网安全的发展。其中，比较有代表性的产业联盟包括中国智能交通产业联盟（车载信息服务与安全工作组），理事长单位为交通运输部公路科学研究院；中国车联网安全联盟，由360联合相关主管机构、多家汽车企业、高校、研究机构发起成立；智能网联汽车产业技术创新战略联盟等。

国内代表性企业主要是360公司和现代公司。

360公司牵头成立了中国车联网安全联盟，以更加充分地调动全社会的资源，突出信息安全在汽车领域的重要性，为智能汽车提供更安全的发展环境为宗旨；2016年11月24日，360发起成立了我国第一个专业从事汽车及车联网安全保护的跨行业合作机构——车联网安全中心。

2016年11月底，现代汽车公司成为电联标准化机构成员，将参与ITU车联网的相关标准制定，正在构建其"相连智能车"平台，该平台包括智能远程维护服务、自动驾驶、智能交通流量和连接到提供连接汽车安全性和数据管理的"移动中心"。

国外主要是VisualThreat，在2015年4月发布了2015年车联网移动应用安全现状研究报告。这份报告是目前为止第一份针对汽车应用安全的研究报告。

（二）车联网安全解决方案

针对车联网系统存在的安全风险，车联网安全解决方案主要围绕车载终端、数据传输和云端展开。车联网安全的核心是车载终端的安全防护。

针对诊断接口OBD和CAN总线之间的安全风险，现阶段针对性的解决方案是采取防火墙技术实现逻辑隔离，针对不同安全攻击主要有以下两种部署方式：并联和串联，如图2所示。

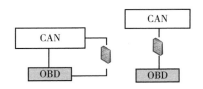

图 2　两种部署方式：并联和串联

1. 国际

（1）西班牙的 Charlie 和 Chris 在 BLACKHAT，SYSCAN 等会议上介绍防止汽车攻击的硬件演示产品：对 OBD 接口流量进行监测，发现异常后关闭汽车某些功能，属于被动监听，不能阻止恶意指令进入汽车总线。

（2）VisualThreat 是硅谷的一家车联网安全防火墙提供商，CAN 防火墙是其典型的产品：CAN 防火墙介于 CAN 总线和 OBD 设备之间，可以用来过滤危险指令，进行串联保护，从而阻断恶意指令。

（3）IPA（日本信息处理推进机构）在充分调研的基础上提出了汽车信息安全模型"IPA Car"，涵盖了应对不同功能模块的信息安全风险对策、黑客攻击智能汽车的途径等等。

2. 国内

（1）360 车联安全框架：主要包括汽车安全评估与加固建议（车载系统评估、车联网协议评估、车联网平台评估、安全配置建议、补丁修复建议、访问控制建议）、汽车安全防御（"FUSE"车联网安全防护系统）、汽车整体防御（APP 防护、TSP 防护）、汽车安全应急响应（实时监控、定期巡检、应急响应、安全培训）、车联网全生命周期安全建设、威胁情报、安全监控平台七大块。具体如下图 3 所示。

（2）极豆车联网公司：通过隔离汽车底层加硬件防火墙的方式来保障车辆安全。

（3）飞驰镁物：前装车联网设备及车联网平台，运营商采用终端硬件防护、云端密钥应用的方式。

（4）华为谢尔德实验室：通信服务商采用层级安全架构确保设备的安

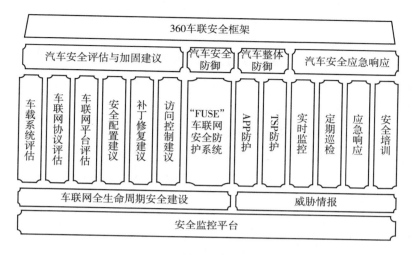

图3　360 车联安全框架

全隔离。

（5）东软集团：引领国内车载信息安全产品发展，推出了东软 S－Car 整体解决方案，涉及了智能汽车整个生命周期各个环节。

（6）百度：自动驾驶事业部旗下的云骁安全实验室通过更加全面的技术对车联网核心控制系统 T－BOX（Telematics BOX）进行了安全分析并成功破解。

（7）中企通信：私有云/混合云/云备份解决方案，中企通信 TrustCSI 系列托管式安全解决方案，防御不断涌现的网络威胁，可为车联网提供全面的网络安全解决方案。

五　我国车联网安全发展对策建议

在新一轮车联网发展布局的关键节点，我国应统筹规划，加大战略布局，从国家层面提升对物联网安全的总体规划部署和顶层设计，从监管和技术等方面构建车联网安全保障体系，促进我国车联网产业安全发展。具体对监管角度和技术角度两方面提出如下建议。

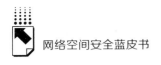

（一）监管角度

监管角度拟以战略政策为方向，以管理机制为中心，以标准规范为支撑。相应制定出台车联网安全保护战略政策，建立统筹协调的车联网安全管理机制，建立健全车联网安全标准体系。

1. 完善车联网安全相关的法律制度

加强车联网安全相关的法律制度研究，在车联网发展的过程中同步考虑已经或可能产生的法律监管问题。重点提出车联网相关的知识产权保护等法律适用建议。

2. 出台车联网安全相关的战略政策

从国家角度出台车联网安全相关的战略政策，为车联网安全的发展保驾护航，为车联网安全的良性发展提供有力的战略保障。

3. 建立健全车联网安全管理机制

明确政府各部门在车联网行业领域的职责划分，加强各部门在车联网安全保护工作上的协调配合。

4. 加强车联网安全标准的统筹部署

车联网安全标准的制定需要统筹汽车行业监管部门、车企、安全厂商以及研究机构共同发力。努力将我国车联网安全标准制定工作推向国际，稳固在国际标准化组织中的重要地位。

（二）技术角度

技术角度以关键技术为依托，加强车联网关键安全技术和产品的研发。

1. 加快国产关键软硬件产品自主研发

加快国产关键软硬件产品自主研发，支持国内相关厂商与科研院所等联合，研发应用广泛、但严重依赖国外的车联网软硬件产品。

2. 加强车联网关键安全防护技术产品和解决方案的研发

加强车联网关键安全防护技术产品和解决方案的研发，重点突破适用于车联网应用场景的身份和位置隐私保护技术、轻量级的认证协议和加密算法等。

3. 建立车联网安全漏洞信息共享平台

为了有效应对车联网安全威胁，更快速地收集紧急信息、共享安全预警信息，建立车联网安全漏洞信息共享平台的重要性越来越凸显。

4. 建立车联网安全监测预警平台

为了更好地服务网络空间车联网系统和设备的安全监测和预警，亟须建立统一的车联网安全监测预警平台。

附　　录

Appendix

B.17
大事记

德法院裁定 Facebook "找朋友" 功能非法

2016 年 1 月 15 日，德国联邦最高法院裁定 Facebook 的 "找朋友"（一项鼓励用户向他们的联系人推荐其服务）的功能非法。"找朋友" 功能请求用户授权 Facebook 收集其好友或通信录中联系人的电子邮件地址，随后邀请其中不是其用户的人注册服务。德国联邦最高法院裁定，该功能构成德国消费者组织联合会（VZBV）在 2010 年的一起诉讼中所称的广告骚扰，属于欺诈性营销活动，认可了柏林两家基层法院在 2012 年和 2014 年做出的裁决。德国联邦最高法院还裁定，Facebook 没有向用户充分告知它使用用户数据的方法，也违反了德国数据保护法规定的服务商需承担的告知义务。

欧盟部长级会议：寻求统一网络安全政策

2016 年 1 月 26 日，欧盟司法与内政部长非正式会议在荷兰阿姆斯特丹举行。会议提议，欧盟内部各国要加强网络安全信息的分享，寻求制定统一的网络安全政策，并与互联网提供商进行合作，打击跨国网络犯罪。担任2016年上半年欧盟轮值主席国的荷兰将网络安全问题列为任期内的一项重要工作。荷兰安全与司法大臣范德斯图尔表示："网络空间为犯罪分子提供了风险小、获利大的犯罪机会，特别是具有高技术水平的罪犯可以在网络空间找到安全的避风港。我们不能让罪犯感到我们对网络犯罪无能为力。作为轮值主席国，荷兰将在各成员国间找到共同的立场，以满足应对跨国网络犯罪调查的需要。当然，我们也尊重各成员国的主权。"欧盟委员会的官员还将与互联网供应商展开"对话"，以找到精确定位网络攻击位置的方法，使一个国家的警察能更容易地从另一个国家得到传唤嫌犯的电子证据。

以色列国家电网遭受有史最大规模网络攻击

2016年1月26日，在特拉维夫举行的2016 CyberTech大会上，以色列能源部长尤瓦尔·斯坦尼茨（Yuval Steinitz）披露称，该国电力供应系统受到重大网络攻击，且已有多份报告表明勒索软件正是造成事故的直接原因。他表示，这是以色列经历过的最大型的网络攻击之一。以色列不得不关停了电力部门的多台计算机。对基础设施的网络攻击可致瘫电站和包括天然气、石油、汽油、供水系统在内的整个能源供应链，还可能引发人员伤亡事故。恐怖组织已经意识到他们可以借由网络攻击引发巨大的伤害。

美拟修改黑客工具出口军控规则

2016年2月2日，美国政府正在修改根据20年前制定的军控规则的一项提案，以简化与黑客和监视软件有关的工具出口。白宫表示支持向海外提供用于合法网络安全活动的网络入侵工具，而行业组织和议员们则担忧，旨在限制此类黑客工具传播的规定会对国家网络安全和研究造成意外的负面影响。作为1996年《瓦森纳尔协定》的41个成员之一，美国2013年同意限制可能落入压迫性政权之手的与网络入侵软件有关的工具，该协定是针对武器和特定技术的出口控制。

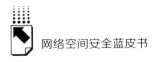

法国数据保护局：禁止 Facebook 追踪非用户访问者

2016 年 2 月 8 日，法国数据保护局发出禁止令，要求 Facebook 在 3 个月内停止擅自追踪非用户访问者的上网活动，并禁止将收集到的个人信息传回美国。这是欧洲法院上年判定欧美跨大西洋安全港数据传输协定无效后，首个针对向美国传输欧洲用户数据企业的禁止性命令。法国数据保护局发表声明称："尽管欧洲法院于 2015 年 10 月 6 日裁定安全港协定无效，Facebook 仍据此向美国传输个人数据。"而 Facebook 此前曾表示，它不利用安全港协定向美国传输数据，而是通过其他符合欧盟法律的途径进行数据传输。此外，法国数据保护局还认为 Facebook 不征得用户同意就在访问其网页的用户浏览器中安装 cookie，并追踪用户上网活动的做法不符合法国数据保护法。用户有权禁止 Facebook 利用他们的个人信息进行相关的商业活动。如果 Facebook 不能在 3 个月内通过整改符合相关法律，将被罚款。

美国发布《网络安全国家行动计划》

2016 年 2 月 9 日，美国政府发布了《网络安全国家行动计划》（CNAP）。该计划是美国政府七年来的经验总结，吸纳了来自网络安全趋势、威胁、入侵等方面的教训，主要内容包括以下五点：一是设立"国家网络安全促进委员会"，成员包括龙头企业代表和顶尖技术专家，该委员会致力于制定网络空间安全的十年行动路线，促进美国联邦政府、州政府及企业之间在网络安全方面的交流与合作。二是提升国家整体网络安全水平，包括升级网络基础设施、提升个人网络安全防护能力、加大网络安全投入等，设立"联邦首席信息安全官"，协调联邦政府内部的安全政策执行。三是打击网络空间恶意行为，对外加强国际合作，对内扩建网络部队；推动国际社会订立国家行为准则。四是提升网络事件响应能力，出台联邦网络安全事件合作政策，制定安全事件危害性评估方法指南，完善网络安全事件政企协同应对机制。五是保护个人隐私，成立"联邦隐私委员会"，制定实施更具战略性和综合性的联邦隐私保护准则，推动隐私保护技术的研发和创新。

英法院裁定 GCHQ 黑客行为合法

2016 年 2 月 13 日，英国调查权力法庭裁定，GCHQ 的黑客行为并没有违法英国的相关法律。据悉，英国的数字间谍机构 GCHQ 由于旗下的黑客针对英国和国外的电脑、智能手机和网络发动攻击，而遭到隐私国际组织和七个互联网服务供应商集体起诉。该机构被指控利用缺乏监督的黑客，破坏国内法律，侵犯人权。GCHQ 也在上年十二月承认了旗下黑客的行为。然而英国调查权力法庭认为 GCHQ 的所有黑客活动都经过授权，有严格的监督，并且只会做合法和必要的事情。英国调查权力法庭在判决中指出，GCHQ 的主要职能是推动英国的国家安全利益，同时为国防和外交政策提供必要的援助。"英国目前面临的安全局势相当严峻，因此我们需要尽可能多的保护。情报机构的技术能力能够防止公民遭到恐怖分子袭击。"

欧洲智能交通网络安全形势严峻

2016 年 2 月 15 日，欧洲网络与信息安全局（ENISA）发布了一份名为《网络安全与智能公共交通可恢复能力》的报告。报告称，智能交通（IPT）运营商需要采取更多的措施来保护运营系统的网络安全，同时欧盟也需要在这一过程中承担应有的责任。报告称，智能售票系统已发生多起中断和系统被攻击的事件，对新出现的威胁，运营商反应迟缓，表现不尽如人意。智能交通系统面临各种网络威胁，包括 DDoS 攻击、恶意软件和病毒、数据泄露、身份盗窃、窃听和服务中断等。此外，交通网络的复杂性、对实时数据的依赖以及所用系统之间的相互依存关系都加剧了网络威胁。报告建议就 IPT 安全问题推动公共和私营部门有效合作，制定欧盟共同战略和框架及统一的网络安全标准。该报告还敦促交通运营商将网络安全意识融入日常企业管理中，厘清在相关领域的特定需求，每年都对安全流程和基础设施进行审核与更正。

奥巴马签署司法赔偿法案，确保盟国公民隐私权

2016 年 2 月 25 日，美国总统奥巴马了签署《司法赔偿法案》，该法案

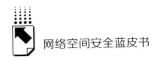

旨在将美国部分隐私保护扩大至盟国公民，让个人信息遭非法侵犯的盟国公民在美国的数据泄露或数据滥用事件中，也能拥有与美国公民相同的司法赔偿权。奥巴马表示，新的法案将使受美国隐私法保护的数据主体不仅限于美国公民，还扩及外国公民。美欧《隐私盾》协议和美欧执法合作"伞"协议谈判中，欧盟都表示，《司法赔偿法案》的通过是上述两个协议落实生效的基本条件。

中国互联网网络安全威胁治理联盟成立

2016 年 2 月 26 日，国家互联网应急中心（以下简称"CNCERT"）联合中国互联网协会网络与信息安全工作委员会在京召开互联网网络安全威胁治理行动（以下简称"行动"）总结大会。大会宣布成立"中国互联网网络安全威胁治理联盟"（以下简称"联盟"）。联盟成员单位主要由境内的基础电信企业、非经营性互联单位、域名注册服务机构、互联网和安全企业、IDC、应用商店等覆盖安全产业链上下游的企业组成。该联盟的成立，提供了一个行业内公共沟通交流的平台，联盟以行业自律为主导，联合网络安全领域上下游各方面力量，充分发挥联盟成员单位作用，加强互联网网络安全威胁情报共享、相互协作，对与互联网黑产密切相关的各类威胁进行整治。

美未来5年内斥资347亿美元加强网络安全

2016 年 3 月 1 日，美国五角大楼计划在未来 5 年内斥资 347 亿美元，用以加强网络安全。这是美国增强进攻性军事能力（比如支持打击恐怖组织 IS 的公开行动）而采取的措施。国防部发布的未来 5 年预算计划显示，其在进攻性网络能力、战略威慑以及防御性网络安全方面的投资日益增加。347 亿美元的 5 年预算计划中，最大的支出将是 143 亿美元的网络空间活动资金，用以支持网络进攻性行动、破坏敌方行动以及防御性军事行动等。第二大类开支是 105 亿美元的信息安全支出，包括确保电网等国家关键基础设施安全，为五角大楼下属网络犯罪中心提供资金支持等。这份预算计划将向美国网络司令部、网络任务部队提供资金支持，在必要时协助地区指挥官进行防御和进攻行动。此举反映出美军公开支持进攻性网络行动的意愿正在增强，许多业内人士表示，这种思维可能鼓励网络攻击性虚拟武器竞赛。

英国新国家网络安全中心成立

2016年3月20日，英国政府宣布成立新的网络安全中心，其首要任务是与英国央行合作，针对整个英国金融领域制定新的网络安全标准，包括处理应对可能会影响英国经济发展的网络威胁。这一新成立的部门旨在为民众提供专业的网络知识。据悉，该中心不仅将与监管机构合作，为私营部门提供咨询服务，还将与其他政府部门、商界及公众合作。在未来的网络漏洞事件处理中，它将成为起至关重要作用的关键部门。

香港金管局制定新银行网络安全计划

2016年3月21日，香港金融管理局称，金管局已着手为银行制定一套网络安全计划，以促进本地金融科技（Fintech）稳健发展。据悉，该计划包括三大部分，第一部分制定一套银行应对网络风险能力的评估框架和模型；第二部分制定一套培训及认证计划，为网络安全从业员提供专业认可的机制；第三部分与银行界合作，建立一个新的情报共享平台。金管局刚刚成立了"金融科技促进办公室"，以协助金融科技界了解香港监管环境，促进金融科技在港稳健发展，其中网络安全和区块链技术的应用研究两个重点题目会优先进行。

美国借"外部黑客"测试政府网络安全性

2016年3月26日，美国国防部发起了一项名为"黑入五角大楼"的活动，邀请已通过国防部严苛背景审查的"外部黑客"对其部分公共网络进行攻击，以测试网络的安全性。这是联邦政府首次发起此类网络"漏洞发现奖励"活动。该活动的参与者必须是美国公民，而且在获准进入预先设定的公共计算机系统之前，必须经过国防部严苛的背景审查。预计将有数千名符合资格的网络安全专家参与该活动。美国国防部长卡特表示，这项新举

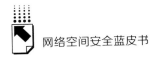
措将增强国防部的数字防御能力，最终加强国家安全。美国国防部长期以来利用内部的"红队"进行网络测试，此次推行的创新举措将至少开放部分计算机网络，接受来自业界的挑战。

苹果公司拒绝为美国联邦调查局提供 iPhone "后门"

2016 年 3 月 31 日，美国联邦调查局宣布已绕过苹果，在第三方的帮助下成功解锁 iPhone。2015 年 12 月 2 日，美国加州发生一起严重恐怖袭击事件，凶手被警察当场击毙。凶手在现场留下了一部 iPhone 5c 手机。该手机成为警方后续案件调查的焦点。美国联邦调查局试图解锁手机掌握凶手个人信息，但由于担心触发苹果特定安全机制，因此美国联邦调查局向地区法庭申请强制要求苹果公司提供"适当的技术协助"。2016 年 2 月 16 日，洛杉矶地方法院做出裁决批准了强制苹果公司协助联邦机构搜查的指令，该令状要求苹果公司协助美国联邦调查局获取嫌疑人手机上的数据。2 月 17 日，苹果公司 CEO 库克发表公开信提出裁决是危险的，将威胁苹果用户的信息安全，政府的要求也没有先例，苹果公司不会按照美国联邦调查局的要求为苹果软件预留一个"后门"，并向法院提出上诉。谷歌、脸书、领英、微软、推特等公司公开支持苹果。

日本敲定网络安全人才培养计划应对恶意攻击

2016 年 3 月 31 日，日本政府在首相官邸召开阁僚与专家出席的"网络安全战略总部"会议，正式敲定了担负网络安全对策中枢职能的人才培养计划。据悉，该计划的主要内容是在未来 4 年内培养近千名专家，着眼于 2020 年东京奥运会和残奥会努力加强网络攻击应对态势。根据计划，日本政府将设置一项新制度，从 2017 年度起对相关职员给予收入上的优待。计划还要求日本政府各部门制定培养项目，设立"网络安全与信息化审议官"一职以统管人才培养等工作。计划规定，原则上要把优秀职员派遣至监控针对日本政府的网络攻击的"内阁网络安全中心"（NISC）或民营企业。

WhatsApp 实施"端对端加密"设置保障用户隐私

2016 年 4 月 5 日，WhatsApp 宣布，使用最新版 WhatsApp 的用户所发送的每一则信息、每一张照片、每一段视频、每一通电话、每一份文件都设有升级的"端对端加密"设置。除了发送者和收信者之外，任何其他人都无法读取内容。"端对端加密"服务在所有时间都自动启动着，用户无须特别设置。苹果、安卓、微软、黑莓、诺基亚手机的所有用户都能受惠。这也是继苹果公司拒绝为执法人员解锁并入侵美国加州圣贝纳迪诺枪击案凶犯的手机后，WhatsApp 所新推出的通信保安措施，以保障用户的隐私。据《每日电讯报》报道，WhatsApp 这几年来逐步为旗下的通信服务加密，例如在 2014 年 11 月就已为个人对个人的通信增加了"端对端加密"设置。随后两年，公司与非营利软件公司 Open Whisper Systems 合作，为 WhatsApp 的每一个平台和沟通方式加密。

ENISA 提出隐私增强技术成熟度评估方法

2016 年 4 月 13 日，欧洲网络与信息安全局（ENISA）发布了一个关于评估隐私增强技术成熟度的报告。ENISA 集中精力将该评估方法转化为一个工具，通过该工具支持标准化、循序渐进的隐私增强技术准备和质量评估。这份报告可以用于数据保护部门、互联网隐私工程网络组织、数据控制者、数据处理者，以及 IT 产品的开发人员、研究人员、教育工作者和他们的资助机构，标准化机构和决策者。

微软为用户隐私告美国政府"封口令"法案或违宪

2016 年 4 月 14 日，美国微软公司向西雅图一家联邦地区法院提起诉讼，把美国司法部列为被告，要求修改关于不得透露政府索要用户数据行为的法律。这是微软第四次就用户隐私相关议题与政府打官司。两年前，微软等科技企业获得了公开政府索要用户个人数据次数的权利。这次诉讼则更进一步，寻求允许将索要行为告知相关个人和企业。美国《电子通信隐私法

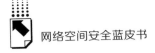
案》规定，政府向科技企业索取用户电子邮件等数据时，法院可以要求企业对政府请求予以保密。按微软的说法，过去 18 个月内，政府基于《电子通信隐私法案》共向微软发出 5624 项命令，其中有 2576 项禁止微软公开政府索要用户数据的行为。绝大多数数据请求针对个人，而保密规定中却没有固定的终止日期。微软在诉状中说，政府利用了向云计算的转变，扩大其实施秘密调查的权力。因此，该《电子通信隐私法案》违反美国宪法。

MIT 开发人工智能可检测85%的网络攻击

2016 年 4 月 18 日，麻省理工学院计算机科学与人工智能实验室（CSAIL）和安全公司 PatternEx 合作，推出名为 AI2 的全新人工智能系统，该系统可以检测85%的网络攻击，是当今类似的自动化网络攻击检测系统准确率的 2.92 倍。比同类的网络安全解决方案的误报率小五倍。新的系统不完全依靠人工智能（AI），而且依靠用户输入，即研究人员称之为分析师直觉（AI）的东西，因此这套系统被称为 AI2。

乌克兰发布新版《网络安全战略》

2016 年 4 月 18 日，乌克兰总统波罗申科批准通过乌克兰新版《网络安全战略》。新战略在符合欧盟和北约标准的前提下，为乌克兰网络安全设计新的标准，同时加速网络安全研发活动。战略还扩大了乌克兰参与的国际网络安全合作，由乌克兰国家安全和国防委员会负责。新战略旨在减少针对乌克兰能源设备的黑客攻击。乌克兰的核电站、机场、铁路系统和其他关键基础设施都面临严峻的网络威胁，因此将专门成立由权威 IT 安全专家组成的网络安全团队对关键基础设施网络的战略性入口进行管理以防止网络攻击。乌克兰军队也会成立专门的网络防御部门。乌克兰政府宣布将不再从俄罗斯公司购买软件和 IT 技术，尤其是卡巴斯基的产品。新战略同时包含乌克兰国家银行为国家金融体系起草的网络安全标准。

习近平主持召开网络安全和信息化工作座谈会

2016 年 4 月 19 日，习近平在京主持召开网络安全和信息化工作座谈会并发表重要讲话。习近平指出，网民来自老百姓，老百姓上了网，民意也就上了网。群众在哪儿，我们的领导干部就要到哪儿去。各级党政机关和领导干部要学会通过网络走群众路线，经常上网看看，了解群众所思所愿。习近平指出，对广大网民，要多一些包容和耐心，对建设性意见要及时吸纳，对困难要及时帮助，对不了解情况的要及时宣介，对模糊认识要及时廓清，对怨气怨言要及时化解，对错误看法要及时引导和纠正。习近平指出，对网上那些出于善意的批评，对互联网监督，不论是对党和政府工作提的还是对领导干部个人提的，不论是和风细雨的还是忠言逆耳的，我们不仅要欢迎，而且要认真研究和吸取。习近平强调，网络空间天朗气清、生态良好，符合人民利益。网络空间乌烟瘴气、生态恶化，不符合人民利益。我们要本着对社会负责，对人民负责的态度，依法加强网络空间治理，加强网络内容建设，做强网上正面宣传。

澳大利亚将斥巨资实施网络安全战略

2016 年 4 月 21 日，澳大利亚政府公开了其网络安全战略，4 年内计划花费近 2.3 亿澳元在国家重要基础设施的攻击防护上。其中，3000 万澳元用于建立网络安全增长中心；4700 万澳元将用于在重要城市建立情报分享中心。政府还将花费 4100 万澳元用于提高国家计算机应急响应中心（澳大利亚 CERT）的能力，并为战略型政府部门聘请新的网络安全专家。澳大利亚总理特恩布尔介绍，政府将与企业建立国家级网络安全伙伴关系，建立强大的网络防御能力。政府还将在内阁新设立网络安全助理部长职位。政府不仅将注重"防御"，还会对恶意网络攻击行为采取"反击"，但有关行动将严格遵循国际法和相关法规。

德国核电站检测出恶意程序被迫关闭

2016 年 4 月 24 日，德国贡德雷明根核电站的计算机系统在常规安全检测中发现了恶意程序。核电站的操作员关闭了发电厂。根据贡德雷明根核电站官方发布的新闻稿称，此恶意程序是在核电站负责燃料装卸系统的 Block

B IT 网络中发现的。该恶意程序仅感染了计算机的 IT 系统，并没有涉及与核燃料交互的 ICS/SCADA 设备。核电站表示，此设施的功能是装载和卸下核电站 Block B 的核燃料，随后将旧燃料转至存储池。由于该 IT 系统并未连接至互联网，所以应该是有人通过 USB 驱动设备意外将恶意程序带进来的。调查表明，与此前伊朗核电站的震网病毒不同，此次德国核电站检测到的病毒不是为核电站设计的，而是一款普通的病毒。

欧盟推出《一般数据保护条例》

2016 年 5 月 4 日，欧盟正式颁布《一般数据保护条例》（GDPR）。《条例》将取代实施了 20 年的《1995 年数据保护指令》，在新的技术、经济和社会环境下保护欧洲公民的隐私权。条例的主要内容包括：（1）扩大适用范围，任何向欧盟公民提供商品或服务的企业都将受制于《一般数据保护条例》，不管该企业是否位于欧盟境内，是否使用境内的设备。（2）提出"删除权/被遗忘权"和"个人数据可携权"这两项新型权利，以应对大数据环境下数据主体无法有效控制个人数据、信息不对称等越发严重的问题。（3）针对大数据利用的风险做出规制，严格限制数据画像（profiling）行为，这将严重影响当前大数据产业的业务实践。（4）进一步加强监管机构的权力，成员国数据保护机构有权对违背欧盟数据保护法律的企业做出惩罚，罚金最高可达 2000 万欧元或企业全球年营业额的 4%。（5）提出处理个人数据的公共机关将需要设置数据保护官，以加强相关公共机关的信息安全治理力度。（6）提出数据泄露通知义务，要求数据控制者须在知晓数据泄露事件的 72 小时内，向相关监管机构进行上报通知。

中美举行网络空间国际规则高级别专家组会议

2016 年 5 月 11 日，美中网络安全问题高级专家组级别会谈落幕。这是上年 9 月中国领导人习近平访美期间，美中签署网络安全协议后举行的首次会谈，会谈每年将进行两次。目前美中两国官方对会谈内容鲜有披露，只表示会议讨论了"国际准则和其他网络空间中有关国际安全的重要议题"。中国外交部发言人陆慷 5 月 12 日在例行记者会上表示："我们赞成中美继续加强对话，也愿意把网络安全合作打造成两国关系的新亮点。"陆慷还透露，美中双方同意在 6 个月内适时举行下一次会议。这次会议由美国国务院网络事务协调员克里斯托弗·佩恩特（Christopher Painter）与中国外交部军控司司长王群共同主持。与会的美国代表团有：白宫国安委、国防部、司法部、国土安全部、联邦调查局、国家情报委员会代表，以及中国代表团：外交部、中央网信办、国防部、工业和信息化部、公安部代表。

日本将成立网络防御政府机构保护关键基础设施安全

2016 年 5 月 23 日，日本正在考虑成立一个新的政府机构，专门抵御针对关键基础设施的网络攻击。这个新机构名为工业网络安全促进机构（ICPA），将于 2017 年正式投入运营。日本政府希望借此能够在 2020 年东京奥运会期间保护关键基础设施的安全。ICPA 的保护目标包括电力、天然气、石油、化学和核设施。此外，小型国防私营企业也将从中获益。从公布的情况来看，日本政府将组建的 ICPA 包含两个功能，一个是研究，一个是主动响应。

谷歌计划2016年普及免密登录

2016 年 5 月 24 日，在 Google I/O 开发者研讨会上，谷歌高管对外介绍了谷歌生物识别技术 Project Abacus 项目最新进展，计划 2016 年年底将取消谷歌 Android 应用的密码登录。不过要实现"免密登录"这项难度系数颇高的操作，Google 需要基于人工智能的识别技术，这意味着机主输入各种信息的模式、行走模式以及当前所处的地理位置信息等隐私将被"参考"，同时谷歌还将建立"信任积分"（Trust Score）。谷歌通过后台对用户习惯的长期"监测记录"分析，会建立一套安全信任机制，帮助安卓应用去伪存真，快速识别用户，这样就能实现"免密登录"。谷歌"免密登录"的安全仍存疑。这套人工智能识别安全机制的实现，需基于采集用户的使用习惯，涉及许多用户隐私的问题，值得进一步思考。

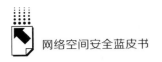
美法院判决执法部门无须法院许可即能获取位置数据

2016 年 5 月 31 日，弗吉尼亚州里士满美国第四上诉巡回法院判决，只要某部手机的位置数据为无线运营商持有，那么执法部门无须法院许可文件也可获取手机的位置信息。关于执法部门从运营商手中获取手机位置信息是否需要法院许可的争端最早开始于 2011 年的巴尔的摩暴动。为了破获这起案件，警察从运营商 Sprint 手中拿走了为期 221 天的电话数据，其中包括了 2.9 万条位置数据记录。法官 Diana Motz 在宣布这一判决的同时还指出，这并未违反美国宪法第四修正案，因为手机持有者完全知道其位置数据为运营商共享这件事。而对这一判决持反对态度的法官 James Wynn 则反驳，无线用户在提交个人位置数据的时候并没有表现非常积极的态度，所以第三方共享理论并不适用这方面的数据。

六部门联合发文加强网络安全学科建设人才培养

2016 年 6 月 6 日，中网办、发改委、教育部等六部门联合印发《关于加强网络安全学科建设和人才培养的意见》（以下简称《意见》），要求加快网络安全学科专业和院系建设，创新网络安全人才培养机制，强化网络安全师资队伍建设，推动高等院校与行业企业合作育人、协同创新，完善网络安全人才培养配套措施。《意见》明确，在已设立网络空间安全一级学科的基础上，加强学科专业建设，完善本专科、研究生教育和在职培训网络安全人才培养体系。有条件的高等院校可通过整合、新建等方式建立网络安全学院。通过国家政策引导，发挥各方面积极性，利用好国内外资源，聘请优秀教师，吸收优秀学生，下大功夫、大本钱创建世界一流网络安全学院。《意见》指出，鼓励企业深度参与高等院校网络安全人才培养工作，推动高等院校与科研院所、行业企业协同育人，定向培养网络安全人才，建设协同创新中心。支持高校网络安全相关专业实施"卓越工程师教育培养计划"。鼓励学生在校阶段积极参与创新创业，形成网络安全人才培养、技术创新、产业发展的良性生态链。

工信部将开展电信和互联网行业网络安全试点示范工作

2016 年 6 月 8 日，为贯彻实施网络强国战略，完善电信和互联网行业网络安全保障体系，进一步推进电信和互联网行业网络安全技术建设，工业和信息化部决定继续组织开展电信和互联网行业网络安全试点示范工作。2016 年电信和互联网行业网络安全试点示范重点引导方向包括：一是网络安全威胁监测预警、态势感知与技术处置；二是数据安全和用户信息保护；三是抗拒绝服务攻击；四是域名系统安全；五是企业内部集中化安全管理；六是新技术新业务网络安全；七是防范打击通信信息诈骗。此外，还包括其他应用效果突出、创新性显著、示范价值较高的网络安全项目。

中英开展首次高级别安全对话

2016 年 6 月 13 日，中共中央政法委员会秘书长汪永清与英国首相国家安全顾问马克·格兰特共同主持了首次中英高级别安全对话。双方一致认为，举行首次中英高级别安全对话是落实中英两国 2015 年 10 月 22 日发表的《中英关于构建面向 21 世纪全球全面战略伙伴关系的联合宣言》的重要举措。在对话中，双方就打击恐怖主义、网络犯罪、有组织犯罪以及非法移民等领域合作深入交换意见，确定了未来合作方向。双方有关部门还举行了对口会谈。双方一致同意本着"平等互信、坦诚务实"的原则，加强两国在安全领域执法司法合作，增进在联合国等多边框架下的沟通协调，共同应对全球性威胁。

中美举行第二次网络安全对话

2016 年 6 月 14 日，中美在北京举行打击网络犯罪及相关事项第二次高级别联合对话。自 2015 年双方签订反黑客协议以来，中美致力于加强网络安全合作，弥合双边分歧。美方官员对迄今的合作成果表示满意。美国驻华大使鲍卡斯（Max Baucus）表示，中美就网络安全再次对话，显示出奥巴马政府对此议题的高度重视。长期以来，网络安全是中美关系的一个热点。上年 9 月中国国家主席习近平访问美国期间，中美签订了一份反黑客协议，双方承诺不会为获取商业利益而故意实施黑客袭击。出席此次对话的美国国土安全部副部长斯波尔丁（Suzanne Spaulding）指出，对话的重点是确保双方都落实此前两国做出的承诺。斯波尔丁表示，美方期待就迄今达成的成果进行讨论。"该项协议的其中一个关键元素是共享信息以及建立机制。"她表示，中美双方已经开设电子邮箱作为交换信息之用。中国公安部部长郭声琨表示，中国高度重视双边对话，希望将书面上达成的共识落到实处。

中德达成网络安全协议

2016 年 6 月 14 日，中德达成网络安全协议。德方指出，这可以被视为默克尔访华三天之行的一大成果。根据该协议，德中双方承诺，"不为各自的企业或商业领域从事经济间谍活动，也不有意提供支持"。为此将建立一个监控机制，并通过该机制来澄清、追究经济间谍行为。形成文字的德中协议超过了中国迄今分别于美国和英国达成的协议。德方称，现在"完成了开始阶段"。在访问中，默克尔总理一再指出，网络安全和保护不受黑客攻击对中国所希望的两国在联网生产链"工业 4.0"上的合作具有重要意义。

中俄发表联合声明：协作推进信息网络空间发展

2016 年 6 月 25 日，中俄发表联合声明，协作推进信息网络空间发展。两国元首指出，随着信息基础设施和信息通信技术的长足进步，信息网络空间深刻改变了人类的生产生活，有力推动着社会发展。一个安全稳定繁荣的信息网络空间，对两国乃至世界和平发展都具有重大的意义。两国将共同致力于推进信息网络空间发展，更好地造福两国人民乃至世界人民。"我们认为，在中俄全面战略协作伙伴关系的框架下，两国进一步开展信息网络空间协作，对维护中俄两国以及更广范围的国际利益十分必要。我们忆及 2015 年 5 月两国签署的《中华人民共和国和俄罗斯联邦关于深化全面战略协作伙伴关系、倡导合作共赢的联合声明》，愿进一步增强两国信息网络空间互信，推动建立公正平等的信息网络空间发展和安全体系"，两国就网络安全等问题达成相关共识。

网信办发布《移动互联网应用程序信息服务管理规定》

2016 年 6 月 28 日，国家互联网信息办公室发布《移动互联网应用程序信息服务管理规定》（以下简称《规定》）。国家互联网信息办公室有关负责人表示，出台《规定》旨在加强对移动互联网应用程序（APP）信息服务的规范管理，促进行业健康有序发展，保护公民、法人和其他组织的合法权益。《规定》明确，移动互联网应用程序提供者应当严格落实信息安全管理责任，建立健全用户信息安全保护机制，依法保障用户在安装或使用过程中的知情权和选择权，尊重和保护知识产权。《规定》要求，移动互联网应用程序提供者和互联网应用商店服务提供者不得利用应用程序从事危害国家安全、扰乱社会秩序、侵犯他人合法权益等法律法规所禁止的活动，不得利用应用程序制作、复制、发布、传播法律法规所禁止的信息内容。同时，《规定》鼓励各级党政机关、企事业单位和各人民团体积极运用应用程序，推进政务公开，提供公共服务，促进经济社会发展。

微软 CEO 提出人工智能安全六大准则

2016 年 7 月 1 日，微软 CEO 纳德拉日前效仿科幻作家阿西莫夫的机器人三定律，撰文提出了 AI（人工智能）安全 6 大准则：①AI 必须以辅助人类为设计准则：AI 机器人应该执行"如采矿般的危险任务"，从而为人类创造一个更安全的工作环境；②透明性准则：人类必须对 AI 的工作原理及其怎样看待这个世界等方面有非常清楚的认识；③尊重人类尊严准则：AI 必须在追求效率最大化的同时不损害人类的尊严，应当尊重人类文化的多样性；④隐私性原则：呼吁以精密的技术来保护个人和群体信息；⑤算法可靠准则：解除 AI 带来的意外伤害；⑥防偏见准则：应该通过研究确保 AI 不会存在偏见，不会歧视特定群体。

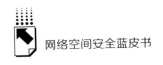
网信办印发《关于进一步加强管理制止虚假新闻的通知》

2016 年 7 月 3 日,为进一步打击和防范网络虚假新闻,国家网信办印发《关于进一步加强管理制止虚假新闻的通知》(以下简称《通知》),要求各网站始终坚持正确舆论导向,采取有力措施,确保新闻报道真实、全面、客观、公正,严禁盲目追求时效,未经核实将社交工具等网络平台上的内容直接作为新闻报道刊发。《通知》要求,各网站要落实主体责任,进一步规范包括移动新闻客户端、微博、微信在内的各类网络平台采编发稿流程,建立健全内部管理监督机制。严禁网站不标注或虚假标注新闻来源,严禁道听途说编造新闻或凭猜测想象歪曲事实。各级网信办要切实履行网络内容管理职责,加强监督检查,严肃查处虚假、失实新闻信息。

国家计算机病毒应急中心发布网络安全报告

2016 年 7 月 3 日,国家计算机病毒应急处理中心发布《第十五次全国信息网络安全状况暨计算机和移动终端病毒疫情调查报告》。调查显示,2015 年有 50.46% 的移动终端使用者感染过病毒,比上年增加 18.96%,感染率居高不下,移动安全成为网络安全的焦点话题之一。调查还显示,2015 年数据泄露事件频发、网络钓鱼事件大幅度上升、勒索软件大量涌现。基于安卓系统的恶意应用和恶意软件数量持续增长;iOS 也成为病毒攻击目标。垃圾短信和欺诈信息是造成移动终端安全问题的主要途径,分别占调查总数的 70.33% 和 49.32%。骚扰电话和网站浏览分列第三、第四位,分别占 48.78% 和 40.06%。2015 年,网络欺诈已成为网民面对的最主要安全威胁,通过诱骗性页面、短信等获取用户银行账户信息,通过监听短信,获取短信验证码,对用户的财产安全带来极大的危害。另外,电子邮件、APP 下载、电脑连接、移动存储介质等也是造成移动终端产品安全的重要途径。

欧盟斥资18亿欧元推动公私合作网络安全项目

2016 年 7 月 5 日,欧盟委员会宣布启动一项公共部门与私营企业间的网络安全合作项目，预计将在 2020 年之前投入 18 亿欧元。这项战略投资旨在促成首个欧洲公共与私营部门间的网络安全合作伙伴关系。欧盟将为此次合作投入 4.5 亿欧元，立足于创新科研项目 Horizon 2020，帮助私营企业实现网络安全创新。以欧洲网络安全组织（ECSO）为代表的网络安全相关机构则预计将拿出 3 倍于此的资金进行相关投资。此次合作也有望推动欧盟各国公共事业管理部门、研究中心及高校的相关合作。欧盟方面希望这一项目能够带来更多信息安全产品与服务，从而帮助各个行业，特别是能源、医疗卫生、交通运输与金融行业应对未来的安全风险。

欧洲议会批准屏蔽网络恐怖主义内容的指令

2016 年 7 月 5 日，欧洲议会通过《反恐指令（草案）》（The draft counter-terrorism directive），该草案涉及恐怖分子的培训、金融资助和互联网上的宣传，要求国家当局采取措施迅速移除托管在其境内的构成公开煽动和恐怖主义罪行的非法内容。如果移除内容不可行，那么国家将需要采取必要的措施屏蔽对此类内容的访问，但采取的措施需要过程透明，有充分的保障和接受司法检查。在合作交流和共享最佳实践方面，该草案规定，成员国应将能够帮助检测、预防、调查或起诉恐怖主义犯罪的任何信息转发到其他欧盟国家。该草案是欧盟委员会在 2015 年 11 月巴黎遭遇袭击后的 12 月提出的，被认为是预防恐怖主义犯罪联合作战中的重要工具。

欧盟出台首个网络与信息安全指导性法律

2016 年 7 月 6 日，欧洲议会全体会议通过了《欧盟网络与信息系统安全指令》，以在加强欧盟各成员国之间在网络与信息安全方面的合作，提高欧盟应对处理网络信息技术故障的能力，提升欧盟打击黑客恶意攻击特别是跨国网络犯罪的力度。这是欧盟出台的第一个关于网络与信息安全的指导性法规，其主要内容是，要求欧盟各成员国加强跨境管理与合作；制定本国的网络信息安全战略；建立事故应急机制；对各自在能源、银行、交通运输和饮用水供应等公共服务重点领域的企业进行梳理，强制这些企业加强其网络

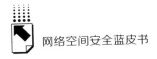
信息系统的安全，增强防范风险和处理事故的能力。此外，该指令还明确要求在线市场、搜索引擎和云计算等数字服务提供商必须采取确保其设施安全的必要措施，在发现和发生重大事故后，及时向本国相关管理机构汇报。

全国范围关键信息基础设施网络安全检查工作启动

2016 年 7 月，经中央网络安全和信息化领导小组批准，首次全国范围的关键信息基础设施网络安全检查工作启动。开展关键信息基础设施网络安全检查，是从涉及国计民生的关键业务入手，厘清可能影响关键业务运转的信息系统和工业控制系统，准确掌握我国关键信息基础设施的安全状况，科学评估面临的网络安全风险，以查促管、以查促防、以查促改、以查促建，同时为构建关键信息基础设施安全保障体系提供基础性数据和参考。此次检查由中央网信办牵头组织，各省（区、市）网络安全和信息化领导小组与中央和国家机关将统一领导本地区、本部门的网络安全检查工作，各省（区、市）网信办统筹组织本地区检查工作。除中央和国家机关及其直属机构外，党政机关、企事业单位主管的关键信息基础设施，根据党政机关、企事业单位的注册登记地，纳入所在省（区、市）检查范围。

普京签订反恐法

2016 年 7 月 7 日，俄罗斯总统普京签订了一项充满争议的反恐修正案，使国家安全机构获得更大的监控权，可能导致互联网公司额外增加数十亿美元成本。根据新规，通信服务提供商需要保存用户的通话、短信、照片和视频 6 个月时间，而元数据则需要保存 3 年时间。这些公司还需要向国家安全机构提供数据的访问权限，以及使用这些数据必要的加密机制。新规将某些违法行为列为犯罪，将某些犯罪的最低承担责任年龄降低至 14 岁，并延长了某些在线犯罪，例如煽动恐怖主义的监禁处罚期限。

欧美通过《隐私盾框架》

2016 年 7 月 12 日，美国商务部和欧盟委员会通过欧盟－美国《隐私盾框架》（EU – U. S. Privacy Shield Framework），就欧美之间的数据跨境传输达成共识。根据隐私盾框架，美国公司需"自我证明"能遵守本框架协议中规定的隐私条款，美国国务院需设立一位"督察专员"负责解决隐私相关问题以及欧盟公民的投诉。该框架对参与公司提出 7 个新要求，包括：通知数据主体数据处理情况；提供免费可行的争议解决方式；与商务部合作，及时回应商务部关于隐私盾协议框架的询问和要求；维护数据的完整性和目的限制性；将数据转移给第三方时需承担的责任；执法行动的透明度；持有数据则必须遵守承诺，参与者离开隐私盾但选择继续持有在此框架下获得的数据，必须继续适用隐私盾原则保护信息，或通过其他授权途径给予信息充分保护。

美国法院判决 FBI 搜查令不具域外效力

2016 年 7 月 14 日，美国联邦第二巡回上诉法院就"微软诉美国政府"案做出判决，从 2013 年发端的 FBI 是否有权获取微软存储在爱尔兰数据中心的用户数据的争议暂时告一段落。上诉法院的三位法官一致认为，FBI 的搜查令不具域外效力；要获取境外数据，通过双边司法协助条约方是正途。2013 年 12 月，美国纽约南区联邦地区法院助理法官詹姆斯·佛朗西斯（James C. Francis）签发搜查令，要求微软公司协助一起毒品案件的调查，将一名用户的电子邮件内容和其他账户信息提交给美国政府，而微软拒绝交出该用户的电子邮件内容。2014 年 8 月 29 日，美国曼哈顿联邦地区法院法官洛蕾塔·普雷斯加（Loretta Preska）下令，微软需向美国检察官提交存储在爱尔兰数据中心的用户电子邮件信息，理由是这些数据虽然存储于国外，但却处在一家美国公司的控制之下。微软拒绝服从该法庭的命令，随即向美国联邦第二巡回上诉法院提起上诉。本案的核心争议是，美国执法部门是否有权强迫美国公司提供存储在美国境外的数据内容。

公安部：电信网络诈骗无论案值大小一律立为刑事案件

2016 年 7 月 20 日，全国打击治理电信网络新型违法犯罪专项行动推进会在江苏南京召开。公安部刑侦局局长杨东通报，打击电信网络诈骗犯罪工作实现了一项重大突破，就是公安部会同银监会，打破层级限制，实现了全国基层接处警部门第一时间上报涉案银行账号等信息，公安部实时审核各地接警录入侦办平台的涉案账户信息，开展紧急止付、快速查询冻结工作。同时，公安部要求下一阶段将部署四项重要措施，对电信网络新型违法犯罪持续采取高压态势：（1）今后各地公安机关接到群众电信网络诈骗案件的报案后，一律都立为刑事案件，按照刑事案件立案要求采集各类信息；（2）各地省、市两级公安机关要在 2016 年 9 月底前，全部建成反诈骗中心；（3）根据前期掌握的情况，将辽宁鞍山、安徽合肥、河南上蔡、湖北仙桃、四川德阳等新的地域性诈骗犯罪较突出的地区列为重点整治范围；（4）整改一批重点行业和公司。

奥巴马签署《美国网络事件协调总统政策指令》

2016 年 7 月 26 日，美国总统奥巴马发布总统行政令，规定美国司法部直接负责响应美国的网络威胁；美国国土安全部的角色是提供技术帮助并找出可能存在风险的组织机构；美国国家情报总监的任务是协助威胁趋势的综合分析，并帮助"降低或缓解对手的威胁能力"；军方将负责处理美国国防部信息网的威胁。之所以由司法部作为威胁响应活动的联邦领导机构是因为重大网络事件将涉及至少一个国家攻击者或其他国家安全关系，比如说最近的民主党邮件门事件，该事件被认为是俄罗斯黑客泄露了民主党全国委员会的电子邮件。总统行政令指出，无论哪个联邦机构首先获悉网络事件，将迅速通知其他相关联邦机构，方便联合应对，并确保机构间正确协作响应特殊事件。奥巴马希望美国国土安全部在下一届政府到任第一个月制定"国家网络事件响应计划"，解决私有部门遭遇的网络攻击。

《移动互联网应用程序信息服务管理规定》开始施行

2016 年 8 月 1 日，《移动互联网应用程序信息服务管理规定》（以下简称《规定》）开始施行。按照《规定》要求，移动互联网应用程序（APP）

按照"后台实名、前台自愿"的原则，对注册用户进行基于移动电话号码等的真实身份信息认证，并建立和健全信息内容审核管理机制。据统计，国内应用商店上架的 APP 超过 400 万款。APP 管理规定有利于加强 APP 信息服务的规范管理，促进行业健康有序发展，保护公民、法人和其他组织的合法权益。此前，大量用户在使用第三方账户进行某 APP 注册或登录时，实际上是使用了授权开放标准协议，允许第三方应用访问该用户在某一网站上存储的私密性资源（如头像、昵称等），而无需将用户名和密码提供给第三方 APP。因此，消费者在利用微信等账号登录其他 APP 时，其他 APP 只能获得消费者的头像或昵称的基本信息而不能进行实名认证。新规施行后，消费者仍需要在第三方 APP 上重新注册，比如补充手机号码等，确保第三方 APP 也能遵守"后台实名"的规定。

新加坡加大企业数据保护监管力度

2016 年 8 月 12 日，新加坡个人数据保护委员会（PDPC）正致力于加强其《个人数据保护条例 2012》（PDPA）的实施。2016 年 4 月以来，新加坡个人数据保护委员会通过了数项新规与决策，包括向不经授权使用个人数据而未做出合理说明的企业发出警告；对数据处理、电子媒介的个人数据安全和中小企业的网站建设提出了进一步的数据保护要求；在云计算、IT 外包业务、安全补丁、撤回"同意和准入授权"等方面进行了相关政策修订，要求各类企业提升它们的数据安全水平和数据保护措施。

中央网信办、国家质检总局、国家标准委联合发文，加强国家网络安全标准化工作

2016 年 8 月 12 日，为落实网络强国战略，深化标准化工作改革，构建统一权威、科学高效的网络安全标准体系和标准化工作机制，支撑网络安全和信息化发展，经中央网络安全和信息化领导小组同意，中央网信办、国家质检总局、国家标准委联合印发《关于加强国家网络安全标准化工作的若干意见》（以下简称《意见》），要建立统筹协调、分工协作的工作机制，加

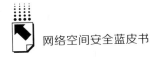
强标准体系建设，提升标准质量和基础能力，强化标准宣传实施，加强国际标准化工作，抓好标准化人才队伍建设，做好资金保障。《意见》明确，全国信息安全标准化技术委员会在国家标准委的领导下，在中央网信办的统筹协调和有关网络安全主管部门的支持下，对网络安全国家标准进行统一技术归口，统一组织申报、送审和报批；探索建立网络安全行业标准联络员机制和会商机制；建立重大工程、重大科技项目标准信息共享机制；建立军民网络安全标准协调机制和联络员机制。

欧盟拟将电信行业规则拓展适用于 OTT 服务

2016 年 8 月 17 日，欧盟计划将电信业规则中有关通信安全和保密的条款拓展适用于 Skype、WhatsApp 等网络服务中，限制其使用加密技术。目前许多此类公司都会对信息和邮件服务提供端到端加密功能。现行的《电子隐私指令》规定电信运营商必须保护用户通信及其网络安全，不得保留用户位置和流量数据；欧盟还允许各国政府可基于国家安全和执法目的限制保密权。欧盟相关文件指出，拟将安全和保密条款适用于 OTT 服务；对网络公司的保密义务还需要进一步明确；委员会将要求互联网公司在用户转换服务商时允许用户复制其信息，比如电子邮件等；其也在考虑现有规则范围是否足以确保对消费者的保护，确保规则不会扭曲竞争。欧盟行政机构将在之后提议修改电子隐私规则，9 月份开始启动电信业规则全面的修订。

网络犯罪黑色产业链趋向无国界"年产值"超千亿

2016 年 8 月 17 日，中国互联网络信息中心发布的《第 37 次中国互联网络发展状况统计报告》显示，截至 2015 年 12 月，我国网民规模达 6.88 亿，全年共计新增网民 3951 万人。如此庞大的网民群体已经成为攻击目标，网络犯罪日益猖獗，且出现跨国化特征。在愈演愈烈的网络犯罪背后，形成了一条"年产值"超千亿元的网络犯罪黑色产业链。2015 年，仅各地公安部门破获的相关案件就超过千起，涉案金额超过 10 亿元。据 360、阿里、腾讯、百度等公司监测，网络犯罪黑色产业规模远超外界想象，保守估计整个产业链从业人员超过百万。360 互联网安全中心 2015 年 11 月发布的《现代网络诈骗产业链分析报告》显示，粗略估计，仅网络诈骗产业链上至少有 160 万从业者，"年产值"超过 1152 亿元。整个网络犯罪黑色产业链"年产值"更是难以估量。

国家网信办：提出网站履行主体责任八项要求

2016 年 8 月 17 日，国家互联网信息办公室在京召开专题座谈会，就网站履行网上信息管理主体责任提出了八项要求。八项要求明确，从事互联网新闻信息服务的网站要建立总编辑负责制，总编辑要对新闻信息内容的导向和创作生产传播活动负总责，完善总编辑及核心内容管理人员任职、管理、考核与退出机制；发布信息应当导向正确、事实准确、来源规范、合法合规；提升信息内容安全技术保障能力，建设新闻发稿审核系统，加强对网络直播、弹幕等新产品、新应用、新功能上线的安全评估。此外，网站还应严格落实 7×24 小时值班制度、建立健全跟帖评论管理制度、完善用户注册管理制度、强化内容管理队伍建设、做好举报受理工作等。

美国国家安全局再陷泄密风波

2016 年 8 月 17 日，美国《华尔街日报》《外交政策》等报道了一群自称"影子经纪人"的黑客，宣称该组织已成功入侵了一个疑似属于美国国家安全局（NSA）的黑客团队并盗取其使用的黑客工具，同时宣布在互联网上拍卖这套美国政府使用的、针对中国、俄罗斯和伊朗等国的"网络武器"，索价 100 万比特币（现价约合 37.7 亿元人民币）。两周后的 8 月 29 日，美国国家安全局承包商博思艾伦咨询公司雇员哈罗德·马丁因被怀疑窃取最高机密信息被美国当局逮捕。根据《纽约时报》报道，马丁被怀疑掌握了 NSA 的"源代码"，这些源代码通常被用来入侵俄罗斯、中国、伊朗等国的网络系统。因涉嫌盗窃国家财产并私自删除"高度机密"的材料，马丁可能面临至少 10 年的铁窗生涯。

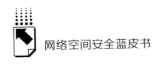

中央网信办发布《关于加强国家网络安全标准化工作的若干意见》

2016 年 8 月 22 日，中央网信办发布《关于加强国家网络安全标准化工作的若干意见》，针对七个方面提出具体意见：建立统筹协调、分工协作的工作机制；加强标准体系建设；提升标准质量和基础能力；强化标准宣传实施；加强国际标准化工作；抓好标准化人才队伍建设；做好资金保障。值得关注的是，其提出推进急需重点标准的制定，围绕"互联网＋"、"大数据"等国家战略需求，加快开展关键信息基础设施保护、网络安全审查、大数据安全、个人信息保护、智慧城市安全、物联网安全、新一代通信网络安全、互联网电视终端产品安全、网络安全信息共享等领域的标准研究和制定工作。

WhatsApp 用户隐私数据政策出台引争议

2016 年 8 月 31 日，Facebook 修改旗下聊天应用 WhatsApp 隐私政策的行为受到美国和欧洲的密切关注。Facebook 表示，除了允许企业直接向 WhatsApp 用户发送消息外，公司还将开始使用 WhatsApp 的数据，以便广告商更好地锁定 Facebook 和 Instagram 上的用户。这一政策调整可能有助于 WhatsApp 创收，但也可能激怒看重隐私的用户。包括电子隐私信息中心（EPIC）和数字化民主中心（CDD）在内的隐私保护倡导者向美国联邦贸易委员会（FTC）提出申诉，认为 WhatsApp 的隐私政策调整违反了 FTC 的一项指令，是"不公正、具欺骗性的行为"。欧盟监管部门也在周一指出，欧洲用户依旧需要保持对个人数据的控制权。

徐玉玉、宋振宁等遭遇电信诈骗去世

2016 年 8 月，山东省罗庄高考女孩徐玉玉、山东省临沭县的大二学生宋振宁遭电话诈骗，不幸离世。8 月 29 日，北京市海淀区蓝旗营小区清华大学一名在职教师刚刚卖了房子后，被冒充公检法的电信诈骗分子以手续不全、涉嫌偷税为借口诈骗 1760 万元。这一系列电信诈骗事件引发举国关注。

9月23日，最高法、最高检、公安部、工信部、中国人民银行、中国银监会六部门联合发布《关于防范和打击电信网络诈骗犯罪的通告》，聚焦电信诈骗的网络犯罪打击进入攻坚期。

中加举行首次高级别国家安全与法治对话

2016年9月1日，首次中加高级别国家安全与法治对话在北京举行。中共中央政法委秘书长汪永清与加拿大总理国家安全顾问丹尼尔·让共同主持对话。双方一致认为，建立中加高级别国家安全与法治对话，是推动中加战略伙伴关系取得新的更大发展的重要举措，对深化两国在安全与法治领域的合作具有重要意义。双方在首次对话中就打击恐怖主义、网络犯罪、跨国有组织犯罪以及执法事务、领事事务等领域的合作进行了深入交流，达成多项重要成果，确定了未来双方在相关领域的合作方向，并明确了近期工作目标。

"2016国家网络安全宣传周"在武汉开幕

2016年9月19日，"2016国家网络安全宣传周"开幕式暨先进典型表彰在武汉举行。本届网络安全宣传周主题为"网络安全为人民，网络安全靠人民"，由中央网信办、教育部、工信部、公安部、新闻出版广电总局、共青团中央等六部门共同举办。与前两届相比，本届国家网络安全宣传周进行了不少形式和内容的创新，创造了四个"首次"。首次在全国范围内统一举办网络安全宣传周；首次在地方城市举行国家网络安全宣传周开幕式等重要活动；首次举办网络安全技术高峰论坛；首次举行网络安全电视知识竞赛。

微软技术透明中心落地北京并正式启用

2016年9月19日，在武汉举行的国家网络安全宣传周首日活动上，微软公司宣布"微软技术透明中心"在北京建成并正式启用。"微软技术透明中心"是微软"政府安全计划"（GSP）的一个重要组成部分。微软"政府安全计划"于 2003 年推出，旨在提高政府对于微软产品和服务的信任度。北京"微软技术透明中心"为中国用户进一步了解微软产品及服务的安全性和可靠性提供了平台，是微软继美国和欧洲之后最新建立的一个"微软技术透明中心"。

中央网信办公布首批通过审查的云服务名单

2016 年 9 月 20 日，中央网络安全和信息化领导小组办公室公布了首批通过党政部门云计算服务网络安全审查的云计算服务名单。浪潮软件集团有限公司的"济南政务云平台"、曙光云计算技术有限公司的"成都电子政务云平台（二期）"和阿里云计算有限公司的"阿里云电子政务云平台"等 3 项云服务通过网络安全审查。首批通过审查的云服务名单的公布，标志着我国继出台《关于加强党政部门云计算服务网络安全管理的意见》、《国务院关于促进云计算创新发展培育信息产业新业态的意见》等一系列纲领性文件之后，配套的党政部门云计算服务网络安全管理体系逐步建立，运行成果初步显现，堪称我国云计算服务安全管理的重要里程碑。继首批名单发布之后，通过审查的云服务将进入持续监控阶段，以探索完善党政云全生命周期网络安全管理体系。目前正在进行审查的云服务包括：华为软件技术有限公司的"华为云服务襄阳政务云平台"、中国移动通信有限公司的"移动云"、中国电信集团公司的"行业云资源池"等。

NIST 发布一款自评估型网络安全工具

2016 年 9 月 20 日，美国国家标准与技术研究院（NIST）已经发布一款自评估型网络安全工具相关草案，名为 Baldrige Cybersecurity Excellence Builder，其基于 Baldrige 绩效卓越计划以及 NIST 网络安全框架中的多项网络管理机制。该安全工具的设计目标在于帮助企业客户衡量其现有网络安全框架的实施效果，同时提升风险管理水平。该工具的设计目标在于帮助企业确保自身网络安全方案（包括系统与流程）能够切实支持业务活动与功能。这款工具的评估专栏能够帮助用户了解其所在机构的网络安全成熟度水平属于被动、早期、成熟或者基于角色模式。其完整的评估内容能够引导用户对现有安全网络实践与管理机制进行升级，从而实现一系列实质性提升。NIST 建议各组织机构利用此工具定期进行自我评估，从而维持较高的网络安全水平。

最高法、最高检、公安部印发规定规范电子数据收集提取程序

2016 年 9 月 20 日，最高人民法院、最高人民检察院、公安部日前联合下发《关于办理刑事案件收集提取和审查判断电子数据若干问题的规定》，按照规定，法院、检察院和公安机关有权依法向有关单位和个人收集、调取电子数据。电子数据面临被篡改或灭失"危险"时，县级以上公安机关负责人或检察长可批准对其冻结保全。规定指出，电子数据是案件发生过程中形成的、以数字化形式存储、处理、传输的、能够证明案件事实的数据。以数字化形式记载的证人证言、被害人陈述以及犯罪嫌疑人、被告人供述和辩解等证据，不属于电子数据。同传统证据相比，电子数据具有高科技性、不稳定性等特征，一旦被修改或删除，其证据效力就有可能丧失，进而影响整个案件的顺利办理。因此，电子数据的保全就显得尤为重要。规定指出，在收集、提取电子数据过程中，办案人员可通过扣押、封存电子数据原始存储介质，计算电子数据完整性校验值，制作、封存电子数据备份，冻结电子数据，对收集、提取电子数据的相关活动进行录像等方式方法对可作为证据使用的电子数据进行保护。

雅虎公司发生最大规模数据泄露

2016 年 9 月 22 日，全球互联网商业巨头雅虎证实至少 5 亿用户的账户信息在 2014 年遭人窃取，内容涉及用户姓名、电子邮箱、电话号码、出生日期和部分登录密码，并建议所有雅虎用户及时更改密码。2016 年 12 月 14 日，雅虎再次发布声明，宣布又一起信息泄露事件。雅虎首席信息安全官鲍勃·洛德在雅虎官网上发布了"关于雅虎用户的重要安全信息"。他表示，这次信息失窃事件发生在 2013 年 8 月，未经授权的第三方盗取了超过 10 亿用户的账户信息，雅虎"无法辨认与这次失窃有关的账户侵入"。这一系列

泄露事件使得其被美国电信运营商威瑞森（Verizon）以 48 亿美元收购的计划暂时搁置。雅虎失窃的用户信息可能包括用户名、电子邮件、电话号码、出生日期、安全问题和答案以及用 MD5 加密过的口令。雅虎正在通知可能受影响的用户，并采取措施保护他们的账户，包括要求用户更改口令。雅虎还禁止了未加密的安全问题和答案，以防止其被用来非法访问用户账户。

韩国将合理放宽个人信息相关限制以大力培育大数据产业

2016 年 9 月 22 日，韩国副总理兼企划财政部长官柳一镐当天在"2016年首尔经济未来研讨会"开幕仪式上表示，将合理放宽对个人信息的相关限制，将大数据产业培育成未来新产业。柳一镐称，我们已经迎来了数据替人做决策的时代。在第四次工业革命时代，大数据是企业的核心竞争力。目前，全球大数据市场快速增长，基于大数据的服务也不断增加。柳一镐表示，因对个人信息的过度限制，韩国的大数据利用情况和技术水平还处在初步阶段，目前有必要合理放宽对个人信息的相关限制，构筑相关产业基础，从而引领全球市场。

六部门联手打击电信网络诈骗年底前电话实名率达100％

2016 年 9 月 23 日，最高人民法院、最高人民检察院、公安部、工业和信息化部、中国人民银行、中国银行业监督管理委员会等六部门联合发布《关于防范和打击电信网络诈骗犯罪的通告》（以下简称《通告》），其中明确提出，电信企业要确保到今年 10 月底前全部电话实名率达到 96％，年底前达到 100％。在规定时间内未完成真实身份信息登记的，一律予以停机。根据《通告》，自 2016 年 12 月 1 日起，个人通过银行自助柜员机向非同名账户转账的，资金 24 小时后到账。《通告》要求，公安机关要主动出击，将电信网络诈骗案件依法立为刑事案件，集中侦破一批案件、打掉一批犯罪团伙、整治一批重点地区，坚决拔掉一批地域性职业电信网络诈骗犯罪"钉子"。电信企业要严格落实电话用户真实身份信息登记制度，要立即开展一证多卡用户的清理，对同一用户在同一家基础电信企业或同一移动转售企业办理有效使用的电话卡达到 5 张的，该企业不得为其开办新的电话卡。各商业银行要抓紧完成借记卡存量清理工作，严格落实"同一客户在同一商业银行开立借记卡原则上不得超过 4 张"等规定。任何单位和个人不得出租、出借、出售银行账户（卡）和支付账户，构成犯罪的依法追究刑事责任。

瑞士公投通过扩大监控权限的《新情报法》

2016 年 9 月 25 日，在瑞士举行的全民公投中，以 65.5% 选民支持和 34.5% 选民反对的结果通过了扩大监控权限的《新情报法》。2015 年瑞士议会两院就反恐斗争中为该国情报监督部门制定新规通过了这项法案，这一法律规定，通过电子手段进入私人领域进行侦查并非没有任何限制，而是执法机关必须从政府以及瑞士最高行政法院获取相应的许可。该法律的反对者指出，这样一来将为瑞士成为"窃听国家"铺平道路。而赞同者则认为，面对"伊斯兰国"以及支持者的恐怖袭击，人们不能充耳不闻。国家必须有能力以及操作手段确保将恐袭扼杀在萌芽状态，做到防患于未然。按照这一通过公投的法律，今后在反恐个案中，相关人员的电话可以被监听，住宅内允许植入监控设备，电脑也将得到控制。

ICANN 管理权顺利移交

2016 年 9 月 30 日，美国商务部下属机构国家电信和信息局与互联网名称与数字地址分配机构（ICANN）签署的互联网数字分配机构合同到期失效，互联网管理权移交得以顺利完成。自 2014 年 3 月 14 日美国国家电信和信息管理局（NTIA）发表声明（简称"3·14 声明"），准备向全球互联网社群移交互联网数字分配机构（IANA）监管权以来，各利益相关方对互联网管理权移交展开了激烈的争论。美国国内保守势力关切的问题包括移交会对互联网的言论自由造成非同寻常的威胁，会成为外国政府在 ICANN 获得更多权力的工具，会影响美国国家安全，以及 NTIA 是否未经国会授权转移美国政府财产并涉嫌违反了 2016 财年预算法案等。值得庆幸的是，这种阻挠最终没有成功。

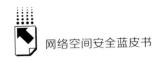

美国宣称俄罗斯黑客干扰美国总统大选

2016年10月7日，美国国土安全部与美国国家情报总监办公室发表联合声明称，经调查认定，俄罗斯政府曾授权黑客入侵美国政治组织的网络系统，试图对2016年美国总统大选进行干扰。美国情报部门认定，近期发生的多个美国政治组织和个人的电子邮件外泄事件与俄罗斯政府有关。情报部门基于黑客行为的规模和敏感程度而认定，只有经俄罗斯高级别官员授权，俄罗斯黑客才会从事这些活动。声明表示，俄罗斯黑客的行为意在干扰本次的美国总统大选。美国情报部门评估认为，任何个人或国家都难以入侵美国总统大选的计票系统。大选所用的投票机并不接入互联网，计票系统分散于全美各地，投票和计票过程有多重防范与核查。声明敦促负责选举工作的各级地方官员提高警惕，必要时可向国土安全部寻求网络安全方面的协助。国土安全部现已成立专门的工作组，应对大选期间可能出现的网络安全风险。

国家互联网信息办公室关于《未成年人网络保护条例（草案征求意见稿）》公开征求意见的通知

2016年9月30日，为了营造健康、文明、有序的网络环境，保障未成年人网络空间安全，保护未成年人合法网络权益，促进未成年人健康成长，根据《国务院2016年立法工作计划》，国家互联网信息办公室起草了《未成年人网络保护条例（草案征求意见稿）》（以下简称《条例》）向社会公开征求意见。根据该《条例》，未成年人个人信息，是指以电子或者其他方式记录的能够单独或与其他信息结合识别未成年人身份的各种信息，包括但不限于未成年人的姓名、位置、住址、出生日期、联系方式、账号名称、身份证件号码、个人生物识别信息、肖像等。通过网络收集、使用未成年人个人信息的，应当在醒目位置标注警示标识，注明收集信息的来源、内容和用途，并征得未成年人或其监护人同意。通过网络收集、使用未成年人个人信息的，应当制定专门的收集、使用规则，加强对未成年人网上个人信息的保护。

2015年中国6.2亿手机网民网络安全状况报告

2016年10月11日，中国互联网络信息中心（CNNIC）发布《2015年中国手机网民网络安全状况报告》。该报告显示，截至2015年底，国内手机网民规模已达6.2亿，随着移动4G网络的普及，O2O服务、手机购物和移动支付等业务快速发展，网民的手机信息安全环境日趋复杂、安全形势不容乐观。报告主要观点包括：（1）骚扰类信息安全事件频发，窃取用户信息的手段趋于隐蔽；（2）网站、电信诈骗层出不穷，用户对各类手机安全风险认知仍需加强；（3）手机安全软件渗透率较高，防护功能齐全是用户首选因素；（4）完善法规加强协作，政企、用户共发力改善手机信息安全环境。

七国集团达成加强金融业网络安全协议

2016年10月11日，七国集团（G7）达成一项加强金融业网络安全的协议。该框架协议并非正式条约，未对企业强加任何监管新规。该协议虽不具有约束力，但建立了一系列旨在加强金融基础设施、打击网络攻击以及协调减轻网络攻击影响的快速反应系统的共同战略。协议未将网络安全当作企业和政府机关的一项新责任，而是将其纳入风险管理的范畴，为防御网络攻击的实体设定适当的治理、风险评估和恢复机制。G7负责美方工作的美国财政部副部长拉斯金（Sarah Bloom Raskin）称，将网络安全对话的焦点从互相角力的政府部门转到改进防御措施和基础设施，这一点至关重要。拉斯金指出，G7网络工作组将继续定期召开会议，评估该协议进展并讨论可能的改进和调整措施。

英国情报机构17年来暗中收集民众个人通信隐私，终被裁定违法

2016年10月17日，经过一年多的审理，英国专门监察安全及情报机构的独立司法机关"调查权力法庭"（IPT）裁定，英国情报机构"政府通信总部"（GCHQ）在1998～2015年间暗中监视民众、收集并储存大量个人信息的行为不合法。GCHQ所收集的信息包括民众的个人财务资料、电子邮

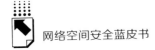

件、网页浏览历史、手机通话数据等。今次诉讼源于 2013 年 6 月，当时美国中央情报局前合约雇员斯诺登（Edward Snowden）对《卫报》披露了 GCHQ 的秘密监控项目 "Tempora"。2015 年 7 月，"自由"（Liberty）、"隐私国际"（Privacy International）等多个民间人权组织联手就 GCHQ 大规模"截获、收集和使用"公民通信资料的行为向 IPT 提出了申诉。

美国互联网服务提供商将需要得到用户的许可才能销售数据

2016 年 10 月 26 日，美国联邦通信委员会（FCC）通过一项新规则，要求美国各大互联网服务提供商（ISP）在将用户的个人数据分享或销售给第三方时，需要提供业经用户同意的许可。这些数据将包括浏览记录、位置数据、使用的应用、财务与健康数据及电子邮件通信内容等敏感信息。用户将需要选择互联网服务提供商可以分享的数据类型。对于那些非敏感类信息，用户可以不用进行选择。互联网服务提供商则需要明确告知用户他们收集的数据类型、这些数据的用途及他们与之合作的第三方。值得注意的是，互联网服务提供商还是能够收集和销售那些不能与一个特定用户或一台设备绑定的匿名数据。另外，FCC 还发布了指导方针，要求互联网服务提供商采取合理的措施来保护客户的敏感数据。一旦发现安全漏洞，他们需要在 30 天内通知受影响的客户。

英国国家网络安全中心10月启动

2016 年 10 月，英国网络安全中心（NCSC）正式启动，英国政府通信总部前网络安全总干事马丁·夏兰担任首席执行官，通信总部前网络安全技术总监伊恩·利维担任技术总监。NCSC 的首要目标是简化网络安全的政府职责分工，用一个机构保护所有的重要机构，避免机构无处诉求，从而更好地提供支持。NCSC 的四大主要目标是：降低英国的网络安全风险；有效应对网络事件并减少损失；了解网络安全环境，共享信息并解决系统漏洞；增强英国网络安全能力，并在重要国家网络安全问题上提供指导。此外，NCSC 渴求技术人才，正在努力发挥现有人员的最大力量。NCSC 有 5 个重点关注的领域，分别是参与度、策略与沟通、事件管理、操作、技术研究与创新。

美国遭遇大规模 DDoS 攻击，导致东海岸网站大面积瘫痪

2016 年 10 月 22 日，美国域名服务器管理服务供应商 Dyn 宣布，该公司遭遇 DDoS（分布式拒绝服务）攻击，导致大量用户无法访问类似于推特、Spotify、Etsy、Netfilx 和代码管理服务 GitHub 等知名网站，整个时间持续超过 2 个小时，影响范围覆盖美国东部和部分欧洲地区。据调查，针对 IoT 设备的 Mirai 恶意程序发起的僵尸网络攻击或许是本次 DDoS 攻击的重要来源，据称有超过百万台物联网设备参与了此次 DDoS 攻击。其中，这些设备中有大量的 DVR（数字录像机，一般用来记录监控录像，用户可联网查看）和网络摄像头（通过 Wifi 来联网，用户可以使用 App 进行实时查看的摄像头）。值得注意的是，中国两家物联网智能摄像头厂商中国大华公司和中国杭州的雄迈科技成为国外安全界的抨击对象，安全专家们认为两家公司生产的智能网络摄像头的安全性不高，甚至采用默认密码而且用户无法修改，极易遭到僵尸网络劫持。

欧盟要求 Facebook 停用 WhatsApp 用户个人数据

2016 年 10 月 31 日，欧盟各国的隐私主管们表示，在调查 Facebook 今年 8 月宣布的隐私政策变化的过程中，这家社交网络巨头必须停止处理来自 WhatsApp 的个人数据。由欧盟 28 国的隐私负责人组成的 Article 29 Working Party 发布的邮件声明表示，他们对 Facebook 共享 WhatsApp 用户数据、但并未在现有用户注册这款服务时明示此举目的的做法表示"严重关切"。WhatsApp 在声明中说："我们已经展开了建设性的沟通，包括在更新条款之前，我们将继续尊重相关法律。"欧盟隐私监管者经常将美国科技巨头列为打击目标，之前就曾经对 Facebook、谷歌和微软展开过调查。

英国发布国家网络安全战略，强调加强密码技术

2016 年 11 月 1 日，英国政府发布了《国家网络安全战略》。该战略包

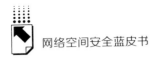

含三大要点：防御、威慑和发展。①防御。英国将通过采用主动防御技术来应对恶意软件、垃圾邮件以及病毒等网络攻击。此外，该部分还特别指出英国要加强政府以及关键基础设施方面的网络防御。②威慑。强调网络空间的防御和保护应该从威慑开始，在让网络罪犯难以攻击得手的同时也要让其明白英国是有能力去调查、锁定并打击他们的，而且他们的所作所为是将受到惩罚的。英国政府计划从两方面加强网络执法能力：首先是加强国际合作，建立全球级的联盟，促进国际法在网络空间领域的应用；其次是提高技术，增强进攻性网络能力以及加强密码技术。③发展。战略指出英国需要更多的网络安全人才来弥补人才的缺口。此外还需要发展网络安全领域的科学和技术。英国将设立网络安全研究所，并推出一项"创新资金"用于支持初创网络安全企业。

中国《网络安全法》将于2017年6月1日起施行

2016 年 11 月 7 日，十二届全国人大常委会第二十四次会议表决通过了《中华人民共和国网络安全法》。这是我国网络领域的基础性法律，明确加强对个人信息保护，打击网络诈骗。该法自 2017 年 6 月 1 日起施行。网络安全法共有 7 章 79 条，内容上有 6 方面突出亮点：第一，明确了网络空间主权的原则；第二，明确了网络产品和服务提供者的安全义务；第三，规定了网络运营者的安全义务；第四，进一步完善了个人信息保护规则；第五，建立了关键信息基础设施安全保护制度；第六，确立了关键信息基础设施重要数据跨境传输的规则。

美国 NIST 发布物联网网络安全工程指南

2016 年 11 月 15 日，美国国家标准与技术研究院（NIST）发布了物联网新指南《NIST 特刊 800 - 160：系统安全工程》（简称《SP 800 - 160》）。该指南围绕评估无数连接设备的可信赖性，同时也通过由各设备生命周期管理的一系列过程来衡量它们对不同利益相关者的影响。《SP800 - 160》将这些过程分为四类：协议过程、组织—项目启用过程、技术管理过程和技术过程，在每个类别中，都使用国际系统工程标准，绘制出了各利益相关者在设计其系统时应用的过程和资格。

俄罗斯封杀全球最大职业社交网站"领英"

2016 年 11 月 17 日，美国职业社交网站"领英"被俄罗斯网络监管部门列入黑名单，遭到俄罗斯网络运营商屏蔽，理由是它违反俄罗斯网络数据保存相关规定。俄罗斯于 2014 年通过一项法令，即任何在俄罗斯运营的网络信息服务公司、搜索引擎和社交网站必须在俄罗斯的服务器上保存俄用户的个人信息。这一法令于 2015 年 9 月开始实施。"领英"是第一家因违反这项法令而被告上法庭的公司。莫斯科一家法院今年 8 月判定"领英"公司违反这项法令，"领英"的上诉于 11 月 10 日遭法院驳回。法院同时勒令"领英"停止在未告知用户本人的情况下把个人信息透露给第三方。

第三届世界互联网大会在浙江乌镇闭幕

2016 年 11 月 18 日，为期 3 天的第三届世界互联网大会在浙江乌镇落下帷幕。来自五大洲 110 多个国家和地区的 1600 余名嘉宾齐聚乌镇，围绕"创新驱动造福人类——携手共建网络空间命运共同体"这一主题，进行坦诚交流，在思想交流、技术展示、经贸合作、共识形成等方面取得丰硕成果。大会围绕互联网经济、互联网创新、互联网文化、互联网治理、互联网国际合作等前沿热点共举办了 16 场论坛，主题突出、特色鲜明、富有深度；首次发布了 15 项世界互联网领先科技成果，汇聚全球尖端科技，引领未来发展；来自国内外 310 多家企业参加"互联网之光"博览会，展示新技术新产品；世界互联网大会组委会秘书处高级别专家咨询委员会发布《乌镇报告》，凝聚各方共识，成为大会标志性成果。

美国国防部公布漏洞披露政策黑客可访问政府系统

2016 年 11 月 21 日，美国国防部公布"漏洞披露政策"，允许自由安全研究人员通过合法途径披露国防部公众系统存在的任何漏洞。这项"漏洞披露政策"（Vulnerability Disclosure Policy）旨在允许黑客在不触犯法律的前提下访问并探寻政府系统。军队不是采用漏洞赏金计划的唯一政府部门。近期，美国国税局宣布与 Synack 达成协议，在允许黑客进入并探索政府系统之前，进行审查。Synack 称，与传统大众漏洞赏金项目不同的是，该项目会严厉审查并追踪白帽子黑客，确保客户对所有 Synack "红队"活动持续可见并进行管理。该项目可谓顺应趋势。技术行业外的组织机构也允许自由黑客发现系统漏洞，并进行悬赏。

美国政府修订规则允许入侵全球嫌疑用户

2016 年 11 月 23 日，美国政府准备修订《联邦刑事诉讼程序规则》第 41 条的相关条款，而修订行为会损害全球个人的信息安全。美国许多社群以及个人大声疾呼，反对修订第 41 条规则。美国司法部却双手称赞，因为 12 月美国政府将生效新规则，允许他们更易潜在侵入刑事侦查中涉及的数以千计甚至数以万计计算机，并在位置未知的情况下取得侵入计算机的授权许可（warrant）。另外，批评家担心司法部的新权利将引发大规模入侵和跨境入侵，而不受监督、争论或指导。美国《联邦刑事诉讼程序规则》（the Federal Rules of Criminal Procedure）第 41 条将于 12 月 1 日更新。按照新规则要求，执法机构可以取得搜查许可（search warrant）潜在一次闯入数以千计的计算机，甚至当目标位置被虚拟专用网络或 Tor 隐藏的情况下，执法机构也能取得入侵的授权许可。某地区法官将能签发搜查其他地区、甚至其他州、其他国家计算机的许可。

英国议会通过《2016调查权法》

2016 年 11 月 30 日，英国议会通过《2016 调查权法》。该法要求网络公司和电信公司收集客户通信数据，并存储 12 个月的网络浏览历史记录，以供警方、安全部门和其他公共机构在追查涉嫌恐怖活动与严重犯罪活动者时调阅使用。公司有义务协助有关部门绕过加密程序以便执行任务。同时英国各级政府、税务员和其他公务机关也将有权收集公民在网站与社交媒体上的活动信息。新版《调查权法》旨在"加强执法机关与情报机关完成其关键行动的能力",进而弥补这些机构之间的工作漏洞,使安全部门有更大的权力针对可疑人等的线上活动搜集情报和证据。

美国网络安全强化委员会发布网络安全建议报告

2016 年 12 月 1 日,美国网络安全强化委员会出台了一份网络安全建议报告,详细说明了奥巴马对网络安全的愿景、网络威胁的演变表示了极大的关注,还对奥巴马政府和候任总统特朗普提出了 16 项网络安全政策建议。建议包括整合国际网络安全政策和全球行为规范;制定评估不安全联网设备所致安全责任的法律;任命"网络安全大使"带领美国在相关战略和实践上与国际社会接触;与其他国家合作制定并推进国际网络安全标准和行为;提高政府和私有部门之间的合作等。

普京签署《俄罗斯信息安全学说》

2016 年 12 月 6 日,俄罗斯总统普京签署《俄罗斯信息安全学说》。文件强调,作为经济发展和完善社会和国家机构功能的因素,信息技术应用领域的扩大同时引发了新的信息威胁。包括信息跨境流通越来越有可能被用作"达到地缘政治目的,违反军事政治国际法,实施恐怖主义和极端主义、犯罪行为,以及给国际安全带来损害的其他违法目的"。周边国家扩大以军事为目的的信息技术作用是影响信息安全形势的主要消极因素之一。要注意外国媒体"对俄联邦国家政策先入为主评价数量"的增长趋势,认为此种信息影响了俄罗斯人,尤其对青年人的影响是"以侵蚀俄罗斯传统的精神道德价值观为目的"的。关于信息安全在保障国防方面的主要方向,文件要求,"(应保持)战略克制和防止信息技术应用导致的军事冲突","完善(俄罗斯武装力量)的信息安全保障体系"。保障信息安全的战略目标是"在信息合作伙伴关系中建立一种稳定的、无争议的国家间关系体系"。

工信部发布《移动智能终端应用软件预置和分发管理暂行规定》

2016 年 12 月 16 日,工信部正式发布《移动智能终端应用软件预置和分发管理暂行规定》（以下简称《规定》），规定将于 2017 年 7 月 1 日起实施。《规定》要求手机厂家应约束销售渠道，未经用户同意不得擅自在移动智能终端中安装 APP，并提示用户终端在销售渠道等环节被装入应用软件的可能性、风险和应对措施。手机生产商和互联网信息服务提供者所提供的手机、平板等 APP 不得调用与所提供服务无关的终端功能，不得违法发送商业性电子信息；未经明示且未经用户同意，不得实施收集使用用户个人信息、开启应用软件、捆绑推广其他应用软件等侵害用户合法权益或危害网络安全的行为。涉及收费的移动智能终端应用软件应严格遵守明码标价等相关规定，明示收费标准、收费方式，明示内容真实准确、醒目规范，经用户确认后方可扣费。违反该规定的，通信主管部门依据职权责令改正，依法进行处罚，并将生产企业、互联网信息服务提供者违反本规定受到行政处罚的情况记入信誉档案，向社会公布。对涉嫌违法的应用软件线索，各单位应及时报告公安机关。

NIST 发布《网络安全事件应急指南》

2016 年 12 月 22 日，美国国家标准与技术研究院（NIST）发布《网络安全事件应急指南》（SP. 800 - 184），旨在帮助各职能机构制定并实施恢复计划，从而应对各类可能出现的网络攻击活动。指南指出，正确制定并实施恢复计划、流程与程序将有助组织机构在遭遇网络攻击侵袭之后彻底恢复安全性受到严重打击的整体系统。指南提出，应当确立并优先考虑组织内可用资源，以此为立足点引导行之有效的计划及可行的测试方案。这样的筹备举措能够在出现事故后实现快速恢复，同时有助于尽可能降低事故对组织及其下辖单位的影响。指南建议各组织机构应当确定并记录负责明确恢复标准及相关规划的关键性人员。这部分人员亦需要充分了解自身扮演的角色以及肩负的责任。其他关于网络事故预防性筹备工作的建议还包括：制定、实施并践行经过定义的恢复流程；定义关键性里程碑指标以匹配流程内恢复目标以及积极性恢复举措的最终效果；调整检测与响应策略、流程及规程，从而确保恢复工作不会对响应效果造成影响；将通信规划全面整合至恢复策略、规划、流程与规程当中。最后，指南还提供一项数据泄露网络安全事件示例、面向职能部门的对应恢复方案以及一套勒索软件事件恢复场景。

《国家网络空间安全战略》明确9方面战略任务

2016年12月27日，国家互联网信息办公室发布了《国家网络空间安全战略》（以下简称《战略》），这是我国首次发布关于网络空间安全的战略。《战略》阐明了中国关于网络空间发展和安全的重大立场和主张，明确了战略方针和主要任务，是指导国家网络安全工作的纲领性文件。《战略》明确，当前和今后一段时期国家网络空间安全工作的战略任务是坚定捍卫网络空间主权，坚决维护国家安全，保护关键信息基础设施，加强网络文化建设，打击网络恐怖和违法犯罪，完善网络治理体系，夯实网络安全基础，提升网络空间防护能力，强化网络空间国际合作等9个方面。

美国大选遭遇系列"邮件门"事件

2016年12月29日，美国总统奥巴马发布行政命令，对包括俄罗斯情报总局和俄联邦安全局在内的5个俄罗斯实体机构和4名俄情报总局高层官员实施制裁。2015年3月，美国曝出前国务卿希拉里在任职国务卿期间使用私人电子邮箱和位于家中的私人服务器收发涉及国家机密事务的邮件，涉嫌违反美国《联邦档案法》，并在面临调查时又删除部分邮件。2016年夏季，美国民主党全国委员会、筹款委员会、竞选团队再次被黑客组织入侵，近2万封邮件被维基解密披露。2016年10月28日，著名黑客Kim Dotcom翻出了被希拉里删除的邮件，导致美国联邦调查局宣布重新开始调查希拉里"邮件门"事件。频繁的"邮件门"事件成为希拉里在美国大选中失败的关键原因。美国情报机构也得出结论认为在俄罗斯政府操纵下，黑客入侵了民主党网络系统，破解了民主党总统候选人希拉里竞选团队负责人波德斯塔的电子邮箱，并向维基解密提供了被泄露的邮件内容。

❖ 皮书起源 ❖

"皮书"起源于十七、十八世纪的英国，主要指官方或社会组织正式发表的重要文件或报告，多以"白皮书"命名。在中国，"皮书"这一概念被社会广泛接受，并被成功运作、发展成为一种全新的出版形态，则源于中国社会科学院社会科学文献出版社。

❖ 皮书定义 ❖

皮书是对中国与世界发展状况和热点问题进行年度监测，以专业的角度、专家的视野和实证研究方法，针对某一领域或区域现状与发展态势展开分析和预测，具备原创性、实证性、专业性、连续性、前沿性、时效性等特点的公开出版物，由一系列权威研究报告组成。

❖ 皮书作者 ❖

皮书系列的作者以中国社会科学院、著名高校、地方社会科学院的研究人员为主，多为国内一流研究机构的权威专家学者，他们的看法和观点代表了学界对中国与世界的现实和未来最高水平的解读与分析。

❖ 皮书荣誉 ❖

皮书系列已成为社会科学文献出版社的著名图书品牌和中国社会科学院的知名学术品牌。2016年，皮书系列正式列入"十三五"国家重点出版规划项目；2012~2016年，重点皮书列入中国社会科学院承担的国家哲学社会科学创新工程项目；2017年，55种院外皮书使用"中国社会科学院创新工程学术出版项目"标识。

中国皮书网

发布皮书研创资讯，传播皮书精彩内容
引领皮书出版潮流，打造皮书服务平台

栏目设置

关于皮书：何谓皮书、皮书分类、皮书大事记、皮书荣誉、
皮书出版第一人、皮书编辑部

最新资讯：通知公告、新闻动态、媒体聚焦、网站专题、视频直播、下载专区

皮书研创：皮书规范、皮书选题、皮书出版、皮书研究、研创团队

皮书评奖评价：指标体系、皮书评价、皮书评奖

互动专区：皮书说、皮书智库、皮书微博、数据库微博

所获荣誉

2008 年、2011 年，中国皮书网均在全
国新闻出版业网站荣誉评选中获得"最具商
业价值网站"称号；

2012 年,获得"出版业网站百强"称号。

网库合一

2014 年，中国皮书网与皮书数据库端
口合一，实现资源共享。更多详情请登录
www.pishu.cn。

权威报告·热点资讯·特色资源

皮书数据库
ANNUAL REPORT(YEARBOOK)
DATABASE

当代中国与世界发展高端智库平台

所获荣誉

- 2016年，入选"国家'十三五'电子出版物出版规划骨干工程"
- 2015年，荣获"搜索中国正能量 点赞2015""创新中国科技创新奖"
- 2013年，荣获"中国出版政府奖·网络出版物奖"提名奖
- 连续多年荣获中国数字出版博览会"数字出版·优秀品牌"奖

成为会员

通过网址www.pishu.com.cn或使用手机扫描二维码进入皮书数据库网站，进行手机号码验证或邮箱验证即可成为皮书数据库会员（建议通过手机号码快速验证注册）。

会员福利

- 使用手机号码首次注册会员可直接获得100元体验金，不需充值即可购买和查看数据库内容（仅限使用手机号码快速注册）。
- 已注册用户购书后可免费获赠100元皮书数据库充值卡。刮开充值卡涂层获取充值密码，登录并进入"会员中心"—"在线充值"—"充值卡充值"，充值成功后即可购买和查看数据库内容。

社会科学文献出版社 皮书系列
SOCIAL SCIENCES ACADEMIC PRESS (CHINA)

卡号：582936772152
密码：

数据库服务热线：400-008-6695
数据库服务QQ：2475522410
数据库服务邮箱：database@ssap.cn
图书销售热线：010-59367070/7028
图书服务QQ：1265056568
图书服务邮箱：duzhe@ssap.cn

S 子库介绍
ub-Database Introduction

中国经济发展数据库

涵盖宏观经济、农业经济、工业经济、产业经济、财政金融、交通旅游、商业贸易、劳动经济、企业经济、房地产经济、城市经济、区域经济等领域，为用户实时了解经济运行态势、把握经济发展规律、洞察经济形势、做出经济决策提供参考和依据。

中国社会发展数据库

全面整合国内外有关中国社会发展的统计数据、深度分析报告、专家解读和热点资讯构建而成的专业学术数据库。涉及宗教、社会、人口、政治、外交、法律、文化、教育、体育、文学艺术、医药卫生、资源环境等多个领域。

中国行业发展数据库

以中国国民经济行业分类为依据，跟踪分析国民经济各行业市场运行状况和政策导向，提供行业发展最前沿的资讯，为用户投资、从业及各种经济决策提供理论基础和实践指导。内容涵盖农业，能源与矿产业，交通运输业，制造业，金融业，房地产业，租赁和商务服务业，科学研究，环境和公共设施管理，居民服务业，教育，卫生和社会保障，文化、体育和娱乐业等100余个行业。

中国区域发展数据库

对特定区域内的经济、社会、文化、法治、资源环境等领域的现状与发展情况进行分析和预测。涵盖中部、西部、东北、西北等地区，长三角、珠三角、黄三角、京津冀、环渤海、合肥经济圈、长株潭城市群、关中—天水经济区、海峡经济区等区域经济体和城市圈，北京、上海、浙江、河南、陕西等34个省份及中国台湾地区。

中国文化传媒数据库

包括文化事业、文化产业、宗教、群众文化、图书馆事业、博物馆事业、档案事业、语言文字、文学、历史地理、新闻传播、广播电视、出版事业、艺术、电影、娱乐等多个子库。

世界经济与国际关系数据库

以皮书系列中涉及世界经济与国际关系的研究成果为基础，全面整合国内外有关世界经济与国际关系的统计数据、深度分析报告、专家解读和热点资讯构建而成的专业学术数据库。包括世界经济、国际政治、世界文化与科技、全球性问题、国际组织与国际法、区域研究等多个子库。

法 律 声 明

　　"皮书系列"（含蓝皮书、绿皮书、黄皮书）之品牌由社会科学文献出版社最早使用并持续至今，现已被中国图书市场所熟知。"皮书系列"的 LOGO（▨）与"经济蓝皮书""社会蓝皮书"均已在中华人民共和国国家工商行政管理总局商标局登记注册。"皮书系列"图书的注册商标专用权及封面设计、版式设计的著作权均为社会科学文献出版社所有。未经社会科学文献出版社书面授权许可，任何使用与"皮书系列"图书注册商标、封面设计、版式设计相同或者近似的文字、图形或其组合的行为均系侵权行为。

　　经作者授权，本书的专有出版权及信息网络传播权为社会科学文献出版社享有。未经社会科学文献出版社书面授权许可，任何就本书内容的复制、发行或以数字形式进行网络传播的行为均系侵权行为。

　　社会科学文献出版社将通过法律途径追究上述侵权行为的法律责任，维护自身合法权益。

　　欢迎社会各界人士对侵犯社会科学文献出版社上述权利的侵权行为进行举报。电话：010-59367121，电子邮箱：fawubu@ssap.cn。

社会科学文献出版社

2017年正值皮书品牌专业化二十周年之际，世界每天都在发生着让人眼花缭乱的变化，而唯一不变的，是面向未来无数的可能性。作为个体，如何获取专业信息以备不时之需？作为行政主体或企事业主体，如何提高决策的科学性让这个世界变得更好而不是更糟？原创、实证、专业、前沿、及时、持续，这是1997年"皮书系列"品牌创立的初衷。

1997～2017，从最初一个出版社的学术产品名称到媒体和公众使用频率极高的热点词语，从专业术语到大众话语，从官方文件到独特的出版型态，作为重要的智库成果，"皮书"始终致力于成为海量信息时代的信息过滤器，成为经济社会发展的记录仪，成为政策制定、评估、调整的智力源，社会科学研究的资料集成库。"皮书"的概念不断延展，"皮书"的种类更加丰富，"皮书"的功能日渐完善。

1997～2017，皮书及皮书数据库已成为中国新型智库建设不可或缺的抓手与平台，成为政府、企业和各类社会组织决策的利器，成为人文社科研究最基本的资料库，成为世界系统完整及时认知当代中国的窗口和通道！"皮书"所具有的凝聚力正在形成一种无形的力量，吸引着社会各界关注中国的发展，参与中国的发展。

二十年的"皮书"正值青春，愿每一位皮书人付出的年华与智慧不辜负这个时代！

社会科学文献出版社社长
中国社会学会秘书长

2016年11月

社会科学文献出版社简介

社会科学文献出版社成立于1985年，是直属于中国社会科学院的人文社会科学学术出版机构。成立以来，社科文献出版社依托于中国社会科学院和国内外人文社会科学界丰厚的学术出版和专家学者资源，始终坚持"创社科经典，出传世文献"的出版理念、"权威、前沿、原创"的产品定位以及学术成果和智库成果出版的专业化、数字化、国际化、市场化的经营道路。

社科文献出版社是中国新闻出版业转型与文化体制改革的先行者。积极探索文化体制改革的先进方向和现代企业经营决策机制，社科文献出版社先后荣获"全国文化体制改革工作先进单位"、中国出版政府奖·先进出版单位奖，中国社会科学院先进集体、全国科普工作先进集体等荣誉称号。多人次荣获"第十届韬奋出版奖""全国新闻出版行业领军人才""数字出版先进人物""北京市新闻出版广电行业领军人才"等称号。

社科文献出版社是中国人文社会科学学术出版的大社名社，也是以皮书为代表的智库成果出版的专业强社。年出版图书2000余种，其中皮书350余种，出版新书字数5.5亿字，承印与发行中国社科院院属期刊72种，先后创立了皮书系列、列国志、中国史话、社科文献学术译库、社科文献学术文库、甲骨文书系等一大批既有学术影响又有市场价值的品牌，确立了在社会学、近代史、苏东问题研究等专业学科及领域出版的领先地位。图书多次荣获中国出版政府奖、"三个一百"原创图书出版工程、"五个'一'工程奖"、"大众喜爱的50种图书"等奖项，在中央国家机关"强素质·做表率"读书活动中，入选图书品种数位居各大出版社之首。

社科文献出版社是中国学术出版规范与标准的倡议者与制定者，代表全国50多家出版社发起实施学术著作出版规范的倡议，承担学术著作规范国家标准的起草工作，率先编撰完成《皮书手册》对皮书品牌进行规范化管理，并在此基础上推出中国版芝加哥手册——《SSAP学术出版手册》。

社科文献出版社是中国数字出版的引领者，拥有皮书数据库、列国志数据库、"一带一路"数据库、减贫数据库、集刊数据库等4大产品线11个数据库产品，机构用户达1300余家，海外用户百余家，荣获"数字出版转型示范单位""新闻出版标准化先进单位""专业数字内容资源知识服务模式试点企业标准化示范单位"等称号。

社科文献出版社是中国学术出版走出去的践行者。社科文献出版社海外图书出版与学术合作业务遍及全球40余个国家和地区并于2016年成立俄罗斯分社，累计输出图书500余种，涉及近20个语种，累计获得国家社科基金中华学术外译项目资助76种、"丝路书香工程"项目资助60种、中国图书对外推广计划项目资助71种以及经典中国国际出版工程资助28种，被商务部认定为"2015-2016年度国家文化出口重点企业"。

如今，社科文献出版社拥有固定资产3.6亿元，年收入近3亿元，设置了七大出版分社、六大专业部门，成立了皮书研究院和博士后科研工作站，培养了一支近400人的高素质与高效率的编辑、出版、营销和国际推广队伍，为未来成为学术出版的大社、名社、强社，成为文化体制改革与文化企业转型发展的排头兵奠定了坚实的基础。

经 济 类

经济类皮书涵盖宏观经济、城市经济、大区域经济，
提供权威、前沿的分析与预测

经济蓝皮书

2017年中国经济形势分析与预测

李扬/主编　2017年1月出版　定价：89.00元

◆　本书为总理基金项目，由著名经济学家李扬领衔，联合中国社会科学院等数十家科研机构、国家部委和高等院校的专家共同撰写，系统分析了2016年的中国经济形势并预测2017年中国经济运行情况。

中国省域竞争力蓝皮书

中国省域经济综合竞争力发展报告（2015～2016）

李建平　李闽榕　高燕京/主编　2017年5月出版　定价：198.00元

◆　本书融多学科的理论为一体，深入追踪研究了省域经济发展与中国国家竞争力的内在关系，为提升中国省域经济综合竞争力提供有价值的决策依据。

城市蓝皮书

中国城市发展报告 No.10

潘家华　单菁菁/主编　2017年9月出版　估价：89.00元

◆　本书是由中国社会科学院城市发展与环境研究中心编著的，多角度、全方位地立体展示了中国城市的发展状况，并对中国城市的未来发展提出了许多建议。该书有强烈的时代感，对中国城市发展实践有重要的参考价值。

人口与劳动绿皮书

中国人口与劳动问题报告 No.18

蔡昉　张车伟 / 主编　2017 年 10 月出版　估价：89.00 元

◆　本书为中国社会科学院人口与劳动经济研究所主编的年度报告，对当前中国人口与劳动形势做了比较全面和系统的深入讨论，为研究中国人口与劳动问题提供了一个专业性的视角。

世界经济黄皮书

2017 年世界经济形势分析与预测

张宇燕 / 主编　2017 年 1 月出版　定价：89.00 元

◆　本书由中国社会科学院世界经济与政治研究所的研究团队撰写，2016 年世界经济增速进一步放缓，就业增长放慢。世界经济面临许多重大挑战同时，地缘政治风险、难民危机、大国政治周期、恐怖主义等问题也仍然在影响世界经济的稳定与发展。预计 2017 年按 PPP 计算的世界 GDP 增长率约为 3.0%。

国际城市蓝皮书

国际城市发展报告（2017）

屠启宇 / 主编　2017 年 2 月出版　定价：79.00 元

◆　本书作者以上海社会科学院从事国际城市研究的学者团队为核心，汇集同济大学、华东师范大学、复旦大学、上海交通大学、南京大学、浙江大学相关城市研究专业学者。立足动态跟踪介绍国际城市发展时间中，最新出现的重大战略、重大理念、重大项目、重大报告和最佳案例。

金融蓝皮书

中国金融发展报告（2017）

王国刚 / 主编　2017 年 2 月出版　定价：79.00 元

◆　本书由中国社会科学院金融研究所组织编写，概括和分析了 2016 年中国金融发展和运行中的各方面情况，研讨和评论了 2016 年发生的主要金融事件，有利于读者了解掌握 2016 年中国的金融状况，把握 2017 年中国金融的走势。

农村绿皮书

中国农村经济形势分析与预测（2016 ~ 2017）

魏后凯　黄秉信／主编　2017 年 4 月出版　定价：79.00 元

◆　本书描述了 2016 年中国农业农村经济发展的一些主要指标和变化，并对 2017 年中国农业农村经济形势的一些展望和预测，提出相应的政策建议。

西部蓝皮书

中国西部发展报告（2017）

徐璋勇／主编　2017 年 8 月出版　定价：89.00 元

◆　本书由西北大学中国西部经济发展研究中心主编，汇集了源自西部本土以及国内研究西部问题的权威专家的第一手资料，对国家实施西部大开发战略进行年度动态跟踪，并对 2017 年西部经济、社会发展态势进行预测和展望。

经济蓝皮书·夏季号

中国经济增长报告（2016 ~ 2017）

李扬／主编　2017 年 5 月出版　定价：98.00 元

◆　中国经济增长报告主要探讨 2016~2017 年中国经济增长问题，以专业视角解读中国经济增长，力求将其打造成一个研究中国经济增长、服务宏微观各级决策的周期性、权威性读物。

就业蓝皮书

2017 年中国本科生就业报告

麦可思研究院／编著　2017 年 6 月出版　定价：98.00 元

◆　本书基于大量的数据和调研，内容翔实，调查独到，分析到位，用数据说话，对中国大学生就业及学校专业设置起到了很好的建言献策作用。

社 会 政 法 类

社会政法类皮书聚焦社会发展领域的热点、难点问题，提供权威、原创的资讯与视点

社会蓝皮书
2017 年中国社会形势分析与预测

李培林　陈光金　张翼 / 主编　2016 年 12 月出版　定价：89.00 元

◆　本书由中国社会科学院社会学研究所组织研究机构专家、高校学者和政府研究人员撰写，聚焦当下社会热点，对 2016 年中国社会发展的各个方面内容进行了权威解读，同时对 2017 年社会形势发展趋势进行了预测。

法治蓝皮书
中国法治发展报告 No.15（2017）

李林　田禾 / 主编　2017 年 3 月出版　定价：118.00 元

◆　本年度法治蓝皮书回顾总结了 2016 年度中国法治发展取得的成就和存在的不足，对中国政府、司法、检务透明度进行了跟踪调研，并对 2017 年中国法治发展形势进行了预测和展望。

社会体制蓝皮书
中国社会体制改革报告 No.5（2017）

龚维斌 / 主编　2017 年 3 月出版　定价：89.00 元

◆　本书由国家行政学院社会治理研究中心和北京师范大学中国社会管理研究院共同组织编写，主要对 2016 年社会体制改革情况进行回顾和总结，对 2017 年的改革走向进行分析，提出相关政策建议。

社会心态蓝皮书

中国社会心态研究报告（2017）

王俊秀　杨宜音 / 主编　2017 年 12 月出版　估价：89.00 元

◆　本书是中国社会科学院社会学研究所社会心理研究中心"社会心态蓝皮书课题组"的年度研究成果，运用社会心理学、社会学、经济学、传播学等多种学科的方法进行了调查和研究，对于目前中国社会心态状况有较广泛和深入的揭示。

生态城市绿皮书

中国生态城市建设发展报告（2017）

刘举科　孙伟平　胡文臻 / 主编　2017 年 10 月出版　估价：118.00 元

◆　报告以绿色发展、循环经济、低碳生活、民生宜居为理念，以更新民众观念、提供决策咨询、指导工程实践、引领绿色发展为宗旨，试图探索一条具有中国特色的城市生态文明建设新路。

城市生活质量蓝皮书

中国城市生活质量报告（2017）

中国经济实验研究院 / 主编　2018 年 2 月出版　估价：89.00 元

◆　本书对全国 35 个城市居民的生活质量主观满意度进行了电话调查，同时对 35 个城市居民的客观生活质量指数进行了计算，为中国城市居民生活质量的提升，提出了针对性的政策建议。

公共服务蓝皮书

中国城市基本公共服务力评价（2017）

钟君　刘志昌　吴正杲 / 主编　2017 年 12 月出版　估价：89.00 元

◆　中国社会科学院经济与社会建设研究室与华图政信调查组成联合课题组，从 2010 年开始对基本公共服务力进行研究，研创了基本公共服务力评价指标体系，为政府考核公共服务与社会管理工作提供了理论工具。

行业报告类

 行业报告类皮书立足重点行业、新兴行业领域，
提供及时、前瞻的数据与信息

企业社会责任蓝皮书

中国企业社会责任研究报告（2017）

黄群慧　钟宏武　张蒽　翟利峰 / 著　2017 年 10 月出版　估价：89.00 元

◆　本书剖析了中国企业社会责任在 2016 ~ 2017 年度的最新发展特征，详细解读了省域国有企业在社会责任方面的阶段性特征，生动呈现了国内外优秀企业的社会责任实践。对了解中国企业社会责任履行现状、未来发展，以及推动社会责任建设有重要的参考价值。

新能源汽车蓝皮书

中国新能源汽车产业发展报告（2017）

中国汽车技术研究中心　日产（中国）投资有限公司

东风汽车有限公司 / 编著　2017 年 8 月出版　定价：98.00 元

◆　本书对中国 2016 年新能源汽车产业发展进行了全面系统的分析，并介绍了国外的发展经验。有助于相关机构、行业和社会公众等了解中国新能源汽车产业发展的最新动态，为政府部门出台新能源汽车产业相关政策法规、企业制定相关战略规划，提供必要的借鉴和参考。

杜仲产业绿皮书

中国杜仲橡胶资源与产业发展报告（2016 ~ 2017）

杜红岩　胡文臻　俞锐 / 主编　2017 年 11 月出版　估价：85.00 元

◆　本书对 2016 年杜仲产业的发展情况、研究团队在杜仲研究方面取得的重要成果、部分地区杜仲产业发展的具体情况、杜仲新标准的制定情况等进行了较为详细的分析与介绍，使广大关心杜仲产业发展的读者能够及时跟踪产业最新进展。

企业蓝皮书

中国企业绿色发展报告 No.2（2017）

李红玉　朱光辉 / 主编　　2017 年 11 月出版　　估价：89.00 元

◆　本书深入分析中国企业能源消费、资源利用、绿色金融、绿色产品、绿色管理、信息化、绿色发展政策及绿色文化方面的现状，并对目前存在的问题进行研究，剖析因果，谋划对策，为企业绿色发展提供借鉴，为中国生态文明建设提供支撑。

中国上市公司蓝皮书

中国上市公司发展报告（2017）

张平　王宏淼 / 主编　　2017 年 9 月出版　　定价：98.00 元

◆　本书由中国社会科学院上市公司研究中心组织编写的，着力于全面、真实、客观反映当前中国上市公司财务状况和价值评估的综合性年度报告。本书详尽分析了 2016 年中国上市公司情况，特别是现实中暴露出的制度性、基础性问题，并对资本市场改革进行了探讨。

资产管理蓝皮书

中国资产管理行业发展报告（2017）

智信资产管理研究院 / 编著　　2017 年 7 月出版　　定价：98.00 元

◆　中国资产管理行业刚刚兴起，未来将成为中国金融市场最有看点的行业。本书主要分析了 2016 年度资产管理行业的发展情况，同时对资产管理行业的未来发展做出科学的预测。

体育蓝皮书

中国体育产业发展报告（2017）

阮伟　钟秉枢 / 主编　　2017 年 12 月出版　　估价：89.00 元

◆　本书运用多种研究方法，在体育竞赛业、体育用品业、体育场馆业、体育传媒业等传统产业研究的基础上，并对 2016 年体育领域内的各种热点事件进行研究和梳理，进一步拓宽了研究的广度、提升了研究的高度、挖掘了研究的深度。

国际问题类

国际问题类皮书关注全球重点国家与地区，
提供全面、独特的解读与研究

美国蓝皮书

美国研究报告（2017）

郑秉文　黄平／主编　2017 年 5 月出版　定价：89.00 元

◆　本书是由中国社会科学院美国研究所主持完成的研究成果，它回顾了美国 2016 年的经济、政治形势与外交战略，对 2017 年以来美国内政外交发生的重大事件及重要政策进行了较为全面的回顾和梳理。

日本蓝皮书

日本研究报告（2017）

杨伯江／主编　2017 年 6 月出版　定价：89.00 元

◆　本书对 2016 年日本的政治、经济、社会、外交等方面的发展情况做了系统介绍，对日本的热点及焦点问题进行了总结和分析，并在此基础上对该国 2017 年的发展前景做出预测。

亚太蓝皮书

亚太地区发展报告（2017）

李向阳／主编　2017 年 5 月出版　定价：79.00 元

◆　本书是中国社会科学院亚太与全球战略研究院的集体研究成果。2017 年的"亚太蓝皮书"继续关注中国周边环境的变化。该书盘点了 2016 年亚太地区的焦点和热点问题，为深入了解 2016 年及未来中国与周边环境的复杂形势提供了重要参考。

德国蓝皮书

德国发展报告（2017）

郑春荣 / 主编　2017 年 6 月出版　定价：79.00 元

◆　本报告由同济大学德国研究所组织编撰，由该领域的专家学者对德国的政治、经济、社会文化、外交等方面的形势发展情况，进行全面的阐述与分析。

日本经济蓝皮书

日本经济与中日经贸关系研究报告（2017）

张季风 / 编著　2017 年 6 月出版　定价：89.00 元

◆　本书系统、详细地介绍了 2016 年日本经济以及中日经贸关系发展情况，在进行了大量数据分析的基础上，对 2017 年日本经济以及中日经贸关系的大致发展趋势进行了分析与预测。

俄罗斯黄皮书

俄罗斯发展报告（2017）

李永全 / 编著　2017 年 6 月出版　定价：89.00 元

◆　本书系统介绍了 2016 年俄罗斯经济政治情况，并对 2016 年该地区发生的焦点、热点问题进行了分析与回顾；在此基础上，对该地区 2017 年的发展前景进行了预测。

非洲黄皮书

非洲发展报告 No.19（2016 ~ 2017）

张宏明 / 主编　2017 年 7 月出版　定价：89.00 元

◆　本书是由中国社会科学院西亚非洲研究所组织编撰的非洲形势年度报告，比较全面、系统地分析了 2016 年非洲政治形势和热点问题，探讨了非洲经济形势和市场走向，剖析了大国对非洲关系的新动向；此外，还介绍了国内非洲研究的新成果。

地方发展类

地方发展类皮书关注中国各省份、经济区域，
提供科学、多元的预判与资政信息

北京蓝皮书

北京公共服务发展报告（2016~2017）

施昌奎 / 主编　2017 年 3 月出版　定价：79.00 元

◆　本书是由北京市政府职能部门的领导、首都著名高校的教
授、知名研究机构的专家共同完成的关于北京市公共服务发展
与创新的研究成果。

河南蓝皮书

河南经济发展报告（2017）

张占仓　完世伟 / 主编　2017 年 4 月出版　定价：79.00 元

◆　本书以国内外经济发展环境和走向为背景，主要分析当前
河南经济形势，预测未来发展趋势，全面反映河南经济发展的
最新动态、热点和问题，为地方经济发展和领导决策提供参考。

广州蓝皮书

2017 年中国广州经济形势分析与预测

魏明海　谢博能　李华 / 主编　2017 年 6 月出版　定价：85.00 元

◆　本书由广州大学与广州市委政策研究室、广州市统计局
联合主编，汇集了广州科研团体、高等院校和政府部门诸多
经济问题研究专家、学者和实际部门工作者的最新研究成果，
是关于广州经济运行情况和相关专题分析、预测的重要参考
资料。

文 化 传 媒 类

文化传媒类皮书透视文化领域、文化产业，
探索文化大繁荣、大发展的路径

新媒体蓝皮书

中国新媒体发展报告 No.8（2017）

唐绪军／主编　2017年6月出版　定价：79.00元

◆　本书是由中国社会科学院新闻与传播研究所组织编写的关于新媒体发展的最新年度报告，旨在全面分析中国新媒体的发展现状，解读新媒体的发展趋势，探析新媒体的深刻影响。

移动互联网蓝皮书

中国移动互联网发展报告（2017）

余清楚／主编　　2017年6月出版　　定价：98.00元

◆　本书着眼于对2016年度中国移动互联网的发展情况做深入解析，对未来发展趋势进行预测，力求从不同视角、不同层面全面剖析中国移动互联网发展的现状、年度突破及热点趋势等。

传媒蓝皮书

中国传媒产业发展报告（2017）

崔保国／主编　2017年5月出版　定价：98.00元

◆　"传媒蓝皮书"连续十多年跟踪观察和系统研究中国传媒产业发展。本报告在对传媒产业总体以及各细分行业发展状况与趋势进行深入分析基础上，对年度发展热点进行跟踪，剖析新技术引领下的商业模式，对传媒各领域发展趋势、内体经营、传媒投资进行解析，为中国传媒产业正在发生的变革提供前瞻行参考。

经济类

"三农"互联网金融蓝皮书
中国"三农"互联网金融发展报告（2017）
著(编)者：李勇坚 王弢　2017年8月出版 / 估价：98.00元
PSN B-2016-561-1/1

"一带一路"投资安全蓝皮书
中国"一带一路"投资与安全研究报告（2017）
著(编)者：邹统钎 梁昊光　2017年4月出版 / 定价：89.00元
PSN B-2017-612-1/1

G20国家创新竞争力黄皮书
二十国集团（G20）国家创新竞争力发展报告（2016~2017）
著(编)者：李建平 李闽榕 赵新力　周天勇
2017年8月出版 / 定价：158.00元
PSN Y-2011-229-1/1

产业蓝皮书
中国产业竞争力报告（2017）No.7
著(编)者：张其仔　2017年12月出版 / 估价：98.00元
PSN B-2010-175-1/1

城市创新蓝皮书
中国城市创新报告（2017）
著(编)者：周天勇 旷建伟　2017年11月出版 / 估价：89.00元
PSN B-2013-340-1/1

城市蓝皮书
中国城市发展报告 No.10
著(编)者：潘家华 单菁菁　2017年9月出版 / 估价：89.00元
PSN B-2007-091-1/1

城乡一体化蓝皮书
中国城乡一体化发展报告（2016~2017）
著(编)者：汝信 付崇兰　2017年7月出版 / 估价：85.00元
PSN B-2011-226-1/2

城镇化蓝皮书
中国新型城镇化健康发展报告（2017）
著(编)者：张占斌　2017年11月出版 / 估价：89.00元
PSN B-2014-396-1/1

创新蓝皮书
创新型国家建设报告（2016~2017）
著(编)者：詹正茂　2017年12月出版 / 估价：89.00元
PSN B-2009-140-1/1

创业蓝皮书
中国创业发展报告（2016~2017）
著(编)者：黄群慧 赵卫星 钟宏武等
2017年11月出版 / 估价：89.00元
PSN B-2016-578-1/1

低碳发展蓝皮书
中国低碳发展报告（2017）
著(编)者：张希良 齐晔　2017年6月出版 / 定价：79.00元
PSN B-2011-223-1/1

低碳经济蓝皮书
中国低碳经济发展报告（2017）
著(编)者：薛进军 赵忠秀　2017年7月出版 / 估价：85.00元
PSN B-2011-194-1/1

东北蓝皮书
中国东北地区发展报告（2017）
著(编)者：姜晓秋　2017年2月出版 / 定价：79.00元
PSN B-2006-067-1/1

发展与改革蓝皮书
中国经济发展和体制改革报告No.8
著(编)者：邹东涛 王再文　2017年7月出版 / 估价：98.00元
PSN B-2008-122-1/1

工业化蓝皮书
中国工业化进程报告（1999~2015）
著(编)者：黄群慧 李芳芳 等
2017年5月出版 / 定价：158.00元
PSN B-2007-095-1/1

管理蓝皮书
中国管理发展报告（2017）
著(编)者：张晓东　2017年10月出版 / 估价：98.00元
PSN B-2014-416-1/1

国际城市蓝皮书
国际城市发展报告（2017）
著(编)者：屠启宇　2017年2月出版 / 定价：79.00元
PSN B-2012-260-1/1

国家创新蓝皮书
中国创新发展报告（2017）
著(编)者：陈劲　2018年3月出版 / 估价：89.00元
PSN B-2014-370-1/1

金融蓝皮书
中国金融发展报告（2017）
著(编)者：王国刚　2017年2月出版 / 定价：79.00元
PSN B-2004-031-1/6

京津冀金融蓝皮书
京津冀金融发展报告（2017）
著(编)者：王爱俭 李向前
2017年7月出版 / 估价：89.00元
PSN B-2016-528-1/1

京津冀蓝皮书
京津冀发展报告（2017）
著(编)者：祝合良 叶堂林 张贵祥 等
2017年4月出版 / 估价：89.00元
PSN B-2012-262-1/1

经济蓝皮书
2017年中国经济形势分析与预测
著(编)者：李扬　2017年1月出版 / 定价：89.00元
PSN B-1996-001-1/1

经济蓝皮书·春季号
2017年中国经济前景分析
著(编)者：李扬　2017年5月出版 / 定价：79.00元
PSN B-1999-008-1/1

经济蓝皮书·夏季号
中国经济增长报告（2016~2017）
著(编)者：李扬　2017年9月出版 / 估价：98.00元
PSN B-2010-176-1/1

经济信息绿皮书
中国与世界经济发展报告（2017）
著(编)者：杜平　2017年12月出版 / 定价：89.00元
PSN G-2003-023-1/1

就业蓝皮书
2017年中国本科生就业报告
著(编)者：麦可思研究院　2017年6月出版 / 估价：98.00元
PSN B-2009-146-1/2

就业蓝皮书
2017年中国高职高专生就业报告
著(编)者：麦可思研究院　　2017年6月出版 / 定价：98.00元
PSN B-2015-472-2/2

科普能力蓝皮书
中国科普能力评价报告（2017）
著(编)者：李富 强李群　　2017年8月出版 / 估价：89.00元
PSN B-2016-556-1/1

临空经济蓝皮书
中国临空经济发展报告（2017）
著(编)者：连玉明　　2017年9月出版 / 估价：89.00元
PSN B-2014-421-1/1

农村绿皮书
中国农村经济形势分析与预测（2016～2017）
著(编)者：魏后凯 黄秉信
2017年4月出版 / 定价：79.00元
PSN G-1998-003-1/1

农业应对气候变化蓝皮书
气候变化对中国农业影响评估报告 No.3
著(编)者：矫梅燕　　2017年8月出版 / 估价：98.00元
PSN B-2014-413-1/1

气候变化绿皮书
应对气候变化报告（2017）
著(编)者：王伟光 郑国光　　2017年11月出版 / 估价：89.00元
PSN G-2009-144-1/1

区域蓝皮书
中国区域经济发展报告（2016～2017）
著(编)者：赵弘　　2017年5月出版 / 定价：79.00元
PSN B-2004-034-1/1

全球环境竞争力绿皮书
全球环境竞争力报告（2017）
著(编)者：李建平 李闽榕 王金南
2017年12月出版 / 估价：198.00元
PSN G-2013-363-1/1

人口与劳动绿皮书
中国人口与劳动问题报告 No.18
著(编)者：蔡昉 张车伟　　2017年11月出版 / 估价：89.00元
PSN G-2000-012-1/1

商务中心区蓝皮书
中国商务中心区发展报告 No.3（2016）
著(编)者：李国红 单菁菁　　2017年9月出版 / 估价：98.00元
PSN B-2015-444-1/1

世界经济黄皮书
2017年世界经济形势分析与预测
著(编)者：张宇燕　　2017年1月出版 / 定价：89.00元
PSN Y-1999-006-1/1

世界旅游城市绿皮书
世界旅游城市发展报告（2017）
著(编)者：宋宇　　2017年7月出版 / 估价：128.00元
PSN G-2014-400-1/1

土地市场蓝皮书
中国农村土地市场发展报告（2016～2017）
著(编)者：李光荣　　2017年7月出版 / 估价：89.00元
PSN B-2016-527-1/1

西北蓝皮书
中国西北发展报告（2017）
著(编)者：任宗哲 白宽犁 王建康
2017年4月出版 / 定价：88.00元
PSN B-2012-261-1/1

西部蓝皮书
中国西部发展报告（2017）
著(编)者：徐璋勇　　2017年8月出版 / 定价：89.00元
PSN B-2005-039-1/1

新型城镇化蓝皮书
新型城镇化发展报告（2017）
著(编)者：李伟 宋敏 沈体雁　　2018年7月出版 / 估价：98.00元
PSN B-2014-431-1/1

新兴经济体蓝皮书
金砖国家发展报告（2017）
著(编)者：林跃勤 周文　　2017年12月出版 / 估价：89.00元
PSN B-2011-195-1/1

长三角蓝皮书
2017年创新融合发展的长三角
著(编)者：王庆五　　2018年3月出版 / 估价：88.00元
PSN B-2005-038-1/1

中部竞争力蓝皮书
中国中部经济社会竞争力报告（2017）
著(编)者：教育部人文社会科学重点研究基地
　　　　　南昌大学中国中部经济社会发展研究中心
2017年12月出版 / 估价：89.00元
PSN B-2012-276-1/1

中部蓝皮书
中国中部地区发展报告（2017）
著(编)者：宋亚平　　2017年12月出版 / 估价：88.00元
PSN B-2007-089-1/1

中国省域竞争力蓝皮书
中国省域经济综合竞争力发展报告（2017）
著(编)者：李建平 李闽榕 高燕京
2017年2月出版 / 估价：198.00元
PSN B-2007-088-1/1

中三角蓝皮书
长江中游城市群发展报告（2017）
著(编)者：秦尊文　　2017年9月出版 / 估价：89.00元
PSN B-2014-417-1/1

中小城市绿皮书
中国中小城市发展报告（2017）
著(编)者：中国城市经济学会中小城市经济发展委员会
　　　　　中国城镇化促进会中小城市发展委员会
　　　　　《中国中小城市发展报告》编纂委员会
　　　　　中小城市发展战略研究院
2017年11月出版 / 估价：128.00元
PSN G-2010-161-1/1

中原蓝皮书
中原经济区发展报告（2017）
著(编)者：李英杰　　2017年7月出版 / 估价：88.00元
PSN B-2011-192-1/1

自贸区蓝皮书
中国自贸区发展报告（2017）
著(编)者：王力 黄育华　　2017年6月出版 / 定价：89.00元
PSN B-2016-559-1/1

社会政法类

北京蓝皮书
中国社区发展报告（2017）
著(编)者：于燕燕　2018年4月出版 / 估价：89.00元
PSN B-2007-083-5/8

殡葬绿皮书
中国殡葬事业发展报告（2017）
著(编)者：李伯森　2017年11月出版 / 估价：158.00元
PSN G-2010-180-1/1

城市管理蓝皮书
中国城市管理报告（2016~2017）
著(编)者：刘林 刘承水　2017年7月出版 / 估价：158.00元
PSN B-2013-336-1/1

城市生活质量蓝皮书
中国城市生活质量报告（2017）
著(编)者：中国经济实验研究院
2018年2月出版 / 估价：89.00元
PSN B-2013-326-1/1

城市政府能力蓝皮书
中国城市政府公共服务能力评估报告（2017）
著(编)者：何艳玲　2017年7月出版 / 估价：89.00元
PSN B-2013-338-1/1

慈善蓝皮书
中国慈善发展报告（2017）
著(编)者：杨团　2017年6月出版 / 定价：98.00元
PSN B-2009-142-1/1

党建蓝皮书
党的建设研究报告 No.2（2017）
著(编)者：崔建民 陈东平　2017年7月出版 / 估价：89.00元
PSN B-2016-524-1/1

地方法治蓝皮书
中国地方法治发展报告 No.3（2017）
著(编)者：李林 田禾　2017年7出版 / 估价：108.00元
PSN B-2015-442-1/1

法治蓝皮书
中国法治发展报告 No.15（2017）
著(编)者：李林 田禾　2017年3月出版 / 定价：118.00元
PSN B-2004-027-1/1

法治政府蓝皮书
中国法治政府发展报告（2017）
著(编)者：中国政法大学法治政府研究院
2018年4月出版 / 估价：98.00元
PSN B-2015-502-1/2

法治政府蓝皮书
中国法治政府评估报告（2017）
著(编)者：中国政法大学法治政府研究院
2017年11月出版 / 估价：98.00元
PSN B-2016-577-2/2

法治蓝皮书
中国法院信息化发展报告 No.1（2017）
著(编)者：李林 田禾　2017年2月出版 / 定价：108.00元
PSN B-2017-604-3/3

反腐倡廉蓝皮书
中国反腐倡廉建设报告 No.7
著(编)者：张英伟　2017年12月出版 / 估价：89.00元
PSN B-2012-259-1/1

非传统安全蓝皮书
中国非传统安全研究报告（2016~2017）
著(编)者：余潇枫 魏志江　2017年7月出版 / 估价：89.00元
PSN B-2012-273-1/1

妇女发展蓝皮书
中国妇女发展报告 No.7
著(编)者：王金玲　2017年9月出版 / 估价：148.00元
PSN B-2006-069-1/1

妇女教育蓝皮书
中国妇女教育发展报告 No.4
著(编)者：张李玺　2017年10月出版 / 估价：78.00元
PSN B-2008-121-1/1

妇女绿皮书
中国性别平等与妇女发展报告（2017）
著(编)者：谭琳　2017年12月出版 / 估价：99.00元
PSN G-2006-073-1/1

公共服务蓝皮书
中国城市基本公共服务力评价（2017）
著(编)者：钟君 刘志昌 吴正杲　2017年12月出版 / 估价：89
PSN B-2011-214-1/1

公民科学素质蓝皮书
中国公民科学素质报告（2016~2017）
著(编)者：李群 陈雄 马宗文
2017年7月出版 / 估价：89.00元
PSN B-2014-379-1/1

公共关系蓝皮书
中国公共关系发展报告（2017）
著(编)者：柳斌杰　2017年11月出版 / 估价：89.00元
PSN B-2016-580-1/1

公益蓝皮书
中国公益慈善发展报告（2017）
著(编)者：朱健刚　2018年4月出版 / 估价：118.00元
PSN B-2012-283-1/1

国际人才蓝皮书
中国国际移民报告（2017）
著(编)者：王辉耀　2017年7月出版 / 估价：89.00元
PSN B-2012-304-3/4

国际人才蓝皮书
中国留学发展报告（2017）No.5
著(编)者：王辉耀 苗绿　2017年10月出版 / 估价：89.00元
PSN B-2012-244-2/4

海关发展蓝皮书
中国海关发展前沿报告
著(编)者：于春晖　2017年6月出版 / 定价：89.00元
PSN B-2017-616-1/1

海洋社会蓝皮书
中国海洋社会发展报告（2017）
著(编)者：崔凤 宋宁而　2018年3月出版 / 估价：89.00元
PSN B-2015-478-1/1

行政改革蓝皮书
中国行政体制改革报告（2017）No.6
著(编)者：魏礼群　2017年7月出版 / 估价：98.00元
PSN B-2011-231-1/1

华侨华人蓝皮书
华侨华人研究报告（2017）
著(编)者：贾益民　2017年12月出版 / 估价：128.00元
PSN B-2011-204-1/1

环境竞争力绿皮书
中国省域环境竞争力发展报告（2017）
著(编)者：李建平 李闽榕 王金南
2017年11月出版 / 估价：198.00元
PSN G-2010-165-1/1

环境绿皮书
中国环境发展报告（2016~2017）
著(编)者：李波　2017年4月出版 / 定价：89.00元
PSN G-2006-048-1/1

基金会蓝皮书
中国基金会发展报告（2016~2017）
著(编)者：中国基金会发展报告课题组
2017年7月出版 / 估价：85.00元
PSN B-2013-368-1/1

基金会绿皮书
中国基金会发展独立研究报告（2017）
著(编)者：基金会中心网 中央民族大学基金会研究中心
2017年7月出版 / 估价：88.00元
PSN G-2011-213-1/1

基金会透明度蓝皮书
中国基金会透明度发展研究报告（2017）
著(编)者：基金会中心网 清华大学廉政与治理研究中心
2017年12月出版 / 估价：
PSN B-2015-509-1/1

家庭蓝皮书
中国"创建幸福家庭活动"评估报告（2017）
国务院发展研究中心"创建幸福家庭活动评估"课题组著
2017年8月出版 / 估价：89.00元
PSN B-2015-508-1/1

健康城市蓝皮书
中国健康城市建设研究报告（2017）
著(编)者：王鸿春 解树江 盛继洪
2017年9月出版 / 估价：89.00元
PSN B-2016-565-2/2

健康中国蓝皮书
社区首诊与健康中国分析报告（2017）
著(编)者：高和荣 杨叔禹 姜杰
2017年4月出版 / 定价：99.00元
PSN B-2017-611-1/1

教师蓝皮书
中国中小学教师发展报告（2017）
著(编)者：曾晓东 鱼霞　2017年7月出版 / 估价：89.00元
PSN B-2012-289-1/1

教育蓝皮书
中国教育发展报告（2017）
著(编)者：杨东平　2017年4月出版 / 定价：89.00元
PSN B-2006-047-1/1

京津冀教育蓝皮书
京津冀教育发展研究报告（2016~2017）
著(编)者：方中雄　2017年4月出版 / 估价：98.00元
PSN B-2017-608-1/1

科普蓝皮书
国家科普能力发展报告（2016～2017）
著(编)者：王康友　2017年5月出版 / 定价：128.00元
PSN B-2017-631-1/1

科普蓝皮书
中国基层科普发展报告（2016～2017）
著(编)者：赵立 新陈玲　2017年9月出版 / 估价：89.00元
PSN B-2016-569-3/3

科普蓝皮书
中国科普基础设施发展报告（2017）
著(编)者：任福君　2017年7月出版 / 估价：89.00元
PSN B-2010-174-1/3

科普蓝皮书
中国科普人才发展报告（2017）
著(编)者：郑念 任嵘嵘　2017年7月出版 / 估价：98.00元
PSN B-2015-512-2/3

科学教育蓝皮书
中国科学教育发展报告（2017）
著(编)者：罗晖 王康友　2017年10月出版 / 估价：89.00元
PSN B-2015-487-1/1

劳动保障蓝皮书
中国劳动保障发展报告（2017）
著(编)者：刘燕斌　2017年9月出版 / 估价：188.00元
PSN B-2014-415-1/1

老龄蓝皮书
中国老年宜居环境发展报告（2017）
著(编)者：党俊武 周燕珉　2017年11月出版 / 估价：89.00元
PSN B-2013-320-1/1

连片特困区蓝皮书
中国连片特困区发展报告（2016~2017）
著(编)者：游俊 冷志明 丁建军
2017年4月出版 / 估价：98.00元
PSN B-2013-321-1/1

流动儿童蓝皮书
中国流动儿童教育发展报告（2016）
著(编)者：杨东平　2017年1月出版 / 定价：79.00元
PSN B-2017-600-1/1

民调蓝皮书
中国民生调查报告（2017）
著（编）者：谢耘耕　2017年12月出版 / 估价：98.00元
PSN B-2014-398-1/1

民族发展蓝皮书
中国民族发展报告（2017）
著（编）者：郝时远 王延中 王希恩
2017年4月出版 / 估价：98.00元
PSN B-2006-070-1/1

女性生活蓝皮书
中国女性生活状况报告 No.11（2017）
著（编）者：韩湘景　2017年10月出版 / 估价：98.00元
PSN B-2006-071-1/1

汽车社会蓝皮书
中国汽车社会发展报告（2017）
著（编）者：王俊秀　2017年12月出版 / 估价：89.00元
PSN B-2011-224-1/1

青年蓝皮书
中国青年发展报告（2017）No.3
著（编）者：廉思 等　2017年12月出版 / 估价：89.00元
PSN B-2013-333-1/1

青少年蓝皮书
中国未成年人互联网运用报告（2017）
著（编）者：李文革 沈洁 季为民
2017年11月出版 / 估价：89.00元
PSN B-2010-165-1/1

青少年体育蓝皮书
中国青少年体育发展报告（2017）
著（编）者：郭建军 戴健　2017年9月出版 / 估价：89.00元
PSN B-2015-482-1/1

群众体育蓝皮书
中国群众体育发展报告（2017）
著（编）者：刘国永 杨桦　2017年12月出版 / 估价：89.00元
PSN B-2016-519-2/3

人权蓝皮书
中国人权事业发展报告 No.7（2017）
著（编）者：李君如　2017年9月出版 / 估价：98.00元
PSN B-2011-215-1/1

社会保障绿皮书
中国社会保障发展报告（2017）No.8
著（编）者：王延中　2017年7月出版 / 估价：98.00元
PSN G-2001-014-1/1

社会风险评估蓝皮书
风险评估与危机预警评估报告（2017）
著（编）者：唐钧　2017年11月出版 / 估价：85.00元
PSN B-2016-521-1/1

社会管理蓝皮书
中国社会管理创新报告 No.5
著（编）者：连玉明　2017年11月出版 / 估价：89.00元
PSN B-2012-300-1/1

社会蓝皮书
2017年中国社会形势分析与预测
著（编）者：李培林 陈光金 张翼
2016年12月出版 / 定价：89.00元
PSN B-1998-002-1/1

社会体制蓝皮书
中国社会体制改革报告No.5（2017）
著（编）者：龚维斌　2017年3月出版 / 定价：89.00元
PSN B-2013-330-1/1

社会心态蓝皮书
中国社会心态研究报告（2017）
著（编）者：王俊秀 杨宜音　2017年12月出版 / 估价：89.00元
PSN B-2011-199-1/1

社会组织蓝皮书
中国社会组织发展报告（2016~2017）
著（编）者：黄晓勇　2017年1月出版 / 定价：89.00元
PSN B-2008-118-1/2

社会组织蓝皮书
中国社会组织评估发展报告（2017）
著（编）者：徐家良 廖鸿　2017年12月出版 / 估价：89.00元
PSN B-2013-366-1/1

生态城市绿皮书
中国生态城市建设发展报告（2017）
著（编）者：刘举科 孙伟平 胡文臻
2017年9月出版 / 定价：118.00元
PSN G-2012-269-1/1

生态文明绿皮书
中国省域生态文明建设评价报告（ECI 2017）
著（编）者：严耕　2017年12月出版 / 估价：98.00元
PSN G-2010-170-1/1

土地整治蓝皮书
中国土地整治发展研究报告 No.4
著（编）者：国土资源部土地整治中心
2017年7月出版 / 定价：89.00元
PSN B-2014-401-1/1

土地政策蓝皮书
中国土地政策研究报告（2017）
著（编）者：高延利 李宪文
2017年12月出版 / 定价：89.00元
PSN B-2015-506-1/1

退休生活蓝皮书
中国城市居民退休生活质量指数报告（2016）
著（编）者：杨一凡　2017年5月出版 / 定价：79.00元
PSN B-2017-618-1/1

遥感监测绿皮书
中国可持续发展遥感监测报告（2016）
著（编）者：顾行发 李闽榕 徐东华
2017年6月出版 / 定价：298.00元
PSN B-2017-629-1/1

医改蓝皮书
中国医药卫生体制改革报告（2017）
著(编)者：文学国 房志武 2017年11月出版 / 估价：98.00元
PSN B-2014-432-1/1

医疗卫生绿皮书
中国医疗卫生发展报告No.7（2017）
著(编)者：申宝忠 韩玉珍 2017年11月出版 / 估价：85.00元
PSN G-2004-033-1/1

应急管理蓝皮书
中国应急管理报告（2017）
著(编)者：宋英华 2017年9月出版 / 估价：98.00元
PSN B-2016-563-1/1

政治参与蓝皮书
中国政治参与报告（2017）
著(编)者：房宁 2017年8月出版 / 定价：118.00元
PSN B-2011-200-1/1

宗教蓝皮书
中国宗教报告（2016）
著(编)者：邱永辉 2017年8月出版 / 定价：79.00元
PSN B-2008-117-1/1

行业报告类

SUV蓝皮书
中国SUV市场发展报告（2016~2017）
著(编)者：靳军 2017年9月出版 / 估价：89.00元
PSN B-2016-572-1/1

保健蓝皮书
中国保健服务产业发展报告No.2
著(编)者：中国保健协会 中共中央党校
2017年7月出版 / 估价：198.00元
PSN B-2012-272-3/3

保健蓝皮书
中国保健食品产业发展报告No.2
著(编)者：中国保健协会
　　　　中国社会科学院食品药品产业发展与监管研究中心
2017年7月出版 / 估价：198.00元
PSN B-2012-271-2/3

保健蓝皮书
中国保健用品产业发展报告No.2
著(编)者：中国保健协会
　　　　国务院国有资产监督管理委员会研究中心
2017年7月出版 / 估价：198.00元
PSN B-2012-270-1/3

保险蓝皮书
中国保险业竞争力报告（2017）
著(编)者：保监会 2017年12月出版 / 估价：99.00元
PSN B-2013-311-1/1

冰雪蓝皮书
中国滑雪产业发展报告（2017）
著(编)者：孙承华 伍斌 魏庆华 张鸿俊
2017年9月出版 / 估价：79.00元
PSN B-2016-560-1/1

彩票蓝皮书
中国彩票发展报告（2017）
著(编)者：益彩基金 2017年7月出版 / 估价：98.00元
PSN B-2015-462-1/1

餐饮产业蓝皮书
中国餐饮产业发展报告（2017）
著(编)者：邢颖 2017年6月出版 / 定价：98.00元
PSN B-2009-151-1/1

测绘地理信息蓝皮书
新常态下的测绘地理信息研究报告（2017）
著(编)者：库热西·买合苏提
2017年12月出版 / 估价：118.00元
PSN B-2009-145-1/1

茶业蓝皮书
中国茶产业发展报告（2017）
著(编)者：杨江帆 李闽榕 2017年10月出版 / 估价：88.00元
PSN B-2010-164-1/1

产权市场蓝皮书
中国产权市场发展报告（2016~2017）
著(编)者：曹和平 2017年5月出版 / 估价：89.00元
PSN B-2009-147-1/1

产业安全蓝皮书
中国出版传媒产业安全报告（2016~2017）
著(编)者：北京印刷学院文化产业安全研究院
2017年7月出版 / 估价：89.00元
PSN B-2014-384-13/14

产业安全蓝皮书
中国文化产业安全报告（2017）
著(编)者：北京印刷学院文化产业安全研究院
2017年12月出版 / 估价：89.00元
PSN B-2014-378-12/14

产业安全蓝皮书
中国新媒体产业安全报告（2017）
著(编)者: 肖丽
2018年6月出版 / 估价: 89.00元
PSN B-2015-500-14/14

城投蓝皮书
中国城投行业发展报告（2017）
著(编)者: 王晨艳 丁伯康 2017年9月出版 / 定价: 300.00元
PSN B-2016-514-1/1

电子政务蓝皮书
中国电子政务发展报告（2016~2017）
著(编)者: 李季 杜平 2017年7月出版 / 估价: 89.00元
PSN B-2003-022-1/1

大数据蓝皮书
中国大数据发展报告No.1
著(编)者: 连玉明 2017年5月出版 / 定价: 79.00元
PSN B-2017-620-1/1

杜仲产业绿皮书
中国杜仲橡胶资源与产业发展报告（2016~2017）
著(编)者: 杜红岩 胡文臻 俞锐
2017年11月出版 / 估价: 85.00元
PSN G-2013-350-1/1

对外投资与风险蓝皮书
中国对外直接投资与国家风险报告（2017）
著(编)者: 中债资信评估有限公司
　　　　　中国社科院世界经济与政治研究所
2017年4月出版 / 定价: 189.00元
PSN B-2017-606-1/1

房地产蓝皮书
中国房地产发展报告 No.14（2017）
著(编)者: 李春华 王业强 2017年5月出版 / 定价: 89.00元
PSN B-2004-028-1/1

服务外包蓝皮书
中国服务外包产业发展报告（2017）
著(编)者: 王晓红 刘德军
2017年7月出版 / 定价: 89.00元
PSN B-2013-331-2/2

服务外包蓝皮书
中国服务外包竞争力报告（2017）
著(编)者: 王力 刘春生 黄育华
2017年11月出版 / 估价: 85.00元
PSN B-2011-216-1/2

工业和信息化蓝皮书
世界网络安全发展报告（2016~2017）
著(编)者: 尹丽波 2017年6月出版 / 定价: 89.00元
PSN B-2015-452-5/6

工业和信息化蓝皮书
世界信息化发展报告（2016~2017）
著(编)者: 尹丽波 2017年6月出版 / 定价: 89.00元
PSN B-2015-451-4/6

工业和信息化蓝皮书
世界信息技术产业发展报告（2016~2017）
著(编)者: 尹丽波 2017年6月出版 / 定价: 89.00元
PSN B-2015-449-2/6

工业和信息化蓝皮书
移动互联网产业发展报告（2016~2017）
著(编)者: 尹丽波 2017年6月出版 / 定价: 89.00元
PSN B-2015-448-1/6

工业和信息化蓝皮书
战略性新兴产业发展报告（2016~2017）
著(编)者: 尹丽波 2017年6月出版 / 定价: 89.00元
PSN B-2015-450-3/6

工业和信息化蓝皮书
世界智慧城市发展报告（2016~2017）
著(编)者: 尹丽波 2017年6月出版 / 定价: 89.00元
PSN B-2017-624-6/6

工业和信息化蓝皮书
人工智能发展报告（2016~2017）
著(编)者: 尹丽波 2017年6月出版 / 定价: 89.00元
PSN B-2015-448-1/6

工业设计蓝皮书
中国工业设计发展报告（2017）
著(编)者: 王晓红 于炜 张立群
2017年9月出版 / 估价: 138.00元
PSN B-2014-420-1/1

黄金市场蓝皮书
中国商业银行黄金业务发展报告（2016~2017）
著(编)者: 平安银行 2017年7月出版 / 定价: 98.00元
PSN B-2016-525-1/1

互联网金融蓝皮书
中国互联网金融发展报告（2017）
著(编)者: 李东荣 2017年9月出版 / 定价: 128.00元
PSN B-2014-374-1/1

互联网医疗蓝皮书
中国互联网健康医疗发展报告（2017）
著(编)者: 芮晓武 2017年6月出版 / 定价: 89.00元
PSN B-2016-568-1/1

会展蓝皮书
中外会展业动态评估年度报告（2017）
著(编)者: 张敏 2017年7月出版 / 估价: 88.00元
PSN B-2013-327-1/1

金融监管蓝皮书
中国金融监管报告（2017）
著(编)者: 胡滨 2017年5月出版 / 定价: 89.00元
PSN B-2012-281-1/1

金融信息服务蓝皮书
中国金融信息服务发展报告（2017）
著(编)者: 李平 2017年5月出版 / 估价: 79.00元
PSN B-2017-621-1/1

金融蓝皮书
中国金融中心发展报告（2017）
著(编)者: 王力 黄育华 2017年11月出版 / 估价: 85.00元
PSN B-2011-186-6/6

建筑装饰蓝皮书
中国建筑装饰行业发展报告（2017）
著(编)者: 刘晓一 葛道顺 2017年11月出版 / 估价: 198.00元
PSN B-2016-554-1/1

客车蓝皮书
中国客车产业发展报告（2016~2017）
著（编）者：姚蔚　2017年10月出版／估价：85.00元
PSN B-2013-361-1/1

旅游安全蓝皮书
中国旅游安全报告（2017）
著（编）者：郑向敏 谢朝武　2017年5月出版／定价：128.00元
PSN B-2012-280-1/1

旅游绿皮书
2016~2017年中国旅游发展分析与预测
著（编）者：宋瑞　2017年2月出版／定价：89.00元
PSN G-2002-018-1/1

煤炭蓝皮书
中国煤炭工业发展报告（2017）
著（编）者：岳福斌　2017年12月出版／估价：85.00元
PSN B-2008-123-1/1

民营企业社会责任蓝皮书
中国民营企业社会责任报告（2017）
著（编）者：中华全国工商业联合会
2017年12月出版／估价：89.00元
PSN B-2015-510-1/1

民营医院蓝皮书
中国民营医院发展报告（2017）
著（编）者：庄一强　2017年10月出版／估价：85.00元
PSN B-2012-299-1/1

闽商蓝皮书
闽商发展报告（2017）
著（编）者：李闽榕 王日根 林琛
2017年12月出版／估价：89.00元
PSN B-2012-298-1/1

能源蓝皮书
中国能源发展报告（2017）
著（编）者：崔民选 王军生 陈义和
2017年10月出版／估价：98.00元
PSN B-2006-049-1/1

农产品流通蓝皮书
中国农产品流通产业发展报告（2017）
著（编）者：贾敬敦 张东科 张玉玺 张鹏毅 周伟
2017年7月出版／估价：89.00元
PSN B-2012-288-1/1

企业公益蓝皮书
中国企业公益研究报告（2017）
著（编）者：钟宏武 汪杰 顾一 黄晓娟 等
2017年12月出版／估价：89.00元
PSN B-2015-501-1/1

企业国际化蓝皮书
中国企业国际化报告（2017）
著（编）者：王辉耀　2017年11月出版／估价：98.00元
PSN B-2014-427-1/1

企业蓝皮书
中国企业绿色发展报告No.2（2017）
著（编）者：李红玉 朱光辉　2017年11月出版／估价：89.00元
PSN B-2015-481-2/2

企业社会责任蓝皮书
中国企业社会责任研究报告（2017）
著（编）：黄群慧 钟宏武 张蒽 翟利峰
2017年11月出版／估价：89.00元
PSN B-2009-149-1/1

企业社会责任蓝皮书
中资企业海外社会责任研究报告（2016~2017）
著（编）：钟宏武 叶柳红 张蒽
2017年1月出版／定价：79.00元
PSN B-2017-603-2/2

汽车安全蓝皮书
中国汽车安全发展报告（2017）
著（编）者：中国汽车技术研究中心
2017年7月出版／估价：89.00元
PSN B-2014-385-1/1

汽车电子商务蓝皮书
中国汽车电子商务发展报告（2017）
著（编）者：中华全国工商业联合会汽车经销商商会
北京易观智库网络科技有限公司
2017年10月出版／定价：128.00元
PSN B-2015-485-1/1

汽车工业蓝皮书
中国汽车工业发展年度报告（2017）
著（编）者：中国汽车工业协会 中国汽车技术研究中心
丰田汽车（中国）投资有限公司
2017年5月出版／定价：128.00元
PSN B-2015-463-1/2

汽车工业蓝皮书
中国汽车零部件产业发展报告（2017）
著（编）者：中国汽车工业协会 中国汽车工程研究院
2017年月出版／估价：98.00元
PSN B-2016-515-2/2

汽车蓝皮书
中国汽车产业发展报告（2017）
著（编）者：国务院发展研究中心产业经济研究部
中国汽车工程学会 大众汽车集团（中国）
2017年8月出版／估价：98.00元
PSN B-2008-124-1/1

人力资源蓝皮书
中国人力资源发展报告（2017）
著（编）者：余兴安　2017年11月出版／估价：89.00元
PSN B-2012-287-1/1

融资租赁蓝皮书
中国融资租赁业发展报告（2016~2017）
著（编）者：李光荣 王力　2017年11月出版／估价：89.00元
PSN B-2015-443-1/1

商会蓝皮书
中国商会发展报告No.5（2017）
著（编）者：王钦敏　2017年7月出版／估价：89.00元
PSN B-2008-125-1/1

输血服务蓝皮书
中国输血行业发展报告（2017）
著（编）者：朱永明 耿鸿武　2016年12月出版／估价：89.00元
PSN B-2016-583-1/1

社会责任管理蓝皮书
中国上市公司社会责任能力成熟度报告（2017）No.2
著(编)者：肖红军 王晓光 李伟阳
2017年12月出版 / 估价：98.00元
PSN B-2015-507-2/2

社会责任管理蓝皮书
中国企业公众透明度报告(2017)No.3
著(编)者：黄速建 熊梦 王晓光 肖红军
2017年4月出版 / 估价：98.00元
PSN B-2015-440-1/2

食品药品蓝皮书
食品药品安全与监管政策研究报告（2016～2017）
著(编)者：唐民皓 2017年7月出版 / 估价：89.00元
PSN B-2009-129-1/1

世界茶业蓝皮书
世界茶业发展报告（2017）
著(编)者：李闽榕 冯廷栓 2017年5月出版 / 定价：118.00元
PSN B-2017-619-1/1

世界能源蓝皮书
世界能源发展报告（2017）
著(编)者：黄晓勇 2017年6月出版 / 定价：99.00元
PSN B-2013-349-1/1

水利风景区蓝皮书
中国水利风景区发展报告（2017）
著(编)者：谢婵才 兰思仁 2017年7月出版 / 估价：89.00元
PSN B-2015-480-1/1

碳市场蓝皮书
中国碳市场报告（2017）
著(编)者：定金彪 2017年11月出版 / 估价：89.00元
PSN B-2014-430-1/1

体育蓝皮书
中国体育产业发展报告（2017）
著(编)者：阮伟 钟秉枢 2017年12月出版 / 估价：89.00元
PSN B-2010-179-1/5

体育蓝皮书
中国体育产业基地发展报告（2015～2016）
著(编)者：李颖川 2017年4月出版 / 定价：89.00元
PSN B-2010-609-5/5

网络空间安全蓝皮书
中国网络空间安全发展报告（2017）
著(编)者：惠志斌 唐涛 2017年7月出版 / 估价：89.00元
PSN B-2015-466-1/1

西部金融蓝皮书
中国西部金融发展报告（2017）
著(编)者：李忠民 2017年8月出版 / 估价：85.00元
PSN B-2010-160-1/1

协会商会蓝皮书
中国行业协会商会发展报告（2017）
著(编)者：景朝阳 李勇 2017年7月出版 / 估价：99.00元
PSN B-2015-461-1/1

新能源汽车蓝皮书
中国新能源汽车产业发展报告（2017）
著(编)者：中国汽车技术研究中心
　　　　日产（中国）投资有限公司 东风汽车有限公司
2017年7月出版 / 估价：98.00元
PSN B-2013-347-1/1

新三板蓝皮书
中国新三板市场发展报告（2017）
著(编)者：王力 2017年7月出版 / 估价：89.00元
PSN B-2016-534-1/1

信托市场蓝皮书
中国信托业市场报告（2016～2017）
著(编)者：用益信托研究院
2017年1月出版 / 定价：198.00元
PSN B-2014-371-1/1

信息化蓝皮书
中国信息化形势分析与预测（2016~2017）
著(编)者：周宏仁 2017年8月出版 / 估价：98.00元
PSN B-2010-168-1/1

信用蓝皮书
中国信用发展报告（2017）
著(编)者：章政 田侃 2017年7月出版 / 估价：99.00元
PSN B-2013-328-1/1

休闲绿皮书
2017年中国休闲发展报告
著(编)者：宋瑞 2017年10月出版 / 估价：89.00元
PSN G-2010-158-1/1

休闲体育蓝皮书
中国休闲体育发展报告（2016～2017）
著(编)者：李相如 钟炳枢 2017年10月出版 / 估价：89.00
PSN G-2016-516-1/1

养老金融蓝皮书
中国养老金融发展报告（2017）
著(编)者：董克用 姚余栋
2017年9月出版 / 定价：89.00元
PSN B-2016-584-1/1

药品流通蓝皮书
中国药品流通行业发展报告（2017）
著(编)者：佘鲁林 温再兴 2017年8月出版 / 估价：158.00元
PSN B-2014-429-1/1

医院蓝皮书
中国医院竞争力报告（2017）
著(编)者：庄一强 曾益新 2017年3月出版 / 定价：108.00
PSN B-2016-529-1/1

瑜伽蓝皮书
中国瑜伽业发展报告（2016~2017）
著(编)者：张永建 徐华锋 朱泰余
2017年3月出版 / 定价：108.00元
PSN B-2017-675-1/1

邮轮绿皮书
中国邮轮产业发展报告（2017）
著(编)者：汪泓　2017年10月出版 / 估价：89.00元
PSN G-2014-419-1/1

智能养老蓝皮书
中国智能养老产业发展报告（2017）
著(编)者：朱勇　2017年10月出版 / 估价：89.00元
PSN B-2015-488-1/1

债券市场蓝皮书
中国债券市场发展报告（2016～2017）
著(编)者：杨农　2017年10月出版 / 估价：89.00元
PSN B-2016-573-1/1

中国节能汽车蓝皮书
中国节能汽车发展报告（2016~2017）
著(编)者：中国汽车工程研究院股份有限公司
2017年9月出版 / 估价：98.00元
PSN B-2016-566-1/1

中国上市公司蓝皮书
中国上市公司发展报告（2017）
著(编)者：张平　王宏淼
2017年9月出版 / 定价：98.00元
PSN B-2014-414-1/1

中国陶瓷产业蓝皮书
中国陶瓷产业发展报告（2017）
著(编)者：左和平　黄速建　2017年10月出版 / 估价：98.00元
PSN B-2016-574-1/1

中医药蓝皮书
中国中医药知识产权发展报告No.1
著(编)者：汪红　屠志涛　2017年4月出版 / 定价：158.00元
PSN B-2016-574-1/1

中国总部经济蓝皮书
中国总部经济发展报告（2016～2017）
著(编)者：赵弘　2017年9月出版 / 估价：89.00元
PSN B-2005-036-1/1

中医文化蓝皮书
中国中医药文化传播发展报告（2017）
著(编)者：毛嘉陵　2017年7月出版 / 估价：89.00元
PSN B-2015-468-1/1

装备制造业蓝皮书
中国装备制造业发展报告（2017）
著(编)者：徐东华　2017年12月出版 / 估价：148.00元
PSN B-2015-505-1/1

资本市场蓝皮书
中国场外交易市场发展报告（2016～2017）
著(编)者：高峦　2017年7月出版 / 估价：89.00元
PSN B-2009-153-1/1

资产管理蓝皮书
中国资产管理行业发展报告（2017）
著(编)者：智信资产管理研究院
2017年7月出版 / 估价：98.00元
PSN B-2014-407-2/2

文化传媒类

传媒竞争力蓝皮书
中国传媒国际竞争力研究报告（2017）
著(编)者：李本乾　刘强
2017年11月出版 / 估价：148.00元
PSN B-2013-356-1/1

传媒蓝皮书
中国传媒产业发展报告（2017）
著(编)者：崔保国　2017年5月出版 / 定价：98.00元
PSN B-2005-035-1/1

传媒投资蓝皮书
中国传媒投资发展报告（2017）
著(编)者：张向东　谭云明
2017年7月出版 / 估价：128.00元
PSN B-2015-474-1/1

动漫蓝皮书
中国动漫产业发展报告（2017）
著(编)者：卢斌　郑玉明　牛兴侦
2017年9月出版 / 估价：89.00元
PSN B-2011-198-1/1

非物质文化遗产蓝皮书
中国非物质文化遗产发展报告（2017）
著(编)者：陈平　2017年7月出版 / 估价：98.00元
PSN B-2015-469-1/1

广电蓝皮书
中国广播电影电视发展报告（2017）
著(编)者：国家新闻出版广电总局发展研究中心
2017年7月出版 / 估价：98.00元
PSN B-2006-072-1/1

广告主蓝皮书
中国广告主营销传播趋势报告 No.9
著(编)者：黄升民　杜国清　邵华冬　等
2017年10月出版 / 估价：148.00元
PSN B-2005-041-1/1

国际传播蓝皮书
中国国际传播发展报告（2017）
著(编)者：胡正荣　李继东　姬德强
2017年11月出版 / 估价：89.00元
PSN B-2014-408-1/1

国家形象蓝皮书
中国国家形象传播报告（2016）
著(编)者：张昆　2017年3月出版 / 定价：98.00元
PSN B-2017-605-1/1

纪录片蓝皮书
中国纪录片发展报告（2017）
著(编)者：何苏六　2017年9月出版 / 估价：89.00元
PSN B-2011-222-1/1

科学传播蓝皮书
中国科学传播报告（2017）
著(编)者：詹正茂　2017年7月出版 / 估价：89.00元
PSN B-2008-120-1/1

两岸创意经济蓝皮书
两岸创意经济研究报告（2017）
著(编)者：罗昌智　林咏能
2017年10月出版 / 估价：98.00元
PSN B-2014-437-1/1

媒介与女性蓝皮书
中国媒介与女性发展报告(2016~2017)
著(编)者：刘利群　2018年5月出版 / 估价：118.00元
PSN B-2013-345-1/1

媒体融合蓝皮书
中国媒体融合发展报告（2017）
著(编)者：梅宁华 宋建武　2017年7月出版 / 估价：89.00元
PSN B-2015-479-1/1

全球传媒蓝皮书
全球传媒发展报告（2016~2017）
著(编)者：胡正荣　李继东
2017年6月出版 / 定价：89.00元
PSN B-2012-237-1/1

少数民族非遗蓝皮书
中国少数民族非物质文化遗产发展报告（2017）
著(编)者：肖远平（彝）　柴立（满）
2017年8月出版 / 估价：98.00元
PSN B-2015-467-1/1

视听新媒体蓝皮书
中国视听新媒体发展报告（2017）
著(编)者：国家新闻出版广电总局发展研究中心
2017年11月出版 / 估价：98.00元
PSN B-2011-184-1/1

文化创新蓝皮书
中国文化创新报告（2016）No.7
著(编)者：于平 傅才武　2017年4月出版 / 定价：89.00元
PSN B-2009-143-1/1

文化建设蓝皮书
中国文化发展报告（2017）
著(编)者：江畅 孙伟平 戴茂堂
2017年5月出版 / 定价：98.00元
PSN B-2014-392-1/1

文化金融蓝皮书
中国文化金融发展报告（2017）
著(编)者：杨涛 余巍　2017年5月出版 / 定价：98.00元
PSN B-2017-610-1/1

文化科技蓝皮书
文化科技创新发展报告（2017）
著(编)者：于平 李凤亮　2017年11月出版 / 估价：89.00元
PSN B-2013-342-1/1

文化蓝皮书
中国公共文化服务发展报告（2017）
著(编)者：刘新成 张永新 张旭
2017年12月出版 / 估价：98.00元
PSN B-2007-093-2/10

文化蓝皮书
中国公共文化投入增长测评报告（2017）
著(编)者：王亚南　2017年2月出版 / 定价：79.00元
PSN B-2014-435-10/10

文化蓝皮书
中国少数民族文化发展报告（2016~2017）
著(编)者：武翠英 张晓明 任乌晶
2017年9月出版 / 估价：89.00元
PSN B-2013-369-9/10

文化蓝皮书
中国文化产业发展报告（2016~2017）
著(编)者：张晓明 王家新 章建刚
2017年7月出版 / 估价：89.00元
PSN B-2002-019-1/10

文化蓝皮书
中国文化产业供需协调检测报告（2017）
著(编)者：王亚南　2017年2月出版 / 定价：79.00元
PSN B-2013-323-8/10

文化蓝皮书
中国文化消费需求景气评价报告（2017）
著(编)者：王亚南　2017年2月出版 / 定价：79.00元
PSN B-2011-236-4/10

文化品牌蓝皮书
中国文化品牌发展报告（2017）
著(编)者：欧阳友权　2017年7月出版 / 估价：98.00元
PSN B-2012-277-1/1

文化遗产蓝皮书
中国文化遗产事业发展报告（2017）
著(编)者：苏杨 张颖岚 王宇飞
2017年8月出版 / 估价：98.00元
PSN B-2008-119-1/1

文学蓝皮书
中国文情报告（2016～2017）
著(编)者：白烨　2017年5月出版 / 定价：69.00元
PSN B-2011-221-1/1

新媒体蓝皮书
中国新媒体发展报告No.8（2017）
著(编)者：唐绪军　2017年7月出版 / 定价：79.00元
PSN B-2010-169-1/1

新媒体社会责任蓝皮书
中国新媒体社会责任研究报告（2017）
著(编)者：钟瑛　2017年11月出版 / 估价：89.00元
PSN B-2014-423-1/1

移动互联网蓝皮书
中国移动互联网发展报告（2017）
著(编)者: 余清楚　2017年6月出版 / 定价: 98.00元
PSN B-2012-282-1/1

舆情蓝皮书
中国社会舆情与危机管理报告（2017）
著(编)者: 谢耘耕　2017年9月出版 / 估价: 128.00元
PSN B-2011-235-1/1

影视蓝皮书
中国影视产业发展报告（2017）
著(编)者: 司若　2017年4月出版 / 定价: 98.00元
PSN B-2016-530-1/1

地方发展类

安徽经济蓝皮书
合芜蚌国家自主创新综合示范区研究报告（2016～2017）
著(编)者: 黄家海　王开玉　蔡宪
2017年7月出版 / 估价: 89.00元
PSN B-2014-383-1/1

安徽蓝皮书
安徽社会发展报告（2017）
著(编)者: 程桦　2017年5月出版 / 定价: 89.00元
PSN B-2013-325-1/1

澳门蓝皮书
澳门经济社会发展报告（2016～2017）
著(编)者: 吴志良　郝雨凡　2017年7月出版 / 定价: 98.00元
PSN B-2009-138-1/1

澳门绿皮书
澳门旅游休闲发展报告（2016～2017）
著(编)者: 郝雨凡　林广志　2017年5月出版 / 定价: 88.00元
PSN G-2017-617-1/1

北京蓝皮书
北京公共服务发展报告（2016～2017）
著(编)者: 施昌奎　2017年3月出版 / 定价: 79.00元
PSN B-2008-103-7/8

北京蓝皮书
北京经济发展报告（2016～2017）
著(编)者: 杨松　2017年6月出版 / 定价: 89.00元
PSN B-2006-054-2/8

北京蓝皮书
北京社会发展报告（2016～2017）
著(编)者: 李伟东　2017年7月出版 / 定价: 79.00元
PSN B-2006-055-3/8

北京蓝皮书
北京社会治理发展报告（2016～2017）
著(编)者: 殷星辰　2017年7月出版 / 定价: 79.00元
PSN B-2014-391-8/8

北京蓝皮书
北京文化发展报告（2016～2017）
著(编)者: 李建盛　2017年5月出版 / 定价: 79.00元
PSN B-2007-082-4/8

北京律师绿皮书
北京律师发展报告No.3（2017）
著(编)者: 王隽　2017年7月出版 / 估价: 88.00元
PSN G-2012-301-1/1

北京旅游绿皮书
北京旅游发展报告（2017）
著(编)者: 北京旅游学会　2017年7月出版 / 定价: 88.00元
PSN B-2011-217-1/1

北京人才蓝皮书
北京人才发展报告（2017）
著(编)者: 于淼　2017年12月出版 / 估价: 128.00元
PSN B-2011-201-1/1

北京社会心态蓝皮书
北京社会心态分析报告（2016～2017）
著(编)者: 北京社会心理研究所
2017年11月出版 / 估价: 89.00元
PSN B-2014-422-1/1

北京社会组织管理蓝皮书
北京社会组织发展与管理（2016～2017）
著(编)者: 黄江松　2017年7月出版 / 估价: 88.00元
PSN B-2015-446-1/1

北京体育蓝皮书
北京体育产业发展报告（2016～2017）
著(编)者: 钟秉枢　陈杰　杨铁黎
2017年9月出版 / 估价: 89.00元
PSN B-2015-475-1/1

北京养老产业蓝皮书
北京养老产业发展报告（2017）
著(编)者: 周明明　冯喜良　2017年11月出版 / 估价: 89.00元
PSN B-2015-465-1/1

非公有制企业社会责任蓝皮书
北京非公有制企业社会责任报告（2017）
著(编)者: 宗贵伦　冯培　2017年6月出版 / 定价: 89.00元
PSN B-2017-613-1/1

滨海金融蓝皮书
滨海新区金融发展报告（2017）
著(编)者: 王爱俭　张锐钢　2018年4月出版 / 估价: 89.00元
PSN B-2014-424-1/1

城乡一体化蓝皮书
北京城乡一体化发展报告（2016～2017）
著(编)者：吴宝新 张宝秀 黄序
2017年5月出版 / 定价：85.00元
PSN B-2012-258-2/2

创意城市蓝皮书
北京文化创意产业发展报告（2017）
著(编)者：张京成 王国华　2017年10月出版 / 估价：89.00元
PSN B-2012-263-1/7

创意城市蓝皮书
天津文化创意产业发展报告（2016～2017）
著(编)者：谢思全　2017年11月出版 / 估价：89.00元
PSN B-2016-537-7/7

创意城市蓝皮书
武汉文化创意产业发展报告（2017）
著(编)者：黄永林 陈汉桥　2017年11月出版 / 估价：99.00元
PSN B-2013-354-4/7

创意上海蓝皮书
上海文化创意产业发展报告（2016～2017）
著(编)者：王慧敏 王兴全　2017年11月出版 / 估价：89.00元
PSN B-2016-562-1/1

福建妇女发展蓝皮书
福建省妇女发展报告（2017）
著(编)者：刘群英　2017年11月出版 / 估价：88.00元
PSN B-2011-220-1/1

福建自贸区蓝皮书
中国（福建）自由贸易实验区发展报告（2016～2017）
著(编)者：黄茂兴　2017年4月出版 / 定价：108.00元
PSN B-2017-532-1/1

甘肃蓝皮书
甘肃经济发展分析与预测（2017）
著(编)者：安文华 罗哲　2017年1月出版 / 定价：79.00元
PSN B-2013-312-1/6

甘肃蓝皮书
甘肃社会发展分析与预测（2017）
著(编)者：安文华 包晓霞 谢增虎
2017年1月出版 / 定价：79.00元
PSN B-2013-313-2/6

甘肃蓝皮书
甘肃文化发展分析与预测（2017）
著(编)者：王俊莲 周小华　2017年1月出版 / 定价：79.00元
PSN B-2013-314-3/6

甘肃蓝皮书
甘肃县域和农村发展报告（2017）
著(编)者：朱智文 包东红 王建兵
2017年1月出版 / 定价：79.00元
PSN B-2013-316-5/6

甘肃蓝皮书
甘肃舆情分析与预测（2017）
著(编)者：陈双梅 张谦元　2017年1月出版 / 定价：79.00元
PSN B-2013-315-4/6

甘肃蓝皮书
甘肃商贸流通发展报告（2017）
著(编)者：张应华 王福生 王晓芳
2017年1月出版 / 定价：79.00元
PSN B-2016-523-6/6

广东蓝皮书
广东全面深化改革发展报告（2017）
著(编)者：周林生 涂成林　2017年12月出版 / 估价：89.00元
PSN B-2015-504-3/3

广东蓝皮书
广东社会工作发展报告（2017）
著(编)者：罗观翠　2017年7月出版 / 估价：89.00元
PSN B-2014-402-2/3

广东外经贸蓝皮书
广东对外经济贸易发展研究报告（2016~2017）
著(编)者：陈万灵　2017年6月出版 / 定价：89.00元
PSN B-2012-286-1/1

广西北部湾经济区蓝皮书
广西北部湾经济区开放开发报告（2017）
著(编)者：广西北部湾经济区规划建设管理委员会办公室
　　　　　广西社会科学院广西北部湾发展研究院
2017年7月出版 / 定价：89.00元
PSN B-2010-181-1/1

巩义蓝皮书
巩义经济社会发展报告（2017）
著(编)者：丁同民 朱军　2017年7月出版 / 估价：58.00元
PSN B-2016-533-1/1

广州蓝皮书
2017年中国广州经济形势分析与预测
著(编)者：魏明海 谢博能 李铂
2017年6月出版 / 定价：85.00元
PSN B-2011-185-9/14

广州蓝皮书
2017年中国广州社会形势分析与预测
著(编)者：张强 何镜清
2017年6月出版 / 定价：88.00元
PSN B-2008-110-5/14

广州蓝皮书
广州城市国际化发展报告（2017）
著(编)者：朱名宏　2017年8月出版 / 估价：79.00元
PSN B-2012-246-11/14

广州蓝皮书
广州创新型城市发展报告（2017）
著(编)者：尹涛　2017年6月出版 / 定价：79.00元
PSN B-2012-247-12/14

广州蓝皮书
广州经济发展报告（2017）
著(编)者：朱名宏　2017年7月出版 / 估价：79.00元
PSN B-2005-040-1/14

广州蓝皮书
广州农村发展报告（2017）
著(编)者：朱名宏　2017年8月出版 / 估价：79.00元
PSN B-2010-167-8/14

广州蓝皮书
广州汽车产业发展报告（2017）
著(编)者：杨再高 冯兴亚　2017年7月出版 / 估价：79.00元
PSN B-2006-066-3/14

广州蓝皮书
广州青年发展报告（2016～2017）
著(编)者：徐柳 张强　2017年9月出版 / 估价：79.00元
PSN B-2013-352-13/14

广州蓝皮书
广州商贸业发展报告（2017）
著(编)者：李江涛 肖振宇 苟振英
2017年7月出版 / 定价：79.00元
PSN B-2012-245-10/14

广州蓝皮书
广州社会保障发展报告（2017）
著(编)者：蔡国萱　2017年8月出版 / 定价：79.00元
PSN B-2014-425-14/14

广州蓝皮书
广州文化创意产业发展报告（2017）
著(编)者：徐咏虹　2017年7月出版 / 定价：79.00元
PSN B-2008-111-6/14

广州蓝皮书
中国广州城市建设与管理发展报告（2017）
著(编)者：董皞 陈小钢 李江涛
2017年11月出版 / 估价：85.00元
PSN B-2007-087-4/14

广州蓝皮书
中国广州科技创新发展报告（2017）
著(编)者：邹采荣 马正勇 陈爽
2017年8月出版 / 定价：85.00元
PSN B-2006-065-2/14

广州蓝皮书
中国广州文化发展报告（2017）
著(编)者：屈哨兵 陆志强
2017年6月出版 / 定价：79.00元
PSN B-2009-134-7/14

贵阳蓝皮书
贵阳城市创新发展报告No.2（白云篇）
著(编)者：连玉明　2017年5月出版 / 定价：98.00元
PSN B-2015-491-3/10

贵阳蓝皮书
贵阳城市创新发展报告No.2（观山湖篇）
著(编)者：连玉明　2017年5月出版 / 定价：98.00元
PSN B-2011-235-1/1

贵阳蓝皮书
贵阳城市创新发展报告No.2（花溪篇）
著(编)者：连玉明　2017年5月出版 / 定价：98.00元
PSN B-2015-490-2/10

贵阳蓝皮书
贵阳城市创新发展报告No.2（开阳篇）
著(编)者：连玉明　2017年5月出版 / 定价：98.00元
PSN B-2015-492-4/10

贵阳蓝皮书
贵阳城市创新发展报告No.2（南明篇）
著(编)者：连玉明　2017年5月出版 / 定价：98.00元
PSN B-2015-496-8/10

贵阳蓝皮书
贵阳城市创新发展报告No.2（清镇篇）
著(编)者：连玉明　2017年5月出版 / 定价：98.00元
PSN B-2015-489-1/10

贵阳蓝皮书
贵阳城市创新发展报告No.2（乌当篇）
著(编)者：连玉明　2017年5月出版 / 定价：98.00元
PSN B-2015-495-7/10

贵阳蓝皮书
贵阳城市创新发展报告No.2（息烽篇）
著(编)者：连玉明　2017年5月出版 / 定价：98.00元
PSN B-2015-493-5/10

贵阳蓝皮书
贵阳城市创新发展报告No.2（修文篇）
著(编)者：连玉明　2017年5月出版 / 定价：98.00元
PSN B-2015-494-6/10

贵阳蓝皮书
贵阳城市创新发展报告No.2（云岩篇）
著(编)者：连玉明　2017年5月出版 / 定价：98.00元
PSN B-2015-498-10/10

贵州房地产蓝皮书
贵州房地产发展报告No.4（2017）
著(编)者：武廷方　2017年7月出版 / 定价：89.00元
PSN B-2014-426-1/1

贵州蓝皮书
贵州册享经济社会发展报告（2017）
著(编)者：黄德林　2017年11月出版 / 估价：89.00元
PSN B-2016-526-8/9

贵州蓝皮书
贵安新区发展报告（2016～2017）
著(编)者：马长青 吴大华　2017年11月出版 / 估价：89.00元
PSN B-2015-459-4/9

贵州蓝皮书
贵州法治发展报告（2017）
著(编)者：吴大华　2017年5月出版 / 定价：89.00元
PSN B-2012-254-2/9

贵州蓝皮书
贵州国有企业社会责任发展报告（2016～2017）
著(编)者：郭丽 周航 万强
2017年12月出版 / 估价：89.00元
PSN B-2015-511-6/9

贵州蓝皮书
贵州民航业发展报告（2017）
著(编)者：申振东 吴大华　2017年10月出版 / 估价：89.00元
PSN B-2015-471-5/9

贵州蓝皮书
贵州民营经济发展报告（2017）
著(编)者：杨静 吴大华　2017年11月出版 / 估价：89.00元
PSN B-2016-531-9/9

贵州蓝皮书
贵州人才发展报告（2017）
著(编)者：于杰 吴大华　2017年11月出版 / 估价：89.00元
PSN B-2014-382-3/9

贵州蓝皮书
贵州社会发展报告（2017）
著(编)者：王兴骥　2017年3月出版 / 定价：98.00元
PSN B-2010-166-1/9

贵州蓝皮书
贵州国家级开放创新平台发展报告（2017）
著(编)者：申晓庆 吴大华 李泓
2017年7月出版 / 估价：89.00元
PSN B-2016-518-1/9

海淀蓝皮书
海淀区文化和科技融合发展报告（2017）
著(编)者：陈名杰 孟景伟　2017年11月出版 / 估价：85.00元
PSN B-2013-329-1/1

杭州都市圈蓝皮书
杭州都市圈发展报告（2017）
著(编)者：沈翔 戚建国　2017年11月出版 / 估价：128.00元
PSN B-2012-302-1/1

杭州蓝皮书
杭州妇女发展报告（2017）
著(编)者：魏颖　2017年11月出版 / 估价：89.00元
PSN B-2014-403-1/1

河北经济蓝皮书
河北省经济发展报告（2017）
著(编)者：马树强 金浩 张贵
2017年7月出版 / 估价：89.00元
PSN B-2014-380-1/1

河北蓝皮书
河北经济社会发展报告（2017）
著(编)者：郭金平　2017年1月出版 / 定价：79.00元
PSN B-2014-372-1/3

河北蓝皮书
河北法治发展报告（2017）
著(编)者：郭金平 李永君　2017年1月出版 / 定价：79.00元
PSN B-2017-622-3/3

河北蓝皮书
京津冀协同发展报告（2017）
著(编)者：陈路　2017年1月出版 / 定价：79.00元
PSN B-2017-601-2/3

河北食品药品安全蓝皮书
河北食品药品安全研究报告（2017）
著(编)者：丁锦霞　2017年11月出版 / 估价：89.00元
PSN B-2015-473-1/1

河南经济蓝皮书
2017年河南经济形势分析与预测
著(编)者：王世炎　2017年3月出版 / 定价：79.00元
PSN B-2007-086-1/1

河南蓝皮书
2017年河南社会形势分析与预测
著(编)者：牛苏林　2017年5月出版 / 定价：79.00元
PSN B-2005-043-1/9

河南蓝皮书
河南城市发展报告（2017）
著(编)者：张占仓 王建国　2017年5月出版 / 定价：79.00元
PSN B-2009-131-3/9

河南蓝皮书
河南法治发展报告（2017）
著(编)者：丁同民 张林海　2017年7月出版 / 估价：89.00元
PSN B-2014-376-6/9

河南蓝皮书
河南工业发展报告（2017）
著(编)者：张占仓　2017年5月出版 / 定价：89.00元
PSN B-2013-317-5/9

河南蓝皮书
河南金融发展报告（2017）
著(编)者：河南省社会科学院
2017年7月出版 / 估价：89.00元
PSN B-2014-390-7/9

河南蓝皮书
河南经济发展报告（2017）
著(编)者：张占仓 完世伟　2017年4月出版 / 定价：79.00元
PSN B-2010-157-4/9

河南蓝皮书
河南能源发展报告（2017）
著(编)者：魏胜民 袁凯声　2017年3月出版 / 定价：79.00元
PSN B-2017-607-9/9

河南蓝皮书
河南农业农村发展报告（2017）
著(编)者：吴海峰　2017年11月出版 / 估价：89.00元
PSN B-2015-445-8/9

河南蓝皮书
河南文化发展报告（2017）
著(编)者：卫绍生　2017年7月出版 / 定价：78.00元
PSN B-2008-106-2/9

河南商务蓝皮书
河南商务发展报告（2017）
著(编)者：焦锦淼 穆荣国　2017年5月出版 / 定价：88.00元
PSN B-2014-399-1/1

黑龙江蓝皮书
黑龙江经济发展报告（2017）
著(编)者：朱宇　2017年1月出版 / 定价：79.00元
PSN B-2011-190-2/2

黑龙江蓝皮书
黑龙江社会发展报告（2017）
著(编)者：谢宝禄　2017年1月出版 / 定价：79.00元
PSN B-2011-189-1/2

湖北文化蓝皮书
湖北文化发展报告（2017）
著(编)者：吴成国　2017年10月出版 / 估价：95.00元
PSN B-2016-567-1/1

湖南城市蓝皮书
区域城市群整合
著(编)者：童中贤 韩未名
2017年12月出版 / 估价：89.00元
PSN B-2006-064-1/1

湖南蓝皮书
2017年湖南产业发展报告
著(编)者：梁志峰　2017年7月出版 / 估价：128.00元
PSN B-2011-207-2/8

湖南蓝皮书
2017年湖南电子政务发展报告
著(编)者：梁志峰　2017年7月出版 / 估价：128.00元
PSN B-2014-394-6/8

湖南蓝皮书
2017年湖南经济发展报告
著(编)者：卞鹰　2017年5月出版 / 定价：128.00元
PSN B-2011-206-1/8

湖南蓝皮书
2017年湖南两型社会与生态文明发展报告
著(编)者：卞鹰　2017年5月出版 / 定价：128.00元
PSN B-2011-208-3/8

湖南蓝皮书
2017年湖南社会发展报告
著(编)者：卞鹰　2017年5月出版 / 定价：128.00元
PSN B-2014-393-5/8

湖南蓝皮书
2017年湖南县域经济社会发展报告
著(编)者：梁志峰　2017年7月出版 / 估价：128.00元
PSN B-2014-395-7/8

湖南蓝皮书
湖南城乡一体化发展报告（2017）
著(编)者：陈文胜 王文强 陆福兴 邝奕轩
2017年8月出版 / 定价：89.00元
PSN B-2015-477-8/8

湖南县域绿皮书
湖南县域发展报告 No.3
著(编)者：袁准 周小毛 黎仁寅
2017年3月出版 / 估价：79.00元
PSN G-2012-274-1/1

沪港蓝皮书
沪港发展报告（2017）
著(编)者：尤安山　2017年9月出版 / 估价：89.00元
PSN B-2013-362-1/1

吉林蓝皮书
2017年吉林经济社会形势分析与预测
著(编)者：邵汉明　2016年12月出版 / 定价：79.00元
PSN B-2013-319-1/1

吉林省城市竞争力蓝皮书
吉林省城市竞争力报告（2016~2017）
著(编)者：崔岳春 张磊　2016年12月出版 / 定价：79.00元
PSN B-2015-513-1/1

济源蓝皮书
济源经济社会发展报告（2017）
著(编)者：喻新安　2017年7月出版 / 估价：89.00元
PSN B-2014-387-1/1

健康城市蓝皮书
北京健康城市建设研究报告（2017）
著(编)者：王鸿春　2017年8月出版 / 估价：89.00元
PSN B-2015-460-1/2

江苏法治蓝皮书
江苏法治发展报告 No.6（2017）
著(编)者：蔡道通 龚廷泰　2017年8月出版 / 估价：98.00元
PSN B-2012-290-1/1

江西蓝皮书
江西经济社会发展报告（2017）
著(编)者：张勇 姜玮 梁勇　2017年6月出版 / 估价：128.00元
PSN B-2015-484-1/2

江西蓝皮书
江西设区市发展报告（2017）
著(编)者：姜玮 梁勇　2017年10月出版 / 估价：79.00元
PSN B-2016-517-2/2

江西文化蓝皮书
江西文化产业发展报告（2017）
著(编)者：张圣才 汪春翔
2017年10月出版 / 估价：128.00元
PSN B-2015-499-1/1

经济特区蓝皮书
中国经济特区发展报告（2017）
著(编)者：陶一桃　2017年12月出版 / 估价：98.00元
PSN B-2009-139-1/1

辽宁蓝皮书
2017年辽宁经济社会形势分析与预测
著(编)者：梁启东
2017年6月出版 / 定价：89.00元
PSN B-2006-053-1/1

洛阳蓝皮书
洛阳文化发展报告（2017）
著(编)者：刘福兴 陈启明　2017年10月出版 / 估价：89.00元
PSN B-2015-476-1/1

南京蓝皮书
南京文化发展报告（2017）
著(编)者：徐宁　2017年10月出版 / 估价：89.00元
PSN B-2014-439-1/1

南宁蓝皮书
南宁法治发展报告（2017）
著(编)者：杨维超　2017年12月出版 / 估价：79.00元
PSN B-2015-509-1/3

南宁蓝皮书
南宁经济发展报告（2017）
著(编)者：胡建华　2017年9月出版 / 估价：79.00元
PSN B-2016-570-2/3

南宁蓝皮书
南宁社会发展报告（2017）
著(编)者：胡建华　　2017年9月出版 / 估价：79.00元
PSN B-2016-571-3/3

内蒙古蓝皮书
内蒙古反腐倡廉建设报告 No.2
著(编)者：张志华　无极　　2017年12月出版 / 估价：79.00元
PSN B-2013-365-1/1

浦东新区蓝皮书
上海浦东经济发展报告（2017）
著(编)者：沈开艳　周奇　　2017年2月出版 / 定价：79.00元
PSN B-2011-225-1/1

青海蓝皮书
2017年青海经济社会形势分析与预测
著(编)者：陈玮　　2016年12月出版 / 定价：79.00元
PSN B-2012-275-1/1

人口与健康蓝皮书
深圳人口与健康发展报告（2017）
著(编)者：陆杰华　罗乐宣　苏杨
2017年11月出版 / 估价：89.00元
PSN B-2011-228-1/1

山东蓝皮书
山东经济形势分析与预测（2017）
著(编)者：李广杰　　2017年7月出版 / 估价：89.00元
PSN B-2014-404-1/4

山东蓝皮书
山东社会形势分析与预测（2017）
著(编)者：张华　唐洲雁　　2017年7月出版 / 估价：89.00元
PSN B-2014-405-2/4

山东蓝皮书
山东文化发展报告（2017）
著(编)者：涂可国　　2017年5月出版 / 定价：98.00元
PSN B-2014-406-3/4

山西蓝皮书
山西资源型经济转型发展报告（2017）
著(编)者：李志强　　2017年7月出版 / 估价：89.00元
PSN B-2011-197-1/1

陕西蓝皮书
陕西经济发展报告（2017）
著(编)者：任宗哲　白宽犁　裴成荣
2017年1月出版 / 定价：69.00元
PSN B-2009-135-1/6

陕西蓝皮书
陕西社会发展报告（2017）
著(编)者：任宗哲　白宽犁　牛昉
2017年1月出版 / 定价：69.00元
PSN B-2009-136-2/6

陕西蓝皮书
陕西文化发展报告（2017）
著(编)者：任宗哲　白宽犁　王长寿
2017年1月出版 / 定价：69.00元
PSN B-2009-137-3/6

陕西蓝皮书
陕西精准脱贫研究报告（2017）
著(编)者：任宗哲　白宽犁　王建康
2017年6月出版 / 定价：69.00元
PSN B-2017-623-6/6

上海蓝皮书
上海传媒发展报告（2017）
著(编)者：强荧　焦雨虹　　2017年2月出版 / 定价：79.00元
PSN B-2012-295-5/7

上海蓝皮书
上海法治发展报告（2017）
著(编)者：叶青　　2017年7月出版 / 估价：89.00元
PSN B-2012-296-6/7

上海蓝皮书
上海经济发展报告（2017）
著(编)者：沈开艳　　2017年2月出版 / 定价：79.00元
PSN B-2006-057-1/7

上海蓝皮书
上海社会发展报告（2017）
著(编)者：杨雄　周海旺　　2017年2月出版 / 定价：79.00元
PSN B-2006-058-2/7

上海蓝皮书
上海文化发展报告（2017）
著(编)者：荣跃明　　2017年2月出版 / 定价：79.00元
PSN B-2006-059-3/7

上海蓝皮书
上海文学发展报告（2017）
著(编)者：陈圣来　　2017年7月出版 / 估价：89.00元
PSN B-2012-297-7/7

上海蓝皮书
上海资源环境发展报告（2017）
著(编)者：周冯琦　汤庆合
2017年2月出版 / 定价：79.00元
PSN B-2006-060-4/7

社会建设蓝皮书
2017年北京社会建设分析报告
著(编)者：宋贵伦　冯虹　　2017年10月出版 / 估价：89.00元
PSN B-2010-173-1/1

深圳蓝皮书
深圳法治发展报告（2017）
著(编)者：张骁儒　　2017年6月出版 / 定价：79.00元
PSN B-2015-470-6/7

深圳蓝皮书
深圳经济发展报告（2017）
著(编)者：张骁儒　　2017年6月出版 / 定价：79.00元
PSN B-2008-112-3/7

深圳蓝皮书
深圳劳动关系发展报告（2017）
著(编)者：汤庭芬　　2017年7月出版 / 估价：89.00元
PSN B-2007-097-2/7

深圳蓝皮书
深圳社会治理与发展报告（2017）
著(编)者：张骁儒 邹从兵　2017年6月出版 / 定价：79.00元
PSN B-2008-113-4/7

深圳蓝皮书
深圳文化发展报告(2017)
著(编)者：张骁儒　2017年5月出版 / 定价：79.00元
PSN B-2016-555-7/7

丝绸之路蓝皮书
丝绸之路经济带发展报告（2017）
著(编)者：任宗哲 白宽犁 谷孟宾
2017年1月出版 / 定价：75.00元
PSN B-2014-410-1/1

法治蓝皮书
四川依法治省年度报告 No.3（2017）
著(编)者：李林 杨天宗 田禾
2017年3月出版 / 定价：118.00元
PSN B-2015-447-1/1

四川蓝皮书
2017年四川经济形势分析与预测
著(编)者：杨钢　2017年1月出版 / 定价：98.00元
PSN B-2007-098-2/7

四川蓝皮书
四川城镇化发展报告（2017）
著(编)者：侯水平 陈炜　2017年4月出版 / 定价：75.00元
PSN B-2015-456-7/7

四川蓝皮书
四川法治发展报告（2017）
著(编)者：郑泰安　2017年7月出版 / 估价：89.00元
PSN B-2015-441-5/7

四川蓝皮书
四川企业社会责任研究报告（2016～2017）
著(编)者：侯水平 盛毅
2017年5月出版 / 定价：79.00元
PSN B-2014-386-4/7

四川蓝皮书
四川社会发展报告（2017）
著(编)者：李羚　2017年6月出版 / 定价：79.00元
PSN B-2008-127-3/7

四川蓝皮书
四川生态建设报告（2017）
著(编)者：李晟之　2017年5月出版 / 定价：75.00元
PSN B-2015-455-6/7

四川蓝皮书
四川文化产业发展报告（2017）
著(编)者：向宝云 张立伟
2017年4月出版 / 定价：79.00元
PSN B-2006-074-1/7

体育蓝皮书
上海体育产业发展报告（2016～2017）
著(编)者：张林 黄海燕
2017年10月出版 / 估价：89.00元
PSN B-2015-454-4/4

体育蓝皮书
长三角地区体育产业发展报告（2016～2017）
著(编)者：张林　2017年7月出版 / 估价：89.00元
PSN B-2015-453-3/4

天津金融蓝皮书
天津金融发展报告（2017）
著(编)者：王爱俭 孔德昌
2018年3月出版 / 估价：98.00元
PSN B-2014-418-1/1

图们江区域合作蓝皮书
图们江区域合作发展报告（2017）
著(编)者：李铁　2017年11月出版 / 估价：98.00元
PSN B-2015-464-1/1

温州蓝皮书
2017年温州经济社会形势分析与预测
著(编)者：蒋儒林 王春光 金浩
2017年4月出版 / 定价：79.00元
PSN B-2008-105-1/1

西咸新区蓝皮书
西咸新区发展报告（2016~2017）
著(编)者：李扬 王军　2017年11月出版 / 估价：89.00元
PSN B-2016-535-1/1

扬州蓝皮书
扬州经济社会发展报告（2017）
著(编)者：丁纯　2017年12月出版 / 估价：98.00元
PSN B-2011-191-1/1

云南社会治理蓝皮书
云南社会治理年度报告（2016）
著(编)者：晏雄 韩全芳
2017年5月出版 / 定价：99.00元
PSN B-2011-191-1/1

长株潭城市群蓝皮书
长株潭城市群发展报告（2017）
著(编)者：张萍　2017年12月出版 / 估价：89.00元
PSN B-2008-109-1/1

中医文化蓝皮书
北京中医文化传播发展报告（2017）
著(编)者：毛嘉陵　2017年7月出版 / 定价：79.00元
PSN B-2015-468-1/2

珠三角流通蓝皮书
珠三角商圈发展研究报告（2017）
著(编)者：王先庆 林至颖
2017年7月出版 / 估价：98.00元
PSN B-2012-292-1/1

遵义蓝皮书
遵义发展报告（2017）
著(编)者：曾征 龚永育 雍思强
2017年12月出版 / 估价：89.00元
PSN B-2014-433-1/1

国际问题类

"一带一路"跨境通道蓝皮书
"一带一路"跨境通道建设研究报告（2017）
著(编)者：郭业洲　2017年8月出版 / 估价：89.00元
PSN B-2016-558-1/1

"一带一路"蓝皮书
"一带一路"建设发展报告（2017）
著(编)者：李永全　2017年6月出版 / 定价：89.00元
PSN B-2016-553-1/1

阿拉伯黄皮书
阿拉伯发展报告（2016～2017）
著(编)者：罗林　2018年3月出版 / 估价：89.00元
PSN Y-2014-381-1/1

巴西黄皮书
巴西发展报告（2017）
著(编)者：刘国枝　2017年5月出版 / 定价：85.00元
PSN Y-2017-614-1/1

北部湾蓝皮书
泛北部湾合作发展报告（2017）
著(编)者：吕余生　2017年12月出版 / 估价：85.00元
PSN B-2008-114-1/1

大湄公河次区域蓝皮书
大湄公河次区域合作发展报告（2017）
著(编)者：刘稚　2017年11月出版 / 估价：89.00元
PSN B-2011-196-1/1

大洋洲蓝皮书
大洋洲发展报告（2017）
著(编)者：喻常森　2017年10月出版 / 估价：89.00元
PSN B-2013-341-1/1

德国蓝皮书
德国发展报告（2017）
著(编)者：郑春荣　2017年6月出版 / 定价：89.00元
PSN B-2012-278-1/1

东北亚区域合作蓝皮书
2016年"一带一路"倡议与东北亚区域合作
著(编)者：刘亚政　金美花
2017年5月出版 / 定价：89.00元
PSN B-2017-631-1/1

东盟黄皮书
东盟发展报告（2017）
著(编)者：杨晓强　庄国土
2017年7月出版 / 估价：89.00元
PSN Y-2012-303-1/1

东南亚蓝皮书
东南亚地区发展报告（2016～2017）
著(编)者：厦门大学东南亚研究中心　王勤
2017年12月出版 / 估价：89.00元
PSN B-2012-240-1/1

俄罗斯黄皮书
俄罗斯发展报告（2017）
著(编)者：李永全　2017年6月出版 / 定价：89.00元
PSN Y-2006-061-1/1

非洲黄皮书
非洲发展报告 No.19（2016～2017）
著(编)者：张宏明　2017年7月出版 / 定价：89.00元
PSN Y-2012-239-1/1

公共外交蓝皮书
中国公共外交发展报告（2017）
著(编)者：赵启正 雷蔚真　2017年11月出版 / 估价：89.00元
PSN B-2015-457-1/1

国际安全蓝皮书
中国国际安全研究报告(2017)
著(编)者：刘慧　2017年11月出版 / 估价：98.00元
PSN B-2016-522-1/1

国际形势黄皮书
全球政治与安全报告（2017）
著(编)者：张宇燕　2017年1月出版 / 定价：89.00元
PSN Y-2001-016-1/1

韩国蓝皮书
韩国发展报告（2017）
著(编)者：牛林杰 刘宝全　2017年11月出版 / 估价：89.00元
PSN B-2010-155-1/1

加拿大蓝皮书
加拿大发展报告（2017）
著(编)者：仲伟合　2017年11月出版 / 估价：89.00元
PSN B-2014-389-1/1

拉美黄皮书
拉丁美洲和加勒比发展报告（2016～2017）
著(编)者：吴白乙 袁东振　2017年6月出版 / 定价：89.00元
PSN Y-1999-007-1/1

美国蓝皮书
美国研究报告（2017）
著(编)者：郑秉文 黄平　2017年5月出版 / 定价：89.00元
PSN B-2011-210-1/1

缅甸蓝皮书
缅甸国情报告（2017）
著(编)者：李晨阳　2017年12月出版 / 估价：86.00元
PSN B-2013-343-1/1

欧洲蓝皮书
欧洲发展报告（2016～2017）
著(编)者：黄平 周弘 程卫东　2017年6月出版 / 定价：89.00元
PSN B-1999-009-1/1

葡语国家蓝皮书
葡语国家发展报告（2017）
著(编)者：王成安 张敏 刘金兰
2017年12月出版 / 估价：89.00元
PSN B-2015-503-1/2

葡语国家蓝皮书
中国与葡语国家关系发展报告·巴西（2017）
著(编)者：张曙光 2017年8月出版 / 估价：89.00元
PSN B-2016-564-2/2

日本经济蓝皮书
日本经济与中日经贸关系研究报告（2017）
著(编)者：张季风 2017年6月出版 / 定价：89.00元
PSN B-2008-102-1/1

日本蓝皮书
日本研究报告（2017）
著(编)者：杨伯江 2017年6月出版 / 定价：89.00元
PSN B-2002-020-1/1

上海合作组织黄皮书
上海合作组织发展报告（2017）
著(编)者：李进峰
2017年6月出版 / 定价：98.00元
PSN Y-2009-130-1/1

世界创新竞争力黄皮书
世界创新竞争力发展报告（2017）
著(编)者：李闽榕 李建平 赵新力
2017年11月出版 / 估价：148.00元
PSN Y-2013-318-1/1

泰国蓝皮书
泰国研究报告（2017）
著(编)者：庄国土 张禹东
2017年11月出版 / 估价：118.00元
PSN B-2016-557-1/1

土耳其蓝皮书
土耳其发展报告（2017）
著(编)者：郭长刚 刘义
2017年11月出版 / 估价：89.00元
PSN B-2014-412-1/1

亚太蓝皮书
亚太地区发展报告（2017）
著(编)者：李向阳 2017年5月出版 / 定价：79.00元
PSN B-2001-015-1/1

印度蓝皮书
印度国情报告（2017）
著(编)者：吕昭义 2018年4月出版 / 估价：89.00元
PSN B-2012-241-1/1

印度洋地区蓝皮书
印度洋地区发展报告（2017）
著(编)者：汪戎 2017年6月出版 / 定价：98.00元
PSN B-2013-334-1/1

英国蓝皮书
英国发展报告（2016~2017）
著(编)者：王展鹏 2017年11月出版 / 估价：89.00元
PSN B-2015-486-1/1

越南蓝皮书
越南国情报告（2017）
著(编)者：谢林城

2017年12月出版 / 估价：89.00元
PSN B-2006-056-1/1

以色列蓝皮书
以色列发展报告（2017）
著(编)者：张倩红 2017年8月出版 / 定价：89.00元
PSN B-2015-483-1/1

伊朗蓝皮书
伊朗发展报告（2017）
著(编)者：冀开运 2017年10月出版 / 估价：89.00元
PSN B-2016-575-1/1

渝新欧蓝皮书
渝新欧沿线国家发展报告（2017）
著(编)者：杨柏 黄森 2017年6月出版 / 定价：88.00元
PSN B-2016-575-1/1

中东黄皮书
中东发展报告No.19（2016~2017）
著(编)者：杨光 2017年10月出版 / 估价：89.00元
PSN Y-1998-004-1/1

中亚黄皮书
中亚国家发展报告（2017）
著(编)者：孙力 2017年6月出版 / 定价：98.00元
PSN Y-2012-238-1/1

✤ 皮书起源 ✤

"皮书"起源于十七、十八世纪的英国，主要指官方或社会组织正式发表的重要文件或报告，多以"白皮书"命名。在中国，"皮书"这一概念被社会广泛接受，并被成功运作、发展成为一种全新的出版形态，则源于中国社会科学院社会科学文献出版社。

✤ 皮书定义 ✤

皮书是对中国与世界发展状况和热点问题进行年度监测，以专业的角度、专家的视野和实证研究方法，针对某一领域或区域现状与发展态势展开分析和预测，具备原创性、实证性、专业性、连续性、前沿性、时效性等特点的公开出版物，由一系列权威研究报告组成。

✤ 皮书作者 ✤

皮书系列的作者以中国社会科学院、著名高校、地方社会科学院的研究人员为主，多为国内一流研究机构的权威专家学者，他们的看法和观点代表了学界对中国与世界的现实和未来最高水平的解读与分析。

✤ 皮书荣誉 ✤

皮书系列已成为社会科学文献出版社的著名图书品牌和中国社会科学院的知名学术品牌。2016年，皮书系列正式列入"十三五"国家重点出版规划项目；2012~2016年，重点皮书列入中国社会科学院承担的国家哲学社会科学创新工程项目；2017年，55种院外皮书使用"中国社会科学院创新工程学术出版项目"标识。

中国皮书网

www.pishu.cn

发布皮书研创资讯，传播皮书精彩内容
引领皮书出版潮流，打造皮书服务平台

栏目设置

关于皮书：何谓皮书、皮书分类、皮书大事记、皮书荣誉、
　　　　　皮书出版第一人、皮书编辑部
最新资讯：通知公告、新闻动态、媒体聚焦、网站专题、视频直播、下载专区
皮书研创：皮书规范、皮书选题、皮书出版、皮书研究、研创团队
皮书评奖评价：指标体系、皮书评价、皮书评奖
互动专区：皮书说、皮书智库、皮书微博、数据库微博

所获荣誉

2008 年、2011 年，中国皮书网均在全国新闻出版业网站荣誉评选中获得"最具商业价值网站"称号；

2012 年，获得"出版业网站百强"称号。

网库合一

2014 年，中国皮书网与皮书数据库端口合一，实现资源共享。更多详情请登录 www.pishu.cn。

权威报告・热点资讯・特色资源

皮书数据库
ANNUAL REPORT(YEARBOOK)
DATABASE

当代中国与世界发展高端智库平台

所获荣誉

- 2016年，入选"国家'十三五'电子出版物出版规划骨干工程"
- 2015年，荣获"搜索中国正能量 点赞2015""创新中国科技创新奖"
- 2013年，荣获"中国出版政府奖・网络出版物奖"提名奖
- 连续多年荣获中国数字出版博览会"数字出版・优秀品牌"奖

成为会员

通过网址www.pishu.com.cn或使用手机扫描二维码进入皮书数据库网站，进行手机号码验证或邮箱验证即可成为皮书数据库会员（建议通过手机号码快速验证注册）。

会员福利

- 使用手机号码首次注册会员可直接获得100元体验金，不需充值即可购买和查看数据库内容（仅限使用手机号码快速注册）。
- 已注册用户购书后可免费获赠100元皮书数据库充值卡。刮开充值卡涂层获取充值密码，登录并进入"会员中心"—"在线充值"—"充值卡充值"，充值成功后即可购买和查看数据库内容。

数据库服务热线：400-008-6695
数据库服务QQ：2475522410
数据库服务邮箱：database@ssap.cn

图书销售热线：010-59367070/7028
图书服务QQ：1265056568
图书服务邮箱：duzhe@ssap.cn